普通高等学校教材

数字信号处理

（第二版）

陈玉东　编

地质出版社
·北　京·

内 容 简 介

　　本书比较系统地介绍了数字信号处理的基本理论和相应的算法原理。全书共 13 章，内容包括离散时间信号与系统的基本概念、连续信号的采样、$\mathcal{Z}$ 变换、离散时间系统频域分析、离散时间信号的傅里叶变换及 DFT、傅里叶变换的快速算法、离散时间系统的实现结构、数字滤波器设计（IIR、FIR）、多采样率信号处理、平稳随机信号的基本概念及信号相关关系、其他信号变换（Hilbert 变换和连续小波变换）等内容。每章都有精选的例题和习题，并附有习题答案。

　　本书可作为电子信息工程、通信工程、信息科学、测控技术与仪器、地球物理学等有关工科和理科专业的本科高年级学生的教材及参考书，也可作为相关专业工程技术人员的自学参考书。

图书在版编目（CIP）数据

数字信号处理 / 陈玉东编 . —2 版 . —北京：地质出版社，2014.9
　ISBN 978 - 7 - 116 - 08976 - 1

　Ⅰ. ①数…　Ⅱ. ①陈…　Ⅲ. ①数字信号处理—高等学校—教材　Ⅳ. TN911.72

中国版本图书馆 CIP 数据核字（2014）第 206056 号

Shuzi Xinhao Chuli

责任编辑：	王春庆
责任校对：	黄苏晔
出版发行：	地质出版社
社址邮编：	北京海淀区学院路 31 号，100083
电　话：	(010) 82324508（邮购部）；(010) 82324514（编辑部）
网　址：	http://www.gph.com.cn
传　真：	(010) 82324340
印　刷：	北京纪元彩艺印刷有限公司
开　本：	787mm×1092mm　1/16
印　张：	20.25
字　数：	500 千字
印　数：	1—2000 册
版　次：	2014 年 9 月北京第 2 版
印　次：	2014 年 9 月北京第 1 次印刷
定　价：	34.00 元
书　号：	ISBN 978 - 7 - 116 - 08976 - 1

（如对本书有建议或意见，敬请致电本社；如本书有印装问题，本社负责调换）

第二版前言

随着当今科学技术的迅速发展，信号处理技术已成为 21 世纪信息化时代打开电子信息科学的一把钥匙。信息化的基础是数字化，数字化的核心技术之一是数字信号处理。

数字信号处理是将信号以数字方式表示并处理的理论和技术。广义来说，是研究用数字方法对信号进行分析、变换、滤波、检测、调制、解调以及快速算法的一门技术学科。也有人认为：数字信号处理主要是研究有关数字滤波技术、离散变换快速算法和谱分析方法。

数字信号处理技术随着数字电路与系统技术以及计算机技术的发展而得到了迅速发展，其应用领域十分广泛，已经涵盖了工业控制、通信、娱乐、医疗、教育、环境控制、安全等领域，如手机、PDA、GPS、数传电台等。

数字信号处理主要应用于语音信号处理、图像信号处理、振动信号处理、地球物理信号处理、生物医学信号处理等。

本教材自第一版印刷以来，深受初学者的欢迎，特别适合非电子类专业的学生使用，故决定再版。本版修订了第一版中的错误，修改了部分图件，并更新了内容。

考虑到本教材内容的完整性以及知识点的系统性，本次修订保持了第一版的知识框架。从近八年的实际讲授情况来看，由于受目前高校课程设置学时数的限制，以及有些非电子类专业学生的背景知识的限制，64 学时很难能讲授完本教材的全部内容，故在实际教学中，可适当选讲一些章节。建议前十章的内容都应该讲授，后三章的内容可根据专业的实际需要适当选取。

中国地质大学（北京）苑益军副教授等在修订本书时做了部分工作，本人表示感谢。

本教材由中国地质大学（北京）2012 年度教学研究与教学改革项目（JGZHD—201204）资助。

限于本人水平，书中不妥的地方在所难免，恳切读者批评与指正。

编　者
2014 年 8 月

第一版前言

兴起于 20 世纪 60 年代的数字信号处理（Digital Signal Processing，DSP）是一门横跨多门学科的技术，是现代信息技术发展的基础应用学科。自 20 世纪 70 年代采用第一块 DSP 芯片以来，数字信号处理领域已得到了很大的发展。随着 DSP 处理器速度的飞速提高以及精密性和计算能力的相应增强，数字信号处理已成为许多应用中不可或缺的一部分。它广泛应用于各种系统，从专用的军事系统、太空探索到互联网，甚至到各式各样的日用电子产品，如家庭娱乐系统，包括电视、影碟、高保真度音响系统等，不胜枚举。由于它的理论、应用和实现数字信号处理系统与计算机技术之间的紧密结合，使得数字信号处理的重要性和地位在迅速加强和提高。

数字信号处理涉及的是数字形式信号及其所包含信息的表示、变换和运算等。例如，希望分解两个或多个混杂在一起的信号，或者想增强某些信号分量或一个信号模型中的某些参量等。

本书是关于数字信号处理的基础性教材，语言通俗易懂。考虑到目前我国高校本课程课时设置多为 64 学时，因此在内容安排上，主要涉及信号处理中的理论核心问题，注重对基本概念、基本理论、基本算法和基本应用的详细讲解。全书共分十三章，覆盖 DSP 基础教程的主要内容和现代数字信号处理的部分内容。第一章对信号的概念、数字信号处理的发展历史、研究对象、研究内容以及有关的前缘性问题做了简单介绍；第二章重点介绍数字信号处理的基础知识，包括离散信号和系统的描述与表征、卷积和线性常系数差分方程等；第三章阐述了 $\mathscr{L}$ 变换；第四章介绍了连续时间信号的采样与重构以及量化误差的分析，其中最重要的内容是采样定理、混叠问题与量化误差等；第五章是离散信号的频域分析，涉及系统函数和频域响应等概念，并介绍一些不同类型的系统，如全通滤波器、线性相位滤波器和最小相位滤波器以及可逆系统等；第六章是关于离散傅里叶变换（DFT）及其性质，阐述一些计算有限长序列 DFT 的有效算法，如两个序列 DFT 的乘积对应于时域的围线积分等；第七章是快速傅里叶变换（FFT）；第八章讨论离散时间系统的实现结构；第九章和第十章介绍 FIR 和 IIR 滤波器的常用设计方法，尽管重点介绍低通滤波器的设计，但也简要地探讨了其他选频滤波器，如高通滤波器、带通滤波器和带阻滤波器的设计方法；第十一章是多采样率信号处理；第十二章概括了随机信号处理的原理；第十三章中介绍了其他几种变换。

本教材是作者近八年在讲授《数字信号处理》讲义的基础上编写而成的，并作为校本教材使用；已为电子信息工程、测控技术与仪器、地球物理等专业的高年级学生讲授过四次，反映效果良好。

　　清华大学电子工程系的应启珩教授和中国地质大学（北京）李金铭教授审阅了全稿，并提出了宝贵意见，作者表示十分感谢；同时也感谢中国地质大学（北京）李梅老师对该书提出的建议。

　　本书的出版得到了中国地质大学（北京）和教育部重点实验室——地下信息探测技术与仪器的资助。在这里，一并表示感谢。

陈玉东

2005 年 2 月

目　　录

第一章　概　论

　　科学技术的不断进步，计算机的飞速发展，现代通讯与互联网的迅速崛起，构筑了现代信息高速公路，使我们进入高度信息化、数字化时代。因此，大量的数据与信号需要及时传输，并进行有效处理以获取有用信息。数字信号处理（Digital Signal Processing，DSP）就是通过数字的方式，研究如何正确而快捷地处理信号，最大限度地提取蕴含在数据与信号中的有用信息。它所涉及的概念和技术，最早可追溯到 17 世纪、18 世纪的数值计算，最近可影响到诸如现代声学、语音通信、声呐、雷达、遥感图像、核科学、生物医学工程、地球探测与信息技术，乃至日用家电中的信号处理。数字信号处理是一门横跨多门学科的应用科学，有其自身独特的计算方法和理论，同时又处在不断改进与发展中。

第一节　信号的基本概念

一、信号的概念

　　信号是传递信息的函数，是信息的载体，是反映信息的物理量，如光、电、声、位移、速度、加速度、力、温度、颜色等。根据反映信息的物理量不同，信号可分为光信号、电信号、声信号、位移信号等，这些信号有的是相关的，有的是独立的，各有其不同的性质。但是，它们都有一种共同的表现形式，即在一定的条件下，其物理量值都随时间变化。如果以时间为横坐标，以物理量值为纵坐标，便可以得到一种变化的图形，这就是我们所说的信号波形。在一般情况下，信号所含的信息总是寄寓于变化的波形之中。

　　图 1-1 是"您好"的音频信号；图 1-2 是一实测地震信号波形，它具有两个不同的反射层。由于电信号具有便于测量、传送、转换与处理等优点，因此非电信号通常总是先

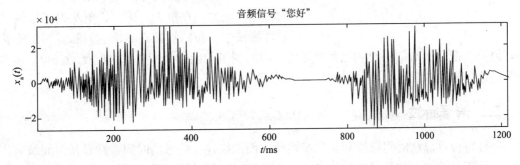

图 1-1　音频信号波形举例

转换为电信号再进行处理。例如，在地球物理勘探中，不同的物理作用具有不同的物理场，在重力作用的空间有重力场；天然或人工建立的电（磁）力作用的空间有电（磁）场；波动传播的空间有波场等。在实际测量中，先通过专门仪器将上述信号变为电信号再经过放大等手段处理后测得。由于组成地壳的不同的岩土介质往往在密度、弹性、电性、磁性、放射性以及导热性等方面会存在差异，这些差异将引起相应地球物理场的局部变化，通过观测这些地球物理场得到信号，经处理后给出所需要的结果，获得有用信息；然后结合已知地质资料进行分析研究，推断出地下岩土介质的性质和环境资源等状况，从而达到解决地质问题的目的。

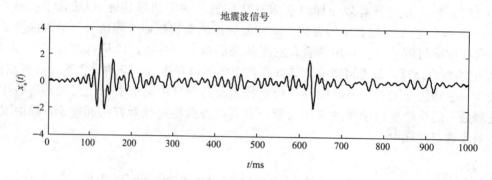

图 1-2　地震信号波形举例

图 1-3　图像信号：地球

在数学上，信号可以表示为一个或多个独立变量的函数。例如，在重力勘探中，沿剖面的重力场强分布可表示为随空间 x 变化的函数，记为 $g(x)$；静止图像信号可表示为亮度（或称灰度）f 随二维空间坐标 (x, y) 变化的函数，记为 $f(x, y)$，如图 1-3 所示，是从卫星上拍摄的地球概貌图；活动图像信号可表示为亮度 f 随二维空间坐标 (x, y) 和时间 t 变化的函数，记为 $f(x, y, t)$ 等。本书讨论范围仅限于一个独立变量的函数，而且为了方便，以后总以时间表示自变量，尽管在某些具体应用中，自变量不一定是时间。例如，在重力、磁法、电法勘探以及放射性测量中，我们所关心的是它们随空间的变化等，但可以把它们沿剖面的变化看成是独立时间变量的函数。所以，时间函数 $x(t)$ 是本书所讨论信号的数学模型。

二、信号特性

信号特性可以从时间特性和频率特性两方面来描述。信号的时间特性是从时间域对信号进行分析。例如，信号是时间的函数，它具有一定的波形。早期的信号波形分析，只是计算信号波形的最大值、平均值、最小值；随后发展到波形的时间域分析，如出现时间的先后、持续时间的长短、重复周期的大小、随时间变化的快慢以及波形的分解和合成；现在已发展到对随机波形的相关分析，即波形与波形的相似程度等。信号的频率特性是从频率域对信号进行分析，例如任一信号都可以分解为许多具有不同频率（呈谐波关系）的余弦分量，而每一余弦分量则以它的振幅和相位来表征。图 1-4 表示信号 $x(t)$ 的波形 [图 (a)] 分解 [图(b)、(c)]、频谱的幅度 [图(d)] 和频谱的相位 [图 (e)]。其中，振幅频谱表征该信号所具有哪些谐波分量的振幅；相位频谱表征各谐波分量在时间原点所具有的相位。振幅频谱和相位频谱合在一起可以确定该信号的分解波形和合成波形。例如从图 1-4 所示的频谱中可见，在 $\omega_0 = 2\pi f_0$（f_0 为频率）和 $2\omega_0$ 处有两条谱线，其幅度相同，而相位都为零。说明该信号分解为两个谐波，一个谐波的角频率为 ω_0，另一个为 $2\omega_0$，它们的振幅相等，相位都为零。因此根据这些参数就可绘出该信号的分解波形和合成波形。可见，时域和频域反映了对信号的两个不同的观测面，即两种不同观察和表示信号的方法。图 1-5(a) 和 (c) 就是从这两个不同观测面来观察和表示信号的。从时域上观察，其波形图 $x(t)$ 如图 1-5(a) 所示，它是由若干个谐波组成的，这些谐波的波形如图 1-5(b) 所示。从频域上观测，其频谱如图 1-5(c) 所示，图中给出的信号频谱是和图1-5(b) 中的谐波一一对应的。总之，信号的时间特性和频率特性有着密切的联系，不同的时间特性将导致不同的频率特性。

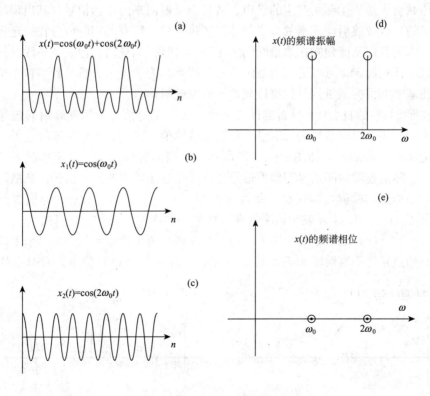

图 1-4 信号分解举例

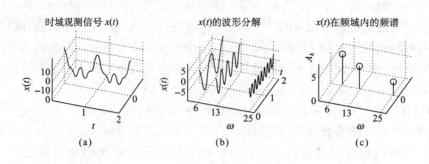

图 1-5   两种不同观测信号的方法

三、信号的分类

前面已经指出，时间函数 $x(t)$ 是信号的数学模型。按照 $x(t)$ 的不同性质，在工程上往往有以下几种分类方法。

(1) 按照 $x(t)$ 是否可以预知，通常把信号分为**确定信号**和**随机信号**两大类。确定信号预先可以知道它的变化规律，是时间 t 的确定函数。例如，正弦信号和各种形状的周期信号都是确定信号。随机信号不能预知它随时间变化的规律，不是时间的确定函数。例如，半导体载流子随机运动所产生的噪声、从目标反射回来的雷达信号（其出现的时间与强度是随机的）以及放射性元素的衰变等都是随机信号。所有的实际信号在一定程度上都是随机的，因为我们不能预知在未来时间实际信号将是什么样的。但是在一段时间内由于它的变化规律比较确定，可以近似为确定信号。因此，为了便于分析，我们首先研究确定信号，在此基础上根据随机信号的统计规律再研究随机信号。

(2) 按照 $x(t)$ 的自变量 t 是否能连续取值，通常又把信号分为**连续时间信号**和**离散时间信号**两类。连续时间信号的自变量，可以连续取值，除了若干个不连续点外，在任何时刻都有定义，记为 $x(t)$，如图 1-6(a) 所示。当幅值为连续这一特定情况下又常称为**模拟信号**。实际上连续时间信号与模拟信号常常通用，用以说明同一信号。离散时间信号的自变量 n 不能连续取值，即仅在一些离散时刻（$n=0$，± 1，$\pm 2 \cdots n$ 为整数值）有定义，我们常用 $x(n)$ 表示，n 表示这个数在该序列中的次序，例如 $x(-1)$、$x(0)$、$x(1)$、$x(2)$ 等，因此，$x(n)$ 是一个数字序列，简称为**序列**。为了形象起见，用一个上端带小圆圈（或实心圆点）的垂直线段来表示其数值大小，如图 1-6(b) 所示，有时也称这种图

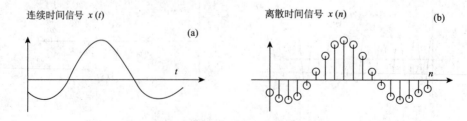

图 1-6   连续时间信号和离散时间信号

形为火柴杆图。**数字信号**：时间和幅值都离散化的信号。为了区分这两种信号，这里用 t 表示连续时间变量，用 n 表示离散时间变量。

（3）按照 $x(t)$ 是否按一定时间重复，信号可分为**周期信号**和**非周期信号**两类。周期信号按一定的时间间隔重复变化，而非周期信号的变化则是不重复的。

（4）按照信号的能量或功率是否为有限值，信号又可分为**能量信号**和**功率信号**两类。不论电压信号或电流信号，信号平方的无穷积分总代表加到 $1\,\Omega$ 电阻上的总能量，简称为**信号能量** W，即

$$W = \int_{-\infty}^{\infty} x^2(t)\mathrm{d}t, \quad W = \lim_{T \to \infty} \int_{-T/2}^{T/2} x^2(t)\mathrm{d}t \tag{1-1}$$

而信号平方在有限时间间隔内的积分再除以该间隔则代表加到 $1\,\Omega$ 电阻上的**平均功率**，即

$$P = \frac{1}{T} \int_{-\infty}^{\infty} x^2(t)\mathrm{d}t, \quad P = \lim_{T \to \infty} \frac{1}{T} \int_{-T/2}^{T/2} x^2(t)\mathrm{d}t \tag{1-2}$$

能量信号的总能量为有限值，而平均功率为零；功率信号的平均功率为有限值，而总能量为无限大。一般来说，周期信号都是功率信号，而非周期信号则可能出现三种情况：持续时间有限的非周期信号为能量信号，如图 1-7(a) 所示的脉冲信号；持续时间无限、幅度有限的非周期信号为功率信号，如图 1-7(b) 所示；持续时间无限、幅度也无限的非周期信号为非功率非能量信号，如图 1-7(c) 所示的单位斜坡信号。

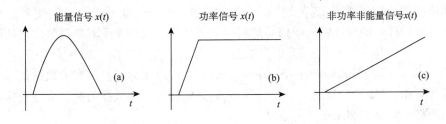

图 1-7 三种非周期信号

（5）按照 $x(t)$ 是否等于它的复共轭 $x^*(t)$，信号又可分为**实信号**和**复信号**两类。实信号 $x(t) = x^*(t)$，它是一个实函数；复信号 $x(t) \neq x^*(t)$，它是一个复函数，即

$$x(t) = x_1(t) + \mathrm{j}x_2(t) \tag{1-3}$$

其中 $x_1(t)$、$x_2(t)$ 都是实函数，实际信号一般都是实信号，但是为了简化运算，常常引用复信号并以其实部或虚部表示实际信号。

第二节 数字信号处理

数字信号处理的对象是用离散的数字或符号所表示的序列。通过计算机或专用处理设备，用数字的方式对这些序列进行有效处理，以达到人们便于理解的表达形式。例如，对信号进行选频滤波，就是增强信号中的有用分量，削弱干扰分量，提取有用信息。凡是用数字形式对信号进行滤波、转换（变换）、增强、压缩、估计、识别、融合等处理都是数

字信号处理的研究范畴。大体上，可以将研究的内容分为两个主要方面：

（1）滤除混杂在有用信号中的噪声或干扰。削弱所研究信号中的多余成分，增强有用信号，这就是数字频率选择性滤波，即通常所说的数字滤波。

（2）各类转换算法。其目的是为了分离两个或多个依照某种方式组合在一起的信号，也可能是希望增强信号中的某一分量，便于对它们进行分析和识别。

一、数字信号处理的发展历史

数字信号处理技术起源很早。自 17 世纪发明微积分以来，科学家和工程师们就已经利用连续变量函数和微分方程来建立各种表示物理现象的模型，其目的是要求出所描述这些模型的方程的解。如果用解析方法求不到这些方程的解，那么，就转而改用数值的方法来求。例如，牛顿使用过的有限差分法（它实质上是本书将要介绍的离散时间系统的一个特例）。18 世纪的数学家，像欧拉、伯努利和拉格朗日等都建立了数值积分和连续变量函数的内插方法。这些经典数值分析技术为数字信号处理奠定了理论基础。同样是在 18 世纪，拉普拉斯所发展的 $\mathscr{L}$ 变换为数字信号处理奠定了数学基础。

数字信号处理早期阶段的发展是很缓慢的，但近 40～50 年来却得到了迅速的发展。第二次世界大战后不久，人们就开始探讨用数字元件构成数字滤波器的问题。但在当时，无论从成本方面还是从体积方面，或者从可靠性方面来考虑，数字滤波器都远远不如模拟滤波器和模拟谱分析。到了 20 世纪 50 年代，控制理论已逐渐形成为一门比较完整的科学，采样（或抽样，即对连续时间信号进行时间离散化）的概念及其频谱效应已逐渐被人们所了解，$\mathscr{L}$ 变换理论在电子工程领域内已逐渐得到了普遍应用。1958 年，Ragazzini 等人写了名为 *Sampled Data Control Systems* 的著作，可以认为，它是有关数字信号处理的第一本近代著作。但限于当时的工艺水平，人们只能针对一些低频的控制或地震信号的数字处理问题做一些具有实用意义的尝试。

到了 20 世纪 60 年代中期，才渐渐开始出现了较为定型的数字信号处理理论。当时人们已经看到了集成电路工艺的发展潜力，并相信用数字元件构成较完善的信号处理系统是完全能实现的。数字信号处理的重大进展之一应该是 1965 年发表的快速傅里叶变换（Fast Fourier Transforms，FFT），它使数字信号处理从理论到应用发生了重大转折。实际上，在此之前，人们已经掌握了利用计算机进行谱分析的原理，但是，由于计算所需的时间太长，实际应用起来有许多困难。而巧妙的快速傅里叶变换使计算速度提高了两个数量级，这样，使数字信号处理技术得到了迅速普及与成功应用。

随后，又出现了一些新的快速算法，如 C. M. Rader、R. C. Agarwal 和 C. S. Burrus 等人提出的数论变换（Number Theoretic Transforms）进行卷积运算的方法（在 20 世纪 60 年代末期和 70 年代初期），比 FFT 卷积运算速度更高。而且，采用了整数模运算，因而不存在运算误差。1975 年后，S. Winograd(C. Виноград) 等人又提出了比 FFT 更快的算法——WFTA（Winograd Fourier Transform Algorithm），它是离散傅里叶变换（Discrete Fourier Transforms，DFT）的另一种算法，该算法具有与 FFT 一样的物理意义。此外，20 世纪 60 年代以来，人们又重新发展了以沃尔什函数（Walsh Function）为基础的沃尔什变换及其快速算法，目前已在通信和图像处理中得到应用。

数字信号处理发展过程中的另一个重大进展是有限长单位冲激响应（Finite Impulse Response，FIR）和无限长单位冲激响应（Infinite Impulse Response，IIR）数字滤波器地位的相对变化。起初，人们总认为 IIR 数字滤波器比 FIR 数字滤波器优越，因为无限长单位冲激响应通常有闭合表达形式，而且有在满足相同精度要求情况下，所需阶数低、运算量小等优点。但是，随着信息理论的发展，人们逐渐认识到除信号的幅度包含信息外，相位同样也包含着信息。为了从信号中获取更多更丰富的内容，需要同时提取包含在幅度和相位中的信息。所以，在信号处理过程中，若要求相位不能有失真时，那么，由于 IIR 数字滤波器不能严格达到这个要求，可以采用 FIR 数字滤波器来进行信号处理，不过所需阶数增加，运算量增大。另外，也有人提出用快速傅里叶变换进行卷积运算，这就有可能用快速傅里叶变换实现高阶的 FIR 滤波运算，提高运算速度。这样一来，可以根据实际应用情况选择 IIR 或 FIR 数字滤波器，而不像过去那样简单地认为 IIR 数字滤波器比 FIR 数字滤波器优越。从而促进了对 FIR 数字滤波器的更深入研究。

从 20 世纪 70 年代以来，许多科学工作者对数字信号处理中的有限字长效应（量化效应）进行了分析研究，解释了数字信号处理中出现的许多现象，使数字信号处理的基本理论进入了基本成熟的阶段。尔后，随着数字信号处理的应用范围不断扩展和自身理论体系的不断改进以及计算机技术水平的迅速提高，逐渐形成了目前较完整的数字信号处理理论。

二、数字信号处理系统的基本组元

先简要介绍一下对模拟信号进行数字化处理的过程。在这个过程中，首先将模拟信号转换为数字信号，然后利用数字方法进行处理，最终还原成模拟信号，即重构模拟信号，具体见方框图 1-8 所示，该图是一典型数字信号处理系统。

图 1-8　数字信号处理系统的简单方框图

在图 1-9 中表示了框图 1-8 的各有关信号波形。设 $x_a(t)$ 为输入模拟信号〔如图 1-9(a) 所示，其中 $x_c(t)$ 表示连续时间信号，即模拟信号 $x_a(t)$〕，让它先经过前置滤波器，该滤波器的作用是将输入信号 $x_a(t)$ 中高于某一频率（称之为折叠频率，等于采样频率的一半，这一概念以后会详细讲述）的分量进行滤除，然后在模拟-数字（Analog/Digital，A/D）转换器（有时也称变换器）中以每隔 T（采样周期，单位：s）采集一个 $x_a(t)$ 的幅度，采样后的信号称为离散时间信号，它仅仅表示在一些离散时间点 0，T，$2T$，…，nT 上的信号值 $x_a(0)$，$x_a(T)$，…，$x_a(nT)$，如图 1-9(b) 所示，采样的过程也就是对模拟信号的时间量化的过程。接着在 A/D 转换器的保持电路中将采样信号进一步变换成数字信号，一般采用有限位二进制码，这样，所能表示的信号幅度就受到一定限制，例如 3 位码，只能表示 $2^3 = 8$ 种不同的信号幅度（状态），并称这些幅度为量化电平，当离散时间信号幅度与量化电平不相同时，就要以最接近的一个量化电平来近似它。所以，经过 A/D 转换器后，不但时间量化了，而且信号幅度也量化了，这种信号就是数字信号。它是一些离散数的序列，每个数都用有限位二进制数码来表示，用 $x(n)$ 表示，如图 1-9(c) 所示。接下来，让数字信号序列 $x(n)$ 通过数字信号处理系统的核心部分，即数字信号处理器，按照预先设计的要求，用处理器对信号序列 $x(n)$ 进行加工、处理，得到所希望的输出数字信号 $y(n)$，如图 1-9(d) 所示。随后（如果需要的话），再让 $y(n)$ 通过数字-模拟（Digital/Analog, D/A）转换器，将数字序列反过来变换成模拟信号，这些信号在时间点 0，T，$2T$，$\cdots$，nT 上的幅度应该等于序列 $y(n)$ 中相应序号所代表的数值大小。最后还需要经过一个模拟滤波器，以滤除掉不需要的高频分量，平滑成所需的模拟输出信号 $y_a(t)$，如图 1-9(e) 所示。

上述就是一个典型的数字信号处理系统的工作过程。

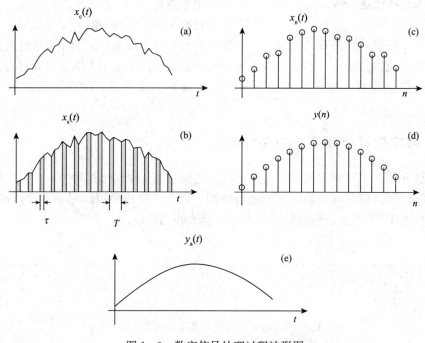

图 1-9 数字信号处理过程波形图

图 1-8 讨论的是模拟信号进行数字化处理系统，而实际应用中的系统并不一定要包括图 1-8 的所有框图。例如，若只需要系统输出数字，那么，可直接以数字形式显示或打印出来，而不需要 D/A 转换器。在另一些系统中，若输入信号就是数字形式，那么就不需要 A/D 转换器，而直接输入到数字信号处理器进行处理。所以，对于纯数字系统，只需要系统的核心部分即数字信号处理器就可以了。

三、数字信号处理的硬件实现

从数字信号处理技术的实现上可以看出，大规模集成电路技术的迅速发展是推动数字信号处理技术进步的重要因素。大规模集成电路的出现，使数字信号处理不仅可以用计算机来实现，而且也可以用数字部件组成专用硬件来完成。目前，数字部件的单片集成密度已达到几十万个电路，数字信号处理用的很多通用部件都已单片化，因此，一些数字信号处理系统可以用很少的单片组合来实现。

一般来说，这种 DSP 芯片是从 20 世纪 80 年代以后发展起来的，1981 年美国贝尔实验室（AT&T）的 DPSI 和 NEC 公司的 μPD7720 可认为是最早的 DSP 芯片，它们都是16 位字长，具有片内乘法器和存储器。在此之前曾有 Intel 2920 和 AMI 2811 两种 DSP芯片，但是它们都没有硬件乘法器，所以其结构与性能都与现代 DSP 芯片相差很大。DSP 真正广泛应用是从 1983 年 TI（Texas Instruments）公司的 TMS320 系列问世开始的。TI 的第一代 DSP 芯片是 TMS32010 系列，第二代是 TMS32020、TMS320C25 系列，第三代是 TMS320C30 系列。TI 的一系列产品已成为当今世界上最有影响的 DSP 芯片，其成功的原因有：一是成熟的半导体制造工艺；二是提供了与芯片配套的软件开发工具。其他具有代表性的 DSP 芯片还有 AT&T 公司的 DSP16、DSP32，INMOS 公司的 A100、A110，NEC 公司的 μPD7720、μPD77230，Motorola 公司的 DSP56000、DSP96000 系列等。当然，随着半导体制造业技术及软件业的发展，会有越来越理想的芯片出现。这里就不再详细介绍了。

四、数字信号处理的研究领域

数字信号处理的研究范围如图 1-10 所示，其中，离散时间线性时（移）不变系统（Linear Time Invariant System，LTI）理论和离散傅里叶变换（DFT）是数字信号处理领域中的理论基础。而数字滤波和数字频谱分析是数字信号处理的两个最基本的分支。

1. 数字滤波

数字滤波可划分为无限长单位冲激响应（IIR）数字滤波器和有限长单位冲激响应（FIR）数字滤波器两部分，具体包括它们的数学逼近问题、综合分析问题（滤波器结构、运算字长的选择）以及具体的硬件或计算机软件实现问题等。

2. 频谱分析

频谱分析包括两部分内容：确定信号的频谱分析，主要采用离散傅里叶变换（DFT）方法来进行分析，或者对于较复杂的情况，也可采用线性调频 $\mathscr{Z}$ 变换（Chirp $\mathscr{Z}$-Transforms，CZT）来研究；随机信号的频谱分析，利用现代频谱分析方法，如信号建模的谱分析。在实际工作中，谱分析技术都要用到快速傅里叶变换（FFT）和一些快速卷积算法。FFT 也可用来实现 FIR 数字滤波运算，随机信号的频谱分析也用来研究数字信号处理系统中量化噪声效应。

3. 二维和多维信号处理

应是最新发展的领域，现在许多图像处理的应用问题需要用到二维信号处理技术。如视频编码、医学图像、航空摄影的增强与分析、卫星气象照片的分析，甚至从月球和深层空间探测来的视频传输信号的增强等就属于这一类情况，同样在航空重磁及伽马能谱测量、地震勘探和核试验监测等方面都需要分析多维数据，都要用到多维信号处理技术。可以说多维信号处理仅仅是众多前缘论题中的一个，但是，这些论题涉及的理论基础都在本书所介绍的范围之内。

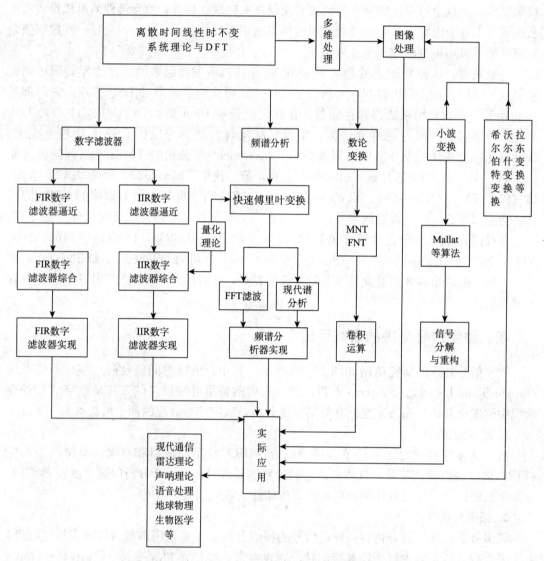

图 1 - 10　数字信号处理的研究范围

4. 信号建模的谱分析

基于离散傅里叶变换和信号建模的谱分析也属于数字信号处理范畴，内容很多，但基本概念和理论还是与离散傅里叶变换的应用有关。此外，还有各种频谱分析方法，不过都是基于特定的信号模型，例如，最大熵谱分析方法（Maximum Entropy Method，MEM），将所要分析的信号表示成离散时间线性时不变系统对单位冲激或者白噪声的响应，并估计出该系统的参数（例如差分方程的系数），然后再求出该滤波器模型频率响应的幅度平方来完成谱分析。它们都是以离散信号处理的基本原理为基础的。

信号建模在数据压缩和编码中也起着重要的作用，这些方法基本上是用差分方程来描述的。例如，信号编码技术中的线性预测编码（Linear Prediction Coding，LPC）就是利用这样一种理念：假设有一信号是某个离散时间系统的响应，那么，信号在任意时刻的值

（系统的输出）等于信号在该时刻之前若干个值的线性组合（即用先前信号值来线性预测出当前信号值）。这样，可以通过估计出的预测参数与预测误差来表示这种信号，这种信号表示方法非常有用。若需要时，该信号可以由估算出的模型参数重新产生。实践证明，这类信号编码技术在语音编码中是十分有效的。

此外，小波变换和自适应信号处理都是非常重要的前缘论题。小波分析（Wavelet Analysis）作为一种强有力的信号分析工具，是 Morlet 于 20 世纪 80 年代初在分析地球物理信号时提出来的，它是泛函分析、傅里叶分析、样条理论、调和分析、数值分析等多个学科相互交叉的结晶。目前，小波分析是信号处理中的研究热点，它不仅在理论上已取得了许多突破性的进展，而且在语音信号处理、图像分析、地震信号分析、数据压缩等许多领域中得到了广泛的应用。小波分析是一种多尺度的信号分析方法，是分析非平稳信号的有力工具。它克服了短时傅里叶变换固定分辨率的弱点，既可分析信号的概貌，又可分析信号的细节。

自适应滤波（Adaptive Filtering）代表着一种特殊的时变系统，且在某种意义上是非线性的系统，该类系统具有广泛的应用，而且对它们的分析与设计已形成了一套很有效的技术。同样，这些技术也都是以离散时间信号处理的基本原理为基础的。

五、数字信号处理的主要特点

数字信号处理系统之所以备受青睐，得到了越来越广泛的应用，是因为该系统具有以下一些突出的优点。

1. 适应性高

在以后章节中我们将会看到，数字系统的性能主要由乘法器的系数决定，而系数又是存放在系数存储器中的，只要改变存储器中的系数，就可以得到不同的数字系统，与改变模拟系统相比较要方便得多，灵活得多。

2. 可靠性高

数字系统只有两个信号电平"0""1"，所以受周围环境温度以及噪声的影响就会较小。而模拟系统则不同，由于各元器件都有一定的温度系数，而且电平是连续变化的，所以易受温度、噪声、电磁感应等因素的影响。

3. 集成性高

由于数字部件有高度规范性，有利于大规模集成生产，对电路参数要求不严，所以产品的成品率高。特别是低频信号，例如地震波分析，需要过滤几赫兹到几十赫兹信号，超低频大地电磁测量也是如此。如果用模拟网络处理时，电感器、电容器的数值、体积和重量都非常大，性能也达不到要求，而数字信号处理系统在这个频率范围内却非常优越。

4. 精确度高

由模拟滤波器构成的模拟网络中，其精确度由元器件决定，模拟元器件的精度很难达到 10^{-3} 以上，而数字系统只要 14 位字长的存储器就可以达到 10^{-4} 的精度。因此，在精确度要求高的系统中，有时只能采用数字系统。

5. 性能指标高

例如对信号进行频谱分析，模拟频谱仪在频率低端只能分析到 10 Hz 以上频率，且难于做到高分辨率（足够窄的带宽），但在数字频谱分析中，已经能做到 10^{-3} Hz 的谱分析。在有限长冲激响应数字滤波器中，可以做到具有准确的线性相位，这在模拟系统中是很难达到的。

6. 时分复用性

是指利用数字信号处理器可以同时处理几个通道的信号，如地震勘探。它的框图如图 1-11 所示，由于某一通道信号的相邻两采样值之间存在着一定的空隙时间，因而可以在同步器的控制下，在此时间空隙中输入其他通道的信号。所有这些通路的信号都利用同一个信号处理器，后者在同步器的控制下，算完一个通道信号后，再算另一个通道的信号。这样，处理器运算速度越高，能处理的通道数目也就越多。

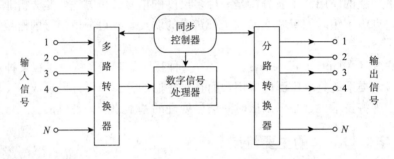

图 1-11　时分多路复用数字信号处理系统

7. 二维与多维处理

利用庞大的存储单元，可以存储一帧或数帧图像的信号，实现二维甚至多维信号的处理，包括二维或多维滤波、二维及多维谱分析等。

数字信号处理系统也有其局限性，例如，数字系统的速度还不是非常高，A/D 转换器、硬件的速度也只在几十兆赫以下，所以不能处理很高频率的信号。另外，系统也比较复杂，因而价格昂贵等也是其缺点。

总而言之，由于数字信号处理的显著优点，加上微处理机的迅速发展，使数字信号处理技术应用的领域逐渐得到普及、深入发展。目前，数字信号处理已在生物医学工程、地震、声学工程、雷达、通信、语音、图像处理、地球物理探测、日用电子技术等领域得到了广泛的应用；应用的技术有滤波、转换、调制、解调、均衡、增强、压缩、估值、识别、产生、分解等；应用的方式可分为如下几种情况：

第一，用于对某些数据处理没有严格的时间限制时。如地球物理数据处理、图像处理等，可以先把数据记录下来，然后用大型计算机进行非实时处理，提高处理效率，降低成本。

第二，用于设计和模拟。在设计中常常会用到数字信号处理技术，如在电磁波采集器件设计中，就要用到快速傅里叶变换技术。另外在实施一个系统之前，可以用计算机进行模拟，验证其正确性。

第三，用于对信号进行实时处理。在很多情况下要求对信号进行实时处理，但往往要受到计算机和 A/D、D/A 转换器速度的限制，目前对音频信号可以实现实时处理。

习题与思考题

习题 1-1   将 $\cos(\omega t)+\cos(5\omega t)$ 展成傅里叶复指数形式。

习题 1-2   信号的分类有哪几种方式?

习题 1-3   试举例说明信号与信息的概念。

思考题 1-4   对信号进行频域分析的目的是什么?

第二章 离散时间信号与系统

第一节 引　言

本章着重阐述有关信号的表示、运算规则以及系统的概念、分类、表示和相应的性质，并介绍几种常用的序列和离散时间线性时不变系统及其卷积和的表达形式。所涉及的卷积运算、离散时间系统的线性性、时不变性、因果性、稳定性及可逆性等都是非常重要的内容，在本章最后，讨论用常系数线性差分方程表示离散时间线性时不变系统的输入-输出关系，详细论述用迭代法解差分方程的方式来求离散时间线性时不变系统的单位采样响应。

第二节 离散时间信号

离散时间信号是在离散时间上给出函数值，因此是时间上不连续的"序列"。一般情况下，离散时间的间隔是均匀的，以 T 表示，用 $x(nT)$ 表示此离散时间信号在 nT 点上的值（n 为整数）。我们已多次提到，可以直接用 $x(n)$ 表示第 n 个离散时间点的序列值，并将序列的集合表示成 $\{x(n)\}$。为了方便起见，直接用 $x(n)$ 表示序列。注意，$x(n)$ 只在 n 为整数时有意义，n 不是整数时 $x(n)$ 没有定义，但不能认为 $x(n)$ 为零。

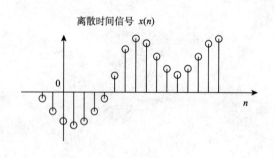

离散时间信号 $x(n)$

图 2-1　离散时间信号的图形表示

离散时间信号——序列，如图 2-1 所示，显然，信号的持续时间多长，可以用序列的长短来表示。如果信号的持续时间是有限的，那么构成的序列为**有限长序列**；如果信号的持续时间从时间点"零"开始到正无穷，那么构成的序列为**右边序列**；同理，如果信号的持续时间从时间点"零"开始到负无穷，那么构成的序列为**左边序列**；而信号的持续时间无限时则构成的序列为**双边序列**。

上述这种划分只是为了讨论起来方便而已。在某些实际问题与应用中，将 $x(n)$ 的集合视为一个矢量也是非常方便的，这样，序列 $x(1)$ 到 $x(N)$ 常被看成是下面矢量的元素：

$$x = [x(1), x(2), \cdots, x(N)]^{\mathrm{T}}$$

一、序列的运算

序列的运算包括序列移位、翻褶、代数和、积、累加、差分、卷积和等运算形式。

（一）序列的移位

设有一序列为 $x(n)$，当 m 为正时，那么 $x(n-m)$ 表示把原序列 $x(n)$ 逐项依次延时 m 位（或右移 m 位）后，得到一个新的序列，这种运算称为序列的移位。同理，当 m 为正时，$x(n+m)$ 则表示依次超前 m 位（或左移 m 位）。

【例 2-1】　设 $x(n)=\begin{cases} 0.8^{n+1}, & n\geqslant-1 \\ 0, & n<-1 \end{cases}$，求 $x(n+1)$。

解：$x(n+1)=\begin{cases} 0.8^{n+1+1}, & n+1\geqslant-1 \\ 0, & n+1<-1 \end{cases}$，即 $x(n+1)=\begin{cases} 0.8^{n+2}, & n\geqslant-2 \\ 0, & n<-2 \end{cases}$

$x(n)$ 及 $x(n+1)$ 如图 2-2(a) 和（b）所示。

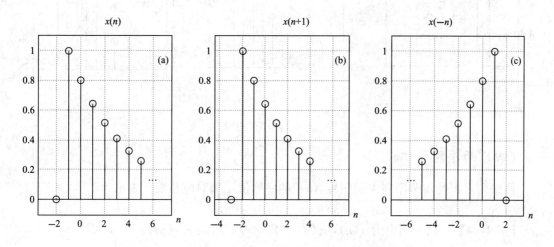

图 2-2　序列 $x(n)$ 的移位 $x(n+1)$（超前）与翻褶 $x(-n)$

（二）序列的翻褶

如果某一序列为 $x(n)$，那么 $x(-n)$ 是指以 $n=0$ 的纵轴为对称轴，将原序列 $x(n)$ 加以对褶，我们称之为序列翻褶，后面介绍的卷积要用到这种运算。

【例 2-2】　设 $x(n)=\begin{cases} 0.8^{n+1}, & n\geqslant-1 \\ 0, & n<-1 \end{cases}$，求其翻褶序列。

解：$x(n)$ 的翻褶序列为 $x(-n)=\begin{cases} 0.8^{-n+1}, & n\leqslant 1 \\ 0, & n>1 \end{cases}$，$x(-n)$ 如图 2-2(c) 所示。

（三）两序列的代数和

两个序列的代数和是指将两个序列中具有相同序号（n）的序列值对应相加、减而构成一个新的序列，表示为：$z(n)=x(n)\pm y(n)$。

【例 2-3】　设 $x(n)=\begin{cases} 0.8^{n+1}, & n\geqslant-1 \\ 0, & n<-1 \end{cases}$，$y(n)=\begin{cases} 4^n, & n<0 \\ n+1, & n\geqslant0 \end{cases}$，求 $z(n)=x(n)+y(n)$。

解：$z(n)=x(n)\pm y(n)$ 即

$$x(n)+y(n)=\begin{cases} 4^n, & n<-1 \\ 1.25, & n=-1 \\ 0.8^{n+1}+n+1, & n\geqslant 0 \end{cases}$$ $x(n)$、$y(n)$ 及 $x(n)+y(n)$ 如图 2-3 所示。

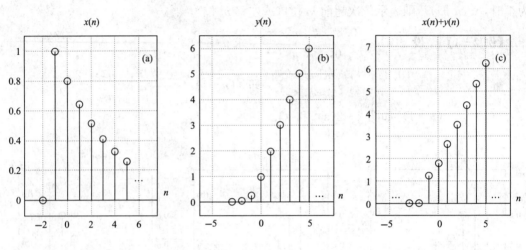

图 2-3 两序列相加

（四）两序列之积

两序列之积是指两序列中同序号（n）的序列值逐项对应相乘。表示为

$$z(n) = x(n) \cdot y(n)$$

【例 2-4】 同上例中的 $x(n)$，$y(n)$，求 $z(n)=x(n)\cdot y(n)$。

解：$x(n)\cdot y(n)=\begin{cases} 0, & n<-1 \\ 0.25, & n=-1 \\ 0.8^{n+1}(n+1), & n\geqslant 0 \end{cases}$ 如图 2-4 所示。

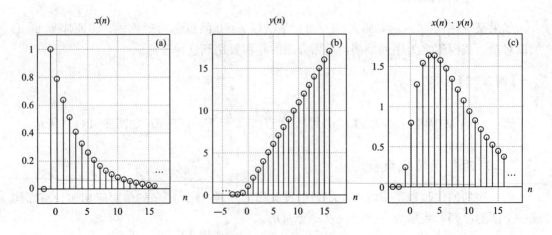

图 2-4 两序列相乘

（五）序列的累加

设有一序列为 $x(n)$，那么 $x(n)$ 的累加序列 $y(n)$ 定义为

$$y(n) = \sum_{k=-\infty}^{n} x(k)$$

它表示 $y(n)$ 在某一时刻 n_0 上的值等于在此时刻 n_0 上的 $x(n_0)$ 值与 n_0 以前的所有 n 个时刻上 $x(n)$ 值的总和。

【例 2 - 5】　设 $x(n) = \begin{cases} 0.8^{n+1}, & n \geqslant -1 \\ 0, & n < -1 \end{cases}$，求 $y(n) = \sum_{k=-\infty}^{n} x(k)$。

解：具体如下

$$y(n) = \sum_{k=-1}^{n} 0.8^{k+1}, \qquad n \geqslant -1$$

$$y(n) = 0, \qquad n < -1$$

因而

$$n = -1, \quad y(-1) = 1$$
$$n = 0, \quad y(0) = y(-1) + x(0) = 1 + 0.8 = 1.8$$
$$n = 1, \quad y(1) = y(0) + x(1) = 1.8 + 0.64 = 2.44$$
$$n = 2, \quad y(2) = y(1) + x(2) = 2.44 + 0.512 = 2.952$$
$$\vdots$$

其他 $y(n)$ 值可依此类推。$x(n)$ 及 $y(n)$ 如图 2-5 所示。

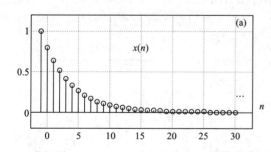
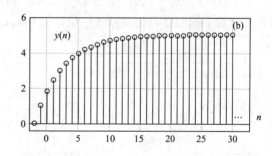

图 2-5　序列 $x(n)$ 及其累加序列 $y(n)$

（六）序列的差分运算

前向差分：

一阶　$\Delta x(n) = x(n+1) - x(n)$

二阶　$\Delta^2 x(n) = \Delta[\Delta x(n)] = \Delta[x(n+1) - x(n)]$
$$= x(n+2) - 2x(n+1) + x(n)$$

三阶　$\Delta^3 x(n) = \Delta[\Delta^2 x(n)] = \Delta[x(n+2) - 2x(n+1) + x(n)]$
$$= x(n+3) - 3x(n+2) + 3x(n+1) - x(n)$$

后向差分：

一阶　$\nabla x(n) = x(n) - x(n-1)$

二阶　$\nabla^2 x(n) = \nabla[\nabla x(n)] = \nabla[x(n) - x(n-1)]$
$$= x(n) - 2x(n-1) + x(n-2)$$

三阶　$\nabla^3 x(n) = \nabla[\nabla^2 x(n)] = \nabla[x(n) - 2x(n-1) + x(n-2)]$
$$= x(n) - 3x(n-1) + 3x(n-2) - x(n-3)$$

由此看出　$\nabla x(n) = \Delta x(n-1)$

【例 2-6】　设 $x(n) = \begin{cases} 0.8^{n+1}, & n \geqslant -1 \\ 0, & n < -1 \end{cases}$，求 $\Delta x(n) = x(n+1) - x(n)$ 和 $\nabla x(n) = x(n) - x(n-1)$。

解：直接由定义得前向差分

$$\Delta x(n) = x(n+1) - x(n) = \begin{cases} 0, & n < -2 \\ 1, & n = -2 \\ 0.8^{n+2} - 0.8^{n+1} = -\dfrac{1}{5} \times 0.8^{n+1}, & n > -2 \end{cases}$$

而后向差分为

$$\nabla x(n) = x(n) - x(n-1) = \begin{cases} 0, & n < -1 \\ 1, & n = -1 \\ 0.8^{n+1} - 0.8^n = -\dfrac{1}{5} \times 0.8^n, & n > -1 \end{cases}$$

$x(n)$、$\Delta x(n)$ 及 $\nabla x(n)$ 如图 2-6 所示。由图可以看出，$\Delta x(n)$ 和 $\nabla x(n)$ 的图形一样，只是位置不同而已，相互只差一位，即 $\nabla x(n) = \Delta x(n-1)$。

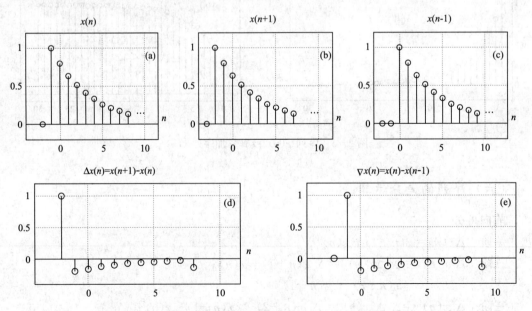

图 2-6　序列 $x(n)$、前向差分 $\Delta x(n)$ 及后向差分 $\nabla x(n)$

（七）序列的时间尺度变换

如果有一序列 $x(n)$，其时间尺度变换为 $x(mn)$ 或 $x(n/m)$，其中 m 为正整数。以 $m=2$［即 $x(2n)$］为例说明，$x(2n)$ 不是序列简单在时间轴上按比例增一倍，而是以低一半的采样频率从 $x(n)$ 中每隔 2 点取 1 点（序列的幅值并没有改变），如果是连续时间信号 $x(t)$ 的采样，那么，这相当于将 $x(t)$ 的采样间隔从 T 增加到 $2T$，也就是说：

假如

$$x(n) = x(t)\big|_{t=n\cdot T}$$

便有

$$x(2n) = x(t)\big|_{t=n\cdot 2T}$$

把这种运算称为**抽取**，也叫作**减采样**，即 $x(2n)$ 是 $x(n)$ 的采样序列（新得到的序列），$x(n)$ 及 $x(2n)$ 分别如图 2-7 所示；如果采样间隔由 T 变成 $T/2$，那么，$x(n/2)$ 则表示是 $x(n)$ 的插值序列，即在原序列 $x(n)$ 中每隔一个样点插入一个值，即采样间隔减少一半。这样构成新的序列比原序列多一倍样点，这种采样也叫**增采样**。

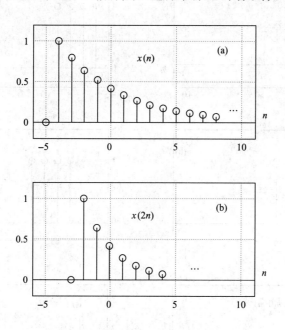

图 2-7 序列的时间尺度变换举例

（八）两序列的卷积

大家在积分变换中已学过卷积积分运算，这种运算在信号与系统分析中是求解连续线性时不变系统输出响应（零状态响应）的主要方法（关于线性时不变系统稍后详细介绍）。同样，它也是求解离散线性时不变系统输出响应（零状态响应）的主要方法。

在这里，首先给出卷积的定义，然后再介绍运算方法。

假设有任意两个序列 $x(n)$、$h(n)$，那么 $x(n)$、$h(n)$ 的卷积定义为

$$y(n) = \sum_{m=-\infty}^{\infty} x(m)h(n-m) = x(n) * h(n) \qquad (2-1)$$

其中"*"表示两个序列 $x(n)$ 和 $h(n)$ 的卷积，或称为卷积和。求解这样的卷积有几种不同的方法，在实际运算中采用哪一种方法最简便，则取决于待求卷积序列的形式和类型。这里给出其中三种算法：直接计算法、图示法、滑尺法。由于卷积运算在数字信号处理中要经常用到，希望读者熟练掌握。

1. 直接计算法

如果参与卷积运算的两个序列可以用简单的闭合形式（数学表达式）表示时，那么利用式（2-1）直接计算较容易些。

2. 图示法

利用图形表示来求卷积，这种求解卷积运算可分为四步：翻褶、移位、相乘、相加，如图 2-8 所示。

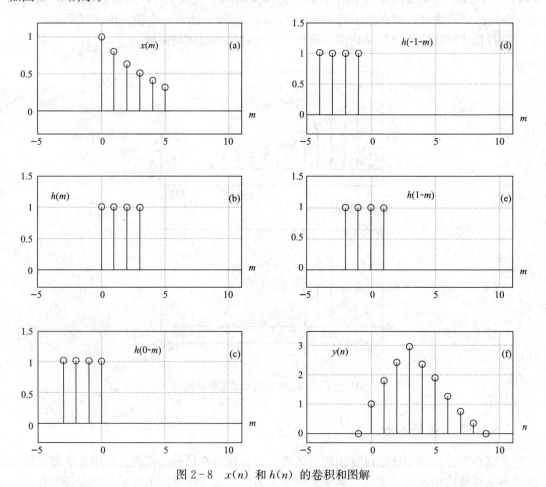

图 2-8 $x(n)$ 和 $h(n)$ 的卷积和图解

（1）翻褶 先在哑变量坐标 m 上作出 $x(m)$ 和 $h(m)$ 的图形，然后将 $h(m)$ 以 $m=0$ 的垂直轴为对称轴进行翻褶，得到 $h(-m)$。

（2）移位　将 $h(-m)$ 移位 n，即得 $h(n-m)$。当 n 为正整数时，右移 n 位。当 n 为负整数时，左移 n 位。

（3）相乘　在 $h(n-m)$ 和 $x(m)$ 中，把具有相同序号 m 所对应的点上值相乘。

（4）相加　将以上所有对应点的乘积相加起来，即得到 $y(n)$ 值。

同理，取 $n=\cdots,-2,-1,0,1,2,\cdots$ 各值，便可得全部 $y(n)$ 值。一般来说，在求解时，往往可能要分成几个区间来分别加以计算。

【例2-7】　设 $x(n)=\begin{cases}0.8^n, & 0\leqslant n\leqslant 5 \\ 0, & 其他 n\end{cases}$，$h(n)=\begin{cases}1, & 0\leqslant n\leqslant 3 \\ 0, & 其他 n\end{cases}$，求 $y(n)=x(n)*h(n)$。

解：$y(n)=x(n)*h(n)=\sum\limits_{m=-\infty}^{\infty}x(m)h(n-m)$，考虑如下分段：

（1）当 $n<0$ 时，$x(m)$ 和 $h(n-m)$ 无交叠，两序列相乘为零，故 $y(n)=0$，$n<0$。

（2）当 $0\leqslant n\leqslant 3$ 时，$x(m)$ 和 $h(n-m)$ 有交叠相乘的非零项是从 $m=0$ 到 $m=n$，故

$$y(n)=\sum_{m=0}^{n}x(m)h(n-m)=\sum_{m=0}^{n}0.8^m h(n-m)$$

$$=\sum_{m=0}^{n}0.8^m=\frac{1-0.8^{n+1}}{1-0.8}=5(1-0.8^{n+1})$$

也就是

$$y(0)=1,\quad y(1)=1.8,\quad y(2)=2.44,\quad y(3)=2.9520$$

（3）当 $4\leqslant n\leqslant 5$ 时，$x(m)$ 和 $h(n-m)$ 完全相交叠，m 的下限是 $n-3$（$n=4$、5 分别对应 m 的下限为 $m=1$、2），上限是 n，即

$$y(n)=\sum_{m=n-3}^{n}0.8^m h(n-m)=\sum_{m=n-3}^{n}0.8^m=2.952\times 0.8^{n-3}$$

即

$$y(4)=2.3616,\quad y(5)=1.8893$$

（4）当 $6\leqslant n\leqslant 8$ 时，$x(m)$ 和 $h(n-m)$ 交叠而非零的 m 范围的下限是变化的（$n=6$、7、8 分别对应 m 的下限为 $m=1$、2、3），而 m 的上限是 5。

$$y(n)=\sum_{m=n-3}^{5}0.8^m h(n-m)=\sum_{m=n-3}^{5}0.8^m$$

即

$$y(6)=1.2493,\quad y(7)=0.7373,\quad y(8)=0.3277$$

（5）当 $n\geqslant 9$ 时，$x(m)$ 和 $h(n-m)$ 没有非零的交叠部分，故 $y(n)=0$。卷积和的图解表示可如图2-8所示。

3. 滑尺法

如果 $x(n)$ 和 $h(n)$ 都是有限长且持续时间短时，这种方法特别方便，见图2-9示意。具体步骤如下：

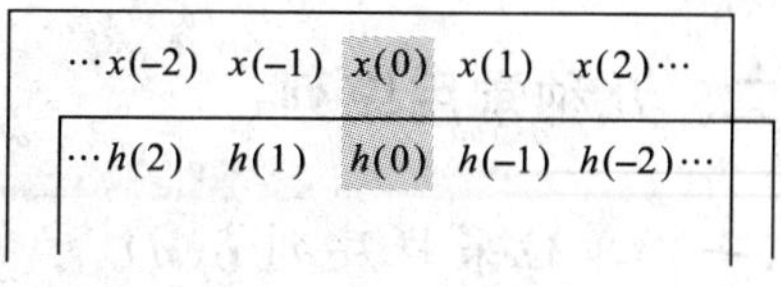

（1）沿一张纸的顶部写出 $x(m)$ 的值，然

$\cdots x(-2)$	$x(-1)$	$x(0)$	$x(1)$	$x(2)\cdots$
$\cdots h(2)$	$h(1)$	$h(0)$	$h(-1)$	$h(-2)\cdots$

图2-9　卷积的滑尺法

后在另一张的顶部写出 $h(-m)$ 的值。

（2）把两序列的值 $x(0)$ 和 $h(0)$ 对齐，并将相对应的一对数相乘，然后再把乘积相加得到 $y(0)$ 的值。

（3）把翻褶后的序列 $h(-m)$ 向右滑动一位，将相对应的每一对数相乘，并把相乘后的积加起来求得 $y(1)$ 的值，对所有 $n>0$ 重复滑动，求出 $y(n)$；用同样的做法向左滑动，求出所有 $n<0$ 时的 $y(n)$ 值。

【例 2-8】 设有两个序列 $x(n)$、$h(n)$ 分别为
$$\{x(1),\ x(2),\ x(3),\ x(4),\ x(5)\} = \{1,\ 3,\ 5,\ 2,\ 1\}$$
$$\{h(0),\ h(1),\ h(2)\} = \{3,\ 2,\ 1\}$$

求 $y(n) = x(n) * h(n)$。

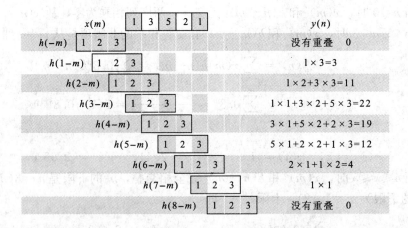

图 2-10 滑尺法求 $x(n)$ 和 $h(n)$ 的卷积和

解：由于 $x(n)$ 和 $h(n)$ 都是有限长，故可用滑尺法求 $y(n)$，其过程见图 2-10，结果 $y(n)$ 为

$\{y(1),\ y(2),\ y(3),\ y(4),\ y(5),\ y(6),\ y(7)\} = \{3,\ 11,\ 22,\ 19,\ 12,\ 4,\ 1\}$

此外，由式（2-1）看出卷积和与两序列的先后次序无关，可以证明如下：

令 $n-m=m'$ 代入式（2-1），然后再将 m' 换成 m，即得
$$y(n) = \sum_{m=-\infty}^{\infty} h(m)x(n-m)$$

因此
$$y(n) = x(n) * h(n) = h(n) * x(n)$$

二、几种常用序列

（一）单位采样序列 $\delta(n)$

$$\delta(n) = \begin{cases} 1, & n=0 \\ 0, & n\neq 0 \end{cases} \qquad (2-2)$$

也称**单位冲激序列**。序列 $\delta(n)$ 类似于连续时间信号与系统中的单位冲激函数 $\delta(t)$，但是在连续时间信号与系统中 $\delta(t)$ 是 $t=0$ 点时，其脉宽度趋于零，而幅值趋于无限大，面积为 1 的信号，是极限概念的信号，或由分配函数来加以定义。而这里 $\delta(n)$ 在 $n=0$ 时取值为 1，既简单又易计算。单位采样序列如图 2-11(a) 所示。

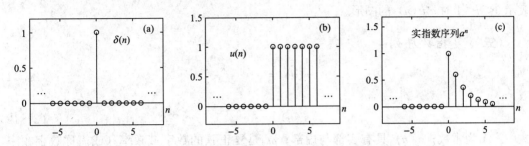

图 2-11 几种常用序列
(a) 单位抽样序列；(b) 单位阶跃序列；(c) 实指数序列

（二）单位阶跃序列 $u(n)$

$$u(n) = \begin{cases} 1, & n \geqslant 0 \\ 0, & n < 0 \end{cases} \qquad (2-3)$$

单位阶跃序列 $u(n)$ 类似于连续时间信号与系统中的单位阶跃函数 $u(t)$。但 $u(t)$ 在 $t=0$ 时常不给予定义，而 $u(n)$ 在 $n=0$ 时定义为 $u(0)=1$，如图 2-11(b) 所示。$\delta(n)$ 和 $u(n)$ 间的关系为

$$\delta(n) = u(n) - u(n-1) = \nabla u(n) \qquad (2-4)$$

它实质上就是 $u(n)$ 的后向差分。而

$$u(n) = \sum_{m=0}^{\infty} \delta(n-m) = \delta(n) + \delta(n-1) + \delta(n-2) + \cdots \qquad (2-5)$$

并令 $n-m=k$ 代入上式，可得

$$u(n) = \sum_{k=-\infty}^{n} \delta(k) \qquad (2-6)$$

这里就用到累加的概念。

（三）矩形序列

$$R_N(n) = \begin{cases} 1, & 0 \leqslant n \leqslant N-1 \\ 0, & 其他 \ n \end{cases} \qquad (2-7)$$

$R_N(n)$ 和 $\delta(n)$、$u(n)$ 的关系为

$$R_N(n) = u(n) - u(n-N) \qquad (2-8)$$

$$\begin{aligned} R_N(n) &= \sum_{m=0}^{N-1} \delta(n-m) \\ &= \delta(n) + \delta(n-1) + \delta(n-2) + \cdots + \delta(n-N+1) \end{aligned} \qquad (2-9)$$

（四）实指数序列

$$x(n) = a^n u(n) \tag{2-10}$$

其中 a 为实数。当 $|a| < 1$ 时序列是收敛的，而当 $|a| > 1$ 时序列是发散的。图 2-11(c) 表示 $0 < a < 1$ 时 $a^n u(n)$ 的图形。

（五）复指数序列

$$x(n) = e^{(\sigma + j\omega_0)^n} \tag{2-11}$$

或

$$x(n) = A e^{j\omega_0 n} \tag{2-12}$$

式中：A 为常数；$x(n)$ 具有实部与虚部；ω_0 是复正弦的数字域频率（或简称数字频率，下面详细说明）。对第一种表示，可写成

$$x(n) = e^{\sigma n}(\cos\omega_0 n + j\sin\omega_0 n) = e^{\sigma n}\cos\omega_0 n + je^{\sigma n}\sin\omega_0 n$$

如果用极坐标表示，那么

$$x(n) = |x(n)| e^{j\arg[x(n)]} = e^{\sigma n} \cdot e^{j\omega_0 n}$$

因而

$$|x(n)| = e^{\sigma n}, \quad \arg[x(n)] = \omega_0 n$$

（六）正弦型序列

$$x(n) = A\cos(n\omega_0 + \varphi) \tag{2-13}$$

式中：A 为幅度；ω_0 为数字频率；φ 为起始相位。

三、序列的周期性

如果序列 $x(n)$ 对所有 n 存在一个最小的正整数 N，满足

$$x(n) = x(n+N) \tag{2-14}$$

那么称序列 $x(n)$ 是周期性序列，周期为 N。

现在来讨论正弦序列的周期性，在连续时间情况下，正弦信号是周期信号，不妨设连续正弦信号为

$$x(t) = A\sin(\Omega_0 t + \varphi)$$

这一信号的频率为 f_0，角频率为 $\Omega_0 = 2\pi f_0$，信号的周期为 $T_0 = 1/f_0 = 2\pi/\Omega_0$。如果对连续周期信号 $x(t)$ 进行采样，其采样时间间隔为 T，采样后信号以 $x(n)$ 表示，则有

$$x(n) = x(t)|_{t=nT} = A\sin(\Omega_0 nT + \varphi)$$

如果令 ω_0 为数字频率，满足

$$\omega_0 = \Omega_0 T = \frac{\Omega_0}{f_s} = 2\pi\frac{f_0}{f_s}$$

其中 f_s 是**采样频率**。可以看出，ω_0 是一个相对频率，它是连续正弦信号的频率 f_0 对采样频率 f_s 的相对频率乘以 2π，或者说是连续正弦信号的角频率 Ω_0 对采样频率 f_s 的相对频

率。用 ω_0 代替，可得

$$x(n) = A\sin(n\omega_0 + \varphi)$$

那么

$$x(n+N) = A\sin[(n+N)\omega_0 + \varphi] = A\sin[N\omega_0 + n\omega_0 + \varphi]$$

如果

$$N\omega_0 = 2\pi k$$

k 为整数时，那么

$$x(n) = x(n+N)$$

即

$$A\sin(n\omega_0 + \varphi) = A\sin[(n+N)\omega_0 + \varphi]$$

这时正弦序列就是周期性序列，其周期满足 $N = 2\pi k/\omega_0$（N、k 必须为整数），下面分几种情况分别来讨论。

（1）当 $2\pi/\omega_0$ 为整数时，那么 $k=1$ 时，$N = 2\pi/\omega_0$ 为最小正整数，所以周期为 $N = 2\pi/\omega_0$，如图 2-12 所示。

（2）当 $2\pi/\omega_0$ 不是整数，而是一个有理数时（有理数可表示成分数），即若 $2\pi/\omega_0 = p/q$，其中 p 与 q 为互素的整数，那么 $2\pi q/\omega_0 = p$ 为最小正整数（$N = p$），为该正弦序列的周期，此时其周期 N 将大于值 $2\pi/\omega_0 = p/q$。

（3）当 $2\pi/\omega_0$ 是无理数时，对任何 k 皆不能使 N 为正整数，这时，正弦序列不是周期的。这与时间是连续时的情况不一样。

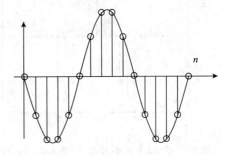

函数 $\sin(\omega t)$ 与序列 $\sin(\omega n)$

图 2-12 当 $\varphi = 0$，$\omega_0 = 2\pi/10$，$A = 1$ 时的正弦序列（周期序列，周期 $N = 10$）

同样，指数为纯虚数的复指数序列的周期性与正弦序列的情况相同，不过，无论正弦或者复指数序列是否为周期序列，而参数 ω_0 皆称为它们的频率。

此外，需要注意一点，对于连续时间正弦信号 $x(t) = A\sin(\Omega_0 t + \varphi)$ 或连续时间余弦信号 $x(t) = A\cos(\Omega_0 t + \varphi)$，随着 Ω_0 的增加，函数振荡愈来愈快；而对于离散正弦信号 $x(n) = A\sin(\omega_0 n + \varphi)$［或者 $x(n) = A\cos(\omega_0 n + \varphi)$］而言，当 ω_0 从 0 增加到 π 时，振荡愈来愈快，当 ω_0 从 π 增加到 2π 时，振荡反而变慢，如图 2-13 所示 $\cos(\omega_0 n)$，事实上，由于正弦型序列和复指数序列在 ω_0 上的周期性，$\omega_0 = 2\pi$ 与 $\omega_0 = 0$ 时无法区分。更一般地说，在 $\omega_0 = 2\pi$ 周围的频率与 $\omega_0 = 0$ 周围的频率是不能区分的，结果对于正弦和复指数序列，位于 $\omega_0 = 2\pi k$（k 为任意整数）邻近的 ω_0 值就属于低频范围（相对慢的振荡），而 ω_0 在 $\omega_0 = (2k+1)\pi$ 附近就是高频区域（相对快的振荡）。

下面让我们看一看 $2\pi/\omega_0$ 与 T（采样时间间隔）和 T_0 的关系，从而讨论上面所述正弦型序列的周期性条件意味着什么？

$$\frac{2\pi}{\omega_0} = \frac{2\pi}{\Omega_0 T} = \frac{2\pi}{2\pi f_0 T} = \frac{1}{f_0 T} = \frac{T_0}{T}$$

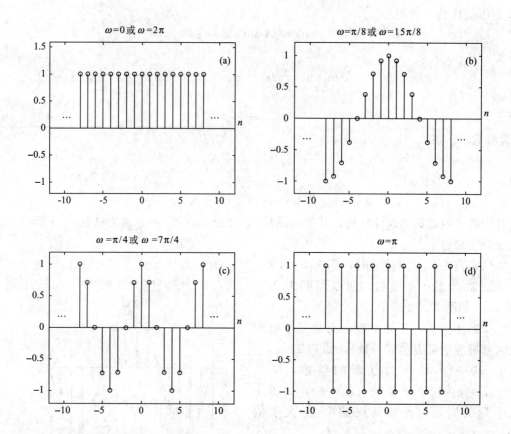

图 2-13 对于几个不同 ω_0 值时的 $\cos(\omega_0 n)$，随着 ω_0 从零增加到 π[(a)~(d)]，序列振荡
加快；随着当 ω_0 从 π 增加到 2π[(d)~(a)]，振荡反而变慢

这表明，如果要 $2\pi/\omega_0$ 为整数，就表示连续正弦信号的周期应为采样时间间隔的整数倍；如果 $2\pi/\omega_0$ 为有理数，就表明 T_0 与 T 为互素的整数。如 $\omega_0 = 2\pi \times 3/14$，则有

$$\frac{2\pi}{\omega_0} = \frac{14}{3} = \frac{T_0}{T}$$

因而可得

$$14T = 3T_0$$

也就是说，14 个采样间隔等于 3 个连续正弦信号的周期。由此推出 $2\pi/\omega_0$ 等于任意有理数的一般情况的结论。

如果 $x_1(n)$ 是一个周期为 N_1 的序列，$x_2(n)$ 是另一个周期为 N_2 的序列，其和

$$x(n) = x_1(n) + x_2(n)$$

将恒为周期序列，且其周期为

$$N = \frac{N_1 N_2}{\gcd(N_1, N_2)} \tag{2-15}$$

其中，$\gcd(N_1, N_2)$ 表示 N_1 与 N_2 的最大公约数。对于

$$x(n) = x_1(n) \cdot x_2(n)$$

同样是周期的，其周期也为式（2-15）中的 N。

【例 2-9】　判断下列信号是否是周期信号，若为周期信号，则求出其周期。

(a)　$x(n)=\cos(0.125\pi n)$　　　　(c)　$x(n)=\sin(\pi+0.2n)$

(b)　$x(n)=\text{Re}\{e^{jn\pi/12}\}+\text{Im}\{e^{jn\pi/18}\}$　　(d)　$x(n)=e^{jn\pi/16}\cos(n\pi/17)$

解：(a) 因为 $\cos(0.125\pi n)=\cos\left(\dfrac{\pi}{8}n\right)=\cos\left(\dfrac{\pi}{8}(n+16)\right)$，所以，$x(n)$ 是以 $N=16$ 为周期的。

(b) 因为 $x(n)=\cos\left(\dfrac{\pi}{12}n\right)+\sin\left(\dfrac{\pi}{18}n\right)=\cos\left[\dfrac{\pi}{12}(n+24)\right]+\sin\left[\dfrac{\pi}{18}(n+36)\right]$，所以，$x_1(n)$ 是以 $N_1=24$，$x_2(n)$ 是以 $N_2=36$ 为周期的，故 $x(n)$ 是以

$$N=\frac{N_1 N_2}{\gcd(N_1,\ N_2)}=\frac{24\cdot 36}{\gcd(24,\ 36)}=\frac{24\cdot 36}{12}=72$$

为周期的。

(c) $\omega_0=0.2$，$2\pi/0.2=10\pi$，为无理数，故它不是周期序列。

(d) $x_1(n)=e^{jn\pi/16}=e^{j\frac{\pi}{16}(n+32)}$ 是以 $N_1=32$，$x_2(n)=\cos\left(\dfrac{\pi}{17}n\right)=\cos\left(\dfrac{\pi}{17}(n+34)\right)$ 是以 $N_2=34$ 为周期的，故 $x(n)$ 是以 $N=\dfrac{N_1 N_2}{\gcd(N_1,\ N_2)}=\dfrac{32\cdot 34}{\gcd(32,\ 34)}=\dfrac{32\cdot 34}{2}=544$ 为周期的。

四、任意序列的表示

利用单位采样序列研究线性时不变系统非常方便。可以将任意序列表示成单位采样序列的移位加权和，即

$$x(n)=\sum_{m=-\infty}^{\infty}x(m)\cdot\delta(n-m) \tag{2-16}$$

显然，这是因为只有 $m=n$ 时，$\delta(n-m)=1$，因而

$$x(n)\cdot\delta(n-m)=\begin{cases} x(n), & m=n \\ 0, & m\neq n \end{cases}$$

同样，式（2-16）中 $x(n)$ 的表达式可看成 $x(n)$ 和 $\delta(n)$ 的卷积。

【例 2-10】　有一序列 $x(n)$ 如图 2-14(a) 所示。$x(n)$ 可表示为

$$x(n)=a_{-3}\delta(n+3)+a_2\delta(n-2)+a_6 x(n-6)$$

这可看成 $\delta(n)$ 序列的移位加权和，亦可表示成 $x(n)$ 与 $\delta(n)$ 的卷积和，如图 2-14(b)～(f) 所示。

五、序列的能量

序列 $x(n)$ 的能量 E 定义为序列各采样值的平方和，即

$$E=\sum_{n=-\infty}^{\infty}|x(n)|^2$$

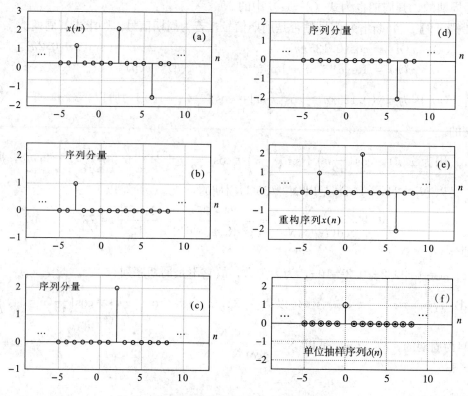

图 2-14　用单位抽样序列表示任意序列 $x(n)$

第三节　离散时间系统

离散时间系统就是将输入序列转换为输出序列的一种运算。在数学上，是一算子或映射，该算子（映射）通过一组已定法则或运算把一个信号（输入）转换为另一个信号（输出）。有时也可能是一种转换设备，或者就是一种有对应关系的数据表格。常用 $T[\cdot]$ 来表示一般系统（图 2-15），即一个离散时间系统为

$$y(n) = T[x(n)]$$

表明输入信号 $x(n)$ 经过转换后变为输出信号 $y(n)$。

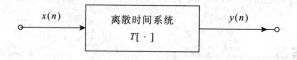

图 2-15　离散时间系统

一个系统的输入-输出关系可以用不同的方法来确定。例如，输入-输出之间的关系可

以是函数 $y(n)=x^2(n)$ 也可以是 $y(n)=0.5y(n-1)+x(n)$。

离散时间系统，可按它们所具有的性质分类，最常用的性质包括线性性、移位不变性、因果性、稳定性和可逆性。

一、线性系统

如果离散时间系统满足

$$T[ax(n)]=aT[x(n)]$$

那么称系统具有**均匀性**（或者称为**齐次性**，有时也称为比例性）。

如果离散时间系统满足

$$T[x_1(n)+x_2(n)]=T[x_1(n)]+T[x_2(n)]$$

那么称该系统具有**可加性**。

如果离散时间系统既满足均匀性又满足可加性，那么称此系统为离散时间**线性系统**，或者说此系统具有线性性。这就是说，如果输入为 $x_1(n)$、$x_2(n)$ 时，且输出分别为 $y_1(n)$、$y_2(n)$，即

$$y_1(n)=T[x_1(n)], \quad y_2(n)=T[x_2(n)]$$

那么，当输入为 $x(n)=a_1x_1(n)+a_2x_2(n)$ 时，输出一定为

$$y(n)=a_1y_1(n)+a_2y_2(n)$$

其中 a_1、a_2 为任意常数（即实数或复数），即

$$T[a_1x_1(n)+a_2x_2(n)]=a_1T[x_1(n)]+a_2T[x_2(n)]$$
$$=a_1y_1(n)+a_2y_2(n) \tag{2-17}$$

【例 2-11】 说明 $y(n)=9x(n)+5$ 是一非线性离散时间系统。

解：$y_1(n)=T[x_1(n)]=9x_1(n)+5$，$y_2(n)=T[x_2(n)]=9x_2(n)+5$，所以

$$a_1y_1(n)+a_2y_2(n)=9a_1x_1(n)+9a_2x_2(n)+5(a_1+a_2)$$

但是

$$T[a_1x_1(n)+a_2x_2(n)]=9[a_1x_1(n)+a_2x_2(n)]+5$$

因而

$$T[a_1x_1(n)+a_2x_2(n)]\neq a_1y_1(n)+a_2y_2(n)$$

所以此系统不是线性离散时间系统。

【例 2-12】 已知输入 $x(n)$ 和输出 $y(n)$ 满足以下关系式：

$$y(n)=\lg[x(n)]$$

讨论此系统是否是离散时间线性系统。

解：（a）讨论可加性，令 $y_1(n)$、$y_2(n)$ 分别是输入为 $x_1(n)$、$x_2(n)$ 时的输出，如果系统具有可加性，那么，当 $x(n)=x_1(n)+x_2(n)$ 时，输出应为 $y(n)=y_1(n)+y_2(n)$，但是在此系统中有

$$y(n)=T[x(n)]=\lg[x(n)]=\lg[x_1(n)+x_2(n)]\neq\lg[x_1(n)]+\lg[x_2(n)]$$

（b）讨论齐次性，如果系统具有齐次性，对任意输入 $x(n)$ 和所有复常数 a，则应该有

$$y(n)=T[ax(n)]=aT[x(n)]$$

但是 $y(n)=\lg[x(n)]$ 不具有齐次性，因为 $x_1(n)=ax(n)$ 时，会有

$$y_1(n)=\lg[ax(n)]=\lg a+\lg[x(n)]$$

$y(n)\neq y_1(n)$。显然，此系统既不满足可加性又不满足齐次性，因此它是非线性离散时间系统。

同理可证明 $y(n)=\sum\limits_{m=-\infty}^{n}x(m)$ 是线性系统。$y(n)=x(n)\cos\left(\dfrac{2\pi}{7}n+\dfrac{\pi}{13}\right)$ 是线性系统，此处应注意：输入仅为 $x(n)$，即讨论系统时，必须把系统输入信号的影响与系统定义中用到的其他函数影响区分开来，例如，在 $y(n)=x(n)\cos\left(\dfrac{2\pi}{7}n+\dfrac{\pi}{13}\right)$ 中 $\cos\left(\dfrac{2\pi}{7}n+\dfrac{\pi}{13}\right)$ 就不是输入信号。

二、时不变系统

如果一个系统，在输入中，当信号移 n_0 位（延迟或超前）时，在输出中，会引起该响应也移 n_0 位，我们称这个系统是**时不变系统**（或者称之为移不变系统）。即：如果系统的输入为 $x(n)$，而相应的输出为 $y(n)$ 时，那么当输入为 $x(n-n_0)$ 时，相应的输出为 $y(n-n_0)$，也就是说输入移动任意位，其输出也移动这么多位，同时幅值却保持不变，该系统就是时不变系统。即，如果 $T[x(n)]=y(n)$，那么

$$T[x(n-n_0)]=y(n-n_0) \tag{2-18}$$

其中 n_0 为任意整数。

【例 2-13】 $y(n)=T[x(n)]=x(Mn)$ 为压缩器，试判断该系统是否是时不变离散时间系统？

解：如果系统是时不变的，那么当 $x_1(n)=x(n-n_0)$ 时，则有

$$y_1(n)=T[x_1(n)]=x_1(Mn)=x(Mn-n_0)$$

然而，在此系统中有

$$y(n-n_0)=x[M(n-n_0)]=x[Mn-Mn_0]\neq y_1(n)$$

故该系统不是时不变离散时间系统。

【例 2-14】 讨论 $y(n)=9x(n)+5$ 的时不变性。

解：如果系统是时不变的，对某一常数 n_0，应有

$$T[x(n-n_0)]=9x(n-n_0)+5$$

而此系统中有

$$y(n-n_0)=9x(n-n_0)+5$$

二者相等，故它是时不变系统。

【例 2-15】 证明 $y(n)=\sum\limits_{m=-\infty}^{n}x(m)$ 是时不变系统。

证：由题意知

$$T[x(n-n_0)]=\sum_{m=-\infty}^{n}x(m-n_0)=\sum_{m=-\infty}^{n-n_0}x(m)\quad(m-n_0=m',\ m'\rightarrow m)$$

$$y(n-n_0) = \sum_{m=-\infty}^{n-n_0} x(m)$$

由于二者相等，故该系统是时不变离散时间系统。

同理可证明，$y(n)=x(n)\cos\left(\dfrac{2\pi}{7}n+\dfrac{\pi}{9}\right)$，$y(n)=nx(n)$ 不是时不变离散时间系统。

【例 2 - 16】　讨论系统 $y(n)=x(-n)$ 是否是移不变离散时间系统？

解：如果 $x_1(n)=x(n-n_0)$，那么

$$y_1(n) = x(-n-n_0)$$

而

$$y(n-n_0) = x[-(n-n_0)] = x(-n+n_0) \neq y_1(n)$$

故该系统不是移不变离散时间系统。

三、因果系统

对于一个系统，在给定某一个 n_0，如果输出序列在 $n=n_0$ 的值仅仅取决于输入序列在 $n\leqslant n_0$ 的值，那么该系统就是**因果系统**，即 $n=n_0$ 的输出 $y(n_0)$ 只取决于 $n\leqslant n_0$ 的输入 $x(n)|_{n\leqslant n_0}$，也就是说该系统是不可预知的。对于因果系统，如果 $n<n_0$ 时，$x_1(n)=x_2(n)$，那么 $n<n_0$ 时，$y_1(n)=y_2(n)$。假若系统在 $n=n_0$ 的输出 $y(n_0)$ 还取决于 $n\geqslant n_0$ 的输入 $x(n)$，那么它不符合因果关系，因而是非因果系统，是不可实现的系统。

仿照此定义，我们将 $n<0$，$x(n)=0$ 的序列称为因果序列，表明这个序列可以作为一个因果系统的单位采样响应。

例如，$y(n)=nx(n)$、$y(n)=x(n)\cos(n+3)$ 是因果系统。但是，为了去除噪声或高频的变化，保留总的缓慢变化趋势，常常采用对数据进行取平均的方法：

$$y(n) = \frac{1}{2N+1}\sum_{i=-N}^{N} x(n-i)$$

这是一个起平滑作用的非因果系统。又如 $y(n)=x(n+1)+x(n)$、$y(n)=x(n^3)$ 也是非因果系统。因 $y(n)=x(n+1)+x(n)$ 在 n 时刻的值与未来时刻 $n+1$ 有关，而 $y(n)=x(n^3)$ 也一样（$n^3>n$，当 $n>0$ 时）。

频率特性为矩形的理想低通滤波器（见第四、五章）是非因果的不可实现的系统。如果不是实时处理，或即便需要实时处理但允许有很大的延时，那么可把"将来"的输入值存储起来以备调用。那么可用具有很大延时的因果系统去逼近非因果系统，这也是数字系统优于模拟系统的地方。

【例 2 - 17】　讨论前向和后向差分系统是否是因果系统？

解：由前述知，前向差分系统为

$$y(n) = x(n+1) - x(n) \tag{2-19}$$

因为输出的当前值与输入的一个将来值有关，所以这个系统不是因果的。违反因果性也可以考虑用 $x_1(n)=\delta(n-1)$ 和 $x_2(n)=0$ 这两个输入及其他对应的输出 $y_1(n)=\delta(n)-\delta(n-1)$ 和 $y_2(n)=0$ 来说明。注意到，对于 $n\leqslant 0$，有 $x_1(n)=x_2(n)$，那么根据因果性的定义就要求 $y_1(n)=y_2(n)$，$n\leqslant 0$。很清楚，对于 $n=0$ 这一点就不是这样，因为 $y_1(n)=$

$\delta(0)-\delta(0-1)=1-0=1$，而 $y_2(n)=0$，所以，由这个反例就可证明系统不是因果的。后向差分系统留给读者自己去讨论。

四、稳定系统

稳定系统是指有界输入产生有界输出的系统（Bounded Input and Bounded Output，BIBO）。当且仅当每一个有界的输入序列都产生一个有界的输出序列时，则称该系统在有界输入有界输出意义下是稳定的。如果存在某个固定的有限正数 A_x，使下式成立：

$$|x(n)| \leqslant A_x < \infty, \quad \text{对全部 } n \qquad (2-20)$$

则输入 $x(n)$ 就是有界的。稳定性要求对每一个有界的输入，都存在一个固定的有限正数 A_y，使下式成立：

$$|y(n)| \leqslant A_y < \infty, \quad \text{对全部 } n \qquad (2-21)$$

例如，$y(n)=nx(n)$，当 $|x(n)| \leqslant M$（M 为正实数），而 $y(n)$ 会随着 n 增大而增大，所以它不是稳定系统。又如 $y(n)=a^{x(n)}$（a 为正整数），当 $|x(n)| \leqslant M$（M 为正实数）时，$a^{-M} \leqslant y(n) \leqslant a^M$，它是稳定系统。

五、可逆系统

在地震勘探、信道均衡和反卷积运算等应用中，一个重要的系统性质是可逆性，它由系统的输出确定系统的输入，我们称这一性质为系统的**可逆性**，具有可逆性质的系统称为**可逆系统**。为了保证一个系统是可逆的，对不同的输入需要产生不同的输出。换句话说，给定任何两个输入 $x_1(n)$、$x_2(n)$，且 $x_1(n) \neq x_2(n)$，必有 $y_1(n) \neq y_2(n)$ 成立。

【例 2-18】 由 $y(n)=x(n)g(n)$ 定义的系统是可逆的，当且仅当 $g(n) \neq 0$。特别地，给定 $y(n)$ 和对于所有 n 非零 $g(n)$，$x(n)$ 可从以下等式 $y(n)$ 中恢复：

$$x(n) = \frac{y(n)}{g(n)} \qquad (2-22)$$

值得特别强调的是，本节已经定义的这些性质是系统的性质，而不是输入对某个系统的性质。这就是说，我们有可能找到一些输入，针对该输入这些性质成立，但是，对某些输入存在着某个性质，并不意味着该系统就具有这一性质，具有这一性质的系统必须对所有输入都成立。例如，一个不稳定的系统有可能对某些有界的输入，其输出是有界的，但是具有稳定性质的系统必须是对所有有界的输入，其输出都是有界的。如果我们正好能够找到一种输入使该系统性质不成立，那么就能证明系统不具有这个性质。

六、线性时不变系统

一类特别重要的系统是由具有线性性和时不变性所组成的系统，称为**线性时不变系统**（LTI）或**线性移不变系统**（LSI），这类系统在信号处理中非常有用。线性时不变系统可用它的单位采样响应（单位冲激响应）来表征。所谓**单位采样响应**是指输入为单位冲激序列时，该系统的输出，一般用 $h(n)$ 表示单位采样响应，即

$$h(n) = T[\delta(n)] \qquad (2-23)$$

知道 $h(n)$ 后，就能得到此线性时不变系统对任意输入的输出。讨论如下：

假设线性时不变系统输入序列为 $x(n)$，输出序列为 $y(n)$。由上述式（2-16）知，任一序列 $x(n)$ 可写成 $\delta(n)$ 的移位加权和，即

$$x(n) = \sum_{m=-\infty}^{\infty} x(m)\delta(n-m)$$

那么该系统的输出为

$$y(n) = T[x(n)] = T\Big[\sum_{m=-\infty}^{\infty} x(m)\delta(n-m)\Big]$$

$$= \sum_{m=-\infty}^{\infty} x(m)T[\delta(n-m)] \quad （线性系统满足均匀性和可加性）$$

$$= \sum_{m=-\infty}^{\infty} x(m)h(n-m) \quad （移不变性）$$

$$y(n) = \sum_{m=-\infty}^{\infty} x(m)h(n-m) \tag{2-24}$$

这就是离散线性时不变系统的卷积和表示形式，是一个非常重要的表达式。卷积和的运算方法在本章第一节中已经讨论过了。如前所述可表示成

$$y(n) = x(n) * h(n) \tag{2-25}$$

如图 2-16 所示（常用框图表示），这里我们用"*"符号来表示"离散卷积和"，有时亦称"线性卷积和"或简称"卷积和"或"卷积"。这与以后将引入的"圆周卷积"（或"循环卷积"）是不同的。

图 2-16　线性移不变系统

虽然卷积和的表达式与连续时间线性理论中卷积积分的表达式是很相像的，但是，不应该把卷积和看成是卷积积分的一种近似。在连续时间线性理论中卷积积分主要起着一种理论上的作用，而我们将会看到，卷积和除了在理论上具有重要作用之外，还往往用作离散时间线性系统一种明确的实现。卷积和在数字信号处理中经常要用到，因此，要求读者透彻理解卷积和的实质，熟练掌握其计算方法。

下面讨论离散时间线性时不变系统的因果性和稳定性的条件。

线性时不变系统是因果系统的充要条件为

$$h(n) = 0, \quad n < 0 \tag{2-26}$$

证：充分条件：如果 $n<0$ 时，$h(n)=0$，那么

$$y(n) = \sum_{m=-\infty}^{\infty} x(m)h(n-m) = \sum_{m=-\infty}^{n} x(m)h(n-m) + \sum_{m=n+1}^{\infty} x(m)h(n-m)$$

$$= \sum_{m=-\infty}^{\infty} x(m)h(n-m) + \sum_{m=n+1}^{\infty} x(m) \cdot 0 \quad \{(n-m)<0, \ h(n)=0\}$$

$$= \sum_{m=-\infty}^{n} x(m)h(n-m)$$

所以

$$y(n_0) = \sum_{m=-\infty}^{n_0} x(m)h(n_0-m)$$

由此可见，$y(n_0)$ 只和 $m \leqslant n_0$ 时的 $x(m)$ 有关，因而是因果的。

必要条件：利用反证法来证明。已知为因果系统，如果假设 $n<0$ 时，$h(n) \neq 0$，那么

$$y(n) = \sum_{m=-\infty}^{n} x(m)h(n-m) + \sum_{m=n+1}^{\infty} x(m)h(n-m)$$

在所设条件下，第二个求和式

$$\left\{ \sum_{m=n+1}^{\infty} x(m)h(n-m), \ n<0 \text{ 时 } h(n) \neq 0 \right\}$$

至少有一项不为零，即 $y(n)$ 至少和 $m>n$ 时的一个 $x(m)$ 有关，这不符合因果性条件，所以假设不成立。因而 $n<0$ 时，$h(n)=0$ 是必要条件。

线性时不变系统是稳定系统的充要条件为

$$\sum_{n=-\infty}^{\infty} |h(n)| = p < \infty \tag{2-27}$$

即单位采样响应必须是绝对可和。证明如下：

证：充分条件：设 $\sum\limits_{n=-\infty}^{\infty} |h(n)| = p < \infty$

如果输入有界，即对于所有 n 皆有 $|x(n)| \leqslant M$，那么

$$|y(n)| = \left| \sum_{m=-\infty}^{+\infty} x(m)h(n-m) \right| \leqslant \sum_{m=-\infty}^{+\infty} |x(m)| \cdot |h(n-m)|$$

$$\leqslant M \sum_{m=-\infty}^{+\infty} |h(n-m)| = M \sum_{k=-\infty}^{+\infty} |h(k)| = Mp < \infty$$

即输出有界，故原条件是充分条件。

必要条件：利用反证法。已知系统稳定，假设

$$\sum_{n=-\infty}^{\infty} |h(n)| = \infty$$

我们可以找到一个有界的输入

$$x(n) = \begin{cases} 1, & h(-n) \geqslant 0 \\ -1, & h(-n) < 0 \end{cases}$$

那么

$$y(0) = \sum_{m=-\infty}^{\infty} x(m)h(0-m) = \sum_{m=-\infty}^{+\infty} |h(0-m)|$$

$$= \sum_{n=-\infty}^{+\infty} |h(n)| = \infty \qquad (n=-m)$$

即输出无界，这不符合稳定的条件，因而假设不成立。所以 $\sum\limits_{n=-\infty}^{\infty} |h(n)| < \infty$ 又是稳定的必要条件。

因果、稳定的线性时不变系统是一种非常重要的系统，该系统的单位采样响应是因果的（单边的）且是绝对可和的，即

$$\begin{cases} h(n) = h(n)u(n) \\ \sum\limits_{n=-\infty}^{\infty} |h(n)| < \infty \end{cases}$$

【例 2-19】 设线性时不变系统，其单位采样响应为 $h(n)=a^n u(n)$，讨论系统的因

果性和稳定性。

解：(1) 讨论因果性 $n<0$ 时，$h(n)=0$，故此系统是因果系统。

(2) 讨论稳定性：

$$\sum_{n=-\infty}^{\infty} |h(n)| = \sum_{n=0}^{\infty} |a^n| = \begin{cases} \dfrac{1}{1-|a|}, & |a|<1 \\ \infty, & |a| \geqslant 1 \end{cases}$$

所以 $|a|<1$ 时系统是稳定系统。

【例 2-20】 假设有一线性时不变系统，其单位采样响应为 $h(n)=-a^n u(-n-1)$，a 为实数。讨论因果性和稳定性。

解：(1) 讨论因果性 $n<0$ 时，$h(n) \neq 0$，故该系统是非因果系统。

(2) 讨论稳定性：

$$\sum_{n=-\infty}^{\infty} |h(n)| = \sum_{n=-\infty}^{-1} |a^n| = \sum_{m=1}^{\infty} |a|^{-m} = \sum_{m=1}^{\infty} \frac{1}{|a|^m} \quad (n=-m)$$

$$\sum_{n=-\infty}^{\infty} |h(n)| = \frac{1/|a|}{1-1/|a|} = \begin{cases} \dfrac{1}{|a|-1}, & |a|>1 \\ \infty, & |a| \leqslant 1 \end{cases}$$

所以 $|a|>1$ 时系统稳定。

七、线性时不变系统的性质

(一) 交换律

由于卷积和与两卷积序列的次序无关，故

$$y(n) = x(n) * h(n) = h(n) * x(n)$$

由此可见，如果把系统的单位冲激响应 $h(n)$ 改作为输入，而把输入 $x(n)$ 改作为该系统的单位冲激响应，那么输出 $y(n)$ 保持不变，如图 2-17 所示。

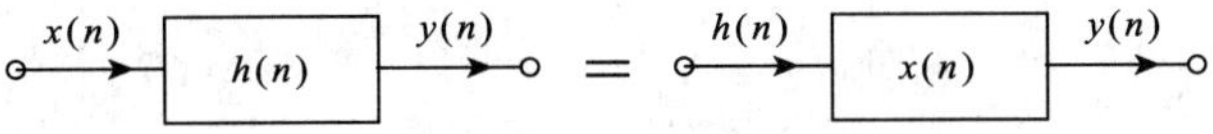

图 2-17 卷积和服从交换律

(二) 结合律

可以证明卷积运算服从结合律，即

$$x(n) * h_1(n) * h_2(n) = [x(n) * h_1(n)] * h_2(n)$$
$$= [x(n) * h_2(n)] * h_1(n)$$
$$= x(n) * [h_1(n) * h_2(n)]$$

这说明，两个线性时不变子系统级联后仍然构成一个线性时不变系统，而且所构成的单位采样响应为两个子系统单位采样响应的卷积和，同时所构成的线性时不变系统的单位采样响应与线性时不变子系统的级联次序无关，如图 2-18 所示。

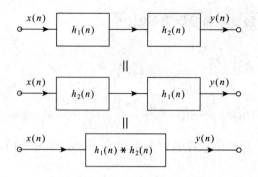

图 2-18　具有相同单位抽样响应的三个系统

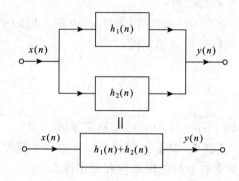

图 2-19　线性移不变系统的并联组合

（三）分配律

分配律是指卷积满足以下关系：

$$x(n) * [h_1(n) + h_2(n)] = x(n) * h_1(n) + x(n) * h_2(n)$$

也就是说两个线性时不变子系统的并联（等式右端）等效于一个系统，该系统的单位采样响应等于两子系统各自的单位采样响应之和（等式左端），如图 2-19 所示。

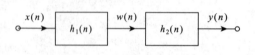

图 2-20　级联系统的举例

【例 2-21】　如图 2-20 所示，两线性时不变子系统级联，子系统的单位采样响应分别为 $h_1(n)$、$h_2(n)$，而输入为 $x(n)$，并设 $x(n)=u(n)$，$h_1(n)=\delta(n)-\delta(h-5)$，$h_2(n)=b^n u(n)$，$|b|<1$，求两线性时不变子系统级联后构成系统的输出 $y(n)$。

解：设级联的第一个系统的输出为 $w(n)$，如图 2-20 所示，即

$$y(n) = x(n) * h_1(n) * h_2(n) = [x(n) * h_1(n)] * h_2(n) = w(n) * h_2(n)$$

而

$$w(n) = x(n) * h_1(n) = \sum_{m=-\infty}^{\infty} x(m) h_1(n-m)$$

$$= \sum_{m=-\infty}^{\infty} u(m) h_1(n-m) = \sum_{m=0}^{\infty} u(m) [\delta(n-m) - \delta(n-m-5)]$$

$$= u(n) - u(n-5) = \sum_{k=0}^{4} \delta(n-k) = R_5(n)$$

因而输出为

$$y(n) = w(n) * h_2(n) = \left[\sum_{k=0}^{4} \delta(n-k) \right] * h_2(n)$$

$$= \sum_{k=0}^{4} h_2(n-k) = \sum_{k=0}^{4} b^{n-k} u(n-k)$$

所以

$$y(n) = 0, \qquad\qquad n < -1$$
$$y(0) = 1, \qquad\qquad n = 0$$
$$y(1) = 1 + b, \qquad\qquad n = 1$$
$$y(2) = 1 + b + b^2, \qquad\qquad n = 2$$
$$y(3) = 1 + b + b^2 + b^3, \qquad n = 3$$
$$y(n) = \sum_{k=0}^{4} b^{n-k}, \qquad\qquad n \geqslant 4$$

当 $b = 0.8$ 时，如图 2-21 所示。

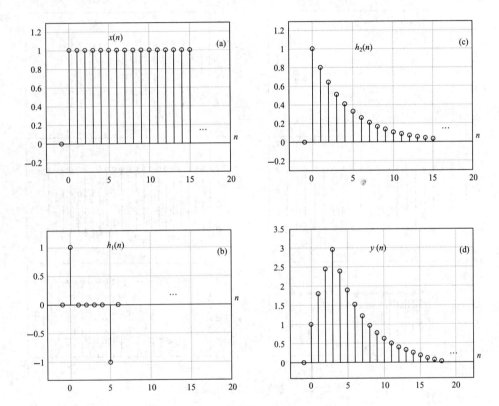

图 2-21　级联系统的举例（$b = 0.8$）

【例 2-22】　已知系统的单位冲激响应 $h(n) = u(n)$，输入为 $x(n) = a^{-n}u(-n-1)$，$0 < a < 1$，求该系统的输出 $y(n) = x(n) * h(n)$。

解：$y(n) = x(n) * h(n) = \sum\limits_{m=-\infty}^{\infty} x(n) \cdot h(m-n) = \sum\limits_{m=-\infty}^{\infty} a^{-m}u(-m-1) \cdot u(n-m)$

当 $n \leqslant -1$ 时，$m \leqslant n$，$n - m \geqslant 0$，有 $u(n-m) = 1$，$u(-m-1) = 1$，所以

$$y(n) = \sum_{m=-\infty}^{\infty} x(n) \cdot h(m-n) = \sum_{m=-\infty}^{n} a^{-m} = \frac{a^{-n}}{1-a}$$

当 $n > -1$ 时，$m \geqslant n$，$u(-m-1) = 0$，只有当 $m \leqslant -1$ 时，$u(-m-1) = 1$，且 $u(n-m) = 1$，故

$$y(n) = \sum_{m=-\infty}^{\infty} x(n) \cdot h(m-n) = \sum_{m=-\infty}^{-1} a^{-m} = \frac{a}{1-a}$$

因此有

$$y(n) = \begin{cases} \dfrac{a^{-n}}{1-a}, & n \leqslant -1 \\[3mm] \dfrac{a}{1-a}, & n > -1 \end{cases}$$

详见图 2-22 所示。

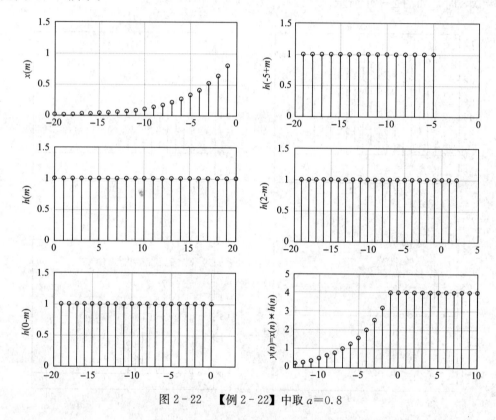

图 2-22　【例 2-22】中取 $a=0.8$

第四节　常系数线性差分方程

一、常系数线性差分方程的表达式

连续时间线性时不变系统的输入-输出关系常用常系数线性微分方程表示，而离散时间线性时不变系统的输入-输出关系常用以下形式的常系数线性差分方程表示，即

$$\sum_{k=0}^{N} a_k y(n-k) = \sum_{m=0}^{M} b_m x(n-m) \tag{2-28}$$

所谓常系数是指 a_1，a_2，$\cdots$，a_N；b_1，b_2，$\cdots$，b_M 为常数，这些常数决定了系统特征。如果系数中含有变量序号 n，那么，将式（2-28）称为"变系数"线性差分方程。差分方程的阶数等于未知序列 $y(n)$ 中变量序号的最高值与最低值之差，式（2-28）为 N 阶差分方程（变量序号从 $k=0$ 到 $k=N$，故为 $N-0=N$ 阶差分方程）。

所谓线性是指 $y(n-k)$ 以及 $x(n-k)$ 的各项都只有一次幂，而且不存在它们的交叉相乘项（这和线性微分方程是一样的），否则就是非线性的。

我们既可以在离散时域内也可以在变换域内求解常系数线性差分方程。

1. 时间域内求解

（1）迭代法，此法较简单，但是只能得到数值解，不易直接得到闭合形式（解析表达式）解；

（2）时域经典解法，即求齐次解与特解，而由边界条件求待定系数。但此法较麻烦，实际应用中不宜采用；

（3）卷积和计算法，运用于系统起始状态为零时［即所谓**松弛系统**（Initial Rest）］的求解，或者称求零状态解。

2. 变换域求解

即 $\mathscr{L}$ 变换方法，与连续时间系统的拉普拉斯变换法（Laplace Transforms）相类似，采用 $\mathscr{L}$ 变换方法来求解差分方程，这在实际使用中是简便而有效的方法。

求卷积和的办法，前面已经讨论过了，只要知道冲激响应就能得出任意输入时的输出响应。$\mathscr{L}$ 变换方法将在第三章中讨论。下面简单介绍一下离散时域迭代解法，其他方法查阅书后的参考资料。

如同连续时间系统的线性常系数微分方程一样，对离散时间系统的线性常系数差分方程来说，假若不给出附加限制条件或信息，对给定输入情况下，是不能得到输出的唯一表述，只能得到所谓的通解。具体讲，假设对某一给定的输入 $x_p(n)$，依据某种方法已经确定了输出序列 $y_p(n)$，它满足方程式（2-28），那么在同一输入下，任何一种具有如下形式的输出：

$$y(n) = y_p(n) + y_h(n)$$

也能满足方程式（2-28）。式中 $y_h(n)$ 是该方程当 $x(n)=0$ 时的任意解，即下列方程的解：

$$\sum_{k=0}^{N} a_k y(n-k) = 0 \qquad (2-29)$$

式（2-29）称为**齐次方程**，而 $y_h(n)$ 称为**齐次解**。因此，与常系数线性微分方程求解一样，形如方程式（2-28）解的求法是：先求齐次解 $y_h(n)$，即式（2-29）的解，然后求特解 $y_p(n)$。齐次解 $y_h(n)$ 和特解 $y_p(n)$ 的线性组合就是式（2-28）的解 $y(n)$。

在本书中所讨论的"数字滤波器"范围内，系统都是所谓"松弛"系统（Initial Rest），即起始状态为零（零状态），因而，单位采样 $\delta(n)$ 作用下产生的系统响应 $h(n)$（零状态解）就完全能代表系统。前面说过，$h(n)$ 称为单位采样响应，有了 $h(n)$，则在任意输入下的系统输出就可利用卷积和而求得。

二、迭代求解系统的单位采样响应

在这里，我们通过迭代法解差分方程来求出系统的单位采样响应。

差分方程在给定输入和给定边界（起始）条件下，可以用迭代法求出系统的响应。如果输入为 $\delta(n)$，那么响应就是单位采样响应 $h(n)$。例如，利用 $\delta(n)$ 只在 $n=0$ 取值为 1 的特点，可用迭代法求出其单位冲激响应 $h(0)$，$h(1)$，$\cdots$，$h(n)$ 值，下面举例加以说明。

【例 2-23】 常系数线性差分方程为

$$y(n)-ay(n-1)=x(n) \tag{2-30}$$

试求其单位采样响应。

解：设 $x(n)=\delta(n)$，对因果系统，必有

$y(n)=h(n)=0$，$n<0$（初始条件）［在 $\delta(n)$ 作用下，输出 $y(n)$ 就是 $h(n)$］

$$h(0)=ah(-1)+1=0+1=1$$

依次迭代求得

$$h(1)=ah(0)+0=a+0=a$$
$$h(2)=ah(1)+0=a^2+0=a^2$$
$$\vdots$$
$$h(n)=ah(n-1)+0=a^n+0=a^n$$

故系统的单位采样响应为

$$h(n)=\begin{cases} a^n, & n\geqslant 0 \\ 0, & n<0 \end{cases}$$

显然，这时的常系数线性差分方程 $y(n)-ay(n-1)=x(n)$ 所代表的系统是一因果系统，如果 $|a|<1$，此系统是稳定的。

但是，一个常系数线性差分方程，本身并不一定代表因果系统，例如在本例中假若边界条件假设为 $n>0$ 时，$y(n)=h(n)=0$，那么得到一非因果系统，其结果为

$$h(n)=-a^n u(-n-1)$$

所以，一个常系数线性差分方程，只有当齐次解合适时，也就是边界条件选的合适时，才能成为一个线性时不变系统。例如式（2-30）所表示的差分方程，当边界条件选为 $y(0)=1$ 时，它所代表的系统既不是时不变系统，也不是线性系统；当边界条件选为 $y(0)=0$ 时，它相当于线性系统，但不是时不变系统；如果边界条件选为 $y(-1)=0$ 时，那么该系统才相当于线性时不变系统。下面我们只证明边界条件 $y(0)=0$ 的结论。

【例 2-24】 假设某一系统差分方程为

$$y(n)=ay(n-1)+x(n)$$

其中 $x(n)$ 为输入，$y(n)$ 为输出。当边界条件选为 $y(0)=0$ 时，试判断系统是否是线性的？是否是时不变的？

解：$y(0)=0$，如果 $x(n)=\delta(n)=\begin{cases} 1, & n=0 \\ 0, & n\neq 0 \end{cases}$

（1）讨论时不变性：当 $n<0$ 时，即 $n\rightarrow-\infty$ 时，

$$y(n)=ay(n-1)+x(n)$$

$$y(n-1)=\frac{1}{a}[y(n)-x(n)]=\frac{1}{a}[y(n)-\delta(n)]$$

$$y(-1)=\frac{1}{a}[y(0)-\delta(0)]=-\frac{1}{a}$$

$$y(-2)=\frac{1}{a}[y(-1)-\delta(-1)]=\frac{1}{a}\left[-\frac{1}{a}\right]=-\frac{1}{a^2}$$

$$y(-3)=\frac{1}{a}[y(-2)-\delta(-2)]=\frac{1}{a}\left[-\frac{1}{a^2}\right]=-\frac{1}{a^3}$$

$$\vdots$$

$$y(n)=-a^n$$

当 $n>0$ 时，即 $n\rightarrow+\infty$ 时，

$$y(n)=ay(n-1)+x(n)=ay(n-1)+\delta(n)$$

$$y(1)=ay(1-1)+\delta(1)=0$$

$$y(2)=ay(2-1)+\delta(2)=0$$

$$\vdots$$

$$y(n)=0$$

所以

$$h(n)=y(n)=\begin{cases}-a^n, & n<0\\0, & n\geqslant0\end{cases}=-a^nu(-n-1)$$

又设 $x(n)=\delta(n-1)$，

$$y(n)=ay(n-1)+x(n)$$

$$y(n-1)=\frac{1}{a}[y(n)-x(n)]=\frac{1}{a}[y(n)-\delta(n-1)]$$

当 $n<0$ 时，即 $n\rightarrow-\infty$ 时，

$$y(n)=ay(n-1)+x(n);$$

$$y(0-1)=\frac{1}{a}[y(0)-\delta(0-1)]=0,y(-1)=0$$

$$y(-2)=\frac{1}{a}[y(-1)-\delta(-1-1)]=\frac{1}{a}[0-0]=0$$

$$y(-3)=\frac{1}{a}[y(-2)-\delta(-2-1)]=\frac{1}{a}[0-0]=0$$

$$\vdots$$

$$y(n)=0$$

当 $n>0$ 时，即 $n\rightarrow+\infty$ 时，

$$y(n)=ay(n-1)+\delta(n-1)$$

$$y(1)=ay(1-1)+\delta(1-1)=1$$

$$y(2) = ay(2-1) + \delta(2-1) = a$$
$$y(3) = ay(3-1) + \delta(3-1) = a \cdot a = a^2$$
$$\vdots$$
$$y(n) = a^{n-1}$$

所以

$$y(n) = \begin{cases} 0, & n < 0 \\ a^{n-1}, & n \geqslant 1 \end{cases}$$

或表示为

$$y(n) = a^{n-1}u(n-1)$$
$$x_1(n) = \delta(n) \rightarrow y_1(n) = -a^n u(-n-1),$$

而

$$x_2(n) = \delta(n-1) \rightarrow y_2(n) = a^{n-1}u(n-1)$$

显然 $T[x(n-1)] \neq y(n-1)$，即 $x_2(n)$ 是 $x_1(n)$ 延迟一位，即移一位关系，但 $y_2(n)$ 已不是 $y_1(n)$ 延迟一位的关系，因而系统不是时不变系统。

（2）讨论线性性：当 $x(n) = x_1(n) + x_2(n) = \delta(n) + \delta(n-1)$ 时，

$$y(n) = ay(n-1) + x(n) = ay(n-1) + x_1(n) + x_2(n)$$
$$= ay(n-1) + \delta(n) + \delta(n-1)$$
$$y(n-1) = \frac{1}{a}[y(n) - x(n)] = \frac{1}{a}[y(n) - \delta(n) - \delta(n-1)]$$

当 $n < 0$ 时，即 $n \rightarrow -\infty$ 时，

$$y(0-1) = \frac{1}{a}[y(0) - \delta(0) - \delta(0-1)] = -\frac{1}{a}$$
$$y(-2) = \frac{1}{a}[y(-1) - \delta(-1) - \delta(-1-1)] = \frac{1}{a}\left[-\frac{1}{a} - 0 - 0\right] = -\frac{1}{a^2}$$
$$y(-3) = \frac{1}{a}[y(-2) - \delta(-2) - \delta(-2-1)] = \frac{1}{a}\left[-\frac{1}{a^2} - 0 - 0\right] = -\frac{1}{a^3}$$
$$\vdots$$
$$y(n) = -a^n$$

当 $n > 0$ 时，即 $n \rightarrow +\infty$ 时，

$$y(n) = ay(n-1) + x(n) = ay(n-1) + x_1(n) + x_2(n)$$
$$= ay(n-1) + \delta(n) + \delta(n-1)$$
$$y(1) = ay(1-1) + x(1) = ay(0) + \delta(1) + \delta(1-1) = 1$$
$$y(2) = ay(2-1) + \delta(2) + \delta(2-1) = a$$
$$y(3) = ay(3-1) + \delta(3) + \delta(3-1) = a \cdot a = a^2$$
$$\vdots$$
$$y(n) = a^{n-1}$$

所以

$$y(n) = \begin{cases} -a^n, & n < 0 \\ a^{n-1}, & n \geqslant 1 \end{cases}$$

即

$$y(n) = -a^n u(-n-1) + a^{n-1} u(n-1)$$
$$x_1(n) = \delta(n) \rightarrow y_1(n) = -a^n u(-n-1)$$
$$x_2(n) = \delta(n-1) \rightarrow y_2(n) = a^n u(n)$$
$$x(n) = x_1(n) + x_2(n) = \delta(n) + \delta(n-1)$$
$$y(n) = -a^n u(-n-1) + a^{n-1} u(n-1)$$

显然 $T[x(n)] = T[x_1(n) + x_2(n)] = y(n) = y_1(n) + y_2(n)$，故它是线性系统。

但是，在以后的讨论中，我们都假设常系数线性差分方程所表示的系统是线性时不变系统，并且大多数是可实现的因果系统。

差分方程表示法的另一优点是可以直接得到系统的结构。这里所指的结构，是将输入变换成输出的一种运算结构，并非实际结构。例如有一个一阶差分方程为

$$y(n) = b_0 x(n) - a_1 y(n-1)$$

它的运算结构如图 2-23 所示。$b_0 x(n)$ 表示将输入 $x(n)$ 乘上常数 b_0，$-a_1 y(n-1)$ 表示将输出序列延时一位后乘以常数 $-a_1$，将此两个结果相加就得到 $y(n)$ 序列。图中 $\oplus$ 代表相加器，$\otimes$ 代表乘法器，$\boxed{z^{-1}}$ 代表延时一位的延时单元。这是方框图表示法，后面还将给出比这种结构更简单的流图表示法。

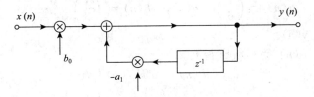

图 2-23　一阶差分方程的运算结构

习题与思考题

习题 2-1　假设某一系统差分方程为
$$y(n) = ay(n-1) + x(n)$$
其中 $x(n)$ 为输入，$y(n)$ 为输出。当边界条件选为 $y(-1) = 0$ 时，试判断系统是否是线性的？是否是时不变的？

习题 2-2　试判断下列系统是否是线性系统？

(1) $T[x(n)] = \lg[x(n)]$;

(2) $y(n) = \dfrac{1}{2}[x(n) + x^*(-n)]$;

(3) $y(n) = \sum\limits_{k=-\infty}^{n} x(k)$;

(4) $y(n) = [x(n)]^3$;

(5) $y(n) = x(n) \cdot \sin\left(\dfrac{2\pi n}{13} + \dfrac{\pi}{5}\right)$;

(6) $y(n) = \mathrm{Re}[x(n)]$

习题 2-3　试判断下列系统是否是时不变系统？

(1) $T[x(n)]=\mathrm{e}^{-|n|} \cdot x(n)$;　　　　(2) $y(n)=x(n^2)$;

(3) $T[x(n)]=x(n-n_0)$;　　　　(4) $T[x(n)]=\sum\limits_{k=-\infty}^{n} x(k)$;

(5) $y(n)=x(-n)$;　　　　(6) $T[x(n)]=\sum\limits_{k=n_0}^{n} x(k)$

习题 2-4　试判断以下系统的因果性和稳定性。

(1) $T[x(n)]=\mathrm{e}^{-|n|} \cdot x(n)$;　　　　(2) $T[x(n)]=x^2(n) \cdot u(n)$;

(3) $T[x(n)]=\sum\limits_{m=n_0}^{n} x(m)$;　　　　(4) $T[x(n)]=x(n-n_0)$;

(5) $T[x(n)]=\mathrm{e}^{x(n)}$;　　　　(6) $T[x(n)]=\sum\limits_{k=n}^{\infty} x(n-k)$

习题 2-5　试判断以下系统的可逆性。

(1) $T[x(n)]=2x(n)$;　　　　(2) $T[x(n)]=n \cdot u(n)$;

(3) $T[x(n)]=x(n)-x(n-1)$;　　　　(4) $T[x(n)]=\sum\limits_{m=-\infty}^{n} x(m)$

习题 2-6　以下序列是系统的单位采样响应 $h(n)$，讨论系统是否是：(a) 因果的；(b) 稳定的。

(1) $\delta(n+5)$;　　　　(2) $\dfrac{1}{n!}u(n)$;　　　　(3) $2^n u(n)$;

(4) $7^n u(-n)$;　　　　(5) $\dfrac{1}{n^2}u(n)$;　　　　(6) $0.2^n u(-n)$

习题 2-7　已知线性时不变系统的输入 $x(n)$ 和系统的单位采样响应 $h(n)$ 分别为

$$x(n)=\left(\frac{1}{6}\right)^{n-6} u(n), \quad h(n)=\left(\frac{1}{3}\right)^n u(n-3)$$

求出该系统的输出 $y(n)$。

习题 2-8　设 $h(n)$ 为一截断指数

$$h(n)=a^n R_{11}(n)$$

$x(n)$ 为

$$x(n)=R_6(n)$$

求卷积 $y(n)=x(n)*h(n)$。

习题 2-9　下列差分方程描述一因果系统

$$y(n)-\frac{1}{2}y(n-1)=x(n)+\frac{1}{2}x(n-1)$$

试求：(1) 求出系统的单位采样响应；(2) 利用 (1) 的结果，求输入 $x(n)=\mathrm{e}^{j\omega n}$ 的响应。

习题 2-10　若有两序列 $x(n)$、$h(n)$ 分别为

$$h(n)=\frac{1}{2}n[u(n)-u(n-6)], \quad x(n)=2\sin(n\pi/2)[u(n+3)-u(n-4)]$$

求卷积 $y(n)=x(n)*h(n)$。

习题 2-11　求两序列 $x(n)=\{2,\ 4,\ 6,\ 5,\ 3,\ 1\}$ 与 $h(n)=\{1,\ 3,\ 2\}$ 的卷积和。

习题 2-12 计算下面两个序列的卷积和 $y(n)=x(n)*h(n)$。

$$x(n)=\left(\frac{1}{2}\right)^n u(n), \quad h(n)=2^n u(-n-1)$$

思考题 2-13　为什么在系统的卷积和表达式中，要求系统起始状态必须为零状态呢？

第三章 $\mathscr{L}$ 变换及其性质

第一节 引 言

在前一章中，讨论了离散时间信号与系统随时间变化的规律，通常称之为时域分析。在实际进行离散时间信号处理时，为了有效地提取信息，与连续时间信号与系统分析一样，往往需要进行各种转换，如傅里叶变换（Fourier Transforms，以后简称傅氏变换），讨论它们随频率变化的规律，称之为频域分析。在连续时间信号与系统的频域分析中，傅氏变换或拉普拉斯变换（Laplace Transforms，以后简称拉氏变换）起着关键作用。那么，在离散时间信号与系统中也有起着同样重要作用的"变换"——$\mathscr{L}$变换，因此，我们要介绍 $\mathscr{L}$变换方法。

在离散时间信号与系统的频域分析中，对一个信号序列进行 $\mathscr{L}$变换，将时域信号转换到 $\mathscr{L}$变换域内进行分析。之所以要利用 $\mathscr{L}$变换，其主要原因是傅氏变换并不是对所有信号序列都能收敛，而 $\mathscr{L}$变换则能适应于这种信号序列转换。$\mathscr{L}$变换在离散时间系统的作用和拉氏变换在连续时间系统中的作用一样，它能把描述离散时间系统的差分方程转化为简单的代数方程，极大地简化了求解过程。所以，对离散时间系统而言，$\mathscr{L}$变换是一种非常重要的适合于频率域（变换域）分析的数学工具。

第二节 $\mathscr{L}$ 变 换

一个序列 $x(n)$ 的 $\mathscr{L}$变换定义为

$$X(z) = \sum_{n=-\infty}^{\infty} x(n)z^{-n} \tag{3-1}$$

其中 z 为复数变量，显然，这是一个无穷项的幂级数。可以将式（3-1）看成一个算子，它将一个序列转换成为一个函数，表示为

$$\mathscr{L}[x(n)] = X(z) \tag{3-2}$$

称为 $\mathscr{L}$变换算子。利用这一解释，$\mathscr{L}$变换算子就是将序列 $x(n)$ 转换为函数 $X(z)$，由于 z 是一个连续复变量，所以用复数 z 平面来描述和阐明 $\mathscr{L}$变换是非常方便的。序列与它的 $\mathscr{L}$ 变换之间的相应关系可用下列符号表示，即

$$x(n) \overset{\mathscr{L}}{\longleftrightarrow} X(z)$$

根据式（3-1），只有当幂级数收敛时，$X(z)$ 才有意义。对于任意给定的序列$x(n)$，使其 $\mathscr{L}$变换 $X(z)$ 收敛的所有 z 值的集合称为 $X(z)$ 的**收敛域**，缩写为 ROC（Region of

Convergence)。依据级数理论，式（3-1）中级数收敛的充要条件是

$$\sum_{n=-\infty}^{\infty} |x(n)z^{-n}| = M < \infty \tag{3-3}$$

即满足绝对可和的条件，也就是说复变量 z 的模值 $|z|$ 必须在一定范围内变化才行，此范围就是收敛域。式（3-1）幂级数实际上是一个复函数的罗朗（Laurent）级数展开式，因此，在研究 $\mathscr{Z}$ 变换中，可以直接利用复变函数理论的有关定理。罗朗级数或者说 $\mathscr{Z}$ 变换代表了在收敛域内每点上的一个解析函数，所以，序列 $x(n)$ 的 $\mathscr{Z}$ 变换函数 $X(z)$ 及其全部导数在收敛域内也一定是 z 的连续函数。此外，如果 $X(z)$ 在收敛域内是一个有理函数

$$X(z) = \frac{P(z)}{Q(z)} \tag{3-4}$$

其中 $P(z)$ 和 $Q(z)$ 都是 z 的多项式，那么，这是一种非常重要、非常有用的 $\mathscr{Z}$ 变换。对于 $X(z)=0$，即 $P(z)=0$ 的 z 称为 $X(z)$ 的**零点**；而使 $X(z)$ 成为无穷大，即 $Q(z)=0$ 的 z 称为 $X(z)$ 的**极点**〔对于有限 z 值的 $X(z)$ 的极点就是分母多项式的根〕，另外，极点也可能出现在 $z=0$ 或 $z=\infty$。

显然，序列 $x(n)$ 的形式不同，其收敛域的形式也不同，下面分别来讨论。

一、有限长序列的 $\mathscr{Z}$ 变换

有限长序列，正如在第一章中所定义的，是指在有限区间 $n_1 \leqslant n \leqslant n_2$ 内，序列具有非零的有限值，在此区间外，序列值都为零，所以其 $\mathscr{Z}$ 变换为

$$X(z) = \sum_{n=n_1}^{n_2} x(n)z^{-n} \tag{3-5}$$

$X(z)$ 是有限项级数之和，因此，只要 $X(z)$ 的每一项是有界的，那么级数就收敛，即要求 $|x(n)z^{-n}| < \infty$，$n_1 \leqslant n \leqslant n_2$。如果 $x(n)$ 是有界的，那么要求：$0 < |z^{-n}| < \infty$，$n_1 \leqslant n \leqslant n_2$。显然，在 $0 < |z| < \infty$ 上，所有的 z 都满足此条件，也就是说收敛域 ROC 至少是在除了 $z=0$ 及 $z=\infty$ 之外的开域（0，∞）内，即"有限 z 平面"。如图 3-1 中"灰色"所示，"×"表示极点。在 n_1、n_2 的特殊选择下，ROC 还可进一步扩大：①$0 < |z| \leqslant \infty$，$n_1 \geqslant 0$；②$0 \leqslant |z| < \infty$，$n_2 \leqslant 0$。

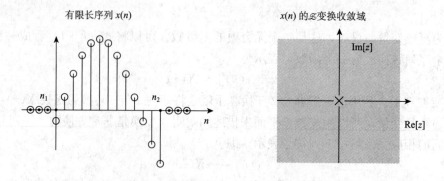

图 3-1　有限长序列及其收敛域图（$n_1 < 0$，$n_2 > 0$；$z=0$，$z=\infty$除外）

二、右边序列的 $\mathscr{L}$ 变换

当 $n \geqslant n_1$ 时，$x(n)$ 有非零值，在 $n < n_1$ 时，$x(n) = 0$，即右边序列，那么 $\mathscr{L}$ 变换为

$$X(z) = \sum_{n=n_1}^{\infty} x(n) z^{-n} = \sum_{n=n_1}^{-1} x(n) z^{-n} + \sum_{n=0}^{\infty} x(n) z^{-n} \qquad (3-6)$$

其中右端第一项为有限长序列的 $\mathscr{L}$ 变换，由上述讨论可知，它的收敛域为"有限 z 平面"；而右端第二项是 z 的负幂级数，根据级数收敛的阿贝尔（N. Abel）定理可推得：存在一个收敛半径 R_{x-}，级数在以坐标原点为中心，以 R_{x-} 为半径的圆之外区域内任何一点均绝对收敛，即 $\lim\limits_{n \to \infty} \sqrt[n]{|x(n) z^{-n}|} < 1$，$|z| > \lim\limits_{n \to \infty} \sqrt[n]{|x(n)|} = R_{x-}$。显然，只有当右端第一项和第二项都收敛时，式（3-6）级数才收敛。因此，如果 R_{x-} 是收敛域的最小半径，那么右边序列 $\mathscr{L}$ 变换 $X(z)$ 的收敛域为 ROC：$R_{x-} < |z| < \infty$，如图 3-2 中"灰色"所示。

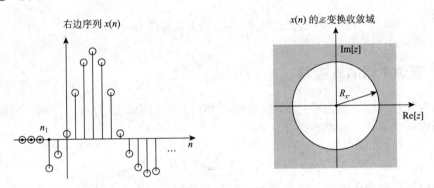

图 3-2 右边序列及其收敛域（$n_1 < 0$，$z = \infty$ 除外）

三、因果序列的 $\mathscr{L}$ 变换

当 $n \geqslant 0$ 时，$x(n)$ 有非零值；$n < 0$ 时，$x(n) = 0$，即 $n_1 = 0$ 时的右边序列，称此为**因果序列**。它是一种非常重要的右边序列，其 $\mathscr{L}$ 变换 $X(z)$ 中只有负幂项，所以级数收敛域 ROC 可以包括 $|z| = \infty$，即

$$X(z) = \sum_{n=0}^{\infty} x(n) z^{-n}, \quad \text{ROC：} R_{x-} < |z| \leqslant \infty \qquad (3-7)$$

因此，因果序列的特征是：在 $|z| = \infty$ 处 $\mathscr{L}$ 变换 $X(z)$ 收敛。

四、左边序列的 $\mathscr{L}$ 变换

当 $n \leqslant n_2$ 时，$x(n)$ 有非零值；而 $n > n_2$ 时，$x(n) = 0$，即左边序列。其 $\mathscr{L}$ 变换 $X(z)$ 为

$$X(z) = \sum_{n=-\infty}^{n_2} x(n) z^{-n} = \sum_{n=-\infty}^{0} x(n) z^{-n} + \sum_{n=1}^{n_2} x(n) z^{-n} \qquad (3-8)$$

其中右端第二项为有限长序列的 $\mathscr{L}$ 变换，收敛域为有限 z 平面；而右端第一项是正幂级

数，同样可根据阿贝尔定理，一定存在一收敛半径 R_{x+}，级数在以坐标原点为中心，以 R_{x+} 为半径的圆内任何点均绝对收敛。同样，只有当右端第一、二项都收敛时，式（3-8）才收敛。如果 R_{x+} 为收敛域的最大半径，那么，左边序列 $\mathscr{L}$ 变换的收敛域为 ROC：$0<|z|<R_{x+}$，如图 3-3 "灰色" 所示。如果 $n_2 \leqslant 0$，那么，式（3-8）右端不存在第二项，这时，收敛域应包括 $z=0$，即 $|z|<R_{x+}$。

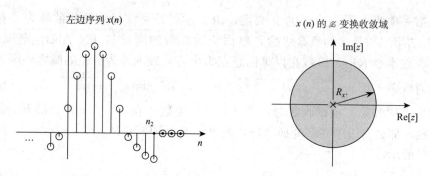

图 3-3 左边序列（$n_2 > 0$）及其收敛域（$z=0$ 除外）

五、双边序列的 $\mathscr{L}$ 变换

当 n 为任意（正、负、零）值时，$x(n)$ 都有非零的值，即为双边序列，可将其看成一个右边序列和一个左边序列之和，即

$$X(z) = \sum_{n=-\infty}^{\infty} x(n)z^{-n} = \sum_{n=-\infty}^{-1} x(n)z^{-n} + \sum_{n=0}^{\infty} x(n)z^{-n} \qquad (3-9)$$

其收敛域应该是右边序列与左边序列收敛域的重叠部分，等式右边第一项为左边序列，它的收敛域为 $|z|<R_{x+}$，第二项为右边序列，其收敛域为 $|z|>R_{x-}$。如果 $R_{x-}<R_{x+}$ 成立，那么，存在公共收敛域，即为双边序列的 $\mathscr{L}$ 变换收敛域 ROC：$R_{x-}<|z|<R_{x+}$，这是一个简单的环状区域。如图 3-4 所示。

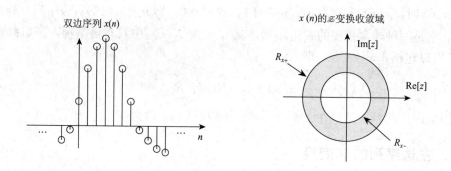

图 3-4 双边序列及其收敛域

下面让我们来举例说明各序列收敛域的求法。

【例 3 - 1】　求序列 $x(n)=\delta(n)$ 的 $\mathscr{Z}$ 变换 $X(z)$ 及其 ROC。

解：显然，这是 $n_1=n_2=0$ 时的有限长序列，且

$$\mathscr{Z}[\delta(n)] = \sum_{n=-\infty}^{\infty} \delta(n)z^{-n} = 1, \quad \text{ROC：} 0 \leqslant |z| \leqslant \infty$$

故收敛域应是整个 z 闭平面，即 ROC：$0 \leqslant |z| \leqslant \infty$。如图 3 - 5 所示。

【例 3 - 2】　求左边指数序列 $x(n)=-b^n u(-n-1)$ 的 $\mathscr{Z}$ 变换 $X(z)$ 及其 ROC。

解：左边序列的 $\mathscr{Z}$ 变换 $X(z)$ 为

$$X(z)=\mathscr{Z}[x(n)] = \sum_{n=-\infty}^{\infty} -b^n u(-n-1)z^{-n} = -\sum_{n=-\infty}^{-1} b^n z^{-n}$$

$$= \sum_{n=1}^{\infty} -(b^{-1}z)^n = 1 - \sum_{n=0}^{\infty} (b^{-1}z)^n$$

这是一个无穷项的等比级数求和，为了使 $X(z)$ 收敛，必须要求 $|b^{-1}z|<1$，即 $|z|<|b|$，由此得到 $X(z)$ 的闭合表达式：

$$X(z) = 1 - \frac{1}{1-b^{-1}z} = \frac{-b^{-1}z}{1-b^{-1}z} = \frac{z}{z-b} = \frac{1}{1-bz^{-1}} \tag{3-10}$$

ROC：$|z|<|b|$。$X(z)$ 在 $z=b$ 处有一极点，收敛域 ROC 为极点所在圆 $|z|=|b|$ 的内部，在收敛域内 $X(z)$ 为解析函数，不能有极点，如图 3 - 6 所示。

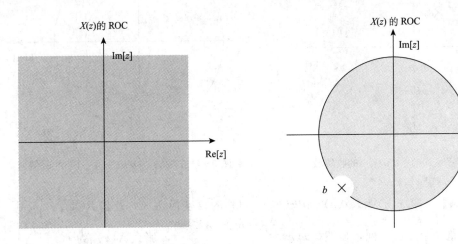

图 3 - 5　$\delta(n)$ 的 $\mathscr{Z}$ 变换收敛域　　　　图 3 - 6　$x(n)=-b^n u(-n-1)$ 的收敛域

【例 3 - 3】　求右边指数序列 $x(n)=a^n u(n)$ 的 $\mathscr{Z}$ 变换 $X(z)$ 及其 ROC。

解：$x(n)$ 实际上为因果序列，$\mathscr{Z}$ 变换 $X(z)$ 为

$$X(z) = \mathscr{Z}[x(n)] = \sum_{n=-\infty}^{\infty} a^n u(n)z^{-n} = \sum_{n=0}^{\infty} a^n z^{-n} = \sum_{n=0}^{\infty} (az^{-1})^n$$

同样，这也是一个无穷项的等比级数求和，为了使 $X(z)$ 收敛，必须要求 $|az^{-1}|<1$，由此得到 $X(z)$ 闭合表达式及其 ROC：

$$X(z) = \sum_{n=0}^{\infty} (az^{-1})^n = \frac{1}{1-az^{-1}}, \quad \text{ROC:} \ |z| > |a| \tag{3-11}$$

如图 3-7 所示。由于 $\frac{1}{1-az^{-1}} = \frac{z}{z-a}$，故在 $z=a$ 处极点，ROC 为极点所在圆 $|z| = |a|$ 的外部，在收敛域内 $X(z)$ 为解析函数，不能有极点。由于又是因果序列，所以 $z=\infty$ 处也属收敛域。若 $a=1$ 时，$x(n)$ 为阶跃序列，其 $\mathscr{L}$ 变换为

$$X(z) = \frac{1}{1-z^{-1}}, \quad \text{ROC:} \ |z| > 1$$

比较式（3-10）和式（3-11）中的 $X(z)$，就可看到，当 $a=b$ 时，两者实质上是相同的。也就是说一个左边序列与一个右边序列的 $\mathscr{L}$ 变换表达式是完全一样的。因此，只给 $\mathscr{L}$ 变换的闭合表达式是不够的，它不能正确得到原序列。必须同时给出收敛域，才能唯一地确定一个序列。这就说明了研究收敛域的重要性。

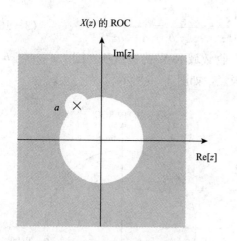

图 3-7 $x(n) = a^n u(n)$ 的收敛域

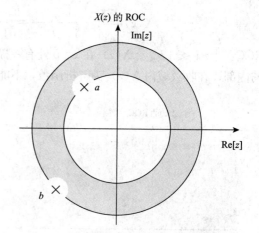

图 3-8 $a^n u(n) - b^n u(-n-1)$ 的收敛域

【例 3-4】 求 $x(n) = a^n u(n) - b^n u(-n-1)$ 的 $\mathscr{L}$ 变换 $X(z)$ 及其 ROC。

解：这是一个双边序列，显然，$x(n) = \begin{cases} -b^n, & n \leqslant -1 \\ a^n, & n \geqslant 0 \end{cases}$，那么 $X(z)$ 为

$$X(z) = \mathscr{L}[x(n)] = \sum_{n=-\infty}^{\infty} x(n) z^{-n} = \sum_{n=-\infty}^{-1} (-b^n z^{-n}) + \sum_{n=0}^{\infty} a^n z^{-n}$$

$$= \frac{1}{1-bz^{-1}} + \frac{1}{1-az^{-1}} = \frac{z}{z-b} + \frac{z}{z-a}$$

$$= \frac{z(2z-a-b)}{(z-a)(z-b)}$$

ROC：$|a| < |z| < |b|$，如图 3-8 所示。若令 $a = -1/3, b = 1/2$，那么

$$X(z) = \frac{z(z-1/12)}{(z+1/3)(z-1/2)}$$

ROC 是环形域 $1/3 < |z| < 1/2$，如图 3‑9 所示，其中"○"表示零点。

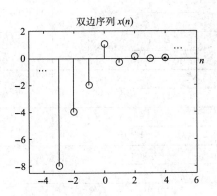 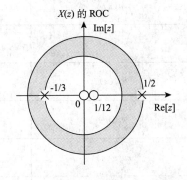

图 3‑9　$a=-1/3$，$b=1/2$ 时的双边序列与 $X(z)$ 的收敛域和相应的零极点分布

【例 3‑5】　求有限长序列 $x(n)=a^n R_N(n)$ 的 $\mathscr{L}$ 变换及其 ROC。

解：$x(n)=a^n R_N(n)$ 的 $\mathscr{L}$ 变换为

$$X(z) = \mathscr{L}[x(n)] = \sum_{n=-\infty}^{\infty} a^n R_N(n) z^{-n} = \sum_{n=0}^{N-1} (az^{-1})^n$$

$$= \frac{1-(az^{-1})^N}{1-az^{-1}} = \frac{1}{z^{N-1}} \frac{z^N - a^N}{z-a}$$

ROC 由满足 $\sum_{n=0}^{N-1} |az^{-1}|^n < \infty$ 的 z 值来决定。因为只有有限个非零项，所以只要 $|az^{-1}|$ 是有限的，其和就一定有限。这就要求 $|a| < \infty$ 和 $z \neq 0$。若假定 $|a|$ 是有限的，ROC 除坐标原点外包括整个平面。设 $N=10$，a 为实数且位于 0 和 1 之间，这时的零极点如图 3‑10 所示。即

$$z_k = a\mathrm{e}^{\mathrm{j}(2\pi k/N)}, \quad k=0,1,\cdots,N-1$$

$k=0$ 时的零点，抵消了 $z=a$ 的极点。结果，除了坐标原点外没有任何极点，剩下的零点在 $z_k = a\mathrm{e}^{\mathrm{j}(2\pi k/N)}$（$k=1,2,3,\cdots,N-1$）处。

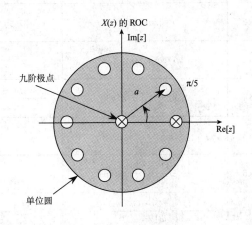

图 3‑10　$a^n R_N(n)$ 的 $\mathscr{L}$ 变换收敛域（$z \neq 0$）和相应的零极点分布（$N=10$，$0<a<1$）

表 3‑1 中给出了常用序列的变换对。将会看到，这些基本变换对在已知序列求 $\mathscr{L}$ 变换，或相反在给定 $\mathscr{L}$ 变换求序列中都是非常有用的。

表 3 - 1　几种序列的 $\mathscr{Z}$ 变换

序号	序　列	变　换	收敛域
1	$\delta(n)$	1	全部 z
2	$u(n)$	$\dfrac{z}{z-1}=\dfrac{1}{1-z^{-1}}$	$\lvert z\rvert>1$
3	$a^n u(n)$	$\dfrac{z}{z-a}=\dfrac{1}{1-az^{-1}}$	$\lvert z\rvert>\lvert a\rvert$
4	$R_N(n)$	$\dfrac{z^N-1}{z^{N-1}(z-1)}=\dfrac{1-z^{-N}}{1-z^{-1}}$	$\lvert z\rvert>0$
5	$nu(n)$	$\dfrac{z}{(z-1)^2}=\dfrac{z^{-1}}{(1-z^{-1})^2}$	$\lvert z\rvert>1$
6	$na^n u(n)$	$\dfrac{az}{(z-a)^2}=\dfrac{az^{-1}}{(1-az^{-1})^2}$	$\lvert z\rvert>\lvert a\rvert$
7	$\mathrm{e}^{-jn\omega_0}u(n)$	$\dfrac{z}{z-\mathrm{e}^{-j\omega_0}}=\dfrac{1}{1-\mathrm{e}^{-j\omega_0}z^{-1}}$	$\lvert z\rvert>1$
8	$\sin n\omega_0 u(n)$	$\dfrac{z\sin\omega_0}{z^2-2z\cos\omega_0+1}=\dfrac{z^{-1}\sin\omega_0}{1-2z^{-1}\cos\omega_0+z^{-2}}$	$\lvert z\rvert>1$
9	$\cos n\omega_0 u(n)$	$\dfrac{z^2-z\cos\omega_0}{z^2-2z\cos\omega_0+1}=\dfrac{1-z^{-1}\cos\omega_0}{1-2z^{-1}\cos\omega_0+z^{-2}}$	$\lvert z\rvert>1$
10	$\mathrm{e}^{-an}\sin n\omega_0 u(n)$	$\dfrac{(\mathrm{e}^{-a}\sin\omega_0)\,z^{-1}}{1-2(\mathrm{e}^{-a}\cos\omega_0)\,z^{-1}+\mathrm{e}^{-2a}z^{-2}}$	$\lvert z\rvert>\mathrm{e}^{-a}$
11	$\mathrm{e}^{-an}\cos n\omega_0 u(n)$	$\dfrac{1-(\mathrm{e}^{-a}\cos\omega_0)\,z^{-1}}{1-2(\mathrm{e}^{-a}\cos\omega_0)\,z^{-1}+\mathrm{e}^{-2a}z^{-2}}$	$\lvert z\rvert>\mathrm{e}^{-a}$
12	$r^n\sin n\omega_0 u(n)$	$\dfrac{(r\sin\omega_0)\,z^{-1}}{1-2(r\cos\omega_0)\,z^{-1}+r^2z^{-2}}$	$\lvert z\rvert>\lvert r\rvert$
13	$r^n\cos n\omega_0 u(n)$	$\dfrac{1-(r\cos\omega_0)\,z^{-1}}{1-2(r\cos\omega_0)\,z^{-1}+r^2z^{-2}}$	$\lvert z\rvert>\lvert r\rvert$
14	$\sin(n\omega_0+\theta)u(n)$	$\dfrac{z^2\sin\theta+z\sin(\omega_0-\theta)}{z^2-2z\cos\omega_0+1}=\dfrac{\sin\theta+z^{-1}\sin(\omega_0-\theta)}{1-2z^{-1}\cos\omega_0+z^{-2}}$	$\lvert z\rvert>1$
15	$(n+1)\,a^n u(n)$	$\dfrac{z^2}{(z-a)^2}=\dfrac{1}{(1-az^{-1})^2}$	$\lvert z\rvert>\lvert a\rvert$
16	$\dfrac{(n+1)(n+2)}{2!}a^n u(n)$	$\dfrac{z^3}{(z-a)^3}=\dfrac{1}{(1-az^{-1})^3}$	$\lvert z\rvert>\lvert a\rvert$
17	$\dfrac{(n+1)(n+2)\cdots(n+m)}{m!}a^n u(n)$	$\dfrac{z^{m+1}}{(z-a)^{m+1}}=\dfrac{1}{(1-az^{-1})^{m+1}}$	$\lvert z\rvert>\lvert a\rvert$
18	$-u(-n-1)$	$\dfrac{z}{z-1}=\dfrac{1}{1-z^{-1}}$	$\lvert z\rvert<1$
19	$-a^n u(-n-1)$	$\dfrac{z}{z-a}=\dfrac{1}{1-az^{-1}}$	$\lvert z\rvert<\lvert a\rvert$
20	$-na^n u(-n-1)$	$\dfrac{az}{(z-a)^2}=\dfrac{az^{-1}}{(1-az^{-1})^2}$	$\lvert z\rvert<\lvert a\rvert$

六、$\mathscr{L}$ 变换收敛域的性质

上述的讨论及各个例子告诉我们收敛域的性质与信号的属性有关。现将这些性质归纳如下，并假定 $\mathscr{L}$ 变换的闭合表达式是一个有理函数，而序列 $x(n)$ 除了在 $n=-\infty$ 或 $n=\infty$（有可能）外，都有有限的幅度。

性质 1　ROC 在 z 平面是中心在坐标原点的一个圆或圆环，即 $0\leqslant R_{x-}<|z|<R_{x+}\leqslant\infty$。

性质 2　ROC 内不能包含任何极点。

性质 3　若 $x(n)$ 是一个有限长序列，即一个序列只在有限区间 $-\infty<N_1\leqslant n\leqslant N_2<+\infty$ 内有非零值，而其余均为零，那么其 ROC 就是整个 z 平面，$z=0$ 或 $z=\infty$ 可能除外。

性质 4　若 $x(n)$ 是一个右边序列，即一个序列在 $N_1<n<\infty$ 是有非零值，那么其 ROC 是从 $X(z)$ 中具有最大幅度（记为 R_{x-}）的极点（指所有有限极点中模值最大的极点）开始向外延伸至 $z=\infty$，即以 R_x 为半径的圆之外区域，可能包括 $z=\infty$。

性质 5　若 $x(n)$ 是一个左边序列，即一个序列在 $-\infty<n<N_2$ 有非零值，那么其 ROC 是从 $X(z)$ 中具有最小非零幅度（记为 R_{x+}）的极点向内延伸至 $z=0$，即以 R_{x+} 为半径的圆内，可能包括 $z=0$。

性质 6　一个双边序列是一个无限长序列，可以看成一右边序列和一左边序列之和。那么其 ROC 一定由 z 平面的一个圆环所组成，其内外边界均由某一极点所确定（内半径为 R_{x-}，外半径为 R_{x+}），而且依据性质 3，圆环内也不能包含任何极点。

性质 7　ROC 必须是一个连通的区域。

性质 8　当且仅当 $x(n)$ 的 $\mathscr{L}$ 变换的 ROC 包括单位圆时，$x(n)$ 的傅里叶变换才绝对收敛（以后讨论）。

第三节　$\mathscr{L}$ 反 变 换

$\mathscr{L}$ 变换在离散时间线性系统的分析中起着重要的作用，这种分析往往涉及先求序列的 $\mathscr{L}$ 变换，然后将该闭合表达式经过某些运算处理后，再求 $\mathscr{L}$ 反变换。所谓 $\mathscr{L}$ 反变换就是从给定的 $\mathscr{L}$ 变换闭合表达式 $X(z)$ 中还原出原序列 $x(n)$，表示为

$$x(n)=\mathscr{L}^{-1}\left[X(z)\right] \tag{3-12}$$

根据式（3-1），可以看出，这实质上是求 $X(z)$ 的幂级数展开式。

从一个给定的闭合表达式及其收敛域来求出 $\mathscr{L}$ 反变换有几种正规的和简便的方法。基于柯西积分定理的 $\mathscr{L}$ 反变换表达式属于正规方法，如围线积分法；而其他一些方法，如观察法、部分分式法和幂级数展开法，属于稍欠正规的方法，由于它们利用了典型序列与其 $\mathscr{L}$ 变换所具有的特点，使得计算起来比较简便，同时这些典型序列在离散时间线性时不变系统分析中经常会遇到。

一、观察法

根据一些常用的、熟悉的或者凭观察就能辨认出的变换对，可以直接写出其 $\mathscr{L}$ 反变

换形式。例如，在本章第二节【例 3-2】中求过序列 $x(n)=a^nu(n)$ 的 $\mathscr{Z}$ 变换（这种形式的序列经常遇到），所以，应用如下的变换对，就可以直接得到其 $\mathscr{Z}$ 变换：

$$a^nu(n) \xleftarrow{\mathscr{Z}} \frac{1}{1-az^{-1}}, \quad \text{ROC：} |z|>|a| \tag{3-13}$$

如果

$$X(z) = \frac{1}{1-\frac{1}{2}z^{-1}}, \quad \text{ROC：} |z|>\frac{1}{2}$$

那么，就可以直接联想到式（3-13）的变换对，根据观察就能判断出与该变换相联系的序列是 $x(n)=(1/2)^nu(n)$。如果 ROC 变为 $|z|<1/2$，则可以根据表 3-1 中序号 19 对应的变换对，求得序列为

$$x(n)=-(1/2)^nu(-n-1)$$

在应用观察法时，表 3-1 所列 $\mathscr{Z}$ 变换对是很有价值的。根据实际情况，可以把一个给定的 $\mathscr{Z}$ 变换表示成几项之和，其中每一项的反变换若能在表中找到，那么 $\mathscr{Z}$ 反变换就能直接从该表中写出其相应的序列。

二、围线积分法

围线积分法是求 $\mathscr{Z}$ 反变换的一种正规分析方法。依据复变函数理论，若函数 $X(z)$ 在 z 平面上的环状区域 $R_{x-}<|z|<R_{x+}(0\leqslant R_x, R_{x+}\leqslant\infty)$ 内是解析的，那么在该区域内，$X(z)$ 可以展成罗朗级数，即

$$X(z) = \sum_{n=-\infty}^{\infty} c_n z^{-n}, \quad R_{x-}<|z|<R_{x+} \tag{3-14}$$

而

$$c_n = \frac{1}{2\pi\mathrm{j}} \oint_{C^+} X(z)z^{n-1}\mathrm{d}z, \quad n=0, \pm1, \pm2, \cdots \tag{3-15}$$

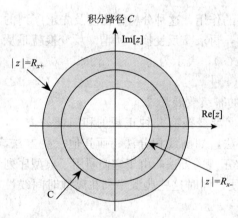

图 3-11　围线积分的路径

并用 C 表示在 $X(z)$ 的环状收敛域（即解析域）内环绕坐标原点的一简单闭合曲线，C^+ 表示沿此闭合曲线的反时针方向，即曲线的正向，而 C^- 表示沿此闭合曲线的顺时针方向。如图 3-11 所示。将式（3-14）与式（3-1）的 $\mathscr{Z}$ 变换定义相比较可知，$x(n)$ 就是罗朗级数的系数 c_n，所以，式（3-15）可写成

$$x(n) = \frac{1}{2\pi\mathrm{j}} \oint_{C^+} X(z)z^{n-1}\mathrm{d}z, \quad C^+\in(R_{x-}, R_{x+}) \tag{3-16}$$

式（3-16）就是围线积分的 $\mathscr{Z}$ 反变换公式。下面让我们用柯西积分定理来证明这一公式的正确性：

$$\frac{1}{2\mathrm{j}}\oint_{C^+} z^{k-1}\mathrm{d}z \xrightarrow{z=R\mathrm{e}^{\mathrm{j}\theta}} \frac{1}{2\pi\mathrm{j}}\oint_{C^+} R^{k-1}\mathrm{e}^{\mathrm{j}(k-1)\theta}\mathrm{d}(R\mathrm{e}^{\mathrm{j}\theta}) = \frac{R^k}{2\pi}\int_{-\pi}^{\pi}\mathrm{e}^{\mathrm{j}k\theta}\mathrm{d}\theta$$

即

$$\frac{1}{2\pi\mathrm{j}}\oint_{C^+} z^{k-1}\mathrm{d}z = \frac{R^k}{2\pi}\frac{\mathrm{e}^{\mathrm{j}k\theta}}{\mathrm{j}k}\bigg|_{-\pi}^{\pi} = \frac{R^k}{\pi k}\frac{\mathrm{e}^{\mathrm{j}k\pi}-\mathrm{e}^{-\mathrm{j}k\pi}}{2\mathrm{j}} = \frac{R^k}{\pi k}\sin k\pi = \begin{cases}1, & k=0 \\ 0, & k\neq 0\end{cases} \tag{3-17}$$

其中 k 为整数，$R_{x-}<R<R_{x+}$。将式（3-16）右端写成

$$\frac{1}{2\pi\mathrm{j}}\oint_{C^+} X(z)z^{n-1}\mathrm{d}z = \frac{1}{2\pi\mathrm{j}}\oint_{C^+}\Big[\sum_{m=-\infty}^{\infty} x(m)z^{-m}\Big]z^{n-1}\mathrm{d}z = \sum_{m=-\infty}^{\infty} x(m)\frac{1}{2\pi\mathrm{j}}\oint_{C^+} z^{(n-m)-1}\mathrm{d}z$$

把式（3-17）代入上式，得

$$\sum_{m=-\infty}^{\infty} x(m)\frac{1}{2\pi\mathrm{j}}\oint_{C^+} z^{(n-m)-1}\mathrm{d}z = x(n)$$

即

$$\frac{1}{2\pi\mathrm{j}}\oint_{C^+} X(z)z^{n-1}\mathrm{d}z = x(n), \quad C^+\in(R_{x-}, R_{x+})$$

一般来说，直接计算式（3-16）的围线积分比较烦琐，不太容易，大多采用留数定理来求解。根据留数定理，如果函数 $G(z)=X(z)z^{n-1}$ 在 z 平面内沿闭合曲线 C 上连续，且 C 围成的区域内有 K 个有限极点 z_k，那么，对函数 $G(z)$ 的围线积分可以写成

$$\frac{1}{2\pi\mathrm{j}}\oint_{C^+} G(z)\mathrm{d}z = \sum_{k=1}^{K}\mathrm{Res}[X(z)z^{n-1}]_{z=z_k} \tag{3-18}$$

其中符号 $\mathrm{Res}[X(z)z^{n-1}]_{z=z_k}$ 表示函数 $G(z)$ 在点 $z=z_k$ 处的留数（z_k 是闭合曲线 C 内的极点）。式（3-18）说明，函数 $G(z)$ 沿闭合曲线 C 反时针方向的积分等于 $G(z)$ 在 C 围成的区域内部各极点的留数之和。

如果积分式（3-16）沿闭合曲线 C 顺时针方向（C^-）进行积分，并假设 C^- 围成的区域内有 M 个有限极点 z_m（即 C 以外的区域），根据复变函数理论知

$$\oint_{C^+} G(z)\mathrm{d}z = -\oint_{C^-} G(z)\mathrm{d}z \tag{3-19}$$

$$\sum_{k=1}^{K}\mathrm{Res}[X(z)z^{n-1}]_{z=z_k} = -\sum_{m=1}^{M}\mathrm{Res}[X(z)z^{n-1}]_{z=z_m} \tag{3-20}$$

所以有

$$\frac{1}{2\pi\mathrm{j}}\oint_{C^-} X(z)z^{n-1}\mathrm{d}z = \sum_{m=1}^{M}\mathrm{Res}[X(z)z^{n-1}]_{z=z_m} \tag{3-21}$$

只要 $G(z)=X(z)z^{n-1}$ 在 $z=\infty$ 有二阶或二阶以上零点，即要求分母多项式 z 的阶次比分子多项式 z 的阶次高二阶或二阶以上，那么，式（3-21）就成立。同样，式（3-21）说明函数 $G(z)$ 沿闭合曲线 C 顺时针方向的积分等于 $G(z)$ 在闭合曲线 C^- 内部各极点的留数之和。

将式（3-18）及式（3-20）分别代入式（3-16），可得

$$x(n) = \frac{1}{2\pi\mathrm{j}}\oint_{C^+} X(z)z^{n-1}\mathrm{d}z = \sum_{k=1}^{K}\mathrm{Res}[X(z)z^{n-1}]_{z=z_k} \tag{3-22a}$$

$$x(n) = \frac{1}{2\pi\mathrm{j}}\oint_{C^+} X(z)z^{n-1}\mathrm{d}z = -\sum_{m=1}^{M}\mathrm{Res}[X(z)z^{n-1}]_{z=z_m} \tag{3-22b}$$

同样，应用式（3-22b）时，必须满足 $X(z)z^{n-1}=G(z)$ 的分母多项式 z 的阶次比分子多项式 z 的阶次高二阶或二阶以上。

关于留数的计算理论请参考有关复变函数的书籍。这里只给出具体公式：

设 z_k 是 $G(z)=X(z)z^{n-1}$ 在 z 平面上闭合曲线 C 内的单（一阶）极点，那么有

$$\mathrm{Res}[X(z)z^{n-1}]_{z=z_k}=[(z-z_k)X(z)z^{n-1}]_{z=z_k} \tag{3-23}$$

如果 z_k 是 $X(z)z^{n-1}$ 的多重（l 阶）极点，那么

$$\mathrm{Res}[X(z)z^{n-1}]_{z=z_k}=\frac{1}{(l-1)!}\frac{\mathrm{d}^{l-1}}{\mathrm{d}z^{l-1}}\left[(z-z_k)^l X(z)z^{n-1}\right]\Bigg|_{z=z_k} \tag{3-24}$$

在实际计算积分时，要视具体情况而定，合理选用式（3-22a）和式（3-22b）。如果当 n 大于某个值时，函数 $G(z)=X(z)z^{n-1}$ 在闭合曲线 C 的外部可能有多重极点，这时，若选择 C 的外部极点计算留数就比较麻烦，而若选择 C 的内部极点来求留数就比较简单。如果当 n 小于某个值时，$X(z)z^{n-1}$ 在闭合曲线的内部可能有多重极点，这时，若选择 C 外部的极点来求留数就方便得多了。下面举几个例子。

【例 3-6】 求 $X(z)=\dfrac{1}{\left(1-\dfrac{1}{4}z^{-1}\right)\left(1-\dfrac{1}{2}z^{-1}\right)}$，ROC：$|z|>\dfrac{1}{2}$ 的 $\mathscr{Z}$ 反变换 $x(n)$。

解：设 $G(z)=X(z)z^{n-1}=\dfrac{z^{n-1}}{\left(1-\dfrac{1}{4}z^{-1}\right)\left(1-\dfrac{1}{2}z^{-1}\right)}=\dfrac{z^{n+1}}{\left(z-\dfrac{1}{4}\right)\left(z-\dfrac{1}{2}\right)}$，$C$ 为 $X(z)$

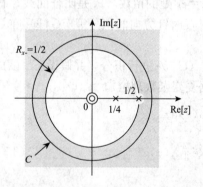

图 3-12 $X(z)$ 的收敛域与闭合曲线 C

的收敛域（$|z|>1/2$）内的闭合曲线，如图 3-12 所示。现在来讨论极点在闭合曲线 C 内、外部的分布情况以及极点的阶数大小，以便选择式（3-22a）还是式（3-22b）来计算留数。

当 $n\geq-1$ 时，由于函数 $G(z)$ 在闭合曲线 C 内有两个一阶极点 $z_1=1/4$ 和 $z_2=1/2$（单极点），所以利用围线 C 内部的极点求留数比较方便，故选择式（3-22a），得

$$x(n)=\frac{1}{2\pi\mathrm{j}}\oint_{C^+}X(z)z^{n-1}\mathrm{d}z$$

$$=\frac{1}{2\pi\mathrm{j}}\oint_{C^+}\frac{z^{n+1}}{\left(z-\dfrac{1}{4}\right)\left(z-\dfrac{1}{2}\right)}\mathrm{d}z$$

$$x(n)=\sum_{k=1}^{2}\mathrm{Res}\left[\frac{z^{n+1}}{\left(z-\dfrac{1}{4}\right)\left(z-\dfrac{1}{2}\right)}\right]\Bigg|_{z=z_k}$$

$$=\left[\left(z-\dfrac{1}{4}\right)\frac{z^{n+1}}{\left(z-\dfrac{1}{4}\right)\left(z-\dfrac{1}{2}\right)}\right]_{z=\frac{1}{4}}+\left[\left(z-\dfrac{1}{2}\right)\frac{z^{n+1}}{\left(z-\dfrac{1}{4}\right)\left(z-\dfrac{1}{2}\right)}\right]_{z=\frac{1}{2}}$$

$$x(n) = -\left(\frac{1}{4}\right)^n + 2\left(\frac{1}{2}\right)^n, \quad n \geqslant -1$$

当 $n \leqslant -2$ 时，函数 $G(z)$ 在闭合曲线 C 的外部没有极点，而在闭合曲线 C 内部除了有一阶极点 $z_1 = 1/4$ 和 $z_2 = 1/2$ 外，还有 $z = 0$ 处一 $(n+1)$ 阶极点，这样沿正方向 C^+ 积分不方便。那么，观察闭合曲线 C 外部的极点分布情况，由于 $G(z)$ 在闭合曲线 C 外部无极点，根据解析函数理论知，它的留数应为零，即，当 $n \leqslant -2$ 时，$x(n) = 0$。

事实上，当 $n = -1$ 时，$x(n) = -(1/4)^{-1} + 2(1/2)^{-1} = 0$，因此，所求 $\mathscr{L}$ 反变换 $x(n)$ 为

$$x(n) = 2\left(\frac{1}{2}\right)^n - \left(\frac{1}{4}\right)^n, \quad n \geqslant 0$$
$$x(n) = 0, \quad n < 0$$

或

$$x(n) = \left[2\left(\frac{1}{2}\right)^n - \left(\frac{1}{4}\right)^n\right]u(n)$$

【例 3-7】 求 $X(z) = \dfrac{1 - az^{-1}}{z^{-1} - a}$，ROC：$|z| > \dfrac{1}{|a|}$ 的 $\mathscr{L}$ 反变换 $x(n)$。

解：$X(z) = \dfrac{1 - az^{-1}}{z^{-1} - a} = \dfrac{z - a}{1 - az} = -\dfrac{1}{a}\dfrac{z - a}{z - \frac{1}{a}}$，设 $G(z) = X(z)z^{n-1}$

$$x(n) = \frac{1}{2\pi j}\oint_{C^+} G(z)\mathrm{d}z = \frac{1}{2\pi j}\oint_{C^+}\left(-\frac{1}{a}\frac{z - a}{z - 1/a}z^{n-1}\right)\mathrm{d}z$$

设 C 为 $|z| > 1/|a|$ 一闭合曲线，显然，当 $n > 0$ 时，函数 $G(z) = -\dfrac{1}{a}\dfrac{z - a}{z - 1/a}z^{n-1}$ 在 C 内只有一个单极点 $z = 1/a$，故

$$x(n) = \mathrm{Res}[G(z)]_{z=\frac{1}{a}} = -\frac{1}{a}\left(z - \frac{1}{a}\right)\left(\frac{z - a}{z - 1/a}z^{n-1}\right)_{z=\frac{1}{a}} = \left(a - \frac{1}{a}\right)\left(\frac{1}{a}\right)^n$$

当 $n = 0$ 时，函数 $G(z) = -\dfrac{1}{a}\dfrac{z - a}{z - 1/a}z^{-1} = -\dfrac{1}{a}\dfrac{z - a}{(z - 1/a)z}$ 在 C 内有两个单极点 $z_1 = 0$ 和 $z_2 = 1/a$，所以

$$x(n) = \sum_{k=1}^{2}\mathrm{Res}[G(z)]_{z=z_k}$$
$$= \mathrm{Res}\left(-\frac{1}{a}\frac{z - a}{(z - 1/a)z}\right)\bigg|_{z=\frac{1}{a}} + \mathrm{Res}\left(-\frac{1}{a}\frac{z - a}{(z - 1/a)z}\right)\bigg|_{z=0}$$
$$x(n) = \left(a - \frac{1}{a}\right) - a = -\frac{1}{a}$$

由于 $|z| > 1/|a|$，所以，当 $n < 0$ 时，在 C 外部没有极点，故 $x(n) = 0$。因此所求反变换为

$$x(n) = -\frac{1}{a}\cdot\delta(n) + \left(a - \frac{1}{a}\right)\left(\frac{1}{a}\right)^n\cdot u(n-1)$$

【例 3 - 8】 求 $X(z) = \dfrac{\left(1 + \frac{1}{4}z^{-1}\right)}{\left(1 - \frac{1}{2}z^{-1}\right)^2}$，ROC：$|z| < \dfrac{1}{2}$ 的 $\mathscr{Z}$ 反变换 $x(n)$。

解：$X(z) = \dfrac{\left(1 + \frac{1}{4}z^{-1}\right)}{\left(1 - \frac{1}{2}z^{-1}\right)^2} = \dfrac{\left(z + \frac{1}{4}\right)}{\left(z - \frac{1}{2}\right)^2} z$

$$G(z) = X(z)z^{n-1} = \dfrac{\left(z + \frac{1}{4}\right)}{\left(z - \frac{1}{2}\right)^2} z \cdot z^{n-1} = \dfrac{\left(z + \frac{1}{4}\right)}{\left(z - \frac{1}{2}\right)^2} z^n$$

设 C 为 ROC：$|z| < 1/2$ 内任意一条简单闭合曲线，如图 3 - 13 所示。当 $n \geqslant 0$ 时，C 内无极点，故 $G(z) = X(z)z^{n-1}$ 沿闭合曲线 C^+ 上积分为零，即 $x(n) = 0$。

当 $n \leqslant -1$ 时，

$$G(z) = \dfrac{\left(z + \frac{1}{4}\right)}{z^{-n}\left(z - \frac{1}{2}\right)^2}, \quad n \leqslant -1$$

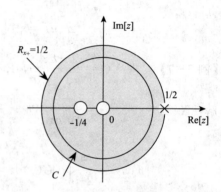

图 3 - 13　$X(z)$ 的收敛域与闭合曲线 C

$G(z)$ 在 C 内有一个（$-n$）阶极点，而在 C 外有一个二阶极点 $z = 1/2$，因此，根据上述求留数的原则，显然，对后一个极点求留数要容易些，因此有

$$x(n) = \dfrac{1}{2\pi \mathrm{j}} \oint_{C^+} G(z)\mathrm{d}z = -\dfrac{1}{2\pi \mathrm{j}} \oint_{C^-} G(z)\mathrm{d}z$$

$$x(n) = -\dfrac{1}{2\pi \mathrm{j}} \oint_{C^-} \dfrac{\left(z + \frac{1}{4}\right)}{z^{-n}\left(z - \frac{1}{2}\right)^2} \mathrm{d}z = -\mathrm{Res}\left[\dfrac{\left(z + \frac{1}{4}\right)}{z^{-n}\left(z - \frac{1}{2}\right)^2}\right]_{z = \frac{1}{2}}$$

$$= -\dfrac{1}{(2-1)!} \dfrac{\mathrm{d}^{2-1}}{\mathrm{d}z^{2-1}}\left[\left(z - \dfrac{1}{2}\right)^2 \cdot \dfrac{\left(z + \frac{1}{4}\right)}{z^{-n}\left(z - \frac{1}{2}\right)^2}\right]_{z = \frac{1}{2}} = -\dfrac{\mathrm{d}}{\mathrm{d}z}\left[\left(z + \dfrac{1}{4}\right) \cdot z^n\right]_{z = \frac{1}{2}}$$

$$= -\left[(n+1)z^n + \dfrac{1}{4}nz^{n-1}\right]_{z = \frac{1}{2}} = -(n+1)\left(\dfrac{1}{2}\right)^n - n\left(\dfrac{1}{2}\right)^{n+1}, \quad n \leqslant -1$$

或写成

$$x(n) = \left[-n\left(\frac{1}{2}\right)^{n+1} - (n+1)\left(\frac{1}{2}\right)^{n}\right]u(-n-1)$$

三、部分分式法

由上述可见，观察法比较方便，但 $\mathscr{L}$ 变换形式较复杂时，不易辨认出来，而围线积分又较烦琐。然而，在实际应用中，$X(z)$ 一般具有式（3-4）的形式，$P(z)$ 及 $Q(z)$ 都是实系数多项式，并且没有公因式。所以，我们可将 $X(z)$ 用部分分式展开，往往这样的分式比较简单，便于利用表 3-1 提供的基本 $\mathscr{L}$ 变换对公式来求 $\mathscr{L}$ 反变换。然后将各个 $\mathscr{L}$ 反变换形式相加，就得到所求的序列 $x(n)$，即

$$X(z) = P(z)/Q(z) = X_1(z) + X_2(z) + \cdots + X_k(z) \tag{3-25}$$

那么

$$x(n) = \mathscr{L}^{-1}[X(z)] = \mathscr{L}^{-1}[X_1(z)] + \mathscr{L}^{-1}[X_2(z)] + \cdots + \mathscr{L}^{-1}[X_k(z)] \tag{3-26}$$

如果 $X(z)$ 可以表示成有理分式

$$X(z) = \frac{P(z)}{Q(z)} = \frac{\displaystyle\sum_{m=0}^{M} b_m z^{-m}}{\displaystyle\sum_{k=0}^{N} a_k z^{-k}} \tag{3-27}$$

可以将 $X(z)$ 的分子、分母多项式分别进行因式分解，化为 z^{-1} 的因式，即

$$X(z) = \frac{\displaystyle\sum_{m=0}^{M} b_m z^{-m}}{\displaystyle\sum_{k=0}^{N} a_k z^{-k}} = \frac{b_0 \displaystyle\prod_{m=1}^{M}(1 - c_m z^{-1})}{a_0 \displaystyle\prod_{k=1}^{N}(1 - d_k z^{-1})} \tag{3-28}$$

式中：a_k、b_m 为常系数；$z = c_m$ 是 $X(z)$ 的非零值零点；$z = d_k$ 是 $X(z)$ 的非零值极点。若 $M < N$，且极点都是一阶的，那么 $X(z)$ 就能表示成

$$X(z) = \sum_{k=1}^{N} \frac{A_k}{1 - d_k z^{-1}} \tag{3-29}$$

很显然，式（3-29）中所有分式的公分母与式（3-28）中的分母相同。将式（3-29）两边乘以 $(1 - d_k z^{-1})$，并对 $z = d_k$ 求值，便得出 A_k：

$$A_k = (1 - d_k z^{-1})X(z)\big|_{z=d_k} = (z - d_k)\frac{X(z)}{z}\bigg|_{z=d_k} = \mathrm{Res}\left[\frac{X(z)}{z}\right]_{z=d_k} \tag{3-30}$$

【例 3-9】 利用部分分式展开法求

$$X(z) = \frac{1}{(1 - 2z^{-1})\left(1 - \dfrac{1}{3}z^{-1}\right)}, \quad \mathrm{ROC}: |z| > 2$$

的 $\mathscr{L}$ 反变换。

解：将 $X(z)$ 的分子、分母同乘以 z^2，得

$$X(z) = \frac{z^2}{(z - 2)\left(z - \dfrac{1}{3}\right)}, \quad \mathrm{ROC}: |z| > 2$$

根据式（3-30）求系数的办法，应将此等式两端同除以 z，得

$$\frac{X(z)}{z} = \frac{z}{(z-2)\left(z-\frac{1}{3}\right)}$$

再将它展开成部分分式，得

$$\frac{X(z)}{z} = \frac{z}{(z-2)\left(z-\frac{1}{3}\right)} = \frac{A_1}{(z-2)} + \frac{A_2}{\left(z-\frac{1}{3}\right)}$$

利用式（3-30）求得系数为

$$A_1 = (z-2)\left.\frac{X(z)}{z}\right|_{z=2} = \left.(z-2)\frac{1}{z}\frac{z^2}{(z-2)\left(z-\frac{1}{3}\right)}\right|_{z=2} = \frac{6}{5}$$

$$A_2 = (z-\frac{1}{3})\left.\frac{X(z)}{z}\right|_{z=\frac{1}{3}} = \left.\left(z-\frac{1}{3}\right)\frac{1}{z}\frac{z^2}{(z-2)\left(z-\frac{1}{3}\right)}\right|_{z=\frac{1}{3}} = -\frac{1}{5}$$

那么

$$\frac{X(z)}{z} = \frac{6}{5} \times \frac{1}{(z-2)} - \frac{1}{5} \times \frac{1}{\left(z-\frac{1}{3}\right)}$$

所以

$$X(z) = \frac{6}{5} \times \frac{z}{(z-2)} - \frac{1}{5} \times \frac{z}{\left(z-\frac{1}{3}\right)}$$

或

$$X(z) = \frac{6}{5} \times \frac{1}{(1-2z^{-1})} - \frac{1}{5} \times \frac{1}{\left(1-\frac{1}{3}z^{-1}\right)}$$

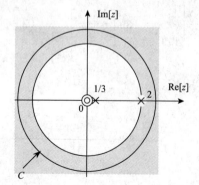

图 3-14 $X(z)$ 的收剑域与闭合曲线 C

查表 3-1，并考虑 ROC：$|z|>2$（因果序列），如图 3-14 所示，由第 3 个变换对得

$$\frac{1}{(1-2z^{-1})} \overset{\mathscr{Z}}{\longleftrightarrow} 2^n u(n)$$

$$\frac{1}{\left(1-\frac{1}{3}z^{-1}\right)} \overset{\mathscr{Z}}{\longleftrightarrow} \left(\frac{1}{3}\right)^n u(n)$$

$$x(n) = \left[\frac{6}{5} \times 2^n - \frac{1}{5}\left(\frac{1}{3}\right)^n\right]u(n)$$

或表示为

$$x(n) = \begin{cases} \dfrac{6}{5} \times 2^n - \dfrac{1}{5}\left(\dfrac{1}{3}\right)^n, & n \geqslant 0 \\ 0, & n < 0 \end{cases}$$

根据式（3-29），将其各项相加就能得到分子，它最多就是 z^{-1} 的 $(N-1)$ 阶多项式。若 $M \geqslant N$，那么，式（3-29）的右边必须要附加一个多项式，该多项式的最高阶数就是 $(M-N)$，即

$$X(z) = \sum_{n=0}^{M-N} B_n z^{-n} + \sum_{k=1}^{N} \frac{A_k}{1-d_k z^{-1}} \tag{3-31}$$

B_n 可以通过长除法用分母去除分子得到，一直除到其余因式的阶数低于分母的阶数为止，而 A_k 仍然可以采用式（3-30）求得。如果 $X(z)$ 还有多重极点，那么 $X(z)$ 展开成部分分式时，有如下的一般表达式：

$$X(z) = \sum_{n=0}^{M-N} B_n z^{-n} + \sum_{k=1}^{N-r} \frac{A_k}{1-d_k z^{-1}} + \sum_{m=1}^{r} \frac{C_m}{(1-d_i z^{-1})^m} \tag{3-32}$$

其中：d_i 为 $X(z)$ 的一个 r 阶极点；各个 d_k 是 $X(z)$ 的单极点（$k=1,2,\cdots,N-r$）；B_n 是 $X(z)$ 的整式部分的系数，当 $M \geqslant N$ 时存在 B_n（$M=N$ 时只有 B_0 项），$M<N$ 时，各个 $B_n=0$。B_n 同样用长除法求得，而 A_k 仍然采用式（3-30）求取，系数 C_m 可用以下关系求得：

$$C_m = \frac{1}{(-d_i)^{r-m}} \frac{1}{(r-m)!} \left\{ \frac{\mathrm{d}^{r-m}}{\mathrm{d}(z^{-1})^{r-m}} \left[(1-d_i z^{-1})^r X(z) \right] \right\}_{z=d_i}, \quad m=1,2,\cdots,r \tag{3-33}$$

或

$$C_m = \frac{1}{(r-m)!} \left\{ \frac{\mathrm{d}^{r-m}}{\mathrm{d}z^{r-m}} \left[(z-d_i)^r \frac{X(z)}{z^m} \right] \right\}_{z=d_i}, \quad m=1,2,\cdots,r \tag{3-34}$$

确定展开式的各项之后，分别求右边各项的 $\mathscr{L}$ 反变换［式（3-31）］，然后将各序列相加，便得到所求的原序列。在利用部分分式求 $\mathscr{L}$ 反变换时，必须将 $X(z)$ 展开成便于从已知的 $\mathscr{L}$ 变换表中能够容易识别出来的部分分式，并且要特别注意收敛域。

【例 3-10】 利用部分分式展开的方法求 $X(z) = \dfrac{1+2z^{-1}+z^{-2}}{1-\dfrac{3}{2}z^{-1}+\dfrac{1}{2}z^{-2}}$，ROC：$|z|>1$ 的 $\mathscr{L}$ 反变换。

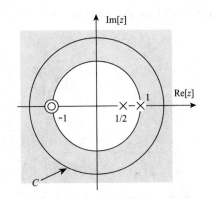

图 3-15 $X(z)$ 的收剑域与闭合曲线 C

解：先将 $X(z)$ 进行因式分解，得

$$X(z) = \frac{(1+z^{-1})^2}{\left(1-\dfrac{1}{2}z^{-1}\right)(1-z^{-1})}, \quad \text{ROC：} |z|>1$$

因 $|z|>1$，所以，这是右边序列，且 $M=N=2$，故可以表示为

$$X(z) = B_0 + \frac{A_1}{\left(1 - \frac{1}{2}z^{-1}\right)} + \frac{A_2}{(1 - z^{-1})}$$

用长除法求取 B_0：

$$
\begin{array}{r}
2 \\
\frac{1}{2}z^{-2} - \frac{3}{2}z^{-1} + 1 \overline{\smash{\big)}\, z^{-2} + 2z^{-1} + 1} \\
\underline{z^{-2} - 3z^{-1} + 2} \\
5z^{-1} - 1
\end{array}
$$

显然，余式 $(5z^{-1} - 1)$ 的阶次小于 $M = 2$。所以 $X(z)$ 化为

$$X(z) = 2 + \frac{-1 + 5z^{-1}}{\left(1 - \frac{1}{2}z^{-1}\right)(1 - z^{-1})} = 2 + \frac{A_1}{\left(1 - \frac{1}{2}z^{-1}\right)} + \frac{A_2}{(1 - z^{-1})}$$

现在可以利用式（3-30）求出系数 A_1、A_2，即

$$A_1 = \left(1 - \frac{1}{2}z^{-1}\right)X(z)\bigg|_{z=\frac{1}{2}} = \left(1 - \frac{1}{2}z^{-1}\right)\left[2 + \frac{-1 + 5z^{-1}}{\left(1 - \frac{1}{2}z^{-1}\right)(1 - z^{-1})}\right]\bigg|_{z=\frac{1}{2}} = -9$$

$$A_2 = (1 - z^{-1})X(z)\big|_{z=1} = (1 - z^{-1})\left[2 + \frac{-1 + 5z^{-1}}{\left(1 - \frac{1}{2}z^{-1}\right)(1 - z^{-1})}\right]\bigg|_{z=1} = 8$$

所以有

$$X(z) = 2 - \frac{9}{\left(1 - \frac{1}{2}z^{-1}\right)} + \frac{8}{(1 - z^{-1})}, \quad \text{ROC：} |z| > 1$$

如图 3-15 所示，收敛域 $|z| > 1$，查表 3-1 得

$$2 \xleftrightarrow{\mathscr{Z}} 2\delta(n)$$

$$\frac{-9}{\left(1 - \frac{1}{2}z^{-1}\right)} \xleftrightarrow{\mathscr{Z}} -9\left(\frac{1}{2}\right)^n u(n)$$

$$\frac{8}{(1 - z^{-1})} \xleftrightarrow{\mathscr{Z}} 8u(n)$$

$$x(n) = 2\delta(n) - 9\left(\frac{1}{2}\right)^n u(n) + 8u(n) = 2\delta(n) + \left[8 - 9\left(\frac{1}{2}\right)^n\right]u(n)$$

上述两例是针对右边序列的，对于左边序列或双边序列，同样可以应用部分分式展开法，但在求解过程中，必须区别哪些极点对应于右边序列，哪些极点对应于左边序列。

四、幂级数展开法

由序列 $x(n)$ 的 $\mathscr{Z}$ 变换定义知，$X(z)$ 实际上为 z^{-1} 的幂级数，即

$$X(z) = \sum_{n=-\infty}^{\infty} x(n)z^{-n} = \cdots + x(-2)z^2 + x(-1)z + x(0) + x(1)z^{-1} + x(2)z^{-2} + \cdots$$

显然，把 $X(z)$ 在给定的收敛域内展开成幂级数，那么级数的系数就是序列 $x(n)$。$X(z)$ 通常是一个有理分式，分子、分母都是 z 的多项式，我们可直接用分子多项式除以分母多项式，得到幂级数展开式，从而得到 $x(n)$，有时也称幂级数展开法为长除法。若遇到超越函数，如对数、正弦、双曲正弦等函数时，可以直接利用幂级数展开式来求出 $x(n)$（有表可查）。

【例 3-11】　用幂级数展开法求 $X(z) = \left(1 + \dfrac{1}{3}z^{-1}\right)\left(1 - \dfrac{1}{3}z^{-1}\right)(1 - z^{-1})\, z^2$ 的 $\mathscr{L}$ 反变换。

解：将 $X(z)$ 看成是分母为 1 的有理函数，且有一个极点 $z=0$，显然它在 $z \neq 0$ 的平面内收敛，将其展开为多项式形式，即

$$X(z) = z^2 - z^1 - \frac{1}{9}z^0 + \frac{1}{9}z^{-1}$$

可以看出 $x(-2)=1$，$x(-1)=-1$，$x(0)=-1/9$，$x(1)=1/9$，故所求的 $\mathscr{L}$ 反变换为

$$x(n) = \delta(n+2) - \delta(n+1) - \frac{1}{9}\delta(n) + \frac{1}{9}\delta(n-1)$$

不过要注意：只有 $X(z)$ 的闭合形式表达式与它的收敛域（ROC）相结合，才能唯一地确定序列 $x(n)$。所以利用幂级数展开法做 $\mathscr{L}$ 反变换也不例外，应根据收敛域判断所要得到的 $x(n)$ 的性质，然后再展开成相应的 z 的幂级数。当 $X(z)$ 的 ROC 为 $|z| > R_{x-}$ 时，$x(n)$ 为右边序列，此时应将 $X(z)$ 展开成 z 的负幂级数，所以 $X(z)$ 的分子、分母应按 z^{-1} 的升幂（或 z 的降幂）排列。如果 ROC 是 $|z| < R_{x+}$，$x(n)$ 为左边序列，此时应将 $X(z)$ 展开成 z 的正幂级数，$X(z)$ 的分子、分母应按 z^{-1} 的降幂（或 z 的升幂）排列。

【例 3-12】　求 $X(z) = \dfrac{1}{1-bz^{-1}}$，ROC：$|z| < |b|$ 的 $\mathscr{L}$ 反变换 $x(n)$。

解：$X(z) = \dfrac{1}{1-bz^{-1}} = \dfrac{z}{z-b}$，ROC：$|z| < |b|$，此序列应为左边序列，$X(z)$ 的分子、分母应按 z 的升幂排列，即

$$
\require{enclose}
\begin{array}{r}
-b^{-1}z \quad -b^{-2}z^2 \quad -b^{-3}z^3 - \cdots \\[2pt]
-b+z \enclose{longdiv}{z} \\[2pt]
\underline{z \quad -b^{-1}z^2} \\[2pt]
b^{-1}z^2 \\[2pt]
\underline{b^{-1}z^2 \quad -b^{-2}z^3} \\[2pt]
b^{-2}z^3 \\[2pt]
\vdots
\end{array}
$$

所以

$$x(n) = -b^n u(-n-1)$$

【例 3-13】　求 $X(z) = \lg(1+cz^{-1})$，ROC：$|z| > |c|$ 的 $\mathscr{L}$ 反变换 $x(n)$。

解：这是一个超越函数，首先考虑对 $\lg(1+x)$ 的幂级数展开，当 $|x|<1$ 时，有

$$\lg(1+x) = \sum_{n=1}^{\infty} \frac{(-1)^{n+1} x^n}{n}$$

因为 $|z|>|c|$，在形式上取 $x=c/z$，则有

$$X(z) = \sum_{n=1}^{\infty} \frac{(-1)^{n+1} c^n z^{-n}}{n}$$

故

$$x(n) = \frac{(-1)^{n+1} c^n}{n} u(n-1)$$

【例 3-14】 求 $X(z) = \dfrac{1}{1-az^{-1}}$，ROC：$|z|>|a|$ 的 $\mathscr{Z}$ 反变换 $x(n)$。

解：$X(z) = \dfrac{1}{1-az^{-1}} = \dfrac{z}{z-a}$，ROC：$|z|>|a|$，此序列应为右边序列，$X(z)$ 的分子、分母应按 z^{-1} 的升幂排列，即

$$
\require{enclose}
\begin{array}{r}
1 + az^{-1} + a^2 z^{-2} + \cdots \\[2pt]
1 - az^{-1} \enclose{longdiv}{1 } \\
\underline{1 - az^{-1}} \\
az^{-1} \\
\underline{az^{-1} - a^2 z^{-2}} \\
a^2 z^{-2} \\
\vdots
\end{array}
$$

所以

$$x(n) = a^n u(n)$$

第四节　$\mathscr{Z}$ 变换性质

在研究离散时间信号与系统时，$\mathscr{Z}$ 变换的许多性质非常有用，如利用 $\mathscr{Z}$ 变换的性质可以将常系数差分方程变换为简单的代数方程，并做相应的简单运算，然后将其结果进行 $\mathscr{Z}$ 反变换，即可求出原方程的解。又如，与 $\mathscr{Z}$ 反变换相联系的性质可以用来解决更复杂的 $\mathscr{Z}$ 反变换问题。本节将讨论最常用的几个性质。

做一些假设：同前述一样，设序列 $x(n)$ 的 $\mathscr{Z}$ 变换为 $X(z)$，收敛域 ROC：$R_{x-}<|z|<R_{x+}$。

一、线性性

线性性就是指满足均匀性和可加性，$\mathscr{Z}$ 变换的线性性也是如此，若

$$x(n) \overset{\mathscr{Z}}{\longleftrightarrow} X(z), \quad \text{ROC：} R_{x-}<|z|<R_{x+}$$

$$y(n) \overset{\mathscr{Z}}{\longleftrightarrow} Y(z), \quad \text{ROC：} R_{y-}<|z|<R_{y+}$$

那么
$$ax(n)+by(n)\xleftrightarrow{\mathscr{L}}aX(z)+bY(z), \quad \text{ROC}: R_-<|z|<R_+ \tag{3-35}$$
其中 a、b 为任意常数。相加以后 $\mathscr{L}$ 变换收敛域一般为两个相加序列收敛域的公共部分，即
$$R_-=\max(R_{x-},\ R_{y-}), \quad R_+=\min(R_{x+},\ R_{y+})$$
在这些线性组合中，如果某些零点与极点互相抵消，那么收敛域可能扩大。

【例 3-15】 求序列 $x(n)=u(n)-u(n-1)$ 的 $\mathscr{L}$ 变换。

解：查表 3-1 知
$$u(n)\xleftrightarrow{\mathscr{L}}\frac{1}{1-z^{-1}}=\frac{z}{z-1}, \quad \text{ROC}: |z|>1$$
又
$$\mathscr{L}[u(n-1)]=\sum_{n=-\infty}^{\infty}u(n-1)z^{-n}=\sum_{n=1}^{\infty}z^{-n}=\frac{z^{-1}}{1-z^{-1}}$$
即
$$u(n-1)\xleftrightarrow{\mathscr{L}}\frac{z^{-1}}{1-z^{-1}}=\frac{1}{z-1}, \quad \text{ROC}: |z|>1$$
所以
$$u(n)-u(n-1)\xleftrightarrow{\mathscr{L}}\frac{z}{z-1}-\frac{1}{z-1}=1, \quad \text{ROC}: 0\leqslant|z|\leqslant\infty$$
由此可见 ROC 扩大了，为整个 z 平面。

二、时移性

根据序列的移位，可以有左移（超前）及右移（延迟）两种情况。若
$$x(n)\xleftrightarrow{\mathscr{L}}X(z), \quad \text{ROC}: R_{x-}<|z|<R_{x+}$$
那么
$$x(n-n_0)\xleftrightarrow{\mathscr{L}}z^{-n_0}X(z), \quad \text{ROC}: R_{x-}<|z|<R_{x+} \tag{3-36}$$
式中 n_0 为任意整数；n_0 为正，则为延迟，n_0 为负，则为超前。

证：由 $\mathscr{L}$ 变换的定义
$$\mathscr{L}[x(n-n_0)]=\sum_{n=-\infty}^{\infty}x(n-n_0)z^{-n}=z^{-n_0}\sum_{k=-\infty}^{\infty}x(k)z^{-k}=z^{-n_0}X(z)$$

由式（3-36）可看出序列时移后，收敛域是相同的，只是对单边序列在 $z=0$ 或 $z=\infty$ 处可能有例外。而对于双边序列，其 ROC 是环状区域，已不包括 $z=0$、$z=\infty$，故序列移位后，$\mathscr{L}$ 变换的 ROC 不会变化。如，$\mathscr{L}[\delta(n)]=1$，在 z 平面处收敛，但是 $\mathscr{L}[\delta(n-1)]=z^{-1}$，它在 $z=0$ 处不收敛，而 $\mathscr{L}[\delta(n+1)]=z$，在 $z=\infty$ 处不收敛。

三、指数序列相乘性

如果
$$x(n)\xleftrightarrow{\mathscr{L}}X(z), \quad \text{ROC}: R_{x-}<|z|<R_{x+}$$

那么序列 $x(n)$ 乘以指数序列 a^n（a 是常实数或常复数）后，就有

$$a^n x(n) \overset{\mathscr{Z}}{\longleftrightarrow} X\left(\frac{z}{a}\right), \quad \text{ROC：} |a| R_{x-} < |z| < |a| R_{x+} \tag{3-37}$$

证：根据定义

$$\mathscr{Z}[a^n x(n)] = \sum_{n=-\infty}^{\infty} a^n x(n) z^{-n} = \sum_{n=-\infty}^{\infty} x(n)\left(\frac{z}{a}\right)^{-n} = X\left(\frac{z}{a}\right), \quad R_{x-} < \frac{|z|}{|a|} < R_{x+}$$

依据这一性质，原列 $x(n)$ 的 $\mathscr{Z}$ 变换 $X(z)$，现变为 $X(z/a)$，这是 z 域的尺度变换。显然，$X(z)$ 的零、极点位置都将改变。如果 $X(z)$ 在 $z=z_1$ 处为极点，那么 $X(a^{-1}z)$ 在 $a^{-1}z=z_1$，即 $z=az_1$ 处为极点。就是说，如果 a 为正实数，那么表示 z 平面的缩小或扩大，零、极点在 z 平面沿径向移动。如果 a 为复数，模 $|a|=1$，那么表示在 z 平面上旋转，即表示零、极点位置沿着以坐标原点为圆心以 $|z_1|$ 为半径的圆周变化。如果 a 为任意复数，那么在 z 平面上，零、极点既有幅度伸缩，又有角度旋转。

【例 3-16】 利用指数序列相乘性来求 $x(n)=r^n\cos(\omega_0 n)u(n)$，$r>0$ 的 $\mathscr{Z}$ 变换。

解：查表知

$$u(n) \overset{\mathscr{Z}}{\longleftrightarrow} \frac{1}{1-z^{-1}}, \quad \text{ROC：} |z|>1$$

又利用欧拉公式得

$$x(n) = \frac{r^n}{2}(e^{j\omega_0 n} + e^{-j\omega_0 n})u(n) = \frac{1}{2}\left[(re^{j\omega_0})^n u(n) + (re^{-j\omega_0})^n u(n)\right]$$

然后将其与 $u(n)$ 相乘，并利用指数序列相乘性，得

$$\frac{1}{2}(re^{j\omega_0})^n u(n) \overset{\mathscr{Z}}{\longleftrightarrow} \frac{\dfrac{1}{2}}{1-\left(\dfrac{z}{re^{j\omega_0}}\right)^{-1}} = \frac{\dfrac{1}{2}}{1-re^{j\omega_0}z^{-1}}, \quad \text{ROC：} |z|>|re^{j\omega_0}| \cdot 1 = r$$

$$\frac{1}{2}(re^{-j\omega_0})^n u(n) \overset{\mathscr{Z}}{\longleftrightarrow} \frac{\dfrac{1}{2}}{1-\left(\dfrac{z}{re^{-j\omega_0}}\right)^{-1}} = \frac{\dfrac{1}{2}}{1-re^{-j\omega_0}z^{-1}}, \quad \text{ROC：} |z|>|re^{-j\omega_0}| \cdot 1 = r$$

再利用 $\mathscr{Z}$ 变换的线性性质，得

$$X(z) = \frac{1}{2} \cdot \frac{1}{1-re^{j\omega_0}z^{-1}} + \frac{1}{2} \cdot \frac{1}{1-re^{-j\omega_0}z^{-1}}$$

$$= \frac{1-(r\cos\omega_0)z^{-1}}{1-(2r\cos\omega_0)z^{-1}+r^2 z^{-2}}, \quad \text{ROC：} |z|>r$$

四、$X(z)$ 的微分

若 $x(n) \overset{\mathscr{Z}}{\longleftrightarrow} X(z)$，$\quad$ ROC：$R_{x-} < |z| < R_{x+}$，那么

$$nx(n) \overset{\mathscr{Z}}{\longleftrightarrow} -z \cdot \frac{\mathrm{d}}{\mathrm{d}z}X(z), \quad \text{ROC：} R_{x-} < |z| < R_{x+} \tag{3-38}$$

证：由于

$$X(z) = \sum_{n=-\infty}^{\infty} x(n)z^{-n}$$

等式两端对 z 取导数，得

$$\frac{\mathrm{d}X(z)}{\mathrm{d}z} = \frac{\mathrm{d}}{\mathrm{d}z}\sum_{n=-\infty}^{\infty} x(n)z^{-n}$$

交换求和与求导的次序，则得

$$\frac{\mathrm{d}X(z)}{\mathrm{d}z} = \sum_{n=-\infty}^{\infty} x(n)\frac{\mathrm{d}}{\mathrm{d}z}(z^{-n}) = -z^{-1}\sum_{n=-\infty}^{\infty} nx(n)z^{-n} = -z^{-1}\mathscr{L}[nx(n)]$$

所以

$$nx(n) \overset{\mathscr{L}}{\longleftrightarrow} -z \cdot \frac{\mathrm{d}}{\mathrm{d}z}X(z), \quad \text{ROC：} R_{x-} < |z| < R_{x+}$$

这相当于在时域内序列 $x(n)$ 的线性加权（乘 n），等效于在 $\mathscr{L}$ 变换域 $X(z)$ 对 z 进行求导数后再乘以 $(-z)$。同样可得

$$n^2 x(n) \overset{\mathscr{L}}{\longleftrightarrow} z^2\frac{\mathrm{d}^2 X(z)}{\mathrm{d}z^2} + z\frac{\mathrm{d}X(z)}{\mathrm{d}z}, \quad \text{ROC：} R_{x-} < |z| < R_{x+}$$

以此递推求得

$$n^m x(n) \overset{\mathscr{L}}{\longleftrightarrow} \left(-z\frac{\mathrm{d}}{\mathrm{d}z}\right)^m X(z), \quad \text{ROC：} \quad R_{x-} < |z| < R_{x+}$$

其中符号 $\left(-z\dfrac{\mathrm{d}}{\mathrm{d}z}\right)^m$ 表示

$$\left(-z\frac{\mathrm{d}}{\mathrm{d}z}\right)^m = -z\frac{\mathrm{d}}{\mathrm{d}z}\left\{-z\frac{\mathrm{d}}{\mathrm{d}z}\left[-z\frac{\mathrm{d}}{\mathrm{d}z}\cdots\left(-z\frac{\mathrm{d}}{\mathrm{d}z}X(z)\right)\right]\cdots\right\}$$

为 m 阶导数。请读者自己证明。

【例 3 - 17】 求 $x(n) = na^n u(n)$ 的 $\mathscr{L}$ 变换。

解：$a^n u(n) \overset{\mathscr{L}}{\longleftrightarrow} \dfrac{1}{1-az^{-1}}$，ROC：$|z| > |a|$，因为

$$X(z) = -z \cdot \frac{\mathrm{d}}{\mathrm{d}z}\left(\frac{1}{1-az^{-1}}\right) = \frac{az^{-1}}{(1-az^{-1})^2}$$

所以

$$nx(n) \overset{\mathscr{L}}{\longleftrightarrow} \frac{az^{-1}}{(1-az^{-1})^2}, \quad \text{ROC：} |z| > |a|$$

五、复序列的共轭

一个复序列 $x(n)$ 的共轭序列为 $x^*(n)$，若 $x(n) \overset{\mathscr{L}}{\longleftrightarrow} X(z)$，ROC：$R_{x-} < |z| < R_{x+}$，那么

$$x^*(n) \overset{\mathscr{L}}{\longleftrightarrow} X^*(z^*), \quad \text{ROC：} R_{x-} < |z| < R_{x+} \tag{3-39}$$

六、复序列共轭的翻褶

若 $x(n) \overset{\mathscr{L}}{\longleftrightarrow} X(z)$，ROC：$R_{x-} < |z| < R_{x+}$，那么

$$x^*(-n) \xleftrightarrow{\mathscr{L}} X^*\left(\frac{1}{z^*}\right), \quad \text{ROC：} \frac{1}{R_{x+}} < |z| < \frac{1}{R_{x-}} \tag{3-40}$$

证：按定义

$$\sum_{n=-\infty}^{\infty} x^*(-n)z^{-n} = \sum_{n=-\infty}^{\infty} x^*(n)z^n = \left\{ \sum_{n=-\infty}^{\infty} x(n)\left[(z^*)^{-1}\right]^{-n} \right\}^*$$

$$= X^*\left(\frac{1}{z^*}\right), \quad \text{ROC：} R_{x-} < |z^{-1}| < R_{x+}$$

$$x^*(-n) \xleftrightarrow{\mathscr{L}} X^*\left(\frac{1}{z^*}\right), \quad \text{ROC：} \frac{1}{R_{x+}} < |z| < \frac{1}{R_{x-}}$$

如果序列是实序列，或者不对一个复序列取共轭，那么结果应为

$$x(-n) \xleftrightarrow{\mathscr{L}} X\left(\frac{1}{z}\right), \quad \text{ROC：} \frac{1}{R_{x+}} < |z| < \frac{1}{R_{x-}}$$

七、序列的卷积

设 $y(n)$ 为 $x(n)$ 与 $h(n)$ 的卷积和：$y(n) = x(n) * h(n) = \sum_{m=-\infty}^{\infty} x(m)h(n-m)$，且

$$x(n) \xleftrightarrow{\mathscr{L}} X(z), \quad \text{ROC：} R_{x-} < |z| < R_{x+}$$

$$h(n) \xleftrightarrow{\mathscr{L}} H(z), \quad \text{ROC：} R_{h-} < |z| < R_{h+}$$

那么

$$Y(z) = X(z)H(z), \quad \text{ROC：} \max(R_{x-}, R_{h-}) < |z| < \min(R_{x+}, R_{h+}) \tag{3-41}$$

表明在 $\mathscr{L}$ 变换域内 $X(z)$ 与 $H(z)$ 是相乘关系，正如上述提到，乘积的 ROC 是 $X(z)$ 的 ROC 和 $H(z)$ 的 ROC 的公共部分。在 ROC 边界上，如果有一个 $\mathscr{L}$ 变换的零点与另一个 $\mathscr{L}$ 变换的极点互相抵消，那么 ROC 还可扩大。

证：

$$\sum_{n=-\infty}^{\infty} [x(n) * h(n)]z^{-n} = \sum_{n=-\infty}^{\infty} \left[\sum_{m=-\infty}^{\infty} x(m)h(n-m) \right] z^{-n}$$

$$= \sum_{m=-\infty}^{\infty} x(m) \left[\sum_{n=-\infty}^{\infty} h(n-m)z^{-n} \right] = \sum_{m=-\infty}^{\infty} x(m)z^{-m}H(z)$$

$$= H(z) \left[\sum_{m=-\infty}^{\infty} x(m)z^{-m} \right] = X(z)H(z)$$

$$Y(z) = X(z)H(z), \quad \text{ROC：} \max(R_{x-}, R_{h-}) < |z| < \min(R_{x+}, R_{h+})$$

也将这一性质称为序列的**卷积和定理**。在 LTI 系统中，如果输入为 $x(n)$，系统冲激响应为 $h(n)$，那么输出 $y(n)$ 是 $x(n)$ 与 $h(n)$ 的卷积和。我们可以通过求 $X(z)H(z)$ 的 $\mathscr{L}$ 反变换而求出 $y(n)$，后面我们会看到，对于无限长序列，这样求解会更方便些，所以，这个定理是很重要的。

【例 3-18】 求序列 $x(n) = a^n u(n)$ 与 $h(n) = u(n)$ 的卷积和（$|a| < 1$）。

解：$x(n)$ 与 $h(n)$ 的 $\mathscr{L}$ 变换分别为

$$a^n u(n) \xleftrightarrow{\mathscr{L}} \frac{1}{1 - az^{-1}}, \quad \text{ROC：} |z| > |a|$$

$$u(n) \xleftrightarrow{\mathscr{L}} \frac{1}{1 - z^{-1}}, \quad \text{ROC：} |z| > 1$$

所以

$$Y(z) = X(z)H(z) = \frac{1}{1-az^{-1}} \cdot \frac{1}{1-z^{-1}} = \frac{z^2}{(z-a)(z-1)}, \quad \text{ROC：} |z| > 1$$

$Y(z)$ 的零极点如图 3-16 所示收敛域就是两者的重叠部分。$Y(z)$ 的 $\mathscr{L}$ 反变换 $y(n)$ 为

$$Y(z) = X(z)H(z) = \frac{1}{1-a}\left(\frac{1}{1-z^{-1}} - \frac{a}{1-az^{-1}}\right), \quad \text{ROC：} |z| > 1$$

因而有

$$y(n) = \frac{1}{1-a}\left[u(n) - a^{n+1}u(n)\right]$$

$$= \frac{1}{1-a}(1-a^{n+1})u(n)$$

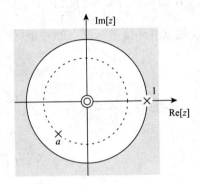

图 3-16　$[a^n u(n)] * u(n)$ 的 $\mathscr{L}$ 变换

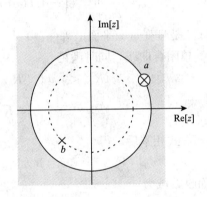

图 3-17　$[a^n u(n)] * [b^n u(n) - ab^{n-1}u(n-1)]$ 的 $\mathscr{L}$ 变换收敛域，$|b| < |a|$，故收敛域扩大了（$z=a$ 处零点与极点相抵消）

【例 3-19】　求 $x(n) = a^n u(n)$ 和 $h(n) = b^n u(n) - ab^{n-1}u(n-1)$ 的卷积和（$|a| > |b|$）。

解：$x(n)$ 和 $h(n)$ 的 $\mathscr{L}$ 变换分别为

$$a^n u(n) \xleftrightarrow{\mathscr{L}} \frac{1}{1-az^{-1}} = \frac{z}{z-a}, \quad \text{ROC：} |z| > |a|$$

$$b^n u(n) - ab^{n-1}u(n-1) \xleftrightarrow{\mathscr{L}} \frac{z}{z-b} - \frac{a}{z-b} = \frac{z-a}{z-b}, \quad \text{ROC：} |z| > |b|$$

所以

$$Y(z) = X(z)H(z)$$

$$= \frac{z}{z-a} \frac{z-a}{z-b} = \frac{z}{z-b}, \quad \text{ROC：} |z| > |b|$$

其 $\mathscr{L}$ 反变换为

$$y(n) = x(n) * h(n)$$

$$= \mathscr{Z}^{-1}[Y(z)] = b^n u(n)$$

显然，在 $z=a$ 处，$X(z)$ 的极点被 $H(z)$ 的零点所抵消，$|b| < |a|$，$Y(z)$ 的收敛域比 $X(z)$ 与 $H(z)$ 收敛域的重叠部分要大，如图 3-17 所示。

八、序列相乘

若 $y(n)=x(n)h(n)$，且

$$x(n) \xleftrightarrow{\mathscr{Z}} X(z), \quad \text{ROC：} R_{x-} < |z| < R_{x+}$$

$$h(n) \xleftrightarrow{\mathscr{Z}} H(z), \quad \text{ROC：} R_{h-} < |z| < R_{h+}$$

那么

$$Y(z) = \mathscr{Z}[y(n)] = \mathscr{Z}[x(n)h(n)]$$

$$= \frac{1}{2\pi j} \oint_{C^+} X\left(\frac{z}{v}\right) H(v) v^{-1} dv, \quad \text{ROC：} R_{x-}R_{h-} < |z| < R_{x+}R_{h+} \tag{3-42}$$

其中 C^+ 是哑变量 v 平面上 $X(z/v)$ 与 $H(z)$ 公共收敛域内环绕坐标原点的一条反时针旋转的简单闭合曲线，同时满足

$$\begin{cases} R_{h-} < |v| < R_{h+} \\ R_{x-} < \dfrac{|z|}{|v|} < R_{x+}, \quad \text{即} \quad \dfrac{|z|}{R_{x+}} < |v| < \dfrac{|z|}{R_{x-}} \end{cases} \tag{3-43}$$

由两不等式相乘后，得

$$R_{x-}R_{h-} < |z| < R_{x+}R_{h+} \tag{3-44}$$

v 平面收敛域为

$$\max\left[R_{h-}, \frac{|z|}{R_{x+}}\right] < |v| < \min\left[R_{h+}, \frac{|z|}{R_{x-}}\right]$$

证：由 $\mathscr{Z}$ 变换的定义知

$$Y(z) = \mathscr{Z}[y(n)] = \sum_{n=-\infty}^{\infty} x(n)h(n)z^{-n}$$

$$= \sum_{n=-\infty}^{\infty} x(n)\left[\frac{1}{2\pi j}\oint_{C^+} H(v)v^{n-1}dv\right]z^{-n}, \quad \text{ROC：} R_{h-} < |v| < R_{h+}$$

$$= \frac{1}{2\pi j}\oint_{C^+} H(v)\left[\sum_{n=-\infty}^{\infty} x(n)\left(\frac{z}{v}\right)^{-n}\right]v^{-1}dv, \quad \text{ROC：} R_{x-} < \left|\frac{z}{v}\right| < R_{x+}$$

$$= \frac{1}{2\pi j}\oint_{C^+} H(v)X\left(\frac{z}{v}\right)v^{-1}dv, \quad \text{ROC：} R_{x-}R_{h-} < |z| < R_{x+}R_{h+}$$

从推导过程中，可以看出 $H(v)$ 的 ROC 就是 $H(z)$ 的 ROC，$X(z/v)$ 的 ROC(z/v 的区域) 就是 $X(z)$ 的 ROC(z 的区域)，即式（3-43）成立，从而得到式（3-44）成立。

由于乘积 $x(n)h(n)$ 的先后次序可以互调，因此 $X(z)$、$H(z)$ 的位置可以互换，所以下列等式同样成立：

$$Y(z) = \mathscr{Z}[y(n)] = \mathscr{Z}[x(n)h(n)]$$

$$= \frac{1}{2\pi j}\oint_{C^+} X(v)H\left(\frac{z}{v}\right)v^{-1}dv, \quad \text{ROC：} R_{x-}R_{h-} < |z| < R_{x+}R_{h+} \tag{3-45}$$

且闭合曲线 C^+ 所在的收敛域为

$$\max\left[R_{x-}, \frac{|z|}{R_{h+}}\right] < |v| < \min\left[R_{x+}, \frac{|z|}{R_{h-}}\right] \qquad (3-46)$$

式（3-42）和式（3-45）有时也称为 z 域的**复卷积定理**，可用留数定理来求解式（3-42）和式（3-45）复卷积的积分，但是要注意正确确定闭合曲线所在的收敛域。

式（3-42）和式（3-45）类似于一般卷积积分，下面来说明这一点，设闭合曲线是一个以坐标原点为圆心的圆，令

$$v = \rho e^{j\theta}, \quad z = r e^{j\omega}$$

那么，式（3-42）变为

$$\begin{aligned}
Y(r e^{j\omega}) &= \frac{1}{2\pi j}\oint_{C^+} X\left(\frac{r e^{j\omega}}{\rho e^{j\theta}}\right)H(\rho e^{j\theta})(\rho e^{j\theta})^{-1}\mathrm{d}(\rho e^{j\theta}) \\
&= \frac{1}{2\pi j}\oint_{C^+} X\left[\frac{r}{\rho}e^{j(\omega-\theta)}\right]H(\rho e^{j\theta})\frac{j\rho e^{j\theta}\mathrm{d}\theta}{\rho e^{j\theta}} \\
&= \frac{1}{2\pi}\oint_{C^+} X\left[\frac{r}{\rho}e^{j(\omega-\theta)}\right]H(\rho e^{j\theta})\mathrm{d}\theta
\end{aligned} \qquad (3-47)$$

由于 C 是圆，故 θ 的积分限为 $-\pi$ 到 π，所以上式变为

$$Y(r e^{j\omega}) = \frac{1}{2\pi}\int_{-\pi}^{\pi} X\left[\frac{r}{\rho}e^{j(\omega-\theta)}\right]H(\rho e^{j\theta})\mathrm{d}\theta \qquad (3-48)$$

将它可以看成为卷积积分，积分是在 $-\pi$ 到 π 的一个周期上进行，称它为**周期卷积**。当 $r=1$，上式变为

$$Y(e^{j\omega}) = \frac{1}{2\pi}\int_{-\pi}^{\pi} X[e^{j(\omega-\theta)}]H(e^{j\theta})\mathrm{d}\theta \qquad (3-49)$$

这个公式以后将要用到它，希望读者能熟练掌握。

九、初值定理

如果 $n<0$，$x(n)=0$，即 $x(n)$ 是因果序列，那么有

$$x(0) = \lim_{z\to\infty}X(z) \qquad (3-50)$$

证：由于 $x(n)$ 是因果序列，那么

$$\begin{aligned}
X(z) &= \sum_{n=-\infty}^{\infty} x(n)u(n)z^{-n} = \sum_{n=0}^{\infty} x(n)z^{-n} \\
&= x(0) + x(1)z + x(2)z^{-2} + \cdots
\end{aligned}$$

故

$$x(0) = \lim_{z\to\infty}X(z)$$

十、终值定理

若 $x(n)$ 是因果序列，且 $X(z) = \mathscr{Z}[x(n)]$ 的极点处于单位圆 $|z|=1$ 以内（单位圆上最多在 $z=1$ 处可有一阶极点），那么

$$\lim_{n \to \infty} x(n) = \lim_{z \to 1} [(z-1)X(z)] \qquad (3-51)$$

证：由序列的时移性质知

$$\mathscr{Z}[x(n+1)-x(n)] = zX(z) - X(z) = (z-1)X(z) = \sum_{n=-\infty}^{\infty} [x(n+1)-x(n)]z^{-n}$$

再利用 $x(n)$ 是因果序列的假设，可得

$$(z-1)X(z) = \sum_{n=-1}^{\infty} [x(n+1)-x(n)]z^{-n} = \lim_{n \to \infty} \sum_{m=-1}^{n} [x(m+1)-x(m)]z^{-m}$$

由于已假设 $X(z)$ 极点在单位圆内，最多只在 $z=1$ 处可能有一阶极点，所以在 $(z-1)X(z)$ 中乘因子 $(z-1)$ 将抵消 $z=1$ 处可能的极点，故 $(z-1)X(z)$ 在 $1 \leqslant |z| \leqslant \infty$ 上都收敛，以此可以取 $z \to 1$ 的极限，即

$$\lim_{z \to 1} (z-1)X(z) = \lim_{n \to \infty} \sum_{m=-1}^{n} [x(m+1)-x(m)](1)^{-m} = \lim_{n \to \infty} \sum_{m=-1}^{n} [x(m+1)-x(m)]$$

$$= \lim_{n \to \infty} \{ [x(0)-0] + [x(1)-x(0)] + [x(2)-x(1)] + \cdots + [x(n+1)-x(n)] \}$$

$$= \lim_{n \to \infty} [x(n+1)] = \lim_{n \to \infty} x(n)$$

由于等式最左端即为 $X(z)$ 在 $z=1$ 处的留数，即

$$\lim_{z \to 1} (z-1)X(z) = \mathrm{Res}[X(z)]_{z=1}$$

所以也可以将式（3-51）写成

$$x(\infty) = \mathrm{Res}[X(z)]_{z=1}$$

十一、帕塞瓦尔定理

利用复卷积定理可以得到重要的帕塞瓦尔（Parseval）关系定理。若

$$x(n) \overset{\mathscr{Z}}{\longleftrightarrow} X(z), \quad \mathrm{ROC}: R_{x-} < |z| < R_{x+}$$

$$h(n) \overset{\mathscr{Z}}{\longleftrightarrow} H(z), \quad \mathrm{ROC}: R_{h-} < |z| < R_{h+}$$

且

$$R_{x-} R_{h-} < 1 < R_{x+} R_{h+} \qquad (3-52)$$

则

$$\sum_{n=-\infty}^{+\infty} x(n) h^*(n) = \frac{1}{2\pi\mathrm{j}} \oint_{C^+} X(v) H^* \left(\frac{1}{v^*} \right) v^{-1} \mathrm{d}v \qquad (3-53)$$

"$*$" 表示取复共轭，积分闭合曲线 C^+ 应在 $X(v)$ 和 $H^*(1/v^*)$ 的公共收敛域内，即

$$\max \left[R_{x-}, \frac{|z|}{R_{h+}} \right] < |v| < \min \left[R_{x+}, \frac{|z|}{R_{h-}} \right]$$

证：令 $y(n) = x(n) h^*(n)$，由于 $\mathscr{Z}[h^*(n)] = H^*(z^*)$（共轭对称），并利用复卷积公式可得

$$Y(z) = \mathscr{Z}[y(n)] = \sum_{n=-\infty}^{\infty} x(n) h^*(n) z^{-n}$$

$$= \sum_{n=-\infty}^{\infty} \left[\frac{1}{2\pi\mathrm{j}} \oint_{C^+} X(v) v^{n-1} \mathrm{d}v \right] h^*(n) z^{-n}, \quad \mathrm{ROC}: R_{x-} < |v| < R_{x+}$$

$$= \frac{1}{2\pi\mathrm{j}} \oint_{C^+} X(v) \left[\sum_{n=-\infty}^{\infty} h^*(n) \left(\frac{z}{v} \right)^{-n} \right] v^{-1} \mathrm{d}v$$

$$= \frac{1}{2\pi\mathrm{j}} \oint_{C^+} X(v) \left[\sum_{n=-\infty}^{\infty} h(n) \left(\frac{z^*}{v^*} \right)^{-n} \right]^* v^{-1} \mathrm{d}v, \quad \mathrm{ROC}: R_{h-} < \left| \frac{z}{v} \right| < R_{h+}$$

$$= \frac{1}{2\pi\mathrm{j}} \oint_{C^+} X(v) H^* \left(\frac{z^*}{v^*}\right) v^{-1} \mathrm{d}v, \quad \text{ROC: } R_{x-}R_{h-} < |z| < R_{x+}R_{h+}$$

由于式（3-52）的假设成立，故 $|z|=1$ 在 z 的收敛域内，也就是 $y(n)$ 在单位圆上收敛，则有

$$Y(z)\big|_{z=1} = \mathscr{Z}[y(n)]\big|_{z=1} = \sum_{n=-\infty}^{\infty} x(n) h^*(n) (1)^{-n}$$

$$= \sum_{n=-\infty}^{\infty} x(n) h^*(n) = \frac{1}{2\pi\mathrm{j}} \oint_{C^+} X(v) H^* \left(\frac{1}{v^*}\right) v^{-1} \mathrm{d}v$$

如果 $h(n)$ 是实序列，则两边取共轭（ * ）号可取消。如果 $X(z)$、$H(z)$ 在单位圆上都收敛，则 C^+ 可取为单位圆，即

$$v = \mathrm{e}^{\mathrm{j}\omega}, \quad H^*\left(\frac{1}{v^*}\right) = H^*\left(\frac{1}{\mathrm{e}^{-\mathrm{j}\omega}}\right) = H^*(\mathrm{e}^{\mathrm{j}\omega})$$

那么，式（3-53）可化为

$$\sum_{n=-\infty}^{\infty} x(n) h^*(n) = \frac{1}{2\pi\mathrm{j}} \oint_{C^+} X(v) H^*\left(\frac{1}{v^*}\right) v^{-1} \mathrm{d}v$$

$$= \frac{1}{2\pi\mathrm{j}} \oint_{C^+} X(\mathrm{e}^{\mathrm{j}\omega}) H^*(\mathrm{e}^{\mathrm{j}\omega}) (\mathrm{e}^{\mathrm{j}\omega})^{-1} \mathrm{d}\mathrm{e}^{\mathrm{j}\omega} \qquad (3-54)$$

$$= \frac{1}{2\pi} \int_{-\pi}^{\pi} X(\mathrm{e}^{\mathrm{j}\omega}) H^*(\mathrm{e}^{\mathrm{j}\omega}) \mathrm{d}\omega$$

如果 $h(n) = x(n)$，可以得到

$$\sum_{n=-\infty}^{\infty} |x(n)|^2 = \frac{1}{2\pi} \int_{-\pi}^{\pi} |X(\mathrm{e}^{\mathrm{j}\omega})|^2 \mathrm{d}\omega \qquad (3-55)$$

式（3-54）、式（3-55）是序列及其傅里叶变换的帕塞瓦尔公式，后者说明时域中求序列的能量与频域中用频谱 $X(\mathrm{e}^{\mathrm{j}\omega})$ 来计算序列的能量是一致的。

$\mathscr{Z}$ 变换的主要性质见表 3-2。

表 3-2 $\mathscr{Z}$ 变换的主要性质

序 列	$\mathscr{Z}$ 变 换	收 敛 域
$x(n)$	$X(z)$	$R_{x-} < |z| < R_{x+}$
$h(n)$	$H(z)$	$R_{h-} < |z| < R_{h+}$
$ax(n)+bh(n)$	$aX(z)+bH(z)$	$\max[R_{x-}, R_{h-}] < |z| < \min[R_{x+}, R_{h+}]$
$x(n-m)$	$z^{-m}X(z)$	$R_{x-} < |z| < R_{x+}$
$a^n x(n)$	$X\left(\dfrac{z}{a}\right)$	$|a|R_{x-} < |z| < |a|R_{x+}$
$n^m x(n)$	$\left(-z\dfrac{\mathrm{d}}{\mathrm{d}z}\right)^m X(z)$	$R_{x-} < |z| < R_{x+}$
$x^*(n)$	$X^*(z^*)$	$R_{x-} < |z| < R_{x+}$
$x(-n)$	$X\left(\dfrac{1}{z}\right)$	$\dfrac{1}{R_{x+}} < |z| < \dfrac{1}{R_{x-}}$
$x^*(-n)$	$X^*\left(\dfrac{1}{z^*}\right)$	$\dfrac{1}{R_{x+}} < |z| < \dfrac{1}{R_{x-}}$

序　列	$\mathscr{Z}$ 变　换	收　敛　域
$\mathrm{Re}[x(n)]$	$\dfrac{1}{2}[X(z)+X^*(z^*)]$	$R_{x-}<\|z\|<R_{x+}$
$\mathrm{Im}[x(n)]$	$\dfrac{1}{2\mathrm{j}}[X(z)-X^*(z^*)]$	$R_{x-}<\|z\|<R_{x+}$
$\displaystyle\sum_{m=0}^{n}x(n)$	$\dfrac{z}{z-1}X(z)$	$\|z\|>\max[R_{x-},1]$，$x(n)$ 为因果序列
$x(n)*h(n)$	$X(z)H(z)$	$\max[R_{x-},R_{h-}]<\|z\|<\min[R_{x+},R_{h+}]$
$x(n)h(n)$	$\dfrac{1}{2\pi\mathrm{j}}\oint_{C^+}X(v)H\left(\dfrac{z}{v}\right)v^{-1}\mathrm{d}v$	$R_{x-}R_{h-}<\|z\|<R_{x+}R_{h+}$
$x(0)=\lim\limits_{z\to\infty}X(z)$		$x(n)$ 为因果序列，$\|z\|>R_{x-}$
$x(\infty)=\lim\limits_{z\to1}(z-1)X(z)$		$x(n)$ 为因果序列，$(z-1)X(z)$ 的极点落于单位圆内部
$\displaystyle\sum_{n=\infty}^{\infty}x(n)h^*(n)=\dfrac{1}{2\pi\mathrm{j}}\oint_{C^+}X(v)H^*\left(\dfrac{1}{v^*}\right)v^{-1}\mathrm{d}v$		$R_{x-}R_{h-}<1<R_{x+}R_{h+}$
	$X(z)=\mathscr{Z}[x(n)]\qquad H(z)=\mathscr{Z}[h(n)]$	

习题与思考题

习题 3-1 求下列序列的 $\mathscr{Z}$ 变换并画出零极点图和收敛域。

(1) $x(n)=\left(\dfrac{1}{3}\right)^n u(-n)$;

(2) $x(n)=\left(\dfrac{1}{3}\right)^n \cos(n\omega_0)u(n)$;

(3) $x(n)=-\left(\dfrac{1}{2}\right)^n u(-n-1)$;

(4) $x(n)=\left(\dfrac{1}{2}\right)^n u(n+2)+(3)^n u(-n-1)$;

(5) $x(n)=a^{|n|}$, $\ |a|<1$;

(6) $x(n)=\left(\dfrac{1}{2}\right)^n u(n)$;

(7) $\dfrac{1}{n}$, $n\geqslant1$;

(8) $\mathscr{Z}[x(n)]=\mathscr{Z}\left[Ar^n\cos(\omega_0 n+\Phi)u(n)\right]$

习题 3-2 用长除法、留数定理、部分分式法及 $\mathscr{Z}$ 变换性质求出以下 $X(z)$ 的 $\mathscr{Z}$ 反变换。

(1) $X(z)=\dfrac{1-\dfrac{1}{2}z^{-1}}{1-\dfrac{1}{4}z^{-2}}$, $\ |z|>\dfrac{1}{2}$;

(2) $X(z)=\lg\left(1+\dfrac{a}{z}\right)$, $\ |z|>|a|$;

(3) $X(z)=\dfrac{4-7z^{-1}/4+z^{-2}/4}{1-3z^{-1}/4+z^{-2}/8}$, $\ |z|>\dfrac{1}{2}$;

(4) $X(z)=\dfrac{1-2z^{-1}}{1-\dfrac{1}{4}z^{-1}}$, $\ |z|<\dfrac{1}{4}$

习题 3-3　假设 $x(n)$ 只在 $0 \leqslant n \leqslant N-1$ 内有非零值，且 $x(n)$ 的 $\mathscr{L}$ 变换为 $X(z)$，由 $x(n)$ 可以构成周期序列 $y(n)$，即

$$y(n) = \sum_{k=0}^{\infty} x(n-kN)$$

试求

$$Y(z) = \sum_{n=0}^{\infty} y(n)z^{-n}$$

习题 3-4　用 $\mathscr{L}$ 变换求下面两个序列的卷积。

$$h(n) = \begin{cases} \left(\dfrac{1}{2}\right)^n, & 0 \leqslant n \leqslant 2 \\ 0, & \text{其他 } n \end{cases}, \quad x(n) = \delta(n) + \delta(n-1) + 4\delta(n-2)$$

习题 3-5　已知 $x(n) = a^n u(n)$，$h(n) = b^n R_N(n)$，$0 < |a|$，$|b| < 1$，试用直接卷积法及 $\mathscr{L}$ 变换法求 $y(n) = x(n) * h(n)$。

思考题 3-6　拉氏变换与 $\mathscr{L}$ 变换的关系是什么？

思考题 3-7　在序列的 $\mathscr{L}$ 变换形式中，极点的意义是什么？

第四章 连续时间信号采样与量化误差

第一节 引 言

虽然许多信号以离散时间形式出现，但最常见的还是以连续时间形式出现的信号。因此，离散信号处理的首要问题之一：怎样将连续时间信号进行离散化处理？有时还需要将离散化的数据进行重构来恢复原始的连续时间信号。在合理的条件限制下，连续时间信号可以由其在离散时刻点上所取得的样本来准确地表示。本章讨论连续时间信号的采样、离散时间处理以及后续的连续时间信号的重构等问题，并对连续时间信号在离散化过程中所产生的量化误差进行一定的讨论。要求读者重点掌握连续时间信号采样定理，充分理解连续时间信号频谱与其离散时间信号频谱的异同。

第二节 连续时间信号的采样

一、周期采样

一般来说，一个连续时间信号的离散时间表示（离散化）通过**周期采样**（sampling，即按一定的时间间隔 T 进行采样）来实现。因此，就让我们来讨论连续时间信号与离散时间信号的关系。如图 4-1 所示，利用周期性采样脉冲序列 $p(t)$，从连续时间信号 $x_c(t)$

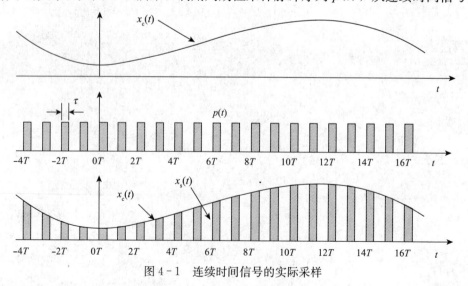

图 4-1 连续时间信号的实际采样

中抽取一系列的离散值，得到**采样信号**或称采样数据，这就是所谓的离散时间信号，用 $x_s(t)$ 表示。

采样是连续（模拟）信号数字化处理的第一个环节，$x_s(t)$ 再经幅度量化编码后便得到数字信号 $x(n)$，它是连续时间信号的一个**样本**。在这里，我们可以根据以下关系对连续时间信号采样，得到它的样本序列：

$$x(n) = x_c(t)\big|_{t=nT} = x_c(nT), \quad -\infty < n < \infty \tag{4-1}$$

在式（4-1）中，T 是**采样周期**，而它的倒数 $f_s = 1/T$ 是**采样频率**，即每秒内的样本数。

图 4-2 电子开关示意图

若用弧度/秒（rad/s）表示频率时，采样频率表示为 $\Omega_s = 2\pi f_s = 2\pi/T$（模拟角频率）。式（4-1）所表示系统的实现被称为理想连续时间——离散时间转换器（C/D）或采样器，可以看成是一个电子开关，如图 4-2 所示。开关每隔 T 秒闭合一次，如果闭合时间无穷短，则称为**理想采样**，其结果如图 4-3 所示。

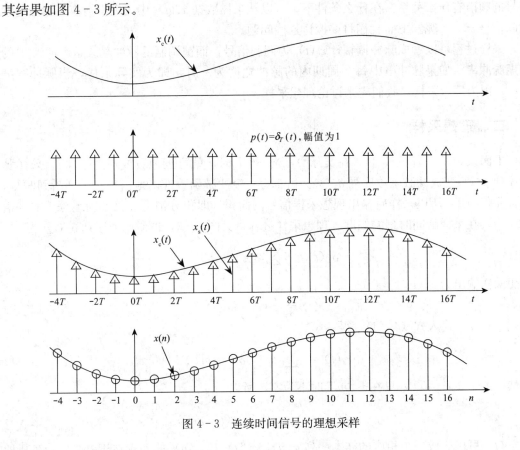

图 4-3 连续时间信号的理想采样

【例 4-1】 有一连续时间信号 $x_c(t)$ 为

$$x_c(t) = A\cos(200\pi t) + B\cos(500\pi t)$$

A、B 为常数，若以采样频率 $f_s = 1\ \text{kHz}$ 对其进行采样，求序列 $x(n)$ 及周期。

解：采样频率 $f_s = 1\ \text{kHz}$，所以采样间隔 $T = 1/f_s = 10^{-3}$，故

$$x(n) = x_c(t)|_{t=nT} = [A\cos(200\pi t) + B\cos(500\pi t)]|_{t=nT}$$

$$= A\cos(200\pi \cdot nT) + B\cos(500\pi \cdot nT)$$

$$= A\cos(200\pi \cdot n \cdot 10^{-3}) + B\cos(500\pi \cdot n \cdot 10^{-3})$$

$$= A\cos\left(\frac{\pi}{5} \cdot n\right) + B\cos\left(\frac{\pi}{2} \cdot n\right)$$

上式第一项的周期 $N_1 = 2\pi/(0.2\pi) = 10$，第二项的周期 $N_2 = 2\pi/(0.5\pi) = 4$，而两项的周期为

$$N = \frac{N_1 \cdot N_2}{\gcd(N_1, N_2)} = \frac{10 \cdot 4}{2} = 20$$

在图 4-2 中，如果闭合时间有一定的延续（假设为 τ 秒，但 τ 应远小于 T），如图 4-1 所示，则称为**实际采样**。这样，就将输入的连续时间信号转换成离散时间信号，实现了连续（模拟）信号的采样。那么，连续时间信号被采样后，其频谱将会有什么变化？与原始信号的频谱有什么关系？在什么条件下，可以从采样数据 $x_s(t)$ 中无失真地恢复原始连续时间信号 $x_c(t)$ 呢？下面我们将要探讨这些问题。

采样过程可以看成脉冲调幅，$x_c(t)$ 为调制信号，而被调制的脉冲载波是周期为 T 的**周期脉冲串**。如果脉冲串中每个周期内的脉冲宽度为 τ 时，即为实际采样，当脉冲宽度 $\tau \to 0$，则为理想采样。我们先来讨论理想采样。

二、理想采样

上面谈到了，当 $\tau \to 0$ 时（在实际中，当 $\tau \ll T$ 时，就可近似看成理想采样），采样脉冲序列 $p(t)$ 变成冲激函数序列 $\delta_T(t)$。由于每一个冲激函数准确地出现在采样瞬间时刻，而且面积为 1，所以采样后输出理想采样信号的面积（即积分幅度）就准确地等于输入信号 $x_c(t)$ 在采样瞬间时刻的幅度。理想采样过程可见图 4-3，冲激函数序列 $\delta_T(t)$ 为

$$\delta_T(t) = \sum_{m=-\infty}^{\infty} \delta(t - mT) \tag{4-2}$$

理想采样输出为 $x_s(t)$

$$x_s(t) = x_c(t) \cdot \delta_T(t) \tag{4-3}$$

把式（4-2）代入式（4-3），得

$$x_s(t) = \sum_{m=-\infty}^{\infty} x_c(t)\delta(t - mT) \tag{4-4}$$

显然，由于 $\delta(t-mT)$ 只在 $t = mT$ 时不为零，所以

$$x_s(t) = \sum_{m=-\infty}^{\infty} x_c(mT)\delta(t - mT) \tag{4-5}$$

由 $x_s(t)$ 可以构成一个相应的样本序列 $x(n)$。$x_s(t)$ 和 $x(n)$ 的差别在于：$x_s(t)$ 在某种意义上还是连续时间信号（即一个冲激串函数），它只在整数倍 T 瞬间时刻有值，除此以外都为零，而序列 $x(n)$ 是以整数 n 变量给出的。事实上，在 $x(n)$ 中已引入了时间归一化，就 n 而言已没有任何明显的有关采样率的信息，此外，$x_c(t)$ 的一个样本在 $x(n)$ 中是用有限数值来表示的，而不是在 $x_s(t)$ 中用冲激函数面积表示的。

三、采样信号的频域表示

现在，让我们来讨论连续时间信号经理想采样后其信号频谱是否发生了变化？为此要进行有关变量的傅氏变换，进行频谱分析。式（4-3）表示时域相乘，那么经傅氏变换后在频域内变为卷积运算（这在工程数学中傅氏变换章节里已学过）。因此，将等式（4-3）各项的傅氏变换分别表示为

$$x_c(t) \xleftrightarrow{\mathscr{F}} X_c(j\Omega)$$

$$\delta_T(t) \xleftrightarrow{\mathscr{F}} \Delta_T(j\Omega)$$

$$x_s(t) \xleftrightarrow{\mathscr{F}} X_s(j\Omega)$$

其中 Ω 为模拟角频率，那么，式（4-3）的傅氏变换可表示为

$$x_s(t) = x_c(t) \cdot \delta_T(t) \xleftrightarrow{\mathscr{F}} X_s(j\Omega) = \frac{1}{2\pi}[\Delta_T(j\Omega) * X_c(j\Omega)] \qquad (4-6)$$

$X_c(j\Omega)$ 写成

$$X_c(j\Omega) = \mathscr{F}[x_c(t)] = \int_{-\infty}^{\infty} x_c(t) e^{-j\Omega t} dt \qquad (4-7)$$

先让我们来求 $\Delta_T(j\Omega) = \mathscr{F}[\delta_T(t)]$，由于 $\delta_T(t)$ 是周期函数，所以先可以展开成傅氏级数，然后再求它的傅氏变换要容易一些，即

$$\delta_T(t) = \sum_{k=-\infty}^{\infty} c_k e^{jk\Omega_s t}$$

$\delta_T(t)$ 的傅氏级数的基频为采样频率 $f_s = 1/T$ 或 $\Omega_s = 2\pi f_s = 2\pi/T$，而系数则可表示成

$$c_k = \frac{1}{T}\int_{-T/2}^{T/2} \delta_T(t) e^{-jk\Omega_s t} dt = \frac{1}{T}\int_{-T/2}^{T/2} \Big[\sum_{m=-\infty}^{\infty} \delta(t-mT)\Big] e^{-jk\Omega_s t} dt$$

$$= \frac{1}{T}\int_{-T/2}^{T/2} \delta(t) e^{-jk\Omega_s t} dt = \frac{1}{T} \quad [注: f(0) = \int_{-\infty}^{\infty} f(t)\delta(t) dt]$$

在推导过程中，考虑了 $|t| < 1/T$ 的区间内，只有一个冲激 $\delta(t)$，而 $m \neq 0$ 时，$\delta(t-mT)$ 都在积分区间之外，所以

$$\delta_T(t) = \frac{1}{T}\sum_{k=-\infty}^{\infty} e^{jk\Omega_s t} \qquad (4-8)$$

得出

$$\Delta_T(j\Omega) = \mathscr{F}[\delta_T(t)] = \mathscr{F}\Big[\frac{1}{T}\sum_{k=-\infty}^{\infty} e^{jk\Omega_s t}\Big]$$

$$= \frac{1}{T}\sum_{k=-\infty}^{\infty} \mathscr{F}[e^{jk\Omega_s t}] \qquad (4-9)$$

而且由于

$$e^{jk\Omega_s t} \xleftrightarrow{\mathscr{F}} 2\pi\delta(\Omega - \Omega_s k)$$

所以

$$\Delta_T(j\Omega) = \mathscr{F}[\delta_T(t)] = \frac{2\pi}{T}\sum_{k=-\infty}^{\infty} \delta(\Omega - \Omega_s k)$$

因此

$$\Delta_T(\mathrm{j}\Omega) = \Omega_\mathrm{s} \sum_{k=-\infty}^{\infty} \delta(\Omega - \Omega_\mathrm{s}k) \qquad (4-10)$$

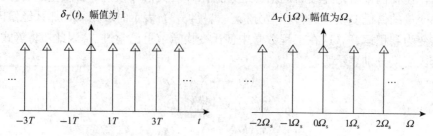

图 4 - 4　周期冲激序列 $\delta_T(t)$ 的傅氏变换 $\Delta_T(\mathrm{j}\Omega)$

图 4 - 4 表示了 $\delta_T(t)$ 和 $\Delta_T(\mathrm{j}\Omega)$。将式（4 - 10）代入式（4 - 6）后，可以得出

$$\begin{aligned}
X_\mathrm{s}(\mathrm{j}\Omega) = \mathscr{F}[x_\mathrm{s}(t)] &= \frac{1}{2\pi}[\Delta_T(\mathrm{j}\Omega) * X_\mathrm{c}(\mathrm{j}\Omega)] \\
&= \frac{1}{2\pi}\Bigg[\bigg(\frac{2\pi}{T}\sum_{k=-\infty}^{\infty}\delta(\Omega-\Omega_\mathrm{s}k)\bigg) * X_\mathrm{c}(\mathrm{j}\Omega)\Bigg] \\
&= \frac{1}{T}\int_{-\infty}^{\infty}[X_\mathrm{c}(\mathrm{j}\theta)] \cdot \bigg[\sum_{k=-\infty}^{\infty}\delta(\Omega-\Omega_\mathrm{s}k-\theta)\bigg]\mathrm{d}\theta \\
&= \frac{1}{T}\sum_{k=-\infty}^{\infty}\int_{-\infty}^{\infty}X_\mathrm{c}(\mathrm{j}\theta) \cdot \delta(\Omega-\Omega_\mathrm{s}k-\theta)\mathrm{d}\theta \\
&= \frac{1}{T}\sum_{k=-\infty}^{\infty}X_\mathrm{c}[\mathrm{j}(\Omega-\Omega_\mathrm{s}k)]
\end{aligned}$$

即

$$X_\mathrm{s}(\mathrm{j}\Omega) = \frac{1}{T}\sum_{k=-\infty}^{\infty}X_\mathrm{c}\Big[\mathrm{j}\Big(\Omega-\frac{2\pi}{T}k\Big)\Big] \qquad (4-11)$$

这说明，一个连续时间信号经过理想采样后，其频谱将变成以采样频率 $\Omega_\mathrm{s}=2\pi/T$ 为周期的函数，与脉冲串 $\delta_T(t)$ 相类似，$X_\mathrm{s}(\mathrm{j}\Omega)$ 是以频率 Ω 为自变量的周期函数，而且频谱的幅度受 $\dfrac{1}{T}=\dfrac{\Omega_\mathrm{s}}{2\pi}$ 加权影响，T 是采样周期（常数），这就是所谓的频谱产生**周期延拓**，如图 4 - 5 所示，由于频谱是复数，故图中只画出了其幅度，即取其绝对值。所以，在式（4 - 11）中，除了一个常数因子有区别外，每一个延拓的频谱分量都和原始连续时间信号的频谱相同。因此，在 $X_\mathrm{s}(\mathrm{j}\Omega)$ 表达式中，只要各延拓分量沿频率轴 Ω 不发生交叠，即原始信号 $x_\mathrm{c}(t)$ 的频谱 $X_\mathrm{c}(\mathrm{j}\Omega)$ 在以 Ω_s 间隔重复时不发生混叠，那么，当它们以式（4 - 11）进行相加时，在每一个整数倍的 Ω_s 上，仍然保持一个与 $X_\mathrm{c}(\mathrm{j}\Omega)$ 完全一样的复本，这样就有可能恢复原始的连续时间信号。显然，只要 $x_\mathrm{c}(t)$ 是限带信号，即它的最高频谱分量不超过 $\Omega_\mathrm{s}/2$，其频谱如图 4 - 5(a) 所示，可以表示成

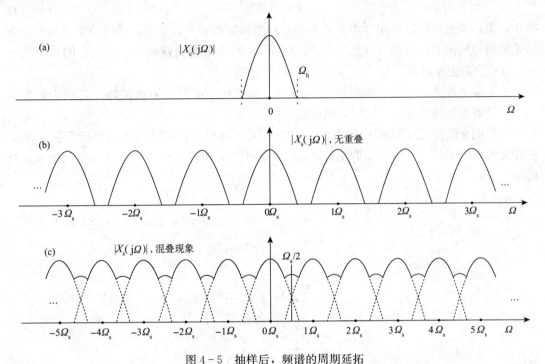

图 4 - 5 抽样后，频谱的周期延拓

（a）原限带信号；（b）$\Omega_s > 2\Omega_h$ 时；（c）$\Omega_s < 2\Omega_h$ 时，产生频谱的混叠现象

$$X_c(j\Omega) = \begin{cases} X_s(j\Omega), & |\Omega| < \dfrac{\Omega_s}{2} \\[3mm] 0, & |\Omega| \geqslant \dfrac{\Omega_s}{2} \end{cases} \qquad (4-12)$$

那么，原始信号的频谱和各次延拓分量的频谱在频率轴上彼此不重叠，如图 4 - 5（b）所示。如果我们采用一个截止频率为 $\Omega_s/2$ 的**理想低通滤波器** $H(j\Omega)$，让 $H(j\Omega)$ 和 $X_s(j\Omega)$ 相乘，就可以得到不失真的原始信号频谱，这样就可以不失真地重构原始连续时间信号。如果连续时间信号的频谱分量的最高频率 Ω_h 超过 $\Omega_s/2$，那么各周期延拓分量在频率轴上将产生频谱的交叠，称为**"混叠"现象**，如图 4 - 5（c）所示，由于 $X_c(j\Omega)$ 一般是复数，所以混叠也是复数相加，实际上

$$\frac{\Omega_s}{2} = \frac{\pi}{T} \qquad (4-13)$$

它如同一面镜子，信号频谱的频率超过它时，就会被折叠回来，造成频谱的混叠。

上述讨论就是奈奎斯特采样定理（Nyquist，1928 和 Shannon，1949）的基础，现表述如下：

奈奎斯特采样定理：令 $x_c(t)$ 是一限带的连续时间信号，其频谱的最高频率为 Ω_h，即，当 $|\Omega| > \Omega_h$ 时，频谱为

$$X_c(j\Omega) = 0$$

那么，$x_c(t)$ 能唯一由它的样本 $x(n) = x_c(nT)$，$n=0$，± 1，± 2，± 3，$\cdots$ 所决定，只要

$$\Omega_s > 2\Omega_h \tag{4-14}$$

换句话说，要想采样以后用样本能够不失真地重构原始信号，那么，采样频率必须大于两倍原始信号频谱的最高频率（$f_s > 2f_h$），频率 Ω_h 称为**奈奎斯特频率**，而最小的采样频率 $\Omega_s = 2\Omega_h$ 为**奈奎斯特率**，我们也称 $\Omega_s/2$ 为**折叠频率**。

为了避免混叠，一般在采样器前加入一个保护性的前置低通滤波器，其截止频率为 $\Omega_s/2$，以便滤除掉高于 $f_s/2$ 的频率分量。

如果用 s 代替 $j\Omega$，用同样的方法，可以证明：理想采样后，样本的拉氏变换是原始连续时间信号的拉氏变换在 s 平面上沿虚轴周期延拓，也就是说 $X_s(s)$ 在 s 平面虚轴上是周期函数：

$$X_s(j\Omega)\big|_{s=j\Omega} = \frac{1}{T}\sum_{k=-\infty}^{\infty} X_c\Big[j\Big(\Omega-\frac{2\pi}{T}k\Big)\Big]\Big|_{s=j\Omega}$$

$$X_s(s) = \frac{1}{T}\sum_{k=-\infty}^{\infty} X_c\Big[j\Omega-j\frac{2\pi}{T}k\Big]\Big|_{s=j\Omega}$$

$$= \frac{1}{T}\sum_{k=-\infty}^{\infty} X_c\Big[s-j\frac{2\pi}{T}k\Big] \tag{4-15}$$

$$= \frac{1}{T}\sum_{k=-\infty}^{\infty} X_c[s-j\Omega_s k]$$

其中：

$$x_c(t) \xleftrightarrow{\mathscr{L}} X_c(s), \qquad X_s(s) = \int_{-\infty}^{\infty} x_s(t)e^{-st}\,dt$$

$$x_s(t) \xleftrightarrow{\mathscr{L}} X_s(s), \qquad X_s(s) = \int_{-\infty}^{\infty} x_s(t)e^{-st}\,dt$$

$X_c(s)$、$X_s(s)$ 分别是 $x_c(t)$、$x_s(t)$ 的双边拉氏变换。

四、被采样信号的重构

如果满足奈奎斯特采样定理，即信号频谱的最高频率小于折叠频率，那么采样以后不会产生频谱混叠，根据式（4-11），有

$$X_s(j\Omega) = \frac{1}{T}X_c(j\Omega), \qquad |\Omega| < \frac{\Omega_s}{2}$$

所以，将 $X_s(s)$ 通过以下称之为理想低通滤波器（详见第五章第四节内容）

$$H(j\Omega) = \begin{cases} T, & |\Omega| < \dfrac{\Omega_s}{2} \\ 0, & |\Omega| \geqslant \dfrac{\Omega_s}{2} \end{cases}$$

以后，在输出端，就可以得到原始信号频谱（图4-6），即

$$Y_c(j\Omega) = X_s(j\Omega)H(j\Omega) = X_c(j\Omega)$$

所以，输出端的原始连续时间（模拟）信号

$$y_c(t) = x_c(t)$$

然而，理想低通滤波器是非因果系统（为什么？请读者考虑），实际处理信号时，这种滤波器是不可实现的。但是在一定精度范围内，可以用一个可实现的滤波器来逼近它（这将在滤波器的设计中会详细讲解）。

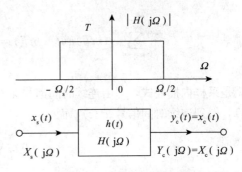

图 4-6 理想低通滤波器特性和被采样信号的重构

下面来讨论如何由采样以后的样本值来重构原始的连续时间信号（模拟信号），也就是说，让 $x_s(t)$ 通过系统 $H(\mathrm{j}\Omega)$ 后得到原始信号。假设理想低通滤波器的冲激响应为 $h(t)$，则

$$h(t) = \frac{1}{2\pi}\int_{-\infty}^{\infty} H(\mathrm{j}\Omega)\mathrm{e}^{\mathrm{j}\Omega t}\mathrm{d}\Omega = \frac{1}{2\pi}\int_{-\frac{\Omega_s}{2}}^{\frac{\Omega_s}{2}} T\mathrm{e}^{\mathrm{j}\Omega t}\mathrm{d}\Omega = \frac{T}{2\pi}\int_{-\frac{\Omega_s}{2}}^{\frac{\Omega_s}{2}} \mathrm{e}^{\mathrm{j}\Omega t}\mathrm{d}\Omega$$

$$= \frac{1}{\frac{2\pi}{T}}\frac{1}{\mathrm{j}t}\mathrm{e}^{\mathrm{j}\Omega t}\Bigg|_{-\frac{\Omega_s}{2}}^{\frac{\Omega_s}{2}} = \frac{1}{\Omega_s}\frac{1}{\mathrm{j}t}(\mathrm{e}^{\mathrm{j}\frac{\Omega_s}{2}t} - \mathrm{e}^{-\mathrm{j}\frac{\Omega_s}{2}t})$$

$$= \frac{2}{\Omega_s t}\frac{1}{2\mathrm{j}}(\mathrm{e}^{\mathrm{j}\frac{\Omega_s}{2}t} - \mathrm{e}^{-\mathrm{j}\frac{\Omega_s}{2}t})$$

$$= \frac{2}{\Omega_s t}\sin\frac{\Omega_s}{2}t = \frac{\sin\frac{\pi}{T}t}{\frac{\pi}{T}t}$$

从 $x_s(t)$ 与 $h(t)$ 的卷积积分中可以得理想低通滤波器输出，即

$$Y_c(\mathrm{j}\Omega) = X_s(\mathrm{j}\Omega)H(\mathrm{j}\Omega) = X_c(\mathrm{j}\Omega)$$

其傅氏反变换为

$$y_c(t) = \int_{-\infty}^{\infty} x_s(\tau)h(t-\tau)\mathrm{d}\tau = x_c(t)$$

因为

$$x_s(t) = \sum_{m=-\infty}^{\infty} x_c(t)\delta(t-mT), \quad h(t) = \frac{\sin\frac{\pi}{T}t}{\frac{\pi}{T}t}$$

所以

$$y_c(t) = \int_{-\infty}^{\infty}\Big[\sum_{m=-\infty}^{\infty} x_c(\tau)\delta(\tau-mT)\Big]h(t-\tau)\mathrm{d}\tau$$

$$= \sum_{m=-\infty}^{\infty}\int_{-\infty}^{\infty}[x_c(\tau)h(t-\tau)]\delta(\tau-mT)\mathrm{d}\tau$$

$$= \sum_{m=-\infty}^{\infty} x_c(mT)h(t-mT) = \sum_{m=-\infty}^{\infty} x_c(mT) \frac{\sin\frac{\pi}{T}(t-mT)}{\frac{\pi}{T}(t-mT)} \qquad (4-16)$$

这就是**采样内插公式**，即由连续时间信号采样后的样本值 $x(n) = x_c(mT)$ 经等式 (4-16) 计算，得到连续时间信号 $x_c(t)$，而

$$\frac{\sin\frac{\pi}{T}(t-mT)}{\frac{\pi}{T}(t-mT)}$$

称为**内插函数**，如图 4-7 所示，在采样点 mT 上，函数值为 1，而在其他采样点上，函数的值为零。也就是说，各 $x_c(mT)$ 乘上对应的内插函数后其总和等于 $x_c(t)$。在每一个采样点上，只有该点所对应的内插函数不为零，这样保证了各采样点上信号值不变，而采样点之间的信号值则由各采样函数波形的延伸叠加而构成，如图 4-8 所示。公式 (4-16) 说明了，只要采样频率高于两倍信号最高频率，那么，整个连续时间信号就可完全用它的采样值来构成，而不会丢掉任何信息。这就是奈奎斯特采样定理的意义所在。不过在这里需要再一次强调，采样内插公式只适用于限带的信号的重构（即信号的最高频率必须小于奈奎斯特频率）。

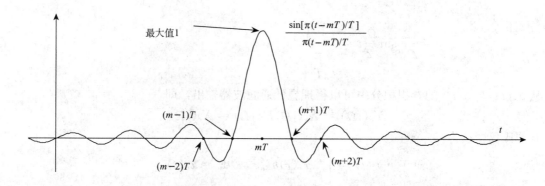

图 4-7　采样内插函数

五、实际采样讨论

在实际采样时，采样脉冲不是冲激函数，而是具有一定延续时间 τ 的矩形周期脉冲 $p(t)$（实际采样过程见图 4-1 所示）。那么，在这种情况下，奈奎斯特采样定理是否还适应呢？下面来详细探讨这个问题。

虽说 $p(t)$ 不是冲激函数，但它是周期函数，所以，和理想情况一样，仍然将它展开成傅氏级数，即

$$p(t) = \sum_{k=-\infty}^{\infty} C_k e^{j\Omega_s kt} \qquad (4-17)$$

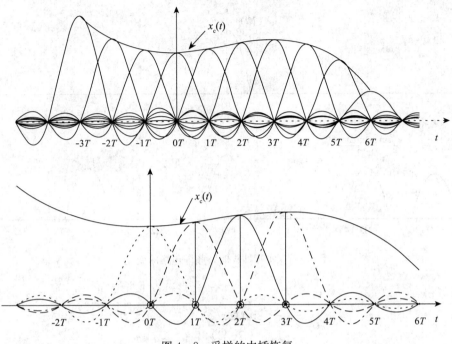

图 4 - 8　采样的内插恢复

同样可求出 $p(t)$ 的傅氏系数 C_k［注意，$p(t)$ 的幅度为 1］：

$$
\begin{aligned}
C_k &= \frac{1}{T}\int_{-T/2}^{T/2} p(t)\mathrm{e}^{-\mathrm{j}\Omega_s kt}\mathrm{d}t \\
&= \frac{1}{T}\int_{-T/2}^{0} p(t)\mathrm{e}^{-\mathrm{j}\Omega_s kt}\mathrm{d}t + \frac{1}{T}\int_{0}^{\tau} p(t)\mathrm{e}^{-\mathrm{j}\Omega_s kt}\mathrm{d}t + \frac{1}{T}\int_{\tau}^{T/2} p(t)\mathrm{e}^{-\mathrm{j}\Omega_s kt}\mathrm{d}t \\
&= \frac{1}{T}\int_{0}^{\tau} p(t)\mathrm{e}^{-\mathrm{j}\Omega_s kt}\mathrm{d}t \\
&= \frac{\tau}{T}\frac{\sin(k\Omega_s\tau/2)}{(k\Omega_s\tau/2)}\mathrm{e}^{-\mathrm{j}k\Omega_s\tau/2}
\end{aligned}
\tag{4-18}
$$

如果 τ、T 一定，则随着 k 的变化，C_k 的幅度 $|C_k|$ 将按下式变化：

$$
\left|\frac{\sin(k\Omega_s\tau/2)}{(k\Omega_s\tau/2)}\right| = \left|\frac{\sin x}{x}\right|
$$

其中：$x = k\Omega_s\tau/2$。做类似于式（4-11）的推导，但这里需要注意：应该用 C_k 代替那里的 $A_k = 1/T$，C_k 是随 k 的变化而变化的。这样，我们就可以得到实际采样时，采样数据 $x_s(t)$ 的频谱为

$$
X_s(\mathrm{j}\Omega) = \sum_{k=-\infty}^{\infty} C_k X_c(\mathrm{j}\Omega - \mathrm{j}k\Omega_s)
\tag{4-19}
$$

　　由此看出，和理想采样一样，采样数据 $x_s(t)$ 的频谱是连续时间信号频谱的周期延拓。因此，如果满足奈奎斯特采样定理，那么就不会产生混叠失真。和理想采样情况不同的是：这里频谱分量的幅度有变化，其包络是随频率增加而逐渐下降的，如图 4-9 所示。

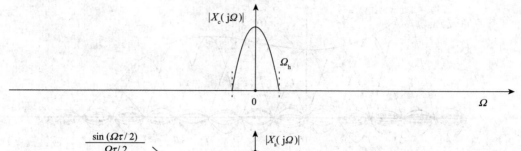

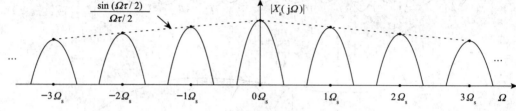

图 4-9 实际抽样时，频谱包络的变化

由分析可得

$$C_k = \frac{\tau}{T} \left[\frac{\sin(\Omega\tau/2)}{(\Omega\tau/2)} e^{-j\Omega\tau/2} \right]_{\Omega=k\Omega_s}$$

由于包络的第一个零点出现在

$$\frac{\sin(k\Omega_s\tau/2)}{(k\Omega_s\tau/2)} = 0$$

这说明应有

$$\frac{k\Omega_s\tau}{2} = \frac{k}{2} \frac{2\pi}{T} \tau = \pm \pi$$

所以

$$k = \pm \frac{T}{\tau}$$

在实际采样中，$T \gg \tau$，因此，$|X_s(j\Omega)|$ 包络的第一个零会出现在 k 很大的地方。然而，包络的变化并不影响对原始信号的恢复，我们只需取系数为 C_0（$C_0 = \tau/T$）的那一项[见式（4-19）]，而 C_0 又是常数（τ、T 固定时）。显然，与理想采样情况相比较，实际采样的信号重构中，只是幅度有所缩减。因此，只要没有频率混叠，由采样内插函数重构信号是没有失真的，所以，奈奎斯特采样定理仍然适应实际采样情况。

【例 4-2】 若用 $f_s = 10$ kHz 的采样频率对连续时间信号进行采样，产生以下离散时间序列

$$x(n) = \cos\left(\frac{\pi}{8}n\right)$$

那么试求出连续时间信号（要求两种不同形式的连续时间信号）。

解：根据给出的 $x(n)$ 形式，连续时间信号为正弦型波

$$x_c(t) = \cos(\Omega_0 t) = \cos(2\pi t)$$

以采样率 f_s 采样产生离散时间序列

$$x(n) = x_c(nT) = x_c(t)\big|_{t=nT} = \cos(2\pi f_0 t)\big|_{t=nT} = \cos(2\pi f_0 nT) = \cos\left(2\pi \frac{f_0}{f_s} n\right)$$

并注意到，对任意整数 k 来说，有

$$x(n) = \cos\left(2\pi \frac{f_0}{f_s} n\right) = \cos\left(2\pi \frac{f_0 + kf_s}{f_s} n\right)$$

所以，当以 f_s 对具有任意频率 $f_0 + kf_s$ 的正弦波进行采样时，都会产生相同的序列 $x(n) = \cos\left(\dfrac{\pi}{8} n\right)$，故可以得到

$$2\pi \frac{f_0}{f_s} = \frac{\pi}{8}, \quad f_0 = \frac{1}{16} f_s = 625 \text{ Hz}$$

因此，产生已知序列的两个信号为

$$x_{c1}(t) = \cos(1250\pi t) \frac{\pi}{8}, \quad x_{c2}(t) = \cos(21250\pi t)$$

【例 4 - 3】　对连续时间信号 $x_c(t)$ 进行滤波，消除在区间 5 kHz $<f<$ 10 kHz 之外的频率成分，$x_c(t)$ 中的最高频率是 20 kHz。滤波是通过先对 $x_c(t)$ 进行采样，然后用一理想转换器 D/C 重构连续时间信号的方式完成的。为了能不失真地重构模拟信号 $x_c(t)$，求最小采样频率和理想滤波器 $H(j\Omega)$。

解：因为 $x_c(t)$ 的最高频率是 20 kHz，所以为了不失真重构连续时间信号 $x_c(t)$，采样频率是 $f_s \geqslant 2 \times 20$ kHz，即最小采样频率为 40 kHz。连续角频率 $\Omega = 2\pi f$，相应的区间为 $10\pi < \Omega < 20\pi$ (rad/s)，故理想滤波器 $H(j\Omega)$ 为

$$H(j\Omega) = \begin{cases} T, & 10\pi \leqslant \Omega \leqslant 20\pi \\ 0, & \text{其他 } \Omega \end{cases} = \begin{cases} \dfrac{1}{4 \times 10^4}, & 10\pi \leqslant \Omega \leqslant 20\pi \\ 0, & \text{其他 } \Omega \end{cases}$$

【例 4 - 4】　如果 $x_c(t)$ 的奈奎斯特率是 Ω_s，下列从 $x_c(t)$ 导出的信号的奈奎斯特率是多少？

(1) $\dfrac{\mathrm{d}x_c(t)}{\mathrm{d}t}$；(2) $x_c(2t)$；(3) $x_c^2(t)$

解：(1) 由于奈奎斯特率等于 $x_c(t)$ 最高频率的两倍，所以，如果 $y_c(t) = \dfrac{\mathrm{d}x_c(t)}{\mathrm{d}t}$，那么 $Y_c(j\Omega) = j\Omega X_c(j\Omega)$，显然，对于 $|\Omega| > \Omega_0$，$X_c(j\Omega) = 0$，这对于 $Y_c(j\Omega)$ 仍然成立，于是求导不改变奈奎斯特率。

(2) 信号 $y_c(t) = x_c(2t)$ 是通过把 $x_c(t)$ 的时间轴缩为原来的 1/2 后形成的，这将使频率轴伸长 2 倍，具体为

$$Y_c(j\Omega) = \int_{-\infty}^{\infty} y_c(t) e^{-j\Omega t}\, \mathrm{d}t = \int_{-\infty}^{\infty} x_c(2t) e^{-j\Omega t}\, \mathrm{d}t$$

$$= \frac{1}{2} \int_{-\infty}^{\infty} x_c(\tau) e^{-j\Omega \tau/2}\, \mathrm{d}\tau = \frac{1}{2} X_c\left(\frac{j\Omega}{2}\right)$$

所以，若 $x_c(t)$ 的奈奎斯特率是 Ω_s，则 $y_c(t)=x_c(2t)$ 的奈奎斯特率是 $2\Omega_s$。

（3）当两个信号相乘，它们对应的傅氏变换将是卷积的关系，即

$$y_c(t) = x_c^2(t), \quad Y_c(j\Omega) = \frac{1}{2\pi}X_c(j\Omega) * X_c(j\Omega)$$

所以，$y_c(t)$ 的最高频率将是 $x_c(t)$ 的最高频率 2 倍，即 $x_c^2(t)$ 的奈奎斯特率是 $2\Omega_s$。

【例 4 - 5】 假设 $x_c(t)$ 的带限是 10 kHz ［即，对 $|f|>10000$ Hz，$X_c(j\Omega)=X_c(j2\pi f)=0$］。求：(a) $x_c(t)$ 的奈奎斯特率；(b) $x_c(t)\cos(2\pi \cdot 2000\ t)$ 的奈奎斯特率。

解： (a) $x_c(t)$ 的带限是 10 kHz，说明 $f_h=10000$，故 $x_c(t)$ 的奈奎斯特率 $f_s=2\times f_h=20000$ Hz$=20$ kHz；(b) 由例 4 - 5 知，两个信号 $x_c(t)$ 和 $\cos(2\pi \cdot 2000t)$ 相乘，其对应的傅氏变换将是卷积关系，所以 $x_c(t)\cos(2\pi \cdot 2000t)$ 的奈奎斯特率应为 $f_s=2\times f_{h1}+2\times f_{h2}=20000$ Hz$+4000$ Hz$=24$ kHz，f_{h1}、f_{h2} 分别为 $x_c(t)$ 的带限频率和 $\cos(2\pi \cdot 2000t)$ 的频率。

第三节　量化误差分析

一、量化原理

由上述讨论可知，对一个连续时间信号进行离散化（C/D）后，得到采样数据 $x_s(t)$，然后再经幅度量化编码后，得到数字信号 $x(n)$。然而，实际情况并非如此简单，如连续时间信号不是真正限带的，理想滤波器也不能实现，以及理想的 C/D 转换器也仅仅是近似的，这些都是分别由模拟到数字（A/D）转换器来近似完成的。图 4-10 的方框图表示了一个连续时间（模拟）信号数字处理较为实际的模型，在这个系统中有很多影响因素。其中 A/D 转换过程中量化效应就是一个重要的影响因素。首先介绍一下各模块的作用（第一章中已经提到过的，不再重复）。

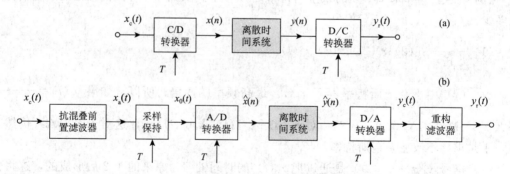

图 4-10　连续时间信号的离散时间处理　(a) 模拟信号数字处理实际模型　(b)

1. 消除混叠的预滤波

样本数越多，那么处理运算的量就越大。因此，总是希望处理模拟信号的离散时间系统的采样率尽可能得低，这样所采集的数据量就有可能最少。如果输入信号不是限带的或

者其高频成分的频率太高，往往就要用到预滤波。例如，在处理语音信号中，尽管语音信号在 4～20 kHz 带内含有明显的分量，但对可懂度来说仅要求到 3～4 kHz 就够了。另外，即使信号本身是限带的，宽带的加性噪声也可能会占据高频区域，因此，对所采集的样本数据，这些噪声分量也会混叠到低频中去。如果希望避免混叠，就必须对输入信号进行强制限带，使其低于采样率一半的频率，即低于奈奎斯特频率。这可以在 C/D 转换器之前用低通滤波器对连续时间信号进行滤波来完成，这种低通滤波器称为**抗混叠滤波器**，如图 4-10 所示。

2. 模拟到数字（A/D）转换

一个理想的 C/D 转换器将一个连续时间信号转换为一个离散时间信号，其中每个样本都是精确的（认为具有无限精度）。但对数字信号而言，由于受存储器位数的限制，只能作为一种近似，如图 4-11 所示，该系统把一个连续时间（模拟）信号转换为一个数字信号，其输出是一个有限精度的序列或量化样本。图 4-11 中的两个系统作为具体的器件都是可以实现的。A/D 转换器是一个真正的器件，它将输入端电压或电流大小转换为二进制码，该二进制码代表了最接近于输入大小的一个量化幅度值。在外部时钟的控制下，A/D 转换器

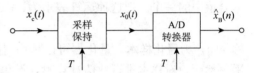

图 4-11　模数转换的实际模型

在每 T 秒内起动和完成一次 A/D 转换。然而，转换不是瞬时的（上述已多次提到）。为此，一个高性能的 A/D 系统一般包括一个采样与保持环节，如图 4-11 所示。**零阶保持**是指在采样周期 T 秒内样本值都保持不变，显然零阶保持的输出是一个阶梯波形，如图 4-12 所示。实际的**采样保持**电路都设计成尽可能瞬时地对 $x_c(t)$ 进行采样，并且直到下一次采样前尽量保持样本值不变。其目的是为了给 A/D 转换器提供一个不变的输入电压（或电流）。当然，一个既要采样快且又能保持样本值不变的采样保持系统会涉及很多实际问题，同时，还受 A/D 转换器电路的转换速度和精度的限制。

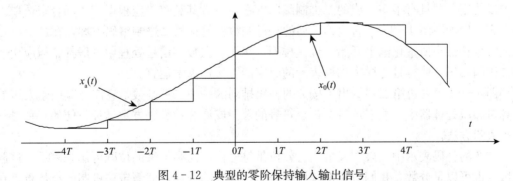

图 4-12　典型的零阶保持输入输出信号

3. D/A 转换器

在本章第二节讨论了如何利用理想低通滤波器从一个采样数据来重构一个限带信号。相应的可实现系统是一个数字－模拟转换器（D/A 转换器）和紧跟其后的近似低通滤波器构成，D/A 转换器将二进制码序列作它的输入，其输出为连续时间信号。

上述只是在连续时间信号的离散化处理中所涉及的几个实际问题，包括消除混叠的预滤波问题、模数转换中的量化误差问题，以及连续时间信号的采样与重构中所进行的有关滤波问题等。

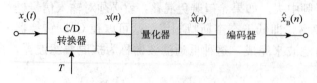

图 4-13　图 4-11 系统的进一步细化

本节的重点是 A/D 转换过程中量化效应的分析。在图 4-11 中采样保持系统的目的是要实现理想采样，并保持该样本值不变以便 A/D 转换器进行量化，所以，可以将图 4-11 的系统用图 4-13 的系统来表示，其中理想的 C/D 转换器表示由采样保持完成的采样，而量化器和编码器则代表 A/D 转换器的工作。量化器是一种非线性系统，它的作用是将输入样本 $x(n)$ 转换为预先规定的有限集合值中的一个。把这种运算表示为

$$\hat{x}(n) = Q[x(n)] \tag{4-20}$$

称 $\hat{x}(n)$ 为**量化样本**。量化器可以是均匀间隔的量化电平，也可以是非均匀间隔的量化电平；然而，对样本进行数值计算时，量化阶通常是均匀的。图 4-14 给出了一种典型的均匀量化特性，其中样本值是被舍入到最接近的**量化电平**上。

图 4-14 有几个特点应该强调一下。首先，这种量化器适合于具有正负值样本的信号（双极性）。如果已知输入样本总是正（或负）的，那么，采用单极性的量化电平分布或许更为适合。其次，图 4-14 量化器的量化电平数为偶数电平。利用偶数电平，就不可能在零幅度点上有一个量化电平，同时有相同的正负量化电平数。一般来说，量化电平数是 2 的幂，而且实际的量化器电平数目比 8 要大得多，所以相邻两电平之差通常是微不足道的。

图 4-14 还给出了量化电平的编码。因为有 8 个量化电平，所以可用 3 位二进制码来表示［一般，2^{B+1} 个电平可用 $(B+1)$ 位二进制码编码］。原则上，任何一种符号的安排都可以使用，并且有很多现成的二进制编码方案，各有其利弊，应根据应用场合来选取编码方案。例如在图 4-14 中右边第一列的二进制数就是**补偿二进制**编码方案，在这里，二进制符号从最小值量化电平开始，依次排列。然而，在数字信号处理中一般都希望应用一种二进制编码，使得量化样本加权表示的码字能直接作算术运算。

图 4-14 中右边第二列给出了按 2 的补码排列的一种二进制数，它广泛应用于大多数计算机和微处理器中，能表示带有正负符号的数。或许这种编码方案是最方便的一种量化电平表示方法。

在 2 的补码表示中，最左或最高有效位是符号位，而剩下来的位既可用来表示二进制整数，也可以是分数，我们假定都是用来表示二进制的分数，即假定二进制的小数点是在两个最高有效位之间。那么，在 2 的补码表示中，二进制符号具有如下意义（设 $B=2$）：

一般，如果有一个 $(B+1)$ 位的 2 补码分数，它表示为

$$a_0 \diamond a_1 a_2 \cdots a_B$$

那么其值就是

$$-a_0 2^0 + a_1 2^{-1} + a_2 2^{-2} + \cdots + a_B 2^{-B}$$

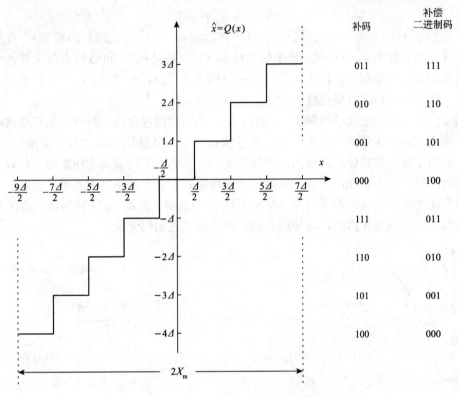

图 4 - 14　用于 A/D 转换的典型量化器

二进制符号	数值，$\hat{x}_B(n)$
0◇11	3/4
0◇10	1/2
0◇01	1/4
0◇00	0
1◇11	−1/4
1◇10	−1/2
1◇01	−3/4
1◇00	−1

请注意，符号 ◇ 记作数值的"二进制小数点"。码字与量化电平之间的关系与图 4 - 14 中的参数 X_m 有关。这个参数一般称为 A/D 转换器的**满幅度值**。典型值是 10 V、5 V 或 1 V。由图 4 - 14 可见，量化器量化阶 Δ 的大小一般是

$$\Delta = \frac{2X_m}{2^{B+1}} = \frac{X_m}{2^B} \tag{4-21}$$

最小的量化电平（$\pm\Delta$）就相应于二进制码字中的最低有效位。再者，码字与量化样本间的数值关系是

$$\hat{x}(n) = X_m \hat{x}_B(n) \tag{4-22}$$

因为已经假定 $\hat{x}_B(n)$ 是一个二进制数，且 $-1 \leqslant \hat{x}_B(n) < 1$（对 2 的补码而言）。在这种方案中二进制编码样本 $\hat{x}_B(n)$ 就正比于量化样本（用 2 的补码），可以用来作为样本大小的一种数值表示。一般都假定输入信号是归一化到 X_m，这样 $\hat{x}(n)$ 和 $\hat{x}_B(n)$ 在数值上就是一样的，从而不需再区分量化样本和二进制编码样本。

图 4-15 示出一个简单的例子，该例子用一个 3 位的量化器，给出一个正弦波的样本量化和编码。图中未量化的样本 $x(n)$ 用空圆点表示，已量化样本 $\hat{x}(n)$ 用星号点表示。同时也给出了理想采样保持的输出。另外图 4-15 还指出了代表每个样本的 3 位码字。由于连续时间信号 $x_a(t)$ 超出了该量化器的满幅度值，所以某些正样本就被"箝位"。

虽然前述大部分讨论都是有关量化电平的补码表示，但在 A/D 转换器，有关量化和编码的基本原理都是相同的，而与用来表示样本的二进制码无关。

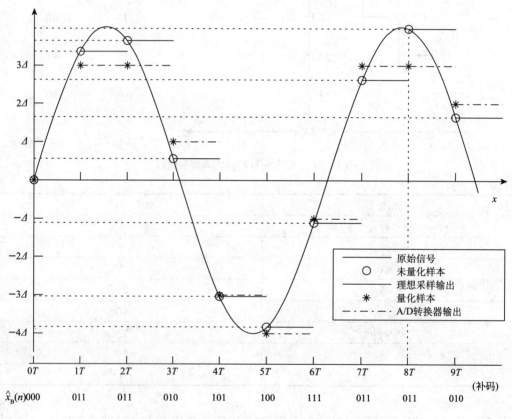

图 4-15 用 3 位量化器的采样、量化、编码

二、量化误差分析

现在，让我们来讨论量化效应误差。因为分析不依赖于二进制码字的安排，所以可以得到更为一般的结论。

由图 4-14 和图 4-15 可见，一般量化样本 $\hat{x}(n)$ 不同于样本的真值 $x(n)$。其差值就

是量化误差，定义为

$$e(n) = \hat{x}(n) - x(n) \tag{4-23}$$

例如，对于图 4-14 的 3 位量化器，如果

$$\frac{1}{2}\Delta < x(n) \leqslant \frac{3}{2}\Delta \quad 且 \quad \hat{x}(n) = \Delta \tag{4-24}$$

那么有

$$-\frac{1}{2}\Delta < e(n) \leqslant \frac{1}{2}\Delta \tag{4-25}$$

在图 4-14 情况下，只要

$$-\frac{9}{2}\Delta < x(n) \leqslant \frac{7}{2}\Delta \tag{4-26}$$

式（4-25）总成立。一般在（$B+1$）位量化器中，其中 Δ 根据式（4-21）确定，只要有

$$\left(-X_m - \frac{1}{2}\Delta\right) < x(n) \leqslant \left(X_m - \frac{1}{2}\Delta\right) \tag{4-27}$$

量化误差总满足式（4-25）。如果 $x(n)$ 超出该范围（如图 4-15 中 $t=8T$ 时的样本），那么量化误差在幅度上就大于 $\Delta/2$，这些样本就说是**箝位**了。

一种简化而有用的量化器模型如图 4-16 所示。在该模型中，量化误差样本被认为是一种加性噪声信号。如果已知 $e(n)$ 的话，那么这种模型就完全等效于该量化器。在大多数情况下，$e(n)$ 是未知的，这时基于图 4-16 的一种统计模型就可以用来表示量化效应，在数字信号处理中常使用这样的模型来描述信号处理算法中的量化效应。量化误差的统计表示是基于如下假设：

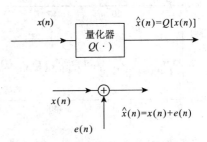

图 4-16　量化器的加性噪声模型

（1）误差序列 $e(n)$ 是平稳随机过程的一个样本序列（有关平稳随机过程等内容将在第十二章里详讲）；

（2）误差序列与序列 $x(n)$ 不相关；

（3）误差过程的随机变量是不相关的；

（4）误差过程的概率分布在量化误差范围内是均匀分布的。

这些对量化噪声的假设比较简单，因此对有些情况并不成立。例如，若 $x_c(t)$ 是一阶跃函数，那么这些假设就不能认为是合理的。然而，当信号是一个复杂的信号时，像语音、音乐、地震、大地电磁等一类信号是有一定不可预见性的、起伏波动的信号，那么这些假设就较为真实一些。实验已经证明，随着信号变得越复杂，信号与量化噪声之间的相关关系就变得越弱，并且误差也变得不相关了。由此可以推理，如果信号足够复杂，且量化的阶数又足够小，即从一个样本到另一个样本，信号的幅度很可能横穿过许多量化台阶，那么这个统计模型的假设就越真实。

【例 4-6】　下面举一例正弦信号的量化误差：

假设正弦信号为 $x(n) = 0.8\sin(n/10)$ 未量化样本的序列，如图 4-17（a）所示，3

位量化器（$B+1=3$）的量化样本序列 $\hat{x}(n)=Q\left[x(n)\right]$，假设 $X_m=0.8$，显然有 8 种可能的量化电平。图 4-17(c) 和 (d) 分别是对应于 3 位量化和 8 位量化时的量化误差 $e(n)=\hat{x}(n)-x(n)$。

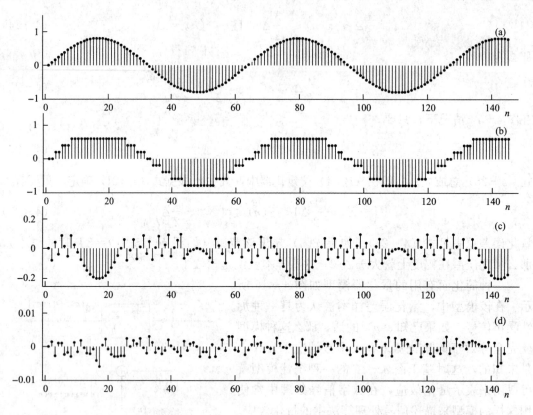

图 4-17 量化噪声的例子

(a) 信号 $x(n)=0.99\cos(n/10)$ 的未量化样本；(b) 用 3 位量化器 (a) 中余弦波形的量化样本；
(c) 在 (a) 中信号用 3 位量化的量化误差序列；(d) 在 (a) 中信号用 8 位量化的量化误差序列

值得注意的是，在 3 位量化的情况下，误差信号与未量化样本有强的相关性。例如，在这个余弦正的和负的峰值附近，量化信号在跨越好多接连持续的样本上仍然保持不变，以至于在这些区段量化误差具有输入序列的形状。同时还注意到在正峰的这些区段周围，误差在幅度上比 $\Delta/2$ 大。这是由于对这种量化器参数的设置，信号电平太大的缘故。

另一方面对于 8 位量化时的量化误差没有这种明显的波形（若不考虑信号本身的周期性）。由直观观察这些图就能确信前面有关在精细量化（8 位）下量化噪声性质的结论，即量化样本是随机变换的，与未量化信号不相关，并在 $-\Delta/2$ 和 $+\Delta/2$ 之间的内变化。对属于是舍入样本值到最接近的量化电平的量化器来说（图 4-14），量化噪声的幅度应该在式（4-25）范围内，对于小的 Δ，$e(n)$ 是一个在 $-\Delta/2$ 到 $\Delta/2$ 做均匀分布的随机变量的假设是合理的。因此，对于这种量化噪声的一阶概率密度（图 4-18），如果在实现量化中是截尾而不是舍入，那么误差总是负的（假设从 $-\Delta$ 到 0 为均匀概率密度分布）。为了完成量化噪声统计模型，假定噪声样本间是不相关的，以及 $e(n)$ 与 $x(n)$ 也不相关。这样 $e(n)$ 就假设为一个均匀分布的白噪声序列。$e(n)$ 的均值是零，而其方差为

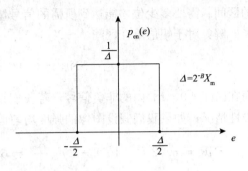

$$\sigma_e^2 = \int_{-\Delta/2}^{\Delta/2} \left(e^2 \frac{1}{\Delta}\right) de = \frac{1}{12}\Delta^2 \quad (4-28)$$

对于一个（$B+1$）位量化器，其满幅度值为 X_m，噪声方差或功率就是

$$\sigma_e^2 = \frac{1}{12} \cdot 2^{-2B} X_m^2 \quad (4-29)$$

图 4-18 舍入量化器（图 4-14）量化误差的概率密度函数

常用信号噪声比来度量一个信号被加性噪声所污损的程度，为信号方差（功率）对噪声方差的比（见第十二章），以 dB（分贝）表示，一个（$B+1$）位量化器信噪比（signal/noise ratio）就是

$$\text{SNR} = 10\lg \frac{\sigma_x^2}{\sigma_e^2} = 10\lg \frac{12 \cdot 2^{2B}\sigma_x^2}{X_m^2}$$

$$= 6.02B + 10.8 - 20\lg \frac{X_m}{\sigma_x} \quad (4-30)$$

由公式（4-30）可见，量化样本的字长每增加一位（也即量化电平数加倍），信噪比近似提高 6 dB，特别有启发性的是考虑式（4-30）中的这一项

$$-20\lg \frac{X_m}{\sigma_x} \quad (4-31)$$

首先，X_m 是量化器的一个参数，通常在一个实际系统中是固定的。量 σ_x 是信号幅度的均方根值，它一定小于信号的峰值幅度。例如，若 $x_a(t)$ 是一个峰值幅度为 X_p 的正弦波，则 $\sigma_x = X_p/\sqrt{2}$。如果 σ_x 太大，峰值处信号幅度将超过 A/D 转换器的满幅度值 X_m。这时，式（4-30）不再成立，并且会产生严重失真。另一方面，若 σ_x 太小，式（4-31）这一项变大且是负的，那么，式（4-30）的信噪比下降。事实上，容易看出，当 σ_x 减半时，SNR 下降 6 dB。因此，仔细地将信号幅度与 A/D 转换器的满幅度值匹配是很重要的。

对于像语音和音乐这样的模拟信号，幅度分布趋向于集中在零附近，并随着幅度的增加很快地跌落。在这些情况下，样本幅度超过均方根值 3 倍或 4 倍的概率非常小。例如，如果信号幅度是一个高斯型分布，那么仅有 0.064% 的样本其幅度才大于 $4\sigma_x$。因此，为了避免信号峰值箝位（如在统计模型中所假设的），可以在 A/D 转换器之前设置滤波器和放大器的增益，以使得 $\sigma_x = X_m/4$。如果在式（4-30）中利用该 σ_x 值，则有

$$\text{SNR} \approx 6B - 1.25 \text{ dB} \quad (4-32)$$

例如，用在高质量的音乐录制和重放系统中，要获得大约 90～96 dB 的信噪比，就要求有 16 位的量化，但是要记住，要得到这样一个性能，应仔细将输入信号与 A/D 转换器的满幅度值匹配之后才有可能实现。

【例 4-7】 对一幅图像以最小信号量化噪声比为 80 dB 的进行采样。与许多其他信号不同，图像采样是非负的。假设采样装置是校准好的，从而采样图像强度落在从 0 到 1

的区间。需要多少位才能达到所需的信号量化噪声比。

解：对于幅值落在区间 $[-X_m, X_m]$ 的双极信号，其信号与量化噪声比是

$$SNR = 6.02 B + 10.8 - 20\lg \frac{X_m}{\sigma_x}$$

而在区间 $[0, 1]$ 内的非负信号，若我们设 $X_m = 0.5$，则其信号与量化噪声比等效于双极性情况，如果我们假设图像的强度均匀地分布在 $[0, 1]$ 上，$\sigma_x^2 = 1/12$，因此

$$SNR = 6.02 B + 10.8 - 20\lg \frac{X_m}{\sigma_x} = 6.02B + 10.8 - 20\lg \frac{\sqrt{12}}{2} = 6.02B + 6.03$$

对于 80 dB 的信号与量化噪声比来说，需要

$$B = \frac{80 - 6.03}{6.02} = 12.29$$

或 $B+1 = 14$ 位。

习题与思考题

习题 4-1　离散时间序列

$$x(n) = \cos\left(\frac{3\pi}{20}n\right)$$

若用 $f_s = 8\ kHz$ 的采样频率对它们进行采样以后产生上述序列，那么试求出其中两个不同的连续时间信号。

习题 4-2　设 $x_c(t)$ 的奈奎斯特率为 Ω_s，分别求出：(1) $x_c^2(2t)$；(2) $x_c^2(t/3)$；(3) $x(t)*x(t)$ 的奈奎斯特率。

习题 4-3　当采样间隔 $T = 1\ ms$ 时，要想使连续时间信号 $x_c(t)$ 从其采样信号 $x_c(nT)$ 中能不失真地恢复，$X_c(j\Omega)$ [即 $X_c(f)$] 的最高频率为多少？

习题 4-4　假设 $x_c(t)$ 的带限是 8 kHz，求：(1) $x_c(t)$ 的奈奎斯特率为多少？(2) $x_c(t)\cos(2\pi \cdot 1000t)$ 的奈奎斯特率为多少？

习题 4-5　如果希望信号与量化噪声比最小为 90 dB，A/D 转换器需要多少位？假设 $x_a(t)$ 是高斯型的且方差为 σ_x^2，量化器的量程为 $-3\sigma_x$ 到 $3\sigma_x$，即 $X_m = 3\sigma_x$（对于 X_m 的这个值，大约有 1/1000 的采样会超出量化器量程）。

思考题 4-6　已知实值带通信号 $x_c(t)$ 对于 $|f| < f_1$ 和 $|f| > f_2$，$X_c(f) = 0$ [注：$X_a(j\Omega) \to \Omega = 2\pi f \to X_c(f)$]，Nyquist 采样定理表明最小采样频率 $f_s = 2f_2$。然而，此信号可以用更低的频率进行采样。

(1) 假设 $f_1 = 8\ kHz$，$f_2 = 10\ kHz$，画出当 $f_s = 1/T = 4\ kHz$ 时离散傅氏变换的示意图；

(2) 定义带通信号的带宽为 $B = f_2 - f_1$，而且中心频率为 $f_c = (f_2 + f_1)/2$，证明：如果 $f_c > B/2$，f_2 是带宽 B 的整数倍，且以采样频率 $f_s = 2B$ 采样 $x_c(t)$，将不会发生混叠；

(3) 在 f_2 不是带宽整数倍的情况下重复 (2)。

思考题 4-7　为什么说理想低通滤波器是非因果系统？是物理上不可实现的系统？

第五章 变换域分析

第一节 引　言

拉氏变换和 $\mathscr{Z}$ 变换分别是研究连续时间信号与离散时间信号的重要数学工具，连续时间信号的傅氏变换是拉氏变换沿虚轴变换的一种特例，而离散时间信号的傅氏变换是 $\mathscr{Z}$ 变换沿单位圆上变换的一种特例。因此，本章先从研究线性移不变系统对复指数稳态响应开始，讨论离散时间信号的傅氏变换。然后介绍离散时间信号的 $\mathscr{Z}$ 变换和连续时间信号拉氏变换之间的关系，以及它们与傅氏变换之间的内在联系。最后，重点讨论离散时间系统的变换域分析。希望读者能重点掌握拉氏变换与 $\mathscr{Z}$ 变换之间的对应关系，认真领会选择性滤波器和线性相位滤波器的概念、特点。

第二节　离散时间傅里叶变换

信号的傅氏变换在连续时间和离散时间处理中都起着极其重要的作用，它为信号从一种"域"映射（变换）到另一种"域"提供了一种数学处理方法。将一种"域"的卷积运算映射成另一种"域"的简单乘积运算。更重要的是：它还提供了一种解释信号与系统的方式，赋予信号与系统一定的物理意义。

一、系统对复指数序列的稳态响应

在介绍序列傅氏变换之前，先看一下离散时间线性移不变系统对复指数或正弦信号的稳态响应。

设输入序列是频率为 ω 的复指数序列，即

$$x(n) = \mathrm{e}^{\mathrm{j}\omega n}, \quad -\infty < n < \infty$$

且线性移不变系统的单位冲激响应为 $h(n)$，利用卷积 $y(n) = h(n) * x(n) = \sum\limits_{m=-\infty}^{\infty} x(m)h(n-m)$，得到该系统的输出（系统对复指数序列的响应）

$$y(n) = \sum_{m=-\infty}^{\infty} h(m)x(n-m)$$

$$= \sum_{m=-\infty}^{\infty} h(m)\mathrm{e}^{\mathrm{j}\omega(n-m)} = \mathrm{e}^{\mathrm{j}\omega n}\sum_{m=-\infty}^{\infty} h(m)\mathrm{e}^{-\mathrm{j}\omega m}$$

可以表示成

$$\begin{cases} x(n) = \mathrm{e}^{\mathrm{j}\omega n} \\ y(n) = \mathrm{e}^{\mathrm{j}\omega n} H(\mathrm{e}^{\mathrm{j}\omega}) = H(\mathrm{e}^{\mathrm{j}\omega})\mathrm{e}^{\mathrm{j}\omega n} \end{cases} \qquad (5-1)$$

其中：

$$H(\mathrm{e}^{\mathrm{j}\omega}) = \sum_{m=-\infty}^{\infty} h(m)\mathrm{e}^{-\mathrm{j}\omega m} \qquad (5-2)$$

由式（5-1）可以看出，与连续时间系统一样，当系统输入为正弦序列时，那么输出 $y(n)$ 为同频的正弦序列，其幅度受频率响应幅度 $|H(\mathrm{e}^{\mathrm{j}\omega})|$ 加权，而输出 $y(n)$ 的相位则为输入 $x(n)$ 的相位与系统相位响应 $H(\mathrm{e}^{\mathrm{j}\omega})$ 的之和。例如，当 $x(n)=A\cos(\omega_0 n+\varphi)$ 时，可以得到

$$y(n) = x(n)H(\mathrm{e}^{\mathrm{j}\omega}) = A\,|H(\mathrm{e}^{\mathrm{j}\omega})|\cos\{\omega_0 n+\varphi+\arg[H(\mathrm{e}^{\mathrm{j}\omega})]\}$$

二、离散时间傅氏变换

在这里，让我们来关注式（5-2）。如果有一序列 $x(n)$，那么，把类似于式（5-2）的形式

$$X(\mathrm{e}^{\mathrm{j}\omega}) = \sum_{n=-\infty}^{\infty} x(n)\mathrm{e}^{-\mathrm{j}\omega n} \qquad (5-3)$$

称为序列 $x(n)$ 的傅氏变换。因此，我们得到如下的序列傅氏变换对：

正变换

$$\mathrm{DTFT}[x(n)] = X(\mathrm{e}^{\mathrm{j}\omega}) = \sum_{n=-\infty}^{\infty} x(n)\mathrm{e}^{-\mathrm{j}\omega n} \qquad (5-4\mathrm{a})$$

反变换

$$\mathrm{DTFT}^{-1}[X(\mathrm{e}^{\mathrm{j}\omega})] = x(n) = \frac{1}{2\pi}\int_{-\pi}^{\pi} X(\mathrm{e}^{\mathrm{j}\omega})\mathrm{e}^{\mathrm{j}\omega n}\,\mathrm{d}\omega \qquad (5-4\mathrm{b})$$

其中 DTFT 表示离散时间傅氏变换（Discrete Time Fourier Transforms），且正变换式子中的级数收敛条件为

$$\sum_{n=-\infty}^{\infty} |x(n)\mathrm{e}^{-\mathrm{j}\omega n}| = \sum_{n=-\infty}^{\infty} |x(n)| < \infty$$

由于 $X(\mathrm{e}^{\mathrm{j}\omega})$ 是 ω 的周期函数，所以，式（5-4a）正是周期函数 $X(\mathrm{e}^{\mathrm{j}\omega})$ 的傅氏级数展开式，而 $x(n)$ 则是傅氏级数的系数。有时也用下列记号表示序列的傅氏变换对：

$$x(n) \overset{\mathrm{DTFT}}{\longleftrightarrow} X(\mathrm{e}^{\mathrm{j}\omega})$$

表 5-1 给出了一些常见的 DTFT 对。

表 5-1 一些常见的 DTFT 对

序号	序　列	序列傅氏变换（主周期）	序列傅氏变换（一般表达）
1	$\delta(n)$	1	1
2	$\delta(n-n_0)$	$\mathrm{e}^{-\mathrm{j}n_0\omega}$	$\mathrm{e}^{-\mathrm{j}n_0\omega}$
3	1	$2\pi\delta(\omega)$	$\displaystyle\sum_{k=-\infty}^{\infty} 2\pi\delta(\omega+2\pi k)$
4	$\mathrm{e}^{\mathrm{j}n\omega_0}$	$2\pi\delta(\omega-\omega_0)$	$\displaystyle\sum_{k=-\infty}^{\infty} 2\pi\delta(\omega-\omega_0+2\pi k)$

序号	序 列	序列傅氏变换（主周期）	序列傅氏变换（一般表达）
5	$a^n u(n)$, $\mid a \mid < 1$	$\dfrac{1}{1-ae^{-j\omega}}$	$\dfrac{1}{1-ae^{-j\omega}}$
6	$-a^n u(-n-1)$, $\mid a \mid > 1$	$\dfrac{1}{1-ae^{-j\omega}}$	$\dfrac{1}{1-ae^{-j\omega}}$
7	$(n+1)\, a^n u(n)$, $\mid a \mid < 1$	$\dfrac{1}{(1-ae^{-j\omega})^2}$	$\dfrac{1}{(1-ae^{-j\omega})^2}$
8	$\cos(n\omega_0)$	$\pi\delta(\omega+\omega_0)+\pi\delta(\omega-\omega_0)$	$\sum\limits_{k=-\infty}^{\infty}\pi\left[\delta(\omega+\omega_0+2\pi k)+\delta(\omega-\omega_0+2\pi k)\right]$

【例 5 - 1】 求序列 $a^n u(n)$, $\mid a \mid < 1$ 的 DTFT。

解：$X(e^{j\omega}) = \sum\limits_{n=-\infty}^{\infty} x(n)e^{-j\omega n} = \sum\limits_{n=-\infty}^{\infty} a^n u(n)e^{-j\omega n} = \sum\limits_{n=0}^{+\infty}(ae^{-j\omega})^n$，利用几何级数的求和公式得

$$X(e^{j\omega}) = \frac{1}{1-ae^{-j\omega}}$$

三、离散时间傅氏变换的对称性

我们用类似于定义奇函数和偶函数的方式来定义下面两种对称序列。

共轭对称序列定义为满足

$$x_e(n) = x_e^*(-n) \tag{5-5}$$

的序列 $x_e(n)$，对于实序列来说，则变成 $x_e(n)=x_e(-n)$，即为偶对称序列。

共轭反对称序列定义为满足

$$x_o(n) = -x_o^*(-n) \tag{5-6}$$

的序列 $x_o(n)$。对于实序列来说，同样，有 $x_o(n)=-x_o(-n)$，即为奇对称序列。与函数相类似，任一序列 $x(n)$ 总能表示成一个共轭对称序列与一个共轭反对称序列之和（对于实序列，就是偶对称序列与奇对称序列之和），即

$$x(n) = x_e(n) + x_o(n) \tag{5-7}$$

证明这一点很简单，只要找到 $x_e(n)$ 及 $x_o(n)$，令 $x_e(n)$ 及 $x_o(n)$ 满足以下等式：

$$x_e(n) = \frac{1}{2}\left[x(n) + x^*(-n)\right] \tag{5-8a}$$

$$x_o(n) = \frac{1}{2}\left[x(n) - x^*(-n)\right] \tag{5-8b}$$

显然，这样得到的 $x_e(n)$ 及 $x_o(n)$ 分别满足共轭对称和共轭反对称的条件。

同理，一个序列 $x(n)$ 的傅氏变换 $X(e^{j\omega})$ 也可以分解成共轭对称与共轭反对称分量之和，即

$$X(e^{j\omega}) = X_e(e^{j\omega}) + X_o(e^{j\omega}) \tag{5-9}$$

其中：

$$X_e(e^{j\omega}) = \frac{1}{2}[X(e^{j\omega}) + X^*(e^{-j\omega})] \qquad (5-10a)$$

$$X_o(e^{j\omega}) = \frac{1}{2}[X(e^{j\omega}) - X^*(e^{-j\omega})] \qquad (5-10b)$$

$X_e(e^{j\omega})$ 是共轭对称的，满足 $X_e(e^{j\omega}) = X_e^*(e^{-j\omega})$，$X_o(e^{j\omega})$ 是共轭反对称的，满足 $X_o(e^{j\omega}) = -X_o^*(e^{-j\omega})$。与时域内序列情况一样，如果 $x(n)$ 的傅氏变换函数 $X(e^{j\omega})$ 是实函数，且满足共轭对称性，那么，称 $X(e^{j\omega})$ 为频率的偶函数，即 $X(e^{j\omega}) = X(e^{-j\omega})$。同理，如果 $X(e^{j\omega})$ 是实函数，且满足共轭反对称性，那么，称 $X(e^{j\omega})$ 为频率的奇函数，即 $X(e^{j\omega}) = -X(e^{-j\omega})$。

根据以上定义可以推出表 5-2 中的一些对称性质（此外，也可以直接由 $\mathscr{Z}$ 变换性质中代入 $z = e^{j\omega}$ 而得到）。需要说明的一点是**性质 16**，如果 $x(n)$ 是实序列，那么它的傅氏变换 $X(e^{j\omega})$ 满足共轭对称性，即

表 5-2　离散时间傅氏变换的主要性质

序号	序　列	傅氏变换
1	$x(n)$	$X(e^{j\omega})$
2	$h(n)$	$H(e^{j\omega})$
3	$ax(n)+bh(n)$	$aX(e^{j\omega})+bH(e^{j\omega})$
4	$x(n-m)$	$e^{-j\omega m}X(e^{j\omega})$
5	$a^n x(n)$	$X(e^{j\omega}/a)$
6	$e^{jn\omega_0}x(n)$	$X[e^{j(\omega-\omega_0)}]$
7	$x(n)*h(n)$	$X(e^{j\omega})H(e^{j\omega})$
8	$x(n)h(n)$	$\frac{1}{2\pi}\int_{-\pi}^{\pi}X(e^{j\theta})H[e^{j(\omega-\theta)}]d\theta$
9	$x^*(n)$	$X^*(e^{-j\omega})$
10	$x(-n)$	$X(e^{-j\omega})$
11	$x^*(-n)$	$X^*(e^{j\omega})$
12	$\text{Re}[x(n)]$	$X_e(e^{j\omega})=\frac{1}{2}[X(e^{j\omega})+X^*(e^{-j\omega})]$
13	$j\text{Im}[x(n)]$	$X_o(e^{j\omega})=\frac{1}{2}[X(e^{j\omega})-X^*(e^{-j\omega})]$
14	$x_e(n)=\dfrac{x(n)+x^*(-n)}{2}$	$\text{Re}[X(e^{j\omega})]$
15	$x_o(n)=\dfrac{x(n)-x^*(-n)}{2}$	$j\text{Im}[X(e^{-j\omega})]$
16	$x(n)$ 为实序列	$X(e^{j\omega})=X^*(e^{-j\omega})$ $\text{Re}[X(e^{j\omega})]=\text{Re}[X(e^{-j\omega})]$ $\text{Im}[X(e^{j\omega})]=-\text{Im}[X(e^{-j\omega})]$ $\lvert X(e^{j\omega})\rvert = \lvert X(e^{-j\omega})\rvert$ $\arg[X(e^{j\omega})]=-\arg[X(e^{j\omega})]$

续表

序号	序　列	傅氏变换
17	$x_e(n) = \dfrac{x(n) + x(-n)}{2}$ {$x(n)$ 为实序列}	$\mathrm{Re}[X(e^{j\omega})]$
18	$x_o(n) = \dfrac{x(n) - x(-n)}{2}$ {$x(n)$ 为实序列}	$j\mathrm{Im}[X(e^{j\omega})]$
19	$\displaystyle\sum_{n=\infty}^{\infty} x(n)\, y^*(n) = \frac{1}{2\pi}\int_{-\pi}^{\pi} X(e^{j\omega})\, Y^*(e^{j\omega})\, d\omega$ 　{Parseval　定理}	
20	$\displaystyle\sum_{n=-\infty}^{\infty} \mid x(n)\mid^2 = \frac{1}{2\pi}\int_{-\pi}^{\pi} \mid X(e^{j\omega})\mid^2 d\omega$ 　{Parseval　定理}	

$$X(e^{j\omega}) = X^*(e^{-j\omega}) \tag{5-11}$$

所以

$$X^*(e^{j\omega}) = X(e^{-j\omega})$$

得出

$$\mathrm{Re}[X(e^{j\omega})] = \mathrm{Re}[X(e^{-j\omega})] \tag{5-12a}$$
$$\mathrm{Im}[X(e^{j\omega})] = -\mathrm{Im}[X(e^{-j\omega})] \tag{5-12b}$$

所以，实序列的傅氏变换的实部是 ω 的偶函数，而虚部是 ω 的奇函数。

同样，如果表示成极坐标形式，那么

$$X(e^{j\omega}) = \mid X(e^{j\omega}) \mid e^{j\arg[X(e^{j\omega})]}$$

$$= \sqrt{\{\mathrm{Re}[X(e^{j\omega})]\}^2 + \{\mathrm{Im}[X(e^{j\omega})]\}^2}\, \exp\left\{j\arctan\frac{\mathrm{Im}[X(e^{j\omega})]}{\mathrm{Re}[X(e^{j\omega})]}\right\}$$

因此，对实序列 $x(n)$ 来说，必有

$$\mid X(e^{j\omega}) \mid = \mid X(e^{-j\omega}) \mid \ \text{——幅度是 }\omega\text{ 的偶函数} \tag{5-13a}$$
$$\arg[X(e^{j\omega})] = -\arg[X(e^{-j\omega})]\text{——幅角是 }\omega\text{ 的奇函数} \tag{5-13b}$$

第三节　$\mathscr{Z}$ 变换与拉普拉斯变换、傅里叶变换的关系

现在让我们来讨论 $\mathscr{Z}$ 变换与连续时间信号的拉氏变换以及与离散时间信号傅氏变换之间的转换关系。

先利用连续时间信号的理想采样理论讨论 $\mathscr{Z}$ 变换与拉氏变换之间的转换关系。

一、$\mathscr{Z}$ 变换与拉氏变换之间的关系

假设连续时间信号为 $x_c(t)$，理想采样后的**采样信号**为 $x_s(t)$，它们的拉氏变换分别为

$$X_c(s) = \mathscr{L}[x_c(t)] = \int_{-\infty}^{\infty} x_c(t) e^{-st}\, dt$$

$$X_s(s) = \mathscr{L}[x_s(t)] = \int_{-\infty}^{\infty} x_s(t) e^{-st}\, dt$$

将第四章中式 (4-5) $x_s(t) = \sum\limits_{m=-\infty}^{\infty} x_c(t)\,\delta(t-mT)$ 的表达式代入上式可得

$$X_s(s) = \int_{-\infty}^{\infty} x_s(t)\mathrm{e}^{-st}\,\mathrm{d}t = \int_{-\infty}^{\infty}\Big[\sum_{n=-\infty}^{\infty} x_c(nT)\delta(t-nT)\Big]\mathrm{e}^{-st}\,\mathrm{d}t$$

$$X_s(s) = \sum_{n=-\infty}^{\infty}\int_{-\infty}^{\infty} x_c(nT)\delta(t-nT)\mathrm{e}^{-st}\,\mathrm{d}t$$

$$\qquad\qquad (5-14)$$

$$= \sum_{n=-\infty}^{\infty} x_c(nT)\mathrm{e}^{-nsT} = \sum_{n=-\infty}^{\infty} x_c(nT)\mathrm{e}^{-n(sT)}$$

样本序列 $x(n) = x_a(t)\big|_{t=nT} = x_a(nT)$（有时也称为采样序列）的 $\mathscr{L}$ 变换为

$$X(z) = \sum_{n=-\infty}^{\infty} x(n)z^{-n}$$

显然，当 $z = \mathrm{e}^{sT}$，样本序列 $x(n)$ 的 $\mathscr{L}$ 变换就等于其理想采样信号的拉氏变换，即

$$X(z)\big|_{z=\mathrm{e}^{sT}} = X(\mathrm{e}^{sT}) = X_s(s) \qquad\qquad (5-15)$$

可以将式 (5-15) 看作是从复变量 s 平面到复变量 z 平面的一种转换（映射），二者的转换（映射）关系为

$$z = \mathrm{e}^{sT}, \quad s = \frac{1}{T}\mathrm{ln}z \qquad\qquad (5-16)$$

如果 z 用极坐标表示，即 $z = r\mathrm{e}^{\mathrm{j}\omega}$，而 s 用直角坐标表示，即 $s = \sigma + \mathrm{j}\Omega$，那么将它们都代入式 (5-16) 中，便得到

$$z = r\mathrm{e}^{\mathrm{j}\omega} = \mathrm{e}^{sT}, \quad 即 z = \mathrm{e}^{(\sigma+\mathrm{j}\Omega)T} = \mathrm{e}^{\sigma T}\mathrm{e}^{\mathrm{j}\Omega T}$$

因而 $r = \mathrm{e}^{\sigma T}$，$\omega = \Omega T$，这说明 z 的模 r 只与 s 的实部 σ 相关联，而 z 的相位角 ω 只与 s 的虚部 Ω 相关联。下面来详细讨论：

1. r 与 σ 的关系

$$r = \mathrm{e}^{\sigma T}$$

(1) $\sigma = 0$（即 s 平面的虚轴）对应于 $r = 1$（z 平面上的单位圆）；

(2) $\sigma < 0$（s 的左半平面）对应于 $r < 1$（z 平面上单位圆的内部）；

(3) $\sigma > 0$（s 的右半平面）对应于 $r > 1$（z 平面上单位圆的外部），其映射关系如图 5-1 所示。

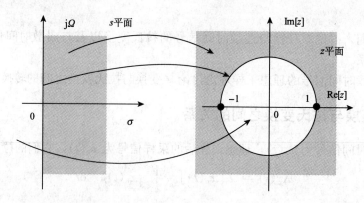

图 5-1　$\sigma > 0$、$\sigma = 0$、$\sigma < 0$ 时分别映射成 $r > 1$、$r = 1$、$r < 1$

2. ω 与 Ω 的关系

$$\omega = \Omega T$$

(1) $\Omega = 0$（s 平面的实轴）对应于 $\omega = 0$（z 平面的正实轴）；

(2) $\Omega = \Omega_0$（常数）（s 平面内平行于实轴的直线）对应于 $\omega = \Omega_0 T$（z 平面内始于原点且辐角为 $\omega = \Omega_0 T$ 的辐射线）；

(3) Ω 由 $-\pi/T$ 增长到 π/T，对应于 ω 由 $-\pi$ 增长到 π，即 s 平面内宽为 $2\pi/T$ 的一个水平条带相当于 z 平面上辐角转了一周，也就是覆盖了整个 z 平面（$\Omega = \pm\pi/T$ 映射到 z 平面 $\omega = \pm\pi$），因此 Ω 每增加一个采样角频率 $\Omega_s = 2\pi/T$，那么 ω 相应的增加一个 2π，也就是说，是 ω 的周期函数，如图 5-2 所示。所以，从 s 平面到 z 平面的映射是多值映射。

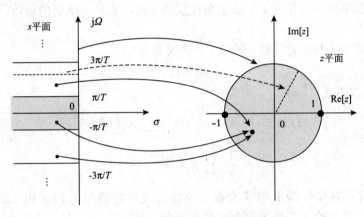

图 5-2　s 平面与 z 平面的多值映射关系

（以 s 平面左半平面为例，右半平面相同）

下面，通过 $s \to z$ 的映射关系为纽带，寻找样本序列 $x(n)$ 的 $\mathscr{Z}$ 变换 $X(z)$ 和连续时间信号 $x_c(t)$ 的拉氏变换 $X_c(s)$ 之间的关系。根据式（4-5）$x_s(t) = \sum\limits_{m=-\infty}^{\infty} x_c(t)\delta(t-mT)$ 的时域采样，其拉氏变换为 $X_c(s)$ 在 s 域沿 $j\Omega$ 轴（即 s 平面内的虚轴）的周期延拓，即

$$X_s(j\Omega) = \frac{1}{T}\sum_{k=-\infty}^{\infty} X_c(j\Omega - jk\Omega_s) \xrightarrow{s=j\Omega} X_s(s) = \frac{1}{T}\sum_{k=-\infty}^{\infty} X_c(s - jk\Omega_s) \quad (5-17)$$

将式（5-17）代入式（5-15）中，可得

$$X(z)\big|_{z=e^{sT}} = \frac{1}{T}\sum_{k=-\infty}^{\infty} X_c(s - jk\Omega_s) = \frac{1}{T}\sum_{k=-\infty}^{\infty} X_c\left(s - j\frac{2\pi}{T}k\right) \quad (5-18)$$

这就是一个样本序列 $x(n)$ 的 $\mathscr{Z}$ 变换 $X(z)$ 与其原始连续时间信号 $x_c(t)$ 的拉氏变换 $X_c(s)$ 之间的关系表达式。

接下来讨论 $\mathscr{Z}$ 变换和傅氏变换的关系。

二、序列的 $\mathscr{Z}$ 变换和傅氏变换之间的关系

从以上的探讨知，傅氏变换是拉氏变换在虚轴的特例，即 $s = j\Omega$，所以在 $z = e^{sT}$ 的变

换下, 将其映射到 z 平面内的单位圆上 $z=\mathrm{e}^{\mathrm{j}\omega}$, 用 $s=\mathrm{j}\Omega$ 和 $z=\mathrm{e}^{\mathrm{j}\Omega T}$ 代入式 (5-15), 便得

$$X(z)\big|_{z=\mathrm{e}^{\mathrm{j}\Omega T}} = X(\mathrm{e}^{\mathrm{j}\Omega T}) = X_{\mathrm{s}}(\mathrm{j}\Omega) \qquad (5-19)$$

由此可见, 样本序列 $x(n)$ 在单位圆上的 $\mathscr{L}$ 变换, 就等于该样本序列 $x(n)$ 的傅氏变换。

同样, 用 $s=\mathrm{j}\Omega$ 及 $z=\mathrm{e}^{\mathrm{j}\Omega T}$ 代入式 (5-18), 可得

$$X(z)\big|_{z=\mathrm{e}^{\mathrm{j}\Omega T}} = X(\mathrm{e}^{\mathrm{j}\Omega T}) = X_{\mathrm{s}}(\mathrm{j}\Omega) = \frac{1}{T}\sum_{k=-\infty}^{\infty} X_{\mathrm{c}}(\mathrm{j}\Omega - \mathrm{j}k\Omega_{\mathrm{s}}) \qquad (5-20)$$

显然, 样本序列 $x(n)$ 的频谱 $X_{\mathrm{s}}(\mathrm{j}\Omega)$ 是原始连续时间信号的频谱 $X_{\mathrm{c}}(\mathrm{j}\Omega)$ 的周期延拓, 周期为 $2\pi/T$, 而在 z 平面内, 其 $\mathscr{L}$ 变换在单位圆上表现为: $\mathrm{e}^{\mathrm{j}\omega}$ 是 ω 的周期函数, 即在单位圆上以周期为 2π 进行循环。

我们常用数字频率 ω 作为 z 平面上单位圆的参数, 表示 z 平面的辐角, 即

$$z = \mathrm{e}^{\mathrm{j}\omega} \qquad (5-21)$$

数字频率 ω 和模拟角频率 Ω (在 s 平面上) 的关系为

$$\omega = \Omega T \qquad (5-22)$$

将式 (5-22) 代入式 (5-20), 可得

$$
\begin{aligned}
X(z)\big|_{z=\mathrm{e}^{\mathrm{j}\omega}} = X(\mathrm{e}^{\mathrm{j}\omega}) &= \frac{1}{T}\sum_{k=-\infty}^{\infty} X_{\mathrm{c}}\left(\mathrm{j}\Omega - \mathrm{j}\frac{2\pi k}{T}\right) \\
&= \frac{1}{T}\sum_{k=-\infty}^{\infty} X_{\mathrm{c}}\left(\mathrm{j}\frac{\omega - 2\pi k}{T}\right)
\end{aligned}
\qquad (5-23)
$$

说明样本序列在单位圆上的 $\mathscr{L}$ 变换与原始连续时间信号的频谱相互有联系, 所以, 也称序列在单位圆上的 $\mathscr{L}$ 变换为序列的傅氏变换。这实际上从另一个方面给出了序列的傅氏变换, 即序列的傅氏变换就是该序列在单位圆上的 $\mathscr{L}$ 变换。因此, 序列的傅氏变换所具有的性质完全可以由 $\mathscr{L}$ 变换的性质推出 (见表 5-2)。

第四节　系统的变换域分析

如果一个系统是线性移不变系统, 而且它的单位冲激响应为 $h(n)$, 那么该系统在时域内的输入-输出关系可以表示为输入 $x(n)$ 和 $h(n)$ 卷积的形式, 即

$$y(n) = x(n) * h(n) \qquad (5-24)$$

对该式两边取 $\mathscr{L}$ 变换, 得

$$Y(z) = H(z)X(z)$$

那么

$$H(z) = Y(z)/X(z)$$

在描述、分析 LTI 系统时, 函数 $H(z)$ 是非常有用的。

一、系统函数与频率响应

我们把上述 $H(z)$ 称为线性移不变系统的**系统函数**, 它是单位冲激响应 $h(n)$ 的 $\mathscr{L}$ 变

换形式，即

$$H(z) = \mathscr{Z}[h(n)] = \sum_{n=-\infty}^{\infty} h(n)z^{-n} \tag{5-25}$$

如果我们取 $z = e^{j\omega}$，即进行序列的傅氏变换，那么就可以得到

$$H(e^{j\omega}) = Y(e^{j\omega})/X(e^{j\omega}) \tag{5-26}$$

把 $H(e^{j\omega})$ 称为线性移不变系统的**频率响应**，即系统函数 $H(z)$ 在单位圆上 $z = e^{j\omega}$ 的表示就是系统的频率响应 $H(e^{j\omega})$。如果把式（5-26）中 $H(e^{j\omega})$ 表示成

$$H(e^{j\omega}) = |H(e^{j\omega})| \cdot e^{j\arg[H]}$$

称 $|H(e^{j\omega})|$ 为系统的**幅度响应**或**幅频响应**或增益，而 $\arg[H(e^{j\omega})]$ 为系统的**相位响应**或**相频响应**或相移。显然，如果已知 $|H(e^{j\omega})|$ 和 $\arg[H(e^{j\omega})]$ 这两个参数，那么系统的频率响应 $H(e^{j\omega})$ 便可确定。

对于一个线性移不变系统来说，可以用常系数线性差分方程描述：

$$\sum_{k=0}^{N} a_k y(n-k) = \sum_{m=0}^{M} b_m x(n-m)$$

如果系统的起始状态为零，那么对上式两边取 $\mathscr{Z}$ 变换，并利用 $\mathscr{Z}$ 变换的移位性，得

$$Y(z) = H(z)X(z) \Rightarrow H(z) = \frac{Y(z)}{X(z)} = \frac{\sum_{m=0}^{M} b_m z^{-m}}{\sum_{k=0}^{N} a_k z^{-k}} \tag{5-27}$$

显然，系统函数是变量 z 的有理函数，且有理式分子和分母多项式的系数就是差分方程的系数。可以针对式（5-27）的分子分母中两个 z^{-1} 的多项式分别进行因式分解，得

$$H(z) = \frac{\sum_{m=0}^{M} b_m z^{-m}}{\sum_{k=0}^{N} a_k z^{-k}} = \frac{b_0}{a_0} \cdot \frac{\prod_{m=1}^{M}(1 - c_m z^{-1})}{\prod_{k=1}^{N}(1 - d_k z^{-1})} \tag{5-28}$$

式中：$z = c_m$ 是 $H(z)$ 的零点；$z = d_k$ 是 $H(z)$ 的极点。它们都由差分方程式（5-28）的系数 a_k 和 b_m 决定，而系统函数 $H(z)$ 本身可以由它的零极点的位置及比例常数 (b_0/a_0) 来确定。

注意到分子的每一项

$$1 - c_m z^{-1} = (z - c_m)/z$$

为系统函数 $H(z)$ 提供一个 $z = c_m$ 零点和 $z = 0$ 的极点。同样，分母的每一项为系统函数 $H(z)$ 提供一个 $z = d_k$ 极点和一个 $z = 0$ 的零点。所以，系统函数 $H(z)$ 包括可能存在于 $z = 0$ 和 $z = \infty$ 的零极点。

如果单位冲激响应 $h(n)$ 为实数，那么 $H(z)$ 是共轭对称函数，这是因为：$h(n) = h^*(n)$，所以有

$$H(z) = H^*(z^*)$$

而且极点、零极点都是以共轭对称对的形式出现〔即，如果在 $z = z_0$ 处有一个极（零）点，那么在 $z = z_0^*$ 处也有一个极点（零）点〕。

【例5-2】 假设有一线性时不变系统的系统函数为

$$H(z) = \frac{(1+z^{-1})^2}{\left(1-\dfrac{1}{2}z^{-1}\right)\left(1+\dfrac{3}{4}z^{-1}\right)}$$

求出满足该系统输入-输出的差分方程。

解：为求满足所给系统函数的输入-输出的差分方程，现将其分子和分母的各因式展开，得

$$H(z) = \frac{1+2z^{-1}+z^{-2}}{1+\dfrac{1}{4}z^{-1}-\dfrac{3}{8}z^{-2}}$$

于是

$$\left(1+\frac{1}{4}z^{-1}-\frac{3}{8}z^{-2}\right)Y(z) = (1+2z^{-1}+z^{-2})X(z)$$

其差分方程为

$$y(n) + \frac{1}{4}y(n-1) - \frac{3}{8}y(n-2) = x(n) + 2x(n-1) + x(n-2)$$

由于没有给定 $H(z)$ 的收敛域，$H(z)$ 可以代表不同的系统，所以得到的差分方程也就代表了不同的系统。

二、理想频率选择性滤波器

在第四章中，我们已提及理想低通滤波器。由式（5-26），可得

$$Y(e^{j\omega}) = X(e^{j\omega}) \cdot H(e^{j\omega}) \tag{5-29}$$

可见，如果 $|H(e^{j\omega})|$ 在某些频率上很小，那么，当输入系统的信号具有这些频率成分时，信号通过系统在输出时将受到抑制，这就起到了滤掉某些频率成分的作用。例如理想低通滤波器可表示为

$$H_{lp}(e^{j\omega}) = \begin{cases} 1, & |\omega| < \omega_c \\ 0, & \omega_c < |\omega| \leqslant \pi \end{cases} \tag{5-30}$$

显然，$H_{lp}(e^{j\omega})$ 是周期函数（注：下标 lp 为 low pass），且周期为 2π，ω_c 为截止频率[注意，这里是 $H_{lp}(e^{j\omega})$，而不是 $|H_{lp}(e^{j\omega})|$]。理想低通滤波器允许信号小于 ω_c 的低频成分通过，而阻止信号的高频成分（$|\omega| > \omega_c$）通过，即选择了低频分量。相应的单位冲激响应为

$$h_{lp}(n) = \frac{\sin(\omega_c n)}{\pi n}, \quad -\infty < n < \infty$$

那么相对应地，理想高通滤波器可定义为离散时间线性移不变系统具有如下的频率特性：

$$H_{hp}(e^{j\omega}) = \begin{cases} 0, & |\omega| < \omega_c \\ 1, & \omega_c < |\omega| \leqslant \pi \end{cases} \tag{5-31}$$

由于 $H_{hp}(e^{j\omega}) = 1 - H_{lp}(e^{j\omega})$（注：下标 hp 为 high pass），所以它的单位冲激响应为

$$h_{hp}(n) = \delta(n) - h_{lp}(n) = \delta(n) - \frac{\sin(\omega_c n)}{\pi n}, \quad -\infty < n < \infty$$

理想高通滤波器在频率 $\omega_c < |\omega| \leqslant \pi$ 时，允许信号无失真地通过，但对小于 ω_c 的频率不予通过。

类似地，其他理想频率选择性滤波器也可根据实际要求仿照上述进行设计。

三、系统的稳定性和因果性

1. 系统的稳定性

在第二章中已经讨论过，一个线性移不变系统稳定性的充要条件是 $h(n)$ 必须满足绝对可和条件，即

$$\sum_{n=-\infty}^{\infty} |h(n)| = P < \infty$$

注意到，当 $|z| = 1$ 时，这个条件等价于

$$\sum_{n=-\infty}^{\infty} |h(n)z^{-n}| = P < \infty$$

而 $h(n)$ 的 $\mathscr{Z}$ 变换的收敛域是由满足 $\sum\limits_{n=-\infty}^{\infty} |h(n)z^{-n}| < \infty$ 的那些 z 值所确定。所以，如果一个系统稳定，它的系统函数的收敛域一定要包括单位圆（$|z| = 1$），反过来也对。也就是说要求 $H(e^{j\omega})$ 必须存在而且连续。

2. 系统的因果性

因果系统的单位冲激响应是因果序列，即 $n < 0$ 时，$h(n) = 0$。所以因果系统 $H(z)$ 的收敛域为 $R_{x-} < |z| \leqslant \infty$，即以半径为 R_{x-} 的圆的外部，且必须包括 $z = \infty$ 在内，即满足 $R_{x-} < |z| \leqslant \infty$。

3. 可实现系统

是指一个系统既是稳定的又是因果的系统。由系统的稳定性和因果性可以得出，一个稳定的、因果的系统，其系统函数 $H(z)$ 必须在从单位圆到 ∞ 的整个 z 平面内收敛（且包括单位圆和 ∞），即

$$1 \leqslant |z| \leqslant \infty \tag{5-32}$$

也就是说系统函数的全部极点必须在 z 平面的单位圆内。

要求一个线性移不变系统是稳定的、因果的系统，还有其他一些约束条件，例如佩利-维纳准则。

佩利—维纳准则：如果 $h(n)$ 能量有限，且 $n < 0$ 时，$h(n) = 0$，那么

$$\int_{-\pi}^{\pi} |\ln|H(e^{j\omega})|| d\omega = P < \infty$$

这个准则的要点之一：一个稳定、因果的系统，其频率响应在任意有限频带上不为零。所以，任何稳定的理想频率选择性滤波器都是非因果的，因为 $H(e^{j\omega})$ 在某些频段上为零值，如截止频率为 ω_c 的低通滤波器 $H_{lp}(e^{j\omega})$，当 $|\omega| > \omega_c$ 时，$H_{lp}(e^{j\omega}) = 0$，不能满足佩利—维纳准则的要求，所以它是非因果的。佩利—维纳准则是系统在物理上可实现的必要条件。

【例 5-3】 假设输入-输出通过下述差分方程表示的系统

$$y(n) - \frac{5}{2}y(n-1) + y(n-2) = x(n)$$

确定该系统的可能收敛域 ROC。

解：首先对该差分方程的两边取 $\mathscr{L}$ 变换，得

$$H(z) = \frac{1}{1 - \frac{5}{2}z^{-1} + z^{-2}} = \frac{1}{\left(1 - \frac{1}{2}z^{-1}\right)(1 - 2z^{-1})}$$

$H(z)$ 的零、极点见图 5-3。有三种可能的 ROC 可供选择：①如果该系统是因果系统，那么 ROC 就在距坐标原点最远的极点的外面，即 $|z| > 2$。这时该系统不是稳定的，因为 ROC 没有包括单位圆。②ROC 为 $|z| < 1/2$ 时，该系统既不是稳定的也不是因果的。③如果要求该系统是稳定的，那么 ROC 必须为 $1/2 < |z| < 2$。

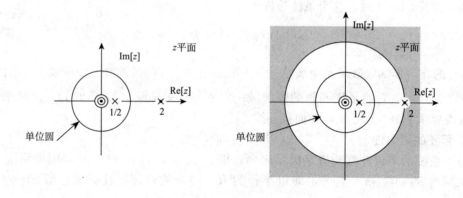

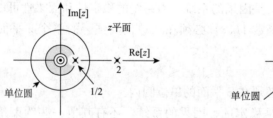 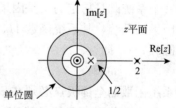

图 5-3 例 5-3 的零极点图

四、可逆系统

对于系统函数 $H(z)$ 为 LTI 系统，它的可逆系统函数为 $G(z)$，且有

$$H(z)G(z) = 1$$

换句话说，$H(z)$ 和 $G(z)$ 的级联产生一个恒系统，而且系统函数为常数 1。根据 $H(z)$，可逆系统可以简单地表示为

$$G(z) = \frac{1}{H(z)}$$

例如上述式（5-28）的 $H(z)$ 为

$$H(z) = \frac{b_0}{a_0} \cdot \frac{\prod\limits_{m=1}^{M}(1-c_m z^{-1})}{\prod\limits_{k=1}^{N}(1-d_k z^{-1})}$$

它的可逆系统为

$$G(z) = \frac{1}{H(z)} = \frac{a_0}{b_0} \cdot \frac{\prod\limits_{k=1}^{N}(1-d_k z^{-1})}{\prod\limits_{m=1}^{M}(1-c_m z^{-1})}$$

因而，$H(z)$ 的极点变成 $G(z)$ 的零点，$H(z)$ 的零点变成 $G(z)$ 的极点。可逆系统的收敛域为 $H(z)$ 和 $G(z)$ 收敛域的重叠部分。

五、有理函数系统的单位冲激响应

具有有理系统函数的 LTI 系统可写成式（5-28）的因式分解，即

$$H(z) = \frac{b_0}{a_0} \cdot \frac{\prod\limits_{m=1}^{M}(1-c_m z^{-1})}{\prod\limits_{k=1}^{N}(1-d_k z^{-1})}$$

假设它只有一阶极点，且对所有的 k 和 m 有 $d_k \neq c_m$，那么，当 $N > M$ 时，$H(z)$ 可用部分分式展开成（参考第三章的有关内容）

$$H(z) = \sum_{k=1}^{N} \frac{A_k}{1-d_k z^{-1}}$$

如果该系统还是因果的，那么其单位冲激响应变为

$$h(n) = \sum_{k=1}^{N} A_k d_k^n u(n)$$

当 $N \leqslant M$ 时，则用部分分式展开为

$$H(z) = \sum_{k=0}^{M-N} B_k z^{-k} + \sum_{k=1}^{N} \frac{A_k}{1-d_k z^{-1}}$$

如果系统是因果的，那么单位冲激响应则变为

$$h(n) = \sum_{k=0}^{M-N} B_k \delta(n-k) + \sum_{k=1}^{N} A_k d_k^n u(n)$$

如果 $N=0$，那么全部 $a_k=0(k=1, 2, \cdots, N)$，因此 $H(z)$ 只有零点，由式（5-28）得

$$H(z) = \sum_{m=0}^{M} B_m z^{-m}$$

并且 $h(n)$ 是有限长的序列，为

$$h(n) = \sum_{m=0}^{M} B_m \delta(n-m) \quad 或 \quad h(n) = B_n \quad (0 \leqslant n \leqslant M)$$

这样的系统称为**有限长单位冲激响应系统**（Finite Impulse Response，FIR）（或滤波器）。$H(z)$ 在 z 平面 $0 < |z| < \infty$ 内收敛，也就是说，$H(z)$ 在有限 z 平面上不能有极点。

在式（5-28）的分母中，如果 $N > 0$，说明 a_k 至少有一个不等于零（$k=1, 2, \cdots, N$），那么在有限 z 平面上就会出现极点，这时对其进行逆变换，得到的 $h(n)$ 是无限长的，这样的系统称为**无限长单位冲激响应系统**（Infinite Impulse Response，IIR）（或滤波器）。

一般把式（5-28）中的 a_0 可归一化为 $a_0 = 1$（即用 a_0 除分子、分母的每一项即可），因而可表示成

$$H(z) = \frac{\displaystyle\sum_{m=0}^{M} b_m z^{-m}}{1 + \displaystyle\sum_{k=1}^{N} a_k z^{-k}} \quad 或 \quad H(z) = \frac{\displaystyle\sum_{m=0}^{M} b_m z^{-m}}{1 - \displaystyle\sum_{k=1}^{N} a_k z^{-k}} \quad\quad (5-33)$$

那么，该系统的差分方程表达式变为

$$y(n) = \sum_{m=0}^{M} b_m x(n-m) + \sum_{k=1}^{N} a_k y(n-k)$$

可以看出，当 $a_k \neq 0$ 时，需要将 $y(n)$ 进行延迟为 $y(n-k)$，在结构上，实际上被反馈回来（详见第八章有关内容），用 a_k 加权后和 $b_m x(n-m)$ 相加，因而有反馈环路，这种结构称为"递归型"结构。IIR 系统输出不仅与各 $x(n-m)$ 有关，而且也和 $y(n-k)$ 有关。

如果全部 $a_k = 0 (k=1, 2, \cdots, N)$，那么没有反馈结构，称之为"非递归"结构，属于 FIR 系统。FIR 系统的输出只和各输入 $x(n-m)$ 有关，与 $y(n-k)$ 无关。

IIR 系统只能采用递归型结构，FIR 系统多采用非递归结构，但用零点、极点互相抵消的办法，那么也可采用含有递归结构的电路。

由于 IIR 系统和 FIR 系统的特性和设计方法各不相同，因而成为数字滤波器的两大分支，以后我们将分别加以讨论。

六、有理函数系统的频率响应

根据式（5-27），对于任意输入，离散时间线性移不变系统的响应为

$$Y(e^{j\omega}) = X(e^{j\omega}) H(e^{j\omega}) \quad\quad (5-34)$$

其中 $H(e^{j\omega})$ 由式（5-26）确定。可见，对于线性移不变系统，其输出序列的傅氏变换等于输入序列的傅氏变换与系统频率响应的乘积。因此，可以求得输出序列为

$$y(n) = \frac{1}{2\pi j} \oint_{C^+} Y(z) z^{n-1} dz = \frac{1}{2\pi j} \oint_{C^+} H(z) X(z) z^{n-1} dz$$

$$= \frac{1}{2\pi j} \oint_{C^+} H(e^{j\omega}) X(e^{j\omega}) (e^{j\omega})^{n-1} de^{j\omega}$$

$$= \frac{1}{2\pi} \int_{-\pi}^{\pi} H(e^{j\omega}) X(e^{j\omega}) e^{j\omega n} d\omega$$

$$= \int_{-\pi}^{\pi} H(e^{j\omega}) \left[\frac{1}{2\pi} X(e^{j\omega}) e^{j\omega n} \right] d\omega \qquad (5-35)$$

由于 $x(n) = \frac{1}{2\pi} \int_{-\pi}^{\pi} X(e^{j\omega}) e^{j\omega n} d\omega = \int_{-\pi}^{\pi} \left[\frac{1}{2\pi} X(e^{j\omega}) e^{j\omega n} \right] d\omega$，可以看出，输入序列

$x(n)$ 能表示成复指数的叠加，即微分增量 $\frac{1}{2\pi} X(e^{j\omega}) e^{j\omega n} d\omega$ 的叠加。所以，系统的输出

响应可表示成每个这样输入的复指数 $\frac{1}{2\pi} X(e^{j\omega}) e^{j\omega n} d\omega$ 和 $H(e^{j\omega})$ 乘积，即为

$$\frac{1}{2\pi} H(e^{j\omega}) X(e^{j\omega}) e^{j\omega n} d\omega = H(e^{j\omega}) \left[\frac{1}{2\pi} X(e^{j\omega}) e^{j\omega n} d\omega \right]$$

那么，总的输出等于系统对 $x(n)$ 的每个复指数分量响应的叠加，即式（5-35）的积分表达式。

上述是对系统频率响应的意义解释，下面让我们来讨论系统频率响应的几何分析法。

对 z 的有理函数，它的频率响应可以由 $H(z)$ 在 z 平面上零点、极点的分布，通过几何方法直接找到。由式（5-28）知，$H(z)$ 为

$$H(z) = \frac{b_0}{a_0} \cdot \frac{\prod_{m=1}^{M} (1 - c_m z^{-1})}{\prod_{k=1}^{N} (1 - d_k z^{-1})} \qquad (5-36)$$

用 $z = e^{j\omega}$ 代入，得到系统的频率响应为

$$H(e^{j\omega}) = \frac{b_0}{a_0} \cdot \frac{\prod_{m=1}^{M} (1 - c_m e^{-j\omega})}{\prod_{k=1}^{N} (1 - d_k e^{-j\omega})}$$

$$= e^{j(N-M)\omega} \cdot \frac{b_0}{a_0} \cdot \frac{\prod_{m=1}^{M} (e^{j\omega} - c_m)}{\prod_{k=1}^{N} (e^{j\omega} - d_k)}$$

$$= |H(e^{j\omega})| \cdot e^{j\arg[H(e^{j\omega})]} \qquad (5-37)$$

该模值等于

$$|H(e^{j\omega})| = \left| \frac{b_0}{a_0} \right| \frac{\prod_{m=1}^{M} |e^{j\omega} - c_m|}{\prod_{k=1}^{N} |e^{j\omega} - d_k|} \qquad (5-38)$$

其相角为

$$\arg[H(e^{j\omega})] = (N-M)\omega + \arg\left[\frac{b_0}{a_0} \right] +$$

$$\sum_{m=1}^{M} \arg[e^{j\omega} - c_m] - \sum_{k=1}^{N} \arg[e^{j\omega} - d_k] \qquad (5-39)$$

在 z 平面上，可以把由原点指向 c_m、d_k 点的复变量 c_m、d_k 表示成相应的矢量 $\boldsymbol{c}_m$($m=1, 2, \cdots, M$) 和 $\boldsymbol{d}_k$($k=1, 2, \cdots, N$)（图 5-4），而对于单位圆上任意一点 $e^{j\omega}$ 来说，($e^{j\omega}-c_m$) 用由零点 c_m 指向 $e^{j\omega}$ 的矢量 $\boldsymbol{C}_m$ 表示，即

$$e^{j\omega}-c_m=\boldsymbol{C}_m$$

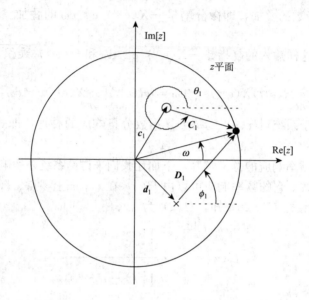

图 5-4　根据系统的零极点用几何方法确定频率响应

同样，($e^{j\omega}-d_k$) 用极点 d_k 指向 $e^{j\omega}$ 点的矢量 $\boldsymbol{D}_k$ 来表示：

$$e^{j\omega}-d_k=\boldsymbol{D}_k$$

并且设 $\boldsymbol{C}_m$ 矢量为 $\boldsymbol{C}_m=\rho_m e^{j\theta_m}$（$\rho_m$ 为模，θ_m 为相角），$\boldsymbol{D}_k$ 矢量为 $\boldsymbol{D}_k=l_k e^{j\phi_k}$（$l_k$ 为模，ϕ_k 为相角），那么，从式（5-38）得到频率响应的模为

$$|H(e^{j\omega})|=\left|\frac{b_0}{a_0}\right|\cdot\frac{\prod\limits_{m=1}^{M}\rho_m}{\prod\limits_{k=1}^{N}l_k} \tag{5-40}$$

可见，频率响应 $H(e^{j\omega})$ 的幅度等于所有零点到 $e^{j\omega}$ 点矢量长度的乘积，除以所有极点到 $e^{j\omega}$ 点矢量长度的乘积，再乘以常数 $|b_0/a_0|$。而相应的频率响应的相角由式（5-39）来确定，即

$$\arg[H(e^{j\omega})]=(N-M)\omega+\arg[K]+\sum_{m=1}^{M}\theta_m-\sum_{k=1}^{N}\phi_k \tag{5-41}$$

即频率响应的相角等于所有零点到 $e^{j\omega}$ 点矢量的相角的总和减去所有极点到 $e^{j\omega}$ 点矢量相角的总和，并加上常数 b_0/a_0 的相角 $\arg[b_0/a_0]$，然后再加上线性相移分量 $\omega(N-M)$。这部分线性相移分量表明：在离散时域上，引入了 ($N-M$) 位的移位，即 $z^{(N-M)}$。说明，位于原点（$z=0$）处的极点或零点到单位圆的距离恒为 1，因此，对 $H(e^{j\omega})$ 的幅度响应不起作用。

由式（5-40）和式（5-41）便可确定系统的频率响应。

又根据式（5-40），在单位圆附近的零点，将对幅度响应的"凹谷"有明显的影响，零点越接近单位圆，由零点 c_m 指向 $e^{j\omega}$ 的矢量 $\boldsymbol{C}_m$ 的模值 ρ_m 趋于零，所以这种影响就越大，即"凹谷"就下陷得越深；当零点在单位圆上时，那么"凹谷"的谷点为零，即为传输零点。如果没有特别要求，那么零点既可在单位圆内，也可在单位圆外。

同样根据式（5-40），在单位圆内且靠近单位圆附近的极点，将对幅度响应的"凸峰"有明显的影响，极点越接近单位圆，由极点 d_k 指向 $e^{j\omega}$ 点的矢量 $\boldsymbol{D}_k$ 的模值 l_k 趋于零，所以这种影响就越大，即"凸峰"变得越陡，当极点在单位圆上时，就变得不稳定了。利用这种直观的几何方法，适当地控制极点、零点的分布，就能改变数字滤波器的频率特性，达到实际要求。图 5-4 表示了根据系统的零、极点用几何方法确定滤波器的频率响应。

七、相位失真和延迟

首先考虑理想延迟系统，用于说明一个线性系统相位的影响，其单位冲激响应为

$$h(n) = \delta(n - n_d), \quad -\infty < n < \infty$$

相应的频率响应为

$$H(e^{j\omega}) = e^{-j\omega n_d}$$

或者

$$|H(e^{j\omega})| = 1$$

$$\arg[H(e^{j\omega})] = -\omega n_d, \quad |\omega| < \pi$$

频率响应是周期的，周期为 2π，并假定 n_d 是整数。

在很多实际应用中，延迟失真被认为是相位失真的一种非常轻微的形式，因为它的影响只是在序列时间上的移位。而这种时间上的移位往往是无关紧要的。所以，在设计近似理想滤波器或其他线性移不变系统时，通常愿意接受线性相位响应不是零相位响应作为一种理想模型。例如，一个具有线性相位的理想低通滤波器定义为

$$H_{lp}(e^{j\omega}) = \begin{cases} e^{-j\omega n_d}, & |\omega| < \omega_c \\ 0, & \omega_c < |\omega| \leqslant \pi \end{cases}$$

它的单位冲激响应是

$$h_{lp(n)} = \frac{\sin\omega_c(n - n_d)}{\pi(n - n_d)}, \quad -\infty < n < \infty$$

类似地，可以定义出具有线性相位的其他理想选择性滤波器。这些滤波器除了有滤波效果外，还附加有使输出延迟的效果。但是不管有多大，理想低通滤波器总是非因果的。

用"群延时"来描述相位特性，这是对相位线性程度的一种方便的度量。"群延时"概念的提出是与系统的相位对窄带信号产生的效果有关。假设有一个频率响应为 $H(e^{j\omega})$ 的系统，让我们研究它对输入信号为 $x(n) = s(n)\cos(\omega_0 n)$ 时系统的输出［注：$s(n)$ 为 $\cos(\omega_0 n)$ 的包络］，设窄带信号 $x(n)$ 的频谱 $X(e^{j\omega})$ 仅在 $\omega = \omega_0$ 处的幅度为非零值，那么系统在 $\omega = \omega_0$ 附近产生的相位效果可以近似地用线性逼近式表示：

$$\arg[H(e^{j\omega})] \approx -\phi_0 - \omega n_d \tag{5-42}$$

其中 ϕ_0 可看作是系统的初始相位，而 n_d 同上。可以证明系统对信号 $x(n)$ 的响应 $y(n)$ 近似为

$$y(n) = |H(e^{j\omega})| \cdot s(n-n_d)\cos(\omega_0 n - \phi_0 - \omega n_d)$$

表明：一个频谱 $X(e^{j\omega})$ 集中在 ω_0 附近的窄带信号 $x(n)$，通过系统 $H(e^{j\omega})$ 后，$x(n)$ 的包络信号 $s(n)$ 的延迟可以由 $H(e^{j\omega})$ 在 $\omega = \omega_0$ 处相位特性斜率的负值确定 [假定 $\arg[H(e^{j\omega})]$ 是 ω 的连续函数，直接由式（5-42）对 ω 求导，得 $-n_d$]。

因此，一个系统的**群延时**可以定义为系统的相位对角频率的导数负值，即

$$\tau_h(\omega) = -\frac{d}{d\omega}\arg[H(e^{j\omega})]$$

它实质上是对系统平均延迟的一种度量，与相频比较，其优点是：便于实际工程测量。

八、线性相位系统

如果一个线性移不变系统的频率响应有如下的形式：

$$H(e^{j\omega}) = |H(e^{j\omega})|e^{-j\alpha\omega}$$

则说明它是具有线性相位的 [如上面"相位失真和延迟"中具有线性相位的理想低通滤波器 $H_{lp}(e^{j\omega})$]。这里 α 是实数。因而，线性相位系统有一个恒定的群延时，即

$$\tau_h(\omega) = \alpha$$

在一些实际问题中，设计系统时感兴趣的是所谓的广义线性相位系统。如果一个系统的频率响应有如下形式：

$$H(e^{j\omega}) = H(\omega)e^{-j(\alpha\omega-\beta)}$$

则称这个系统具有**广义线性相位**。这里 $H(\omega)$ 是 ω 的实函数（但可能为正也可能为负），β 是一个常数。通常，术语"线性"用来表示一个线性系统或一个广义线性相位系统。

（一）线性相位条件

具有有理函数的因果系统，要使它具有线性相位，其单位冲激响应必须为有限长。所以，IIR 滤波器不可能具有线性或广义线性相位。一个 FIR 滤波器，具有长度为 N 的实值单位冲激响应 $h(n)$，它有广义线性相位的充分条件是：它的单位冲激响应 $h(n)$ 具有对称性，即

偶对称

$$h(n) = h(N-1-n), \quad 0 \leqslant n \leqslant N-1 \tag{5-43}$$

奇对称

$$h(n) = -h(N-1-n), \quad 0 \leqslant n \leqslant N-1 \tag{5-44}$$

其对称中心在 $n=(N-1)/2$ 处，那么滤波器就具有准确的线性相位，这时 $\beta=0$ 或者 $\beta=\pi$，见示意图 5-5。

当 $h(n)$ 是偶对称时，$h(n)=h(N-1-n)$，$0\leqslant n\leqslant N-1$，那么

$$H(z) = \sum_{n=0}^{N-1}h(n)z^{-n} = \sum_{n=0}^{N-1}h(N-1-n)z^{-n} \xrightarrow{m=N-1-n} \sum_{m=0}^{N-1}h(m)z^{-(N-1-m)}$$

$$H(z) = z^{-(N-1)} \sum_{m=0}^{N-1} h(m) z^m \tag{5-45}$$

$$= z^{-(N-1)} H(z^{-1})$$

可以表示成

$$H(z) = \frac{1}{2} \left[H(z) + z^{-(N-1)} H(z^{-1}) \right] = \frac{1}{2} \left\{ \sum_{n=0}^{N-1} h(n) \left[z^{-n} + z^{-(N-1)} z^n \right] \right\}$$

$$= z^{-\frac{N-1}{2}} \cdot \sum_{n=0}^{N-1} h(n) \cdot \frac{z^{-n} \cdot z^{\frac{N-1}{2}} + z^{-\frac{N-1}{2}} \cdot z^n}{2}$$

$$= z^{-\frac{N-1}{2}} \cdot \sum_{n=0}^{N-1} h(n) \cdot \frac{z^{-\left(n-\frac{N-1}{2}\right)} + z^{\left(n-\frac{N-1}{2}\right)}}{2}$$

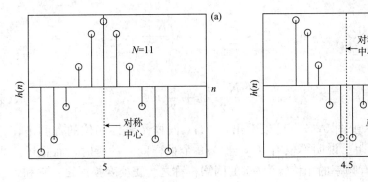
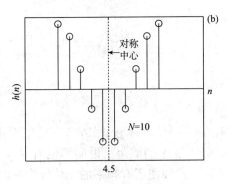
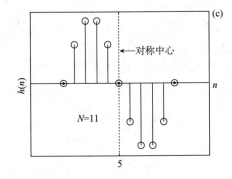
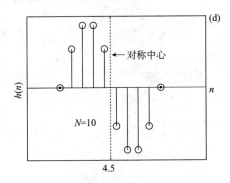

图 5-5　$h(n)$ 偶对称图和 $h(n)$ 奇对称图

因此

$$H(e^{j\omega}) = H(z) \big|_{z=e^{j\omega}} = e^{-j\frac{N-1}{2}\omega} \cdot \sum_{n=0}^{N-1} h(n) \cdot \frac{e^{-j\left(n-\frac{N-1}{2}\right)\omega} + e^{j\left(n-\frac{N-1}{2}\right)\omega}}{2}$$

$$H(e^{j\omega}) = e^{-j\frac{N-1}{2}\omega} \cdot \sum_{n=0}^{N-1} h(n) \cos\left(n - \frac{N-1}{2}\right)\omega$$

$$= e^{-j\frac{N-1}{2}\omega} \cdot \sum_{n=0}^{N-1} h(n) \cos\left(\frac{N-1}{2} - n\right)\omega \tag{5-46}$$

$$\phi(\omega) = -\frac{N-1}{2}\omega \qquad (5-47)$$

相位函数 $\phi(\omega)$ 是严格的线性相位，如图 5-6 所示，说明滤波器有 $(N-1)/2$ 个抽样的延时，它等于单位冲激响应 $h(n)$ 长度的一半。所以，当 $h(n)$ 是偶对称的情况下，FIR 滤波器是准确的线性相位的滤波器。

同样，当 $h(n)$ 为奇对称时，$h(n)=-h(N-1-n)$，$0 \leqslant n \leqslant N-1$，得

$$H(z) = -z^{-(N-1)}H(z^{-1}) \qquad (5-48)$$

因此，它可以表示成

$$H(z) = z^{-\frac{N-1}{2}} \cdot \sum_{n=0}^{N-1} h(n) \cdot \frac{z^{-\left(n-\frac{N-1}{2}\right)} - z^{\left(n-\frac{N-1}{2}\right)}}{2}$$

所以

$$H(e^{j\omega}) = e^{j\left(\frac{\pi}{2}-\frac{N-1}{2}\omega\right)} \cdot \sum_{n=0}^{N-1} h(n)\sin\left(\frac{N-1}{2}-n\right)\omega \qquad (5-49)$$

相位函数为

$$\phi(\omega) = -\frac{N-1}{2}\omega + \frac{\pi}{2} \qquad (5-50)$$

这个相位函数 $\phi(\omega)$ 示于图 5-7，可以看出，$\phi(\omega)$ 同样是线性相位的，但是在零频率（$\omega=0$）处有 $\pi/2$ 的截距。说明不仅有 $(N-1)/2$ 个抽样间隔的延时，而且还产生一个 $90°$ 的相移。这种使所有频率的相移皆为 $90°$ 的网络，称之为**正交变换网络**。它和理想低通滤波器一样，有着重要的理论和实际意义。

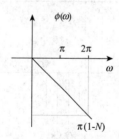

图 5-6 $h(n)$ 偶对称时的
线性相位特性图

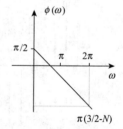

图 5-7 $h(n)$ 奇对称时的
$90°$ 相移线性相位特性

因此，$h(n)$ 为奇对称时，FIR 滤波器也将是一个具有准确的线性相位的理想正交变换网络。

综上所述，可以得到下面四种线性滤波器。

由于 $h(n)$ 的长度可分为 N 为偶数和奇数两种情况，因而 $h(n)$ 可以有四种类型，对应于四种线性相位 FIR 数字滤波器。

Ⅰ型线性相位滤波器

一个Ⅰ型线性滤波器有一偶对称的单位冲激响应，即 $h(n)=h(N-1-n)$，$0 \leqslant n \leqslant N-1$，$N$ 为奇数。由式（5-46）看出，不仅 $h(n)$ 对于 $(N-1)/2$ 呈偶对称，满足

$h(n) = h(N-1-n)$，而且 $\cos\left(\dfrac{N-1}{2} - n\right)\omega$ 也对于 $(N-1)/2$ 呈偶对称，满足

$$\cos\left(\frac{N-1}{2} - n\right)\omega = \cos\left(n - \frac{N-1}{2}\right)\omega$$

$$= \cos\left(\frac{N-1}{2} - \frac{N-1}{2} + n - \frac{n-1}{2}\right)\omega$$

$$= \cos\left[\frac{N-1}{2} - (N-1-n)\right]\omega$$

因而，整个 $\sum$ 内各项之间满足第 n 项与第 $(N-1-n)$ 项是相等的条件。因此，可以把两两相等的项合并，即 $n=0$ 与 $n=N-1$ 项合并、$n=1$ 与 $n=N-2$ 项合并等，由于 N 是奇数，故余下中间一项 $[n=(N-1)/2]$，组合后共有 $(N-1)/2$ 项，所以系统函数可表示成

$$H(e^{j\omega}) = e^{-j\frac{N-1}{2}\omega} \cdot \left[h\left(\frac{N-1}{2}\right)\cos\left(\frac{N-1}{2} - \frac{N-1}{2}\right)\omega + \sum_{n=0}^{(N-3)/2} 2h(n)\cos\left(\frac{N-1}{2} - n\right)\omega \right]$$

$$\xrightarrow{m = \frac{N-1}{2} - n} e^{-j\frac{N-1}{2}\omega} \cdot \left[h\left(\frac{N-1}{2}\right) + \sum_{m=1}^{(N-1)/2} 2h\left(\frac{N-1}{2} - m\right)\cos(m\omega) \right]$$

亦可表示成

$$H(e^{j\omega}) = e^{-j\frac{N-1}{2}\omega} \cdot \sum_{n=0}^{(N-1)/2} a(n)\cos(n\omega) \qquad (5-51)$$

其中：

$$\left.\begin{array}{l} a(0) = h\left(\dfrac{N-1}{2}\right) \\[2mm] a(n) = 2h\left(\dfrac{N-1}{2} - n\right), \quad n = 1, 2, \cdots, \dfrac{N-1}{2} \end{array}\right\} \qquad (5-52)$$

Ⅱ型线性相位滤波器

一个Ⅱ型线性滤波器有一偶对称的单位冲激响应，即 $h(n) = h(N-1-n)$，$0 \leqslant n \leqslant N-1$，$N$ 为偶数。与 $h(n)$ 为偶对称、N 为奇数情况的讨论一样，得到

$$H(e^{j\omega}) = e^{-j\frac{N-1}{2}\omega} \cdot \sum_{n=1}^{N/2} b(n)\cos\left(n - \frac{1}{2}\right)\omega \qquad (5-53)$$

其中：

$$b(n) = 2h\left(\frac{N}{2} - n\right), \quad n = 1, 2, \cdots, \frac{N}{2} \qquad (5-54)$$

Ⅲ型线性相位滤波器

一个Ⅲ型线性滤波器有一奇对称的单位冲激响应，即 $h(n) = -h(N-1-n)$，$0 \leqslant n \leqslant N-1$，$N$ 为奇数。与上述讨论相仿，得到

$$H(e^{j\omega}) = e^{j(\frac{\pi}{2} - \frac{N-1}{2}\omega)} \cdot \sum_{n=1}^{(N-1)/2} c(n)\sin(n\omega) \qquad (5-55)$$

其中：

$$c(n) = 2h\left(\frac{N-1}{2} - n\right), \quad n = 1, \ 2, \ \cdots, \ \frac{N-1}{2} \tag{5-56}$$

Ⅳ型线性相位滤波器

一个Ⅳ型线性滤波器有一奇对称的单位冲激响应，即 $h(n) = -h(N-1-n)$，$0 \leqslant n \leqslant N-1$，$N$ 为偶数。与上述讨论相仿，得到

$$H(e^{j\omega}) = e^{j\left(\frac{\pi}{2} - \frac{N-1}{2}\omega\right)} \cdot \sum_{n=1}^{N/2} d(n) \sin\left(n - \frac{1}{2}\right)\omega \tag{5-57}$$

其中：

$$d(n) = 2h\left(\frac{N}{2} - n\right), \quad n = 1, \ 2, \ \cdots, \ \frac{N}{2} \tag{5-58}$$

（二）线性相位滤波器的零点分布

由式（5-45）及式（5-48）可以看到，线性相位滤波器 FIR 的系统函数满足

$$H(z) = \pm z^{-(N-1)} H(z^{-1}) \tag{5-59}$$

由此可见，如果 $z = z_i$ 是 $H(z)$ 的零点，那么 $z = 1/z_i$ 也一定是 $H(z)$ 的零点；当 $h(n)$ 是实数时，$H(z)$ 的零点必成共轭对出现，即 $z = z_i^*$ 及 $z = 1/z_i^*$ 也一定是 $H(z)$ 的零点。所以线性相位滤波器 FIR 的零点必是互为倒数的共轭对（以单位圆镜像对称），因而零点 z_i 的位置就有四种可能情形：

（1）如果 z_i 既不在实轴上，也不在单位圆上，那么，零点一定是互为倒数的两组共轭对出现；

（2）如果 z_i 不在实轴上，但是在单位圆上，那么，共轭对的倒数就是其本身，这样，零点呈共轭对出现；

（3）如果 z_i 在实轴上，但不在单位圆上，这是实数零点，没有复共轭部分，只有倒数部分，倒数也在实轴上，零点以单位圆镜像对称；

（4）如果 z_i 既在实轴上，也在单位圆上，此时只有一个零点，有两种可能，或位于 $z = 1$，或位于 $z = -1$。

所有四种可能情形如图 5-8 所示。$z = 1$ 和 $z = -1$ 的情形值得注意。

计算Ⅱ型线性相位滤波器在 $z = -1$ 处的系统函数，得

$$H(-1) = (-1)^{-(N-1)} H(-1)$$

N 为偶数，因而有 $H(-1) = -H(-1)$，这意味着 $H(-1) = 0$。所以，一个Ⅱ型线性相位滤波器在 $z = -1$ 处必须有一个零点。类似地，计算Ⅲ型线性相位滤波器 $z = -1$ 处的系统函数，得

$$H(-1) = -(-1)^{-(N-1)} H(-1)$$

因 N 奇数，因而也有 $H(-1) = -H(-1)$。所以，一个Ⅲ型线性相位滤波器在 $z = -1$ 处必须有一个零点。因为系统函数 $H(z)$ 在 $z = -1$ 点的值等于 $\omega = \pi$ 处频率响应为

$$H(e^{j\omega})\big|_{\omega = \pi} = 0 \quad （Ⅱ\ 型和Ⅲ\ 滤波器）$$

对于Ⅲ型和Ⅳ型线性相位滤波器，计算在 $z = 1$ 处的系统函数值，得

$$H(1) = -H(1)$$

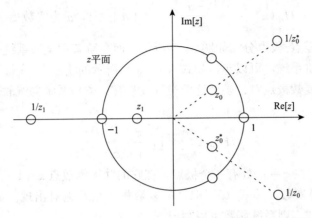

图 5 - 8　具有广义线性相位合实单位冲激响应的 *FIR* 滤波器系统函数的零点约束
Ⅲ型和Ⅳ型结构在 $z=1$ 必须有一零点，而Ⅱ型和Ⅲ结构在 $z=-1$ 必须有一零点

因此，只有当 $H(z)$ 在 $z=1$ 处等于零时才成立。所以，一个Ⅲ型和Ⅳ型线性相位滤波器在 $z=1$ 处必须有一个零点。这意味着

$$H(\mathrm{e}^{\mathrm{j}\omega})\big|_{\omega=0} = 0 \quad （Ⅲ 型和 Ⅳ 滤波器）$$

如图 5 - 8 所示。在以后实际设计滤波器时，应了解线性相位滤波器 FIR 的各种特性，遵循有关的约束条件。

九、最小相位系统

一个稳定的、因果的线性移不变系统，系统函数是等式（5 - 28）给出的有理式，它的所有极点都在单位圆内，即 $|d_k|<1$。但是零点可以位于 z 平面的任何地方。然而，在一些实际应用中，需要约束一个系统，使它的逆系统 $G(z)=1/H(z)$ 也是稳定的、因果的。这就需要 $H(z)$ 的零点也必须位于单位圆内，即 $|c_m|<1$。一个稳定的、因果的系统，如果它的逆系统也是稳定的、因果的，那么称这个系统为**最小相位系统**。也可以这样来定义：一个有理系统函数，如果它的零点和极点都位于单位圆内，那么称它是最小相位的。因为这种系统，对 $z=\mathrm{e}^{\mathrm{j}\omega}$，当 ω 从 0 变化到 2π 时，$H(\mathrm{e}^{\mathrm{j}\omega})$ 的相位变化最小。

最小相位系统实际上是指：在所有相同幅度响应的系统中，具有最小相位滞后的系统，因此称为最小相位滞后系统更确切些。最小相位系统有两个重要的性质：最小群延迟性质和最小能量延迟性质。最小能量延迟意味着能量集中在序列的前端。

十、全通系统

全通系统是指系统频率响应的幅度在所有频率 ω 下均为 1 或某一常数的系统，即

$$|H_{\mathrm{ap}}(\mathrm{e}^{\mathrm{j}\omega})| = 1$$

$H_{\mathrm{ap}}(\mathrm{e}^{\mathrm{j}\omega})$（注：ap 为 all pass）为全通系统的频率响应，而系统函数为 $H_{\mathrm{ap}}(z)$，这个约束条件（单位幅值 1）要求一个有理系统函数的零极点必须呈共轭倒数（单位圆镜像对称）对出现，例如简单的一阶全通系统的系统函数为

$$H_{ap}(z) = \frac{z^{-1} - a}{1 - az^{-1}}, \quad 0 < |a| < 1, \ a \ \text{为实数} \qquad (5-60)$$

这一系统所对应的零点-极点分布如图 5-9 所示。而高阶有理全通系统是由一系列一阶系统组成的。这些一阶系统，可以包括如式（5-60）所示的实零点-实极点的一阶系统，也可以是复数零点、复数极点对，多个这两类（或只有一类）系统的级联就组成一个高阶全通网络系统，即

$$H_{ap}(z) = \prod_{k=1}^{N} \frac{z^{-1} - a_k^*}{1 - a_k z^{-1}} \qquad (5-61)$$

因而，如果 $H_{ap}(z)$ 在 $z = a_k$ 处有一个极点，在它的共轭倒数点 $z = 1/a_k^*$ 处也必须有一个零点。如果 $h(n)$ 是实数，等式（5-61）的复数根将呈共轭对出现。如果把这些共轭对合成二阶因子的形式，则系统函数可以写成

$$H_{ap}(z) = \prod_{k=1}^{N_1} \frac{z^{-1} - b_k}{1 - b_k z^{-1}} \cdot \prod_{k=1}^{N_2} \frac{d_k - c_k z^{-1} + z^{-2}}{1 - c_k z^{-1} + d_k z^{-2}}$$

这里系数 b_k、c_k、d_k 都是实数。如果一个全通滤波器 $H(z)$ 是稳定的、因果的，$H(z)$ 的极点位于单位圆 $|z| < 1$ 内，图 5-9 是一个典型的全通系统函数的零极点图。全通滤波器对群延时的均衡非常有用，可用来补偿相位的非线性。

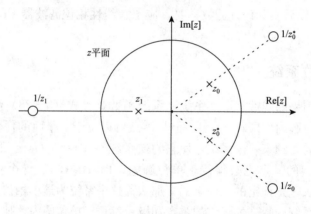

图 5-9　全通系统零极点的共轭倒数对称性约束

一个稳定的全通滤波器的群延时对所有的 ω 都是非负的，如

$$H_{ap}(z) = \frac{z^{-1} - \beta^*}{1 - \beta z^{-1}}$$

的一阶全通因子，这里 $\beta = r e^{j\theta}$，群延时为

$$\tau_h(\omega) = \frac{1 - r^2}{|1 - r e^{j\theta} e^{-j\omega}|^2}$$

所以由 $0 \leqslant r < 1$ 得出 $\tau_h(\omega) > 0$。因为一般的全通滤波器的群延时是这种形式的组合，所以有理而稳定的、因果的全通滤波器的群延时是非负的。

滤波器可以和全通滤波器级联而不改变频率响应的幅值。如果全通滤波器的极点对消了一个零点，就用这个零点的共轭倒数点代替它。

任何一个稳定的、因果的（非最小相位延时）系统 $H(z)$ 都可以表示成全通系统 $H_{ap}(z)$ 和最小相位延时系统 $H_{min}(z)$ 的级联，即

$$H(z) = H_{min}(z) \cdot H_{ap}(z) \tag{5-62}$$

首先，我们把 $H(z)$ 的所有单位圆外的零点映射到它在单位圆内的共轭倒数点上，这样形成的系统函数 $H_{min}(z)$ 是最小相位的。然后，选择全通滤波器 $H_{ap}(z)$，把与之对应的 $H_{min}(z)$ 中的零点映射回到单位圆外。

【例 5-4】　将系统函数

$$H(z) = \frac{1-3z^{-1}}{(1-0.3z^{-1})(1-0.7z^{-1})}$$

表示成全通系统 $H_{ap}(z)$ 和最小相位延时系统 $H_{min}(z)$ 的级联。

解：首先将 $H(z)$ 的在单位圆外的零点 $z=3$ 映射到它在单位圆内的共轭倒数点 $z=1/3$ 上，即形成 $H_{min}(z)$ 为

$$H_{min}(z) = \frac{z^{-1}-3}{(1-0.3z^{-1})(1-0.7z^{-1})}$$

然后，把 $z=1/3$ 处的零点映射回到单位圆外 $z=3$ 上，即采用全通滤波器

$$H_{ap}(z) = \frac{1-3z^{-1}}{z^{-1}-3} = \frac{z^{-1}-1/3}{1-z^{-1}/3}$$

因此有

$$H(z) = \frac{z^{-1}-3}{(1-0.3z^{-1})(1-0.7z^{-1})} \cdot \frac{1-3z^{-1}}{z^{-1}-3} = H_{min}(z) \cdot H_{ap}(z)$$

在结束本章之前，再讲两个例子。

【例 5-5】　设一阶系统的差分方程为

$$y(n) = x(n) + ay(n-1), \quad |a| < 1, \ a \text{ 为实数}$$

求出该系统的频率响应、单位冲激响应，同时指出它是 FIR 系统还是 IIR 系统？并画出 $|H(e^{j\omega})|$、$\arg[H(e^{j\omega})]$、$\tau_h(\omega)$、零极点图以及 $h(n)$ 图形。

解：对差分方程的两端取 $\mathcal{L}$ 变换，可求得

$$H(z) = \frac{Y(z)}{X(z)} = \frac{1}{1-az^{-1}}, \quad |z| > |a|$$

是因果系统，其单位冲激响应为

$$h(n) = a^n u(n)$$

而系统的频率响应为

$$H(e^{j\omega}) = H(z)|_{z=e^{j\omega}}$$

$$= \frac{1}{1-ae^{-j\omega}} = \frac{1}{(1-a\cos\omega)+ja\sin\omega}$$

即

$$H(e^{j\omega}) = \frac{(1-a\cos\omega)-ja\sin\omega}{1-2a\cos\omega+a^2}$$

所以幅度响应为

$$| H(\mathrm{e}^{\mathrm{j}\omega}) | = \frac{1}{\sqrt{1 - 2a\cos\omega + a^2}}$$

而相位响应为

$$\arg[H(\mathrm{e}^{\mathrm{j}\omega})] = -\arctan\left(\frac{a\sin\omega}{1 - a\cos\omega}\right)$$

$| H(\mathrm{e}^{\mathrm{j}\omega}) |$、$\arg[H(\mathrm{e}^{\mathrm{j}\omega})]$、$\tau_\mathrm{h}(\omega)$、零极点图以及 $h(n)$ 如图 5-10 所示。如果系统是稳定的，要求极点在单位圆内，即要求实数 a 满足 $|a| < 1$，此时，如果 $0 < a < 1$，那么系统呈低通特性，而 $-1 < a < 0$，则系统呈高通特性。由 $h(n)$ 看出，此系统的冲激响应是无限长的序列，即该系统为一无限长单位冲激响应系统。

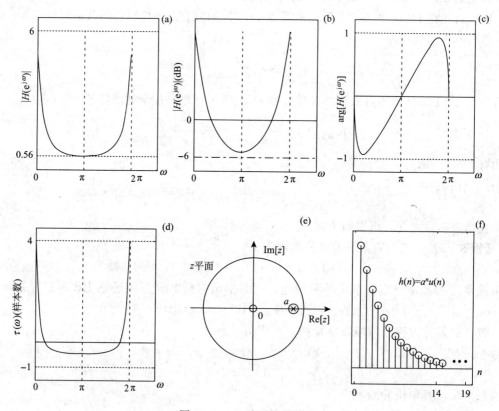

图 5-10　一阶系统的特性

(a) 幅度响应；(b) 幅度响应（dB）；(c) 相位响应；(d) 群延时；(e) 零极点分布；(f) 冲激响应（$0 < a < 1$）

【例 5-6】　假设一系统差分方程为

$$y(n) = x(n) + ax(n-1) + a^2 x(n-2) + \cdots + a^{M-1} x(n-M+1)$$
$$= \sum_{m=0}^{M-1} a^m x(n-m)$$

这就是 $(M-1)$ 个单元延时及 M 个抽头加权后相加所组成的电路，常称之为横向滤波器（Transversal Filter）。求出该系统的频率响应、单位冲激响应，同时指出它是 FIR 还是

IIR 系统。并画出相应图形。

解：将所给差分方程等式两端取 $\mathscr{Z}$ 变换后，得

$$Y(z) = \sum_{m=0}^{M-1} a^m z^{-m} X(z), \quad \frac{Y(z)}{X(z)} = \sum_{m=0}^{M-1} a^m z^{-m}$$

故此系统函数为

$$H(z) = \frac{Y(z)}{X(z)} = \sum_{m=0}^{M-1} a^m z^{-m} = \frac{1 - a^M z^{-M}}{1 - a z^{-1}}$$

$$= \frac{z^M - a^M}{z^{M-1}(z-a)}, \quad \text{ROC}: |z| > |a|$$

$H(z)$ 的零点满足

$$z^M - a^M = 0$$

即

$$z_i = a e^{j\frac{2\pi}{M}i}, \quad i = 0, 1, 2, \cdots, M-1$$

如果 a 为正实数，这些零点等间隔地分布在 $|z| = a$ 的圆周上，其第一个零点为 $z_0 = a$ $(i=0)$，它正好和单极点 $z_p = a$ 相抵消。因此，整个函数有 $(M-1)$ 个零点 $z_i = a e^{j\frac{2\pi}{M}i}(i=1, 2, \cdots, M-1)$，而在 $z=0$ 处有 $(M-1)$ 阶极点。当输入为 $x(n) = \delta(n)$ 时，系统延时 $(M-1)$ 位后就不存在了，所以单位冲激响应 $h(n)$ 只有 M 个值，即

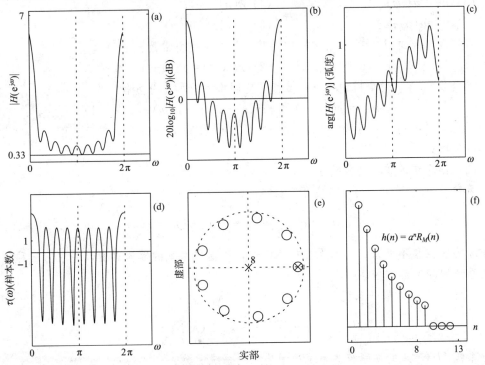

图 5-11 横向滤波器的结构与特性 $(M=9)$

(a) 幅度响应；(b) 幅度响应（dB）；(c) 相应响应；(d) 群延时；

(e) 零极点分布；(f) 冲激响应

$$h(n) = \begin{cases} a^n, & 0 \leqslant n \leqslant M-1 \\ 0, & \text{其他 } n \end{cases}$$

事实上，有

$$H(z) = \frac{1 - a^M z^{-M}}{1 - a z^{-1}}$$

$$= \frac{1}{1 - a z^{-1}} - a^M z^{-M} \frac{1}{1 - a z^{-1}}, \quad \text{ROC: } |z| > |a|$$

对 $H(z)$ 求 $\mathscr{Z}$ 逆变换得

$$h(n) = a^n u(n) - a^M a^{n-M} u(n-M) = a^n u(n) - a^n u(n-M) = a^n R_M(n)$$

图 5-11 给出 $M=9$ 及 $a=0.9$ 条件下的零-极点分布、频率响应及单位冲激响应。频率响应在 $\omega=0$ 处为峰值，而在 $H(z)$ 的零点附近的频率处，频率响应为凹谷。可以用零极点矢量图来解释此频率响应。从 $h(n)$ 看出，其冲激响应是有限长的序列，即为有限长单位冲激响应系统。

习题与思考题

习题 5-1　求以下序列 $x(n)$ 的频谱 $X(e^{j\omega})$：

(1) $(1/3)^{n+2} u(n-2)$；　　　　　(2) $a^n \sin(n\omega_0) u(n)$；

(3) $n e^{-an} u(n)$；　　　　　　　(4) $\delta(n-m)$；

(5) $e^{-an} u(n)$；　　　　　　　　(6) $e^{-(a+j\omega_0)n} u(n)$

习题 5-2　求下列每个系统的群延时，其中 α 是个常数：

(1) $H(e^{j\omega}) = 1 - \alpha e^{-j\omega}$；　　　　(2) $H(e^{j\omega}) = 1/(1 - \alpha e^{-j\omega})$

习题 5-3　下列是描述一个线性移不变因果系统的差分方程

$$y(n) = y(n-1)/4 + y(n-2)/8 + x(n) - x(n-1)$$

求：(1) 该系统的系统函数 $H(z) = Y(z)/X(z)$，并画出 $H(z)$ 的零极点图，同时指出其收敛域；

(2) 该系统的单位抽样响应。

习题 5-4　讨论下列差分方程

$$y(n-1) - \frac{5}{2} y(n) + y(n+1) = x(n)$$

所描述的线性移不变系统的因果性和稳定性，画出该系统的零极点图，并求出三种可能选择的系统单位冲激响应。

习题 5-5　如果一系统为

$$H(z) = \frac{1 - z^{-1}/2}{1 - 9z^{-1}/10}, \quad \text{ROC: } |z| > \frac{9}{10}$$

求出系统 $H(e^{j\omega})$ 的逆系统的单位冲激响应及系统函数。

习题 5-6　一个因果线性移不变系统的系统函数为

$$H(z) = \frac{(1 - 2z^{-2})(1 + 0.4z^{-1})}{1 - 0.85z^{-1}}$$

求 $H(z)$ 的形如

$$H(z) = H_{\min}(z) \cdot H_{ap}(z)$$

的因式分解，这里 $H_{\min}(z)$ 有最小相位，$H_{ap}(z)$ 是一个全通滤波器。

习题 5-7 求出下列系统的频率响应及群延时，并画出相应的曲线图，同时指出是否是线性相位的？若是，则属于哪一类？

(1)$h(n) = \begin{cases} 1, & 0 \leqslant n \leqslant 4 \\ 0, & \text{其他 } n \end{cases}$；

(2)$h(n) = \begin{cases} 1, & 0 \leqslant n \leqslant 5 \\ 0, & \text{其他 } n \end{cases}$；

(3)$h(n) = \delta(n) - \delta(n-2)$；

(4)$h(n) = \delta(n) - \delta(n-1)$

思考题 5-8 全通滤波器的用途是什么？

第六章　离散傅里叶变换

第一节　引　　言

一般来说，用 $\mathscr{L}$ 变换和傅氏变换来研究信号序列和离散系统。但对于有限长序列来说（有限长序列在数字信号处理中是很重要的一种序列），可以得出另一种傅氏变换，叫离散傅氏变换（Discrete Fourier Transforms，DFT）。离散傅氏变换除了作为有限长序列的一种傅氏变换表示法在理论上相当重要之外，而且还存在着计算离散傅氏变换的有效快速算法，所以，离散傅氏变换在各种数字信号处理的算法中起着核心作用。希望读者能重点理解与掌握离散傅氏变换，重点领会圆周卷积的实质，熟练掌握圆周卷积替代线性卷积的方法。

有限长序列的离散傅氏变换和周期序列的离散傅氏级数（Discrete Fourier Series，DFS）形式上是一样的。为了更好地理解离散傅氏变换，我们需要讨论周期序列的离散傅氏级数，这样有利于对离散傅氏变换的理解。不过，在介绍离散傅氏级数之前，首先让我们来回顾并讨论傅氏变换的几种可能形式。

第二节　傅里叶变换的四种形式

傅氏变换是将时域信号转换到频域的一种变换，是确立以时间为自变量的"信号"和以频率为自变量的"频谱"之间的某种变换关系。所以，当"时间"和"频率"的取值方式不同时，也就是说"时间"和"频率"取连续值还是离散值时，那么相应的傅氏变换对就有不同形式。下面来详细讨论。

一、时间和频率皆连续的傅氏变换

如果时间和频率都是连续的，而 $x(t)$ 又是非周期函数，那么，这种情况就是连续时间非周期信号 $x(t)$ 的傅氏变换，相应的频谱密度函数 $X(\mathrm{j}\Omega)$ 也是连续的非周期的函数，正反变换对为

正变换

$$X(\mathrm{j}\Omega) = \int_{-\infty}^{\infty} x(t)\mathrm{e}^{-\mathrm{j}\Omega t}\,\mathrm{d}t \tag{6-1}$$

反变换

$$x(t) = \frac{1}{2\pi}\int_{-\infty}^{\infty} X(\mathrm{j}\Omega)\mathrm{e}^{\mathrm{j}\Omega t}\,\mathrm{d}\Omega \tag{6-2}$$

如图 6-1 所示，可见，时域的连续函数经傅氏变换后，在频域形成非周期的谱，而时域的非周期性在频域形成连续的谱。

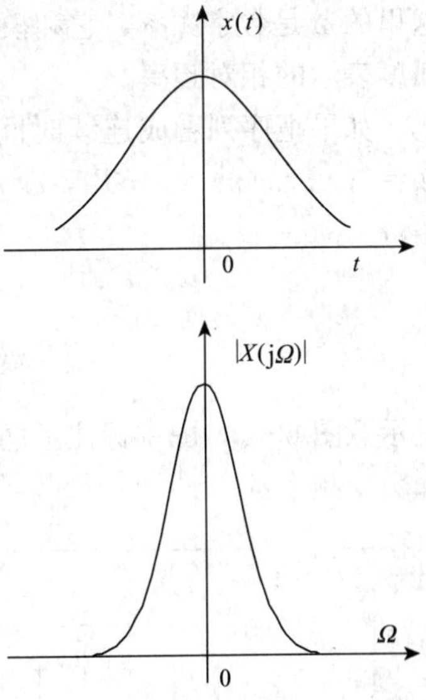

二、时间连续、频率离散的傅氏变换

设 $x(t)$ 是周期为 T_p 的周期性的连续时间函数，那么 $x(t)$ 可以展开成傅氏级数，并假设其傅氏级数的系数为 $X(jk\Omega_0)$，显然，$X(jk\Omega_0)$ 是离散的，即为离散频率函数，而且是非周期的，$x(t)$ 和 $X(jk\Omega_0)$ 组成变换对，即

正变换

$$X(jk\Omega_0) = \frac{1}{T_p}\int_{-T_p/2}^{T_p/2} x(t)e^{-jk\Omega_0 t}dt \qquad (6-3)$$

反变换

$$x(t) = \sum_{k=-\infty}^{\infty} X(jk\Omega_0)e^{jk\Omega_0 t} \qquad (6-4)$$

图 6-1　连续的非周期信号 $x(t)$ 与非周期、连续的频谱密度 $X(j\Omega)$ 示意图

其中：$\Omega_0 = 2\pi F = 2\pi/T_p$ 为离散频谱相邻两谱线的角频率间隔；k 为谐波序号。这是大家熟悉的：周期函数展开成傅氏级数，见示意图 6-2，可以看出，时域的周期连续函数经傅氏变换后，在频域内形成非周期的离散频谱函数，并且频域的离散频谱与时域的周期性时间函数相对应。

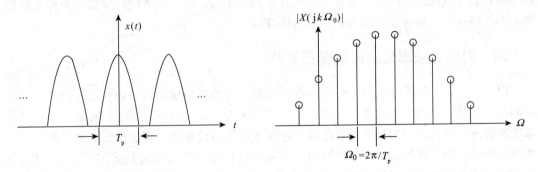

图 6-2　连续的周期信号及其非周期的离散谱线示意图

三、时间离散、频率连续的傅氏变换

这正是第五章中讨论过的离散时间信号傅氏变换对（DTFT），即

正变换

$$X(e^{j\omega}) = \sum_{n=-\infty}^{\infty} x(n)e^{-j\omega n} \qquad (6-5)$$

反变换

$$x(n) = \frac{1}{2\pi}\int_{-\pi}^{\pi} X(e^{j\omega})e^{j\omega n}d\omega \qquad (6-6)$$

这里的 ω 是数字频率，它和模拟角频率 Ω 的关系为 $\omega = \Omega T$，即 $\omega = 2\pi\Omega/\Omega_s = 2\pi f/f_s$，以弧度表示的相对频率。

如果把序列看成连续时间信号的采样，采样时间间隔为 T，采样频率为 $f_s = 1/T$，$\Omega_s = 2\pi/T[x(n) = x(nT)$，$\omega = \Omega T]$，则这一变换对还可写成

$$X(e^{j\Omega T}) = \sum_{n=-\infty}^{\infty} x(nT)e^{-jn\Omega T} \tag{6-7}$$

$$x(nT) = \frac{1}{\Omega_s}\int_{-\Omega_s/2}^{\Omega_s/2} X(e^{j\Omega T})e^{jn\Omega T}d\Omega \tag{6-8}$$

见示意图 6-3，图中标注了两种自变量坐标，在时域内为 t 和 n，在频域内为模拟频率 Ω 和数字频率 ω。

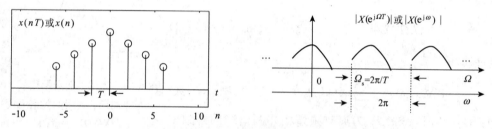

图 6-3　离散非周期信号与其周期性的连续谱密度示意图

同样可看出，时域的离散化经傅氏变换后，频域形成了周期延拓的频谱，而且时域的非周期对应于频域的连续性。这就是我们在第四章中所讨论过的连续时间信号采样及其频谱的变化特点，这种变换也称为序列的傅氏变换。

四、时间和频率皆离散的傅氏变换

以上所讨论的傅氏变换对中，至少在一个域（时域或频域）内，函数是连续的，因此它们都不适合在计算机上运算。从数值计算角度来看，我们所感兴趣的：时域与频域都是离散的情况，而且信号的长度是有限的，这就是离散傅氏变换。离散傅氏变换将在后几节中进行全面讨论，这里只引入一些结果。首先应该指出：①此变换只适用于有限长序列；②它相当于把序列的连续傅氏变换式（6-7）加以离散化（采样）。频域的离散化引起时间函数也呈周期性变化，所以级数应限制在一个周期之内。

令 $\Omega = k\Omega_0 = k \cdot 2\pi F$，则 $d\Omega = \Omega_0$，从式（6-7）与式（6-8）可以得到离散傅氏变换对：

$$X(e^{jk\Omega_0 T}) = \sum_{n=0}^{N-1} x(nT)e^{-jnk\Omega_0 T} \tag{6-9}$$

$$x(nT) = \frac{\Omega_0}{\Omega_s}\sum_{k=0}^{N-1} X(e^{jk\Omega_0 T})e^{jnk\Omega_0 T} = \frac{1}{N}\sum_{k=0}^{N-1} X(e^{jk\Omega_0 T})e^{jnk\Omega_0 T} \tag{6-10}$$

其中 N 表示有限长序列（时域、频域）的采样点数，或周期序列一个周期的采样点数。时间函数是离散的，其采样间隔为 T，而频率函数的周期（即采样频率）为

$$f_s = \frac{\Omega_s}{2\pi} = \frac{1}{T}$$

又因为频率函数是离散的，其采样间隔为 F，那么，时间函数的周期为 $T_{\mathrm{p}}=\dfrac{1}{F}=\dfrac{2\pi}{\Omega_0}$，而

$$\frac{\Omega_{\mathrm{s}}}{\Omega_0}=\frac{2\pi f_{\mathrm{s}}}{2\pi F}=\frac{1/T}{1/T_{\mathrm{p}}}=\frac{T_{\mathrm{p}}}{T}=\frac{NT}{T}=N$$

又有

$$\Omega_0 T=\frac{2\pi\Omega_0}{\Omega_{\mathrm{s}}}=\frac{2\pi}{N}$$

将它代入式（6-9）和式（6-10），得到另一种也是最常用的离散傅氏变换对表达式：

正变换

$$X(k)=\sum_{n=0}^{N-1}x(n)\mathrm{e}^{-\mathrm{j}\frac{2\pi}{N}nk} \tag{6-11}$$

反变换

$$x(n)=\frac{1}{N}\sum_{k=0}^{N-1}X(k)\mathrm{e}^{\mathrm{j}\frac{2\pi}{N}nk} \tag{6-12}$$

其中：$X(k)=X(\mathrm{e}^{\mathrm{j}\frac{2\pi}{N}k})$；$x(n)=x(nT)$。

当然，也可以从第二种周期性连续时间函数的采样推导出这里的离散傅氏变换对，但系数 $1/N$ 将由反变换公式（6-12）中移到正变换公式（6-11）中。显然这里只差一个常数，对函数的形状没有影响。这一变换对的示意图如图 6-4 所示。由图看出，时域和

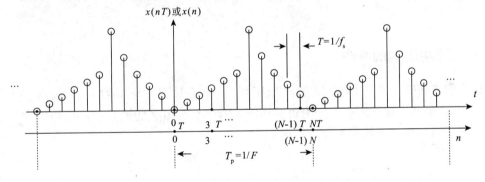

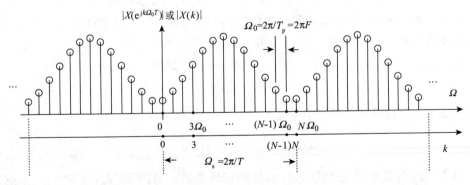

图 6-4　离散周期的时间函数及其周期离散的频谱函数示意图（$N=\dfrac{f_{\mathrm{s}}}{F}=\dfrac{\Omega_{\mathrm{s}}}{\Omega_0}$）

频域都是离散的和周期的。总而言之，一个域的离散就必然会引起在另一个域的周期延拓。因而这种离散变换，本质上都是周期的。所以我们先从周期性序列的离散傅氏级数开始，然后再讨论有限长序列的离散傅氏变换。

表 6-1 对上述四种傅氏变换形式的特点做了简要归纳。

表 6-1 傅氏变换四种形式的归纳

时间函数	频率函数
连续和非周期	非周期和连续
连续和周期（T_p）	非周期和离散（Ω_0）
离散（T）和非周期	周期（Ω_s）和连续
离散（T）和周期（T_p）	周期（Ω_s）和离散（Ω_0）
持续时间无限	频带有限
持续时间有限	频带无限

注：$\Omega_0 = \dfrac{2\pi}{T_p}$，$\Omega_s = \dfrac{2\pi}{T}$。

第三节 周期序列的离散傅里叶级数展开

一、周期序列的特性

让我们来研究一个周期为 N 的周期序列 $\tilde{x}(n)$，对于任意整数 n 和 r，有 $\tilde{x}(n) = \tilde{x}(n+rN)$。显然，这种序列不是绝对可和的，因此不能用 $\mathscr{Z}$ 变换表示，这是因为对于任意给定的 z 值，其 $\mathscr{Z}$ 变换都不收敛，即

$$\sum_{n=-\infty}^{\infty} |\tilde{x}(n)| \cdot |z^{-n}| \to \infty$$

但是，与连续时间周期信号一样，周期序列可以表示为**离散傅氏级数**，该级数可以由具有谐波性质的复指数序列组合来近似，即复指数序列的频率是（$2\pi/N$）的整数倍，而（$2\pi/N$）是与周期序列 $\tilde{x}(n)$ 有关的基频。这些周期复指数的形式为

$$e_k(n) = \mathrm{e}^{\mathrm{j}\frac{2\pi}{N} \cdot kn} \to e_k(n+rN) = \mathrm{e}^{\mathrm{j}\frac{2\pi}{N} \cdot k(n+rN)} = \mathrm{e}^{\mathrm{j}\frac{2\pi}{N}kn + \mathrm{j}\frac{2\pi}{N}k \cdot rN} = \mathrm{e}^{\mathrm{j}\frac{2\pi}{N}kn + \mathrm{j}2\pi \cdot kr}$$
$$= \mathrm{e}^{\mathrm{j}\frac{2\pi}{N} \cdot kn} = e_k(n) \tag{6-13}$$

式中 k 为整数，且傅氏级数可以表示为

$$\tilde{x}(n) = \frac{1}{N} \sum_{k=0}^{N-1} \tilde{X}(k) \mathrm{e}^{\mathrm{j}\frac{2\pi}{N} \cdot kn} \tag{6-14}$$

显然，对于任何周期为 N 的离散时间信号的傅氏级数，只需要 N 个呈谐波关系的复指数。这与连续时间周期信号展成傅氏级数的表示不同，用傅氏级数表示一个连续时间周期信号，通常需要无穷多个呈谐波关系的复指数。

所以，一组 N 个周期复指数 $e_0(n)$，$e_1(n)$，$e_2(n)$，$\cdots$，$e_{N-1}(n)$ 可以确定所有其他的周期复指数，其频率是（$2\pi/N$）的整数倍。这样，一个周期序列 $\tilde{x}(n)$ 的傅氏级数表示只包含 N 个复指数，故它具有如下形式：

$$\tilde{x}(n) = \frac{1}{N} \sum_{k=0}^{N-1} \tilde{X}(k) \mathrm{e}^{\mathrm{j}\frac{2\pi}{N} \cdot kn} \tag{6-15}$$

二、周期序列的傅氏级数展开系数

为了从周期序列 $\tilde{x}(n)$ 中得出傅氏级数的系数 $\tilde{X}(k)$，我们将利用复指数序列集的正交性，对式（6-15）的两边均乘以 $e(n) = \mathrm{e}^{-\mathrm{j}\frac{2\pi}{N} \cdot m}$，并且从 $n=0$ 到 $n=N-1$ 求和，那么可以得到

$$\sum_{n=0}^{N-1} \tilde{x}(n) \mathrm{e}^{-\mathrm{j}\frac{2\pi}{N} \cdot m} = \sum_{n=0}^{N-1} \left[\frac{1}{N} \sum_{k=0}^{N-1} \tilde{X}(k) \mathrm{e}^{\mathrm{j}\frac{2\pi}{N}kn} \right] \mathrm{e}^{-\mathrm{j}\frac{2\pi}{N} \cdot m}$$

$$= \sum_{n=0}^{N-1} \frac{1}{N} \sum_{k=0}^{N-1} \tilde{X}(k) \mathrm{e}^{\mathrm{j}\frac{2\pi}{N} \cdot (k-r)n} \tag{6-16}$$

交换等号右边求和的先后次序，得

$$\sum_{n=0}^{N-1} \tilde{x}(n) \mathrm{e}^{-\mathrm{j}\frac{2\pi}{N} \cdot m} = \sum_{k=0}^{N-1} \tilde{X}(k) \left[\frac{1}{N} \sum_{n=0}^{N-1} \mathrm{e}^{\mathrm{j}\frac{2\pi}{N} \cdot (k-r)n} \right] \tag{6-17}$$

下述等式表示复指数的正交性：

$$\frac{1}{N} \sum_{n=0}^{N-1} \mathrm{e}^{\mathrm{j}\frac{2\pi}{N} \cdot (k-r)n} = \begin{cases} 1, & k-r = mN，m \text{ 为任意整数} \\ 0, & \text{其他} \end{cases} \tag{6-18}$$

这是因为

$$\frac{1}{N} \sum_{n=0}^{N-1} \mathrm{e}^{\mathrm{j}\frac{2\pi}{N} \cdot (k-r)n} = \frac{1}{N} \frac{1 - \mathrm{e}^{\mathrm{j}\frac{2\pi}{N} \cdot (k-r)N}}{1 - \mathrm{e}^{\mathrm{j}\frac{2\pi}{N} \cdot (k-r)}} = \frac{1}{N} \frac{1 - \mathrm{e}^{\mathrm{j}2\pi \cdot (k-r)}}{1 - \mathrm{e}^{\mathrm{j}\frac{2\pi}{N} \cdot (k-r)}}$$

显然，当 $k-r \neq mN$ 时（m 为任意整数），它为 0，当 $k-r = mN$ 时，有

$$\frac{1}{N} \lim_{(k-r) \to mN} \frac{1 - \mathrm{e}^{\mathrm{j}2\pi \cdot (k-r)}}{1 - \mathrm{e}^{\mathrm{j}\frac{2\pi}{N} \cdot (k-r)}} = \frac{1}{N} \lim_{(k-r) \to mN} \frac{-\mathrm{j}2\pi \mathrm{e}^{\mathrm{j}2\pi \cdot (k-r)}}{-\mathrm{j}\frac{2\pi}{N} \mathrm{e}^{\mathrm{j}\frac{2\pi}{N} \cdot (k-r)}}$$

$$= \frac{\mathrm{e}^{\mathrm{j}2\pi \cdot mN}}{\mathrm{e}^{\mathrm{j}\frac{2\pi}{N}mN}} = \frac{\mathrm{e}^{\mathrm{j}2\pi \cdot mN}}{\mathrm{e}^{\mathrm{j}2\pi \cdot m}} = 1$$

将式（6-18）代入式（6-17），得

$$\sum_{n=0}^{N-1} \tilde{x}(n) \mathrm{e}^{-\mathrm{j}\frac{2\pi}{N} \cdot m} = \sum_{k=0}^{N-1} \tilde{X}(k) \left[\frac{1}{N} \sum_{n=0}^{N-1} \mathrm{e}^{\mathrm{j}\frac{2\pi}{N} \cdot (k-r)n} \right] = \tilde{X}(r) \tag{6-19}$$

这样通过以下关系式，就可以由 $\tilde{x}(n)$ 求出式中的傅氏级数系数 $\tilde{X}(k)$，即

$$\tilde{X}(k) = \sum_{n=0}^{N-1} \tilde{x}(n) \mathrm{e}^{-\mathrm{j}\frac{2\pi}{N} \cdot kn} \tag{6-20}$$

序列 $\tilde{X}(k)$ 是周期为 N 的周期序列，即 $\tilde{X}(0) = \tilde{X}(N)$，$\tilde{X}(1) = \tilde{X}(N+1)$ 等，即

$$\widetilde{X}(k+N) = \sum_{n=0}^{N-1} \widetilde{x}(n) e^{-j\frac{2\pi}{N} \cdot (k+N)n} = \Big[\sum_{n=0}^{N-1} \widetilde{x}(n) e^{-j\frac{2\pi}{N} \cdot kn} \Big] e^{-j\frac{2\pi}{N} \cdot Nn}$$

$$= \Big[\sum_{n=0}^{N-1} \widetilde{x}(n) e^{-j\frac{2\pi}{N} \cdot kn} \Big] e^{-j2\pi n} = \widetilde{X}(k)$$

可以把傅氏级数的系数看成是一个有限长的序列，对 $k=0,1,\cdots,(N-1)$，其值由式 (6-20) 给出，k 为其他数时，该值则为零，也可以把它看作是一个对于所有的 k 均由式 (6-20) 定义的周期序列。很清楚，以上两种解释都是可以接受的，因为，在式 (6-14) 中只用到了对于 $0 \leqslant k \leqslant (N-1)$ 的 $\widetilde{X}(k)$ 值。把傅氏级数的系数 $\widetilde{X}(k)$ 当作是一个周期序列的优点是：对于周期序列的傅氏级数表示，在时域和频域之间存在着对偶性。式 (6-20) 和式 (6-14) 就是一个分析与综合对，即为正、反变换对，称其为周期序列的**离散傅氏级数**（DFS）展开。为了书写方便，常利用下列符号来表示复指数：

$$W_N = e^{-j\frac{2\pi}{N}}$$

这样，周期序列的离散傅氏级数对可以表示为

正变换

$$\widetilde{X}(k) = \mathrm{DFS}[\widetilde{x}(n)] = \sum_{n=0}^{N-1} \widetilde{x}(n) e^{-j\frac{2\pi}{N}kn} = \sum_{n=0}^{N-1} \widetilde{x}(n) W_N^{kn} \qquad (6-21)$$

反变换

$$\widetilde{x}(n) = \mathrm{IDFS}[\widetilde{X}(k)] = \frac{1}{N} \sum_{k=0}^{N-1} \widetilde{X}(k) e^{j\frac{2\pi}{N}nk} = \frac{1}{N} \sum_{k=0}^{N-1} \widetilde{X}(k) W_N^{-nk} \qquad (6-22)$$

两者均为周期序列，其中 DFS[·] 表示离散傅氏级数正变换；IDFS[·] 表示离散傅氏级数反变换，有时也用下列记号表示：

$$\widetilde{x}(n) \overset{\mathscr{DFS}}{\longleftrightarrow} \widetilde{X}(k)$$

从上面讨论看出，只要知道周期序列的一个周期的内容，则该序列的其他内容也都知道了，所以实际上只有 N 个序列值（而不是无穷多个序列值）有信息，式 (6-21) 和式 (6-22) 都只取 N 个点序列值，正好说明这一意义，因而，这就和有限长序列有着本质的联系。现举例说明这些式子的用途。

【例 6-1】 求周期脉冲串的 DFS 系数及傅氏级数展开，即

$$\widetilde{x}(n) = \sum_{r=-\infty}^{\infty} \delta(n-rN) = \begin{cases} 1, & n = rN, r \text{ 为任意整数} \\ 0, & \text{其他} \end{cases}$$

解：显然，当 $0 \leqslant n \leqslant (N-1)$ 时，有 $\widetilde{x}(n) = \delta(n)$，所以利用式 (6-21) 求出 DFS 的系数为

$$\widetilde{X}(k) = \sum_{n=0}^{N-1} \delta(n) W_N^{nk} = \sum_{n=0}^{N-1} \delta(n) e^{-j\frac{2\pi}{N}nk} = \delta(0) e^{-j\frac{2\pi}{N} \cdot 0 \cdot k} = W_N^0 = 1$$

这意味着，对所有的 k 值，$\widetilde{X}(k)$ 均相同，都等于 1，于是由式 (6-22) 得到

$$\widetilde{x}(n) = \mathrm{IDFS}[\widetilde{X}(k)] = \frac{1}{N} \sum_{k=0}^{N-1} \widetilde{X}(k) W_N^{-kn} = \frac{1}{N} \sum_{k=0}^{N-1} 1 \cdot e^{j\frac{2\pi}{N}kn} = \frac{1}{N} \sum_{k=0}^{N-1} e^{j\frac{2\pi}{N}kn}$$

【例 6-2】 计算序列 $\widetilde{x}(n)$ 的离散傅氏级数变换，$\widetilde{x}(n)$ 的表达式为

$$\widetilde{x}(n) = \sum_{k=-\infty}^{\infty} x(n-10k)$$

其中：

$$x(n) = \begin{cases} 1, & 0 \leqslant n < 5 \\ 0, & n \notin [0,5) \end{cases}$$

解： $\tilde{x}(n)$ 是周期为 $N = 10$ 的周期序列，所以 DFS 系数为

$$\tilde{X}(k) = \sum_{n=0}^{N-1} \tilde{x}(n) e^{-j\frac{2\pi}{N}nk} = \sum_{n=0}^{9} \tilde{x}(n) e^{-j\frac{2\pi}{10}nk} = \sum_{k=0}^{4} e^{-j\frac{2\pi}{10}nk} = \frac{1 - e^{-j\pi k}}{1 - e^{-j\frac{\pi k}{5}}}$$

对于 $0 \leqslant k \leqslant 9$，DFS 系数还可以简化为

$$\tilde{X}(k) = \begin{cases} 5, & k = 0 \\ \dfrac{2}{1 - e^{-j\frac{\pi}{5}k}}, & k \text{ 为奇数} \\ 0, & k \text{ 为偶数} \end{cases}$$

【例 6-3】 若 $x_c(t)$ 是一个周期的连续时间信号 $x_c(t) = A\cos(200\pi t) + B\cos(500\pi t)$，以采样频率 $f_s = 1\text{kHz}$ 对其进行采样，计算采样信号 $\tilde{x}(n) = \tilde{x}_c(t)\big|_{t=nT}$ 的 DFS 系数。

解： 采样频率 $f_s = 1\ \text{kHz}$，所以 $T = 10^{-3}$，采样信号为

$$\tilde{x}(n) = A\cos\left(\frac{\pi}{5}n\right) + B\cos\left(\frac{\pi}{2}n\right)$$

其周期为 $N = (N_1 \cdot N_2)/\gcd(N_1, N_2) = 10 \cdot 4/2 = 20$，所以

$$\tilde{x}(n) = A\cos\left(\frac{2\pi}{20}2n\right) + B\cos\left(\frac{2\pi}{20}5n\right)$$

$$= \frac{1}{2}\left[A(e^{j\frac{2\pi}{20}2n} + e^{-j\frac{2\pi}{20}2n}) + B(e^{j\frac{2\pi}{20}5n} + e^{-j\frac{2\pi}{20}5n})\right]$$

又

$$e^{-j\frac{2\pi}{20}2n} = e^{j2\pi n}e^{-j\frac{2\pi}{20}2n} = e^{j\frac{2\pi}{20}18n}, \quad e^{-j\frac{2\pi}{20}5n} = e^{j\frac{2\pi}{20}15n}$$

所以，有

$$\tilde{x}(n) = \frac{1}{2}\left[A(e^{j\frac{2\pi}{20}2n} + e^{j\frac{2\pi}{20}18n}) + B(e^{j\frac{2\pi}{20}5n} + e^{j\frac{2\pi}{20}15n})\right]$$

$$= \frac{A}{2}e^{j\frac{2\pi}{20}2n} + \frac{B}{2}e^{j\frac{2\pi}{20}5n} + \frac{B}{2}e^{j\frac{2\pi}{20}15n} + \frac{A}{2}e^{j\frac{2\pi}{20}18n}$$

比较此式与 $\tilde{x}(n) = \dfrac{1}{N}\displaystyle\sum_{k=0}^{N-1} \tilde{X}(k)e^{j\frac{2\pi}{N}nk}$，得知

$$\tilde{X}(2) = N\frac{A}{2} = 10A, \quad \tilde{X}(5) = 10B, \quad \tilde{X}(15) = 10B, \quad \tilde{X}(18) = 10A$$

$\tilde{X}(k)$ 的其他值为零。

第四节　离散傅里叶级数的性质

考虑两个周期序列 $\tilde{x}_1(n)$ 与 $\tilde{x}_2(n)$，其周期均为 N，即

$$\tilde{x}_1(n) \overset{\mathscr{DFS}}{\longleftrightarrow} \tilde{X}_1(k), \quad \tilde{x}_2(n) \overset{\mathscr{DFS}}{\longleftrightarrow} \tilde{X}_2(k)$$

一、线性性

$$a\widetilde{x}_1(n) + b\widetilde{x}_2(n) \overset{\mathscr{DFS}}{\longleftrightarrow} a\widetilde{X}_1(k) + b\widetilde{X}_2(k) \tag{6-23}$$

其中 a、b 为任意常数，所得到的频域序列也是周期序列，周期为 N。这一性质可由 DFS 定义直接证明。

二、序列移位

$$\widetilde{x}(n-m) \overset{\mathscr{DFS}}{\longleftrightarrow} W_N^{mk}\widetilde{X}(k) \tag{6-24}$$

证：由正变换公式得

$$\mathrm{DFS}[x(n-m)] = \sum_{n=0}^{N-1} \widetilde{x}(n-m)W_N^{nk} = \sum_{i=-m}^{N-1-m} x(i)W_N^{ki}W_N^{mk}, \quad i=n-m$$

由于 $x(n)$ 及 W_N^{ik} 都是以 N 为周期的周期函数，故

$$\mathrm{DFS}[x(n-m)] = W_N^{mk}\sum_{i=0}^{N-1} x(i)W_N^{ik} = W_N^{mk}\widetilde{X}(k)$$

任何大于或等于周期 N 的移位（即 $m \geqslant N$），在时域上都无法与 $m = m_1 + m_2 N$ 的较短的移位 m_1 区分开来，其中 m_1 和 m_2 均为整数，且 $0 \leqslant m_1 \leqslant N-1$（这一点说明可用另一种方式 $m_1 = m[\mathrm{mod}N]$ 表示，或等效的 m_1 是 m 被 N 除的余数，我们将在下一节讨论这一点）。利用 m 的表达式可以很容易证明，$W_N^{mk} = W_N^{m_1 k}$。

由于周期序列的傅氏级数也是一个周期序列，类似的结果也可以用于傅氏系数的移位，若它为整数 l，则有

$$W_N^{ln} x(n) \overset{\mathscr{DFS}}{\longleftrightarrow} \widetilde{X}(k+l)$$

这实际上是我们熟悉的调制性。证明如下：

$$\mathrm{IDFS}[\widetilde{X}(k+l)] = \frac{1}{N}\sum_{k=0}^{N-1}\widetilde{X}(k+l)\mathrm{e}^{\mathrm{j}\frac{2\pi}{N}kn} = \frac{1}{N}\sum_{i=l}^{N-1+l}\widetilde{X}(i)\mathrm{e}^{\mathrm{j}\frac{2\pi}{N}(i-l)n}$$

$$= \mathrm{e}^{-\mathrm{j}\frac{2\pi}{N}\cdot ln}\frac{1}{N}\sum_{i=0}^{N-1}\widetilde{X}(i)\mathrm{e}^{\mathrm{j}\frac{2\pi}{N}\cdot in} = W_N^{ln} x(n) \tag{6-25}$$

三、对偶性

由于连续时间信号的傅氏变换对之间极为相似，所以在时域和频域之间存在着对偶性。然而，对于非周期信号的离散时间傅氏变换并不存在类似的对偶性，这是由于非周期信号和它的傅氏变换是两类十分不同的函数，因为非周期离散时间信号是非周期序列，而它的傅氏变换总是连续频率变量的周期函数。

然而，对于周期信号来说，我们可以从式（6-21）和式（6-22）中看到，DFS 变换对的差别仅在于一个 $1/N$ 因子和 W_N 指数的符号。另外，周期序列和它的 DFS 系数为同类函数，均为周期序列。特别是，考虑到因子 $1/N$ 以及式（6-21）和式（6-22）之间指数符号的差别，由式（6-22）可得

$$N\widetilde{x}(-n) = \sum_{k=0}^{N-1}\widetilde{X}(k)W_N^{nk} \tag{6-26}$$

或者将其中的 n 和 k 互换，有

$$N\widetilde{x}(-k) = \sum_{n=0}^{N-1} \widetilde{X}(n) W_N^{kn} \qquad (6-27)$$

看到，式（6-27）与式（6-21）相似。换句话说，周期序列 $\widetilde{X}(n)$ 的 DFS 系数序列是 $N\widetilde{x}(-k)$，即倒序后的原周期序列并乘以 N。该对偶性概括如下：若

$$\widetilde{x}(n) \overset{\mathscr{DFS}}{\longleftrightarrow} \widetilde{X}(k) \qquad (6-28)$$

那么

$$\widetilde{X}(n) \overset{\mathscr{DFS}}{\longleftrightarrow} N\widetilde{x}(-k) \qquad (6-29)$$

四、周期卷积

如果 $\widetilde{Y}(k) = \widetilde{X}_1(k) \cdot \widetilde{X}_2(k)$，那么

$$\widetilde{y}(n) = \text{IDFS}[\widetilde{Y}(k)] = \sum_{m=0}^{N-1} \widetilde{x}_1(m) \widetilde{x}_2(n-m)$$

$$= \sum_{m=0}^{N-1} \widetilde{x}_2(m) \widetilde{x}_1(n-m) \qquad (6-30)$$

证：将 $\widetilde{X}_1(k) = \sum_{m=0}^{N-1} \widetilde{x_1}(m) W_N^{km}$ 代入 $\widetilde{Y}(k) = \widetilde{X}_1(k) \cdot \widetilde{X}_2(k)$，求反变换，得

$$\widetilde{y}(n) = \text{IDFS}[\widetilde{Y}(k)] = \frac{1}{N} \sum_{k=0}^{N-1} \widetilde{X}_1(k) \widetilde{X}_2(k) W_N^{-kn}$$

$$= \frac{1}{N} \sum_{k=0}^{N-1} \Big[\sum_{m=0}^{N-1} \widetilde{x_1}(m) W_N^{km} \Big] \widetilde{X}_2(k) W_N^{-kn}$$

交换求和次序 k、m，有

$$\widetilde{y}(n) = \sum_{m=0}^{N-1} \widetilde{x}_1(m) \Big[\frac{1}{N} \sum_{k=0}^{N-1} \widetilde{X}_2(k) W_N^{-k(n-m)} \Big]$$

$$= \sum_{m=0}^{N-1} \widetilde{x}_1(m) \widetilde{x}_2(n-m)$$

将变量进行简单换元，即可得等价的表示式

$$\widetilde{y}(n) = \sum_{m=0}^{N-1} \widetilde{x}_2(m) \widetilde{x}_1(n-m)$$

式（6-30）是一个卷积公式，但是它与非周期序列的线性卷积不同：

（1）在有限区间上求和，即在一个周期 $0 \leqslant m \leqslant N-1$ 上进行；

（2）$\widetilde{x}_1(m)$ 和 $\widetilde{x}_2(n-m)$ ［或 $\widetilde{x}_2(m)$ 与 $\widetilde{x}_1(n-m)$］都是变量 m 的周期序列，周期为 N，故乘积也是周期为 N 的周期序列。

所以将其称为**周期卷积**。图 6-5 描述了两个周期序列的周期卷积的形成过程（周期 $N=8$）。在卷积过程中，一个周期的某一序列值移出计算区间时，相邻的一个周期的同一位置的序列值就移入计算区间。所有运算都是在区间 $0 \leqslant m \leqslant N-1$ 内进行，计算出 $n=0$ 到 $(N-1)$ 的结果后，再将所得结果进行周期延拓，便得到所求的整个周期序列 $\widetilde{y}(n)$。

同样，由于 DFS 和 IDFS 的对称性，可以证明，时域周期序列的乘积对应着频域周期序列的周期卷积。即，如果

$$\widetilde{y}(n) = \widetilde{x}_1(n) \cdot \widetilde{x}_2(n), \quad 0 \leqslant n \leqslant N-1$$

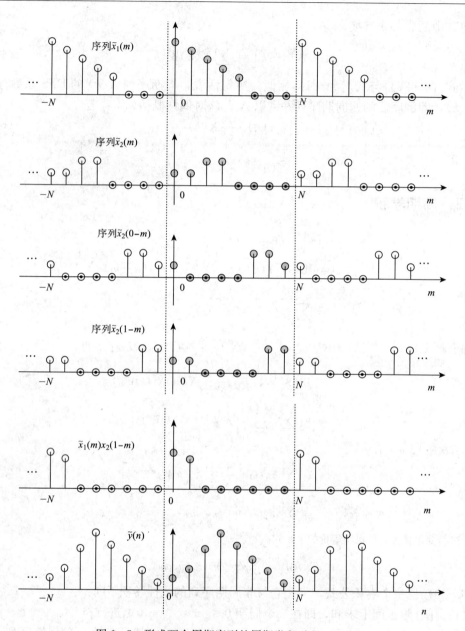

图 6-5　形成两个周期序列的周期卷积过程（$N=8$）

那么

$$\widetilde{Y}(k) = \mathrm{DFS}[\tilde{y}(n)] = \sum_{m=0}^{N-1} \tilde{y}(m) W_N^{km}$$

$$= \frac{1}{N} \sum_{l=0}^{N-1} \widetilde{X}_1(l) \widetilde{X}_2(k-l) \tag{6-31}$$

$$= \frac{1}{N} \sum_{l=0}^{N-1} \widetilde{X}_2(l) \widetilde{X}_1(k-l)$$

第五节 有限长序列的离散频域表示——离散傅里叶变换

假设有一样本个数为 N 的有限长序列 $x(n)$，即 $x(n)$ 只在 $0 \leqslant n \leqslant N-1$ 内有值，在其外所有 $x(n)=0$。对于这样一个长度为 N 的有限长序列，可以把它跟周期序列联系起来。因为从上面的讨论知，在周期序列中，仅有有限个数值有意义，适合于分析有限长序列。我们可以把有限长序列看成周期为 N 的周期序列的一个周期样本，这样利用 DFS 计算周期序列的一个周期，也就计算了有限长序列。所以它的离散傅氏级数表达式就是有限长序列的离散傅氏变换（DFT）。

把 $x(n)$ 看成周期为 N 的周期序列 $\tilde{x}(n)$ 的一个周期内的样本，那么 $\tilde{x}(n)$ 就是 $x(n)$ 以 N 为周期的周期延拓，即

$$\tilde{x}(n) = \sum_{r=-\infty}^{\infty} x(n-rN) \tag{6-32}$$

通常把 $\tilde{x}(n)$ 的第一个周期 $0 \leqslant n \leqslant N-1$ 定义为"主值区间"，所以 $x(n)$ 是 $\tilde{x}(n)$ 的"主值序列"：

$$x(n) = \begin{cases} \tilde{x}(n), & 0 \leqslant n \leqslant N-1 \\ 0, & \text{其他 } n \end{cases} \tag{6-33}$$

对于不同的 r 值，$x(n+rN)$ 之间彼此并不重叠，故上式可写成

$$\tilde{x}(n) = x(n \bmod N) \quad \text{或} \quad \tilde{x}(n) = x(n \, 模 \, N) = x((n))_N \tag{6-34}$$

用 $((n))_N$ 表示 $(n \bmod N)$，在数学上就是表示"n 对 N 取余数"，或称"n 对 N 取模值"。令

$$n = n_1 + mN, \quad 0 \leqslant n_1 \leqslant N-1, m \text{ 为整数}$$

则 n_1 为 n 对 N 的余数，不管 n_1 加上多少倍的 N，其余数皆为 n_1，也就是说，周期性重复出现的 $x((n))_N$ 数值是相等的。

【例 6-4】 设 $\tilde{x}(n)$ 是周期为 $N=11$ 的序列，求 $n=26$，$n=-5$ 两数对 N 的余数。

解：因为 $n=26=2 \times 11+4$，故 $((26))_{N=11}=4$，而 $n=-5=(-1) \times 11+6$。故 $((-5))_{N=11}=6$，因此 $\tilde{x}(26)=x((26))_{N=11}=x(4)$，$x(-5)=x((-5))_{N=11}=x(6)$。

在实际讨论中，利用前面的矩形序列的符号 $R_N(n)$：

$$R_N(n) = \begin{cases} 1, & 0 \leqslant n \leqslant N-1 \\ 0, & \text{其他 } n \end{cases}$$

可将式（6-33）可写成

$$\tilde{x}(n) = x((n))_N \rightarrow x(n) = \tilde{x}(n)R_N(n) \tag{6-35}$$

同样，在频域内，把周期序列 $\tilde{X}(k)$ 也可看成是有限长序列 $X(k)$ 的周期延拓，而有限长序列 $X(k)$ 看成周期序列 $\tilde{X}(k)$ 的主值序列，即

$$\tilde{X}(k) = X((k))_N \tag{6-36}$$

$$X(k) = \tilde{X}(k)R_N(k) \tag{6-37}$$

从式（6-21）与式（6-22）的 DFS 及 IDFS 的表达式看出，求和只是限定在 $0 \leqslant n \leqslant N-1$

及 $0 \leqslant k \leqslant N-1$ 的主值区间进行，所以完全适用于主值序列 $x(n)$ 与 $X(k)$，这样，我们可以得到新的定义，即有限长序列的**离散傅氏变换**定义：

正变换

$$X(k) = \mathrm{DFT}[x(n)] = \sum_{n=0}^{N-1} x(n) W_N^{nk}, \quad 0 \leqslant k \leqslant N-1 \tag{6-38}$$

$$X(k) = \begin{cases} \sum_{n=0}^{N-1} x(n) W_N^{nk}, & 0 \leqslant k \leqslant N-1 \\ 0, & \text{其他 } k \end{cases}$$

反变换

$$x(n) = \mathrm{IDFT}[X(k)] = \frac{1}{N} \sum_{k=0}^{N-1} X(k) W_N^{-nk}, \quad 0 \leqslant n \leqslant N-1 \tag{6-39}$$

$$x(n) = \begin{cases} \frac{1}{N} \sum_{k=0}^{N-1} X(k) W_N^{-nk}, & 0 \leqslant n \leqslant N-1 \\ 0, & \text{其他 } n \end{cases}$$

或简写成

$$X(k) = \sum_{n=0}^{N-1} \tilde{x}(n) W_N^{kn} R_N(k) = \tilde{X}(k) R_N(k) \tag{6-40}$$

$$x(n) = \frac{1}{N} \sum_{k=0}^{N-1} \tilde{X}(k) W_N^{-nk} R_N(n) = \tilde{x}(n) R_N(n) \tag{6-41}$$

其中 $\mathrm{DFT}[\cdot]$ 表示离散傅氏正变换，$\mathrm{IDFT}[\cdot]$ 表示离散傅氏反变换，有时也用下列记号表示：

$$x(n) \overset{\mathscr{DFS}}{\longleftrightarrow} X(k)$$

所以 $x(n)$ 和 $X(k)$ 是一个有限长序列的离散傅氏变换对。已知其中的一个序列，就能唯一地确定另一个序列。这是因为 $x(n)$ 与 $X(k)$ 都是长度为 N 的序列，都有 N 个独立值（可以是复值），所以信息当然等量。

样本个数为 N 的有限长序列和周期为 N 的周期序列，都是由 N 个值来定义。但是我们要注意：凡是说到离散傅氏变换关系之处，有限长序列都是作为周期序列的一个周期来表示的，都隐含有周期性意义。此外，也应注意到：离散傅氏变换（有限长序列傅氏变换）与离散时间傅氏变换（序列的傅氏变换）之间的差异以及它们之间的连续。

第六节　离散傅里叶变换的性质

在本节，我们将要列出 DFT 的一些主要性质，它们本质上是和周期序列的 DFS 有关，所以，有限长序列与其 DFT 表达式都隐含有周期性。下面讨论的序列都是长度为 N 的序列，并假设

$$x_1(n) \overset{\mathscr{DFS}}{\longleftrightarrow} X_1(k), \quad x_2(n) \overset{\mathscr{DFS}}{\longleftrightarrow} X_2(k)$$

一、线性性

如果两个有限长序列为 $x_1(n)$ 和 $x_2(n)$，那么

$$ax_1(n) + bx_2(n) \overset{\mathscr{DFS}}{\longleftrightarrow} aX_1(k) + bX_2(k) \tag{6-42}$$

其中 a、b 为任意常数，这可以由定义直接证明。但应注意：若 $x_1(n)$ 和 $x_2(n)$ 的长度不等时，假设 $x_1(n)$ 的长度为 $N_1(0 \leqslant n \leqslant N_1-1)$，而 $x_2(n)$ 的长度为 $N_2(0 \leqslant n \leqslant N_2-1)$，那么 $ax_1(n)+bx_2(n)$ 的长度应为 $N = \max(N_1, N_2)$，所以 DFT 的长度为 N。例如，若 $N_1 > N_2$，则取 $N = N_1$，那么将 $x_2(n)$ 补上 $N_1 - N_2$ 个零值点，使序列 $x_2(n)$ 的长度变为 N_1，然后再作 N_1 点的 DFT。即

$$\begin{cases} X_1(k) = \sum_{n=0}^{N_1-1} x_1(n) W_{N_1}^{kn} = \sum_{n=0}^{N_1-1} x_1(n) e^{-j\frac{2\pi}{N_1}kn} R_{N_1}(k) \\ X_2(k) = \sum_{n=0}^{N_1-1} x_2(n) W_{N_1}^{kn} = \sum_{n=0}^{N_2-1} x_2(n) e^{-j\frac{2\pi}{N_1}kn} R_{N_1}(k) \end{cases}$$

二、对偶性

与 DFS 的对偶性相类似，DFT 的对偶性为：若

$$x(n) \overset{\mathscr{DFS}}{\longleftrightarrow} X(k) \tag{6-43}$$

那么

$$X(n) \overset{\mathscr{DFS}}{\longleftrightarrow} Nx((-k))_N, \quad 0 \leqslant k \leqslant N-1 \tag{6-44}$$

三、对称性

若 $x(n)$ 为实序列，则 $X(k)$ 具有共轭对称性：

$$X(k) = X^*((-k))_N = X^*((N-k))_N, \quad 0 \leqslant k \leqslant -1 \tag{6-45}$$

若 $x(n)$ 为纯虚序列，则 $X(k)$ 具有共轭反对称性：

$$X(k) = -X^*((-k))_N = -X^*((N-k))_N, \quad 0 \leqslant k \leqslant -1 \tag{6-46}$$

四、共轭对称性

有限长序列（长度为 N）的离散傅氏变换隐含有周期性（周期为 N），若利用第五章第二节的定义来算出序列的共轭对称分量 $x_e(n)$ 和共轭反对称分量 $x_o(n)$，那么其长都将为 $(2N-1)$，故不能这样计算。因此，在这里应从周期序列的共轭对称分量 $\tilde{x}_e(n)$ 与共轭反对称分量 $\tilde{x}_o(n)$ 入手，由于它们都具有周期性（周期皆为 N），取其主值区序列便可得到所要求的 DFT 运算的有限长序列的相应分量，并分别称之为圆周共轭对称分量 $x_{ep}(n)$ 和圆周共轭反对称分量 $x_{op}(n)$。

设有限长度为 N 点的序列 $x(n)$，延拓成周期为 N 的周期序列 $\tilde{x}(n)$，即

$$\tilde{x}(n) = x((n))_N \tag{6-47}$$

周期序列 $\tilde{x}(n)$ 的共轭对称分量 $\tilde{x}_e(n)$ 及共轭反对称分量 $\tilde{x}_o(n)$ 分别为

$$\tilde{x}_e(n) = \frac{1}{2}[\tilde{x}(n) + \tilde{x}^*(-n)] = \frac{1}{2}[x((n))_N + x^*((N-n))_N] \qquad (6-48)$$

$$\tilde{x}_o(n) = \frac{1}{2}[\tilde{x}(n) - \tilde{x}^*(-n)] = \frac{1}{2}[x((n))_N - x^*((N-n))_N] \qquad (6-49)$$

同样可以证明，它们满足

$$\tilde{x}_e(n) = \tilde{x}_e^*(-n) \qquad (6-50)$$

$$\tilde{x}_o(n) = -\tilde{x}_o^*(-n) \qquad (6-51)$$

因此，我们可以把有限长序列 $x(n)$ 的圆周共轭对称分量 $x_{ep}(n)$ 和圆周共轭反对称分量 $x_{op}(n)$ 分别定义为

$$x_{ep}(n) = \tilde{x}_e(n)R_N(n) = \frac{1}{2}[x((n))_N + x^*((N-n))_N]R_N(n) \qquad (6-52)$$

$$x_{op}(n) = \tilde{x}_o(n)R_N(n) = \frac{1}{2}[x((n))_N - x^*((N-n))_N]R_N(n) \qquad (6-53)$$

由于满足

$$\tilde{x}(n) = \tilde{x}_e(n) + \tilde{x}_o(n) \qquad (6-54)$$

故

$$x(n) = \tilde{x}(n)R_N(n) = [\tilde{x}_e(n) + \tilde{x}_o(n)]R_N(n)$$

即

$$x(n) = x_{ep}(n) + x_{op}(n) \qquad (6-55)$$

也就是说：长度为 N 的有限长序列 $x(n)$ 可以分解成相同长度的两个分量，即圆周共轭对称分量 $x_{ep}(n)$ 和圆周共轭反对称分量 $x_{op}(n)$ 之和。

设 $DFT[x(n)] = DFT\{Re[x(n)] + jIm[x(n)]\}$，那么有

$$DFT\{Re[x(n)]\} = X_{ep}(k) = \frac{1}{2}[X((k))_N + X^*((N-k))_N]R_N(k) \qquad (6-56)$$

$$DFT\{jIm[x(n)]\} = X_{op}(k) = \frac{1}{2}[X((k))_N - X^*((N-k))_N]R_N(k) \qquad (6-57)$$

五、循环移位

一个长度为 N 的序列 $x(n)$，其循环移位定义为

$$x((n-m))_N R_N(n) = \tilde{x}(n-m)R_N(n) \qquad (6-58)$$

其中 m 表示 $x(n)$ 移了 m 位，$\tilde{x}(n)$ 是 $x(n)$ 的周期延拓（周期为 N）。这表明：$x(n)$ 移 m 位后所得到的新序列可看成是将 $x(n)$ 先进行周期延拓为 $\tilde{x}(n)$，然后把周期序列 $\tilde{x}(n)$ 加以移位，最后取主值区间 $0 \leqslant n \leqslant N-1$ 上的序列值。可以这样来理解循环移位，假设是 $n=0$ 和 $n=N-1$ 的值都标在一个圆上，如图 6-6 为一个八点的序列。圆周右移两位相当于沿顺时针方向将圆周旋转两点，所以也称之为有限长序列的圆周移位。

有限长序列循环移位后的 DFT 为

$$x((n-m))_N R_N(n) \overset{\mathscr{DFS}}{\longleftrightarrow} W_N^{mk}X(k) \qquad (6-59)$$

证：由周期序列的移位性质知

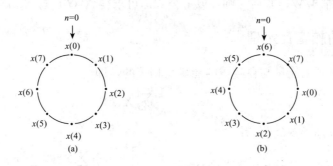

图 6-6 序列循环移位示意图

(a) 八点序列；(b) 循环右移位两点

$$\mathrm{DFS}[x((n-m))_N] = \mathrm{DFS}[\tilde{x}(n-m)] = W_N^{mk}\tilde{X}(k)$$

再利用 DFS 和 DFT 的关系，即利用式（6-59）及式（6-37），序列 $\tilde{x}(n-m)$ 取主值区间，其 DFS 也取主值区间，即

$$\mathrm{DFT}[x((n-m))_N R_N(n)] = \mathrm{DFT}[\tilde{x}(n-m)R_N(n)]$$
$$= W_N^{mk}\tilde{X}(k)R_N(k) = W_N^{mk}X(k)$$

有限长序列的循环移位，在离散频域中只引入一个和频率成正比的线性相移 $W_N^{mk} = \mathrm{e}^{-\mathrm{j}\frac{2\pi}{N}mk}$，对频谱的幅度是没有影响的。

同样，如果频域的有限长序列 $X(k)$ 发生了移位，那么序列就乘以一个负指数，即

$$W_N^{ml}x(n) \xleftrightarrow{\ \mathscr{DFS}\ } X((k+l))_N R_N(k), \qquad 0 \leqslant k \leqslant N-1 \qquad (6-60)$$

这实质上就是调制特性，时域序列的调制，等效于频域的循环移位。

【例 6-5】 利用共轭对称性，可以用一次 DFT 运算来计算两个实序列的 DFT，因而可以减少计算量。

设 $x_1(n)$、$x_2(n)$ 都是实数序列，求 $\mathrm{DFT}[x_1(n)]=X_1(k)$，$\mathrm{DFT}[x_2(n)]=X_2(k)$。

解：先利用此二序列构成一个复序列，即

$$w(n) = x_1(n) + \mathrm{j}x_2(n) \qquad (6-61)$$

则

$$\begin{aligned}
\mathrm{DFT}[w(n)] = W(k) &= \mathrm{DFT}[x_1(n) + \mathrm{j}x_2(n)] \\
&= \mathrm{DFT}[x_1(n)] + \mathrm{j}\mathrm{DFT}[x_2(n)] \\
&= X_1(k) + \mathrm{j}X_2(k)
\end{aligned}$$

又

$$x_1(n) = \mathrm{Re}[w(n)]$$

故

$$\begin{aligned}
X_1(k) = \mathrm{DFT}\{\mathrm{Re}[w(n)]\} &= W_{\mathrm{ep}}(k) \\
&= \frac{1}{2}[W(k) + W^*((N-k))_N]R_N(k)
\end{aligned} \qquad (6-62\mathrm{a})$$

同样，由于 $x_2(n)=\mathrm{Im}[w(n)]$，故

$$X_2(k) = \frac{1}{\mathrm{j}}W_{\mathrm{op}}(k) = \frac{1}{2\mathrm{j}}[W(k) - W^*((N-k))_N]R_N(k) \qquad (6-62\mathrm{b})$$

所以用一次 DFT 求出 $W(k)$ 后，则按以上公式即可求得 $X_1(k)$ 与 $X_2(k)$。

六、DFT 的帕塞瓦定理

一个序列在时域的能量与在频域的能量是相等的，即

$$\sum_{n=0}^{N-1} x(n)y^*(n) = \frac{1}{N}\sum_{k=0}^{N-1} X(k)Y^*(k) \tag{6-63}$$

证：利用 DFT 的正变换公式，有

$$\sum_{n=0}^{N-1} x(n)y^*(n) = \sum_{n=0}^{N-1} x(n)\left[\frac{1}{N}\sum_{k=0}^{N-1} Y(k)W_N^{-nk}\right]^* = \frac{1}{N}\sum_{k=0}^{N-1} Y^*(k)\sum_{n=0}^{N-1} x(n)W_N^{nk}$$

$$= \frac{1}{N}\sum_{k=0}^{N-1} Y^*(k)X(k) = \frac{1}{N}\sum_{k=0}^{N-1} X(k)Y^*(k)$$

若令 $y(n) = x(n)$，那么式 (6-63) 变为

$$\sum_{n=0}^{N-1} x(n)x^*(n) = \frac{1}{N}\sum_{k=0}^{N-1} X(k)X^*(k)$$

即

$$\sum_{n=0}^{N-1} |x(n)|^2 = \frac{1}{N}\sum_{k=0}^{N-1} |X(k)|^2 \tag{6-64}$$

这表明一个序列在时域的能量计算值与在频域的能量计算值是相等的。

七、循环卷积

假设 $x_1(n)$ 和 $x_2(n)$ 都是长度为 N 的有限长序列（$0 \leqslant n \leqslant N-1$），并且有 $\text{DFT}[x_1(n)] = X_1(k)$，$\text{DFT}[x_2(n)] = X_2(k)$，如果

$$Y(k) = X_1(k) \cdot X_2(k)$$

那么

$$y(n) = \text{IDFT}[Y(k)] = \left[\sum_{m=0}^{N-1} x_1(m)x_2((n-m))_N\right]R_N(n)$$

$$= \left[\sum_{m=0}^{N-1} x_2(m)x_1((n-m))_N\right]R_N(n) \tag{6-65}$$

证：式 (6-65) 的卷积实质上是周期序列 $\tilde{x}_1(n)$ 和 $\tilde{x}_2(n)$ 作周期卷积后再取主值序列，所以我们先对 $\tilde{Y}(k)$ 进行周期延拓，得到

$$\tilde{Y}(k) = \tilde{X}_1(k) \cdot \tilde{X}_2(k)$$

依据 DFS 的周期卷积公式 (6-30)，得

$$\tilde{y}(n) = \text{IDFT}[\tilde{Y}(k)] = \sum_{m=0}^{N-1} \tilde{x}_1(m)\tilde{x}_2(n-m) = \sum_{m=0}^{N-1} x_1((m))_N x_2((n-m))_N$$

由于 $0 \leqslant m \leqslant N-1$，为主值区间，故 $x_1((m))_N = x_1(m)$，所以

$$y(n) = \tilde{y}(n)R_N(n) = \left[\sum_{m=0}^{N-1} x_1(m)x_2((n-m))_N\right]R_N(n)$$

同样可以证明

$$y(n) = \left[\sum_{m=0}^{N-1} x_2(m)x_1((n-m))_N\right]R_N(n)$$

成立。我们把上述运算称为**循环卷积**，更确切地说，它是 N 点循环卷积，用符号 Ⓝ 表示为

$$x_1(n) Ⓝ x_2(n) = \Big[\sum_{m=0}^{N-1} x_1(m)x_2((n-m))_N\Big]R_N(n)$$

$$= \Big[\sum_{m=0}^{N-1} x_2(m)x_1((n-m))_N\Big]R_N(n)$$

$$x_1(n) Ⓝ x_2(n) = x_2(n) Ⓝ x_1(n) \qquad (6-66)$$

若 $y(n)=x_1(n)\cdot x_2(n)$，且 $x_1(n)$ 和 $x_2(n)$ 为 N 点有限长序列，那么，利用时域与频域的对称性，同样可以得出

$$Y(k) = \mathrm{DFT}[y(n)] = \frac{1}{N}\Big[\sum_{l=0}^{N-1} X_1(l)X_2((k-l))_N\Big]R_N(k)$$

$$= \frac{1}{N}\Big[\sum_{l=0}^{N-1} X_2(l)X_1((k-l))_N\Big]R_N(k)$$

$$= \frac{1}{N}X_1(k) Ⓝ X_2(k) \qquad (6-67)$$

说明两时域序列相乘，其乘积的 DFT 为两个序列的 DFT 进行循环卷积后，再乘以 $1/N$。

上述类型的卷积有时也称为**圆周卷积**。图 6-7 是长度都为 N 点的两序列 $x_1(n)$ 和 $x_2(n)$ 循环卷积过程与结果。

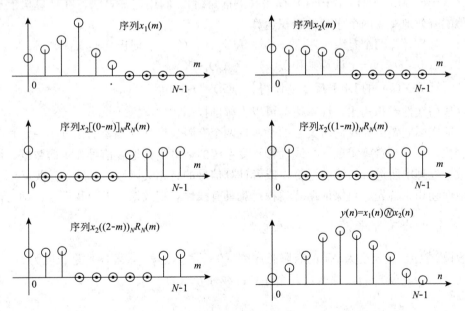

图 6-7　N 点有限长两序列的循环卷积

【**例 6-6**】　计算 $x_1(n)$、$x_2(n)$ 的 N 点循环卷积，其中

$$x_1(n) = x_2(n) = \begin{cases} 1, & 0 \leqslant n \leqslant N-1 \\ 0, & n \text{ 为其他} \end{cases}$$

解：$x_1(n)$、$x_2(n)$ 的 N 点 DFT 分别为

$$X_2(k) = X_1(k) = \sum_{n=0}^{N-1} x_1(n) W_N^{nk} = \sum_{n=0}^{N-1} x_1(n) e^{-j\frac{2\pi}{N}kn} = \sum_{n=0}^{N-1} e^{-j\frac{2\pi}{N}kn}$$

$$= \frac{1 - e^{-j\frac{2\pi}{N}k} e^{-j\frac{2\pi}{N}k(N-1)}}{1 - e^{-j\frac{2\pi}{N}k}} = \frac{1 - e^{-j2\pi k}}{1 - e^{-j\frac{2\pi}{N}k}} = \begin{cases} N, & k = 0 \\ 0, & \text{其他 } k \end{cases}$$

那么

$$Y(k) = X_1(k) \cdot X_2(k) = \begin{cases} N^2, & k = 0 \\ 0, & 0 < k \leqslant N-1 \end{cases}$$

所以两个序列 $x_1(n)$、$x_2(n)$ 的 N 点循环卷积为 $Y(k)$ 的 DFT 反变换，为

$$y(n) = \frac{1}{N} \sum_{k=0}^{N-1} Y(k) W_N^{-nk} = \frac{1}{N} \sum_{k=0}^{N-1} Y(k) e^{j\frac{2\pi}{N}nk} = \frac{1}{N} Y(0) e^{j\frac{2\pi}{N}n0} + 0$$

$$= \begin{cases} N, & 0 \leqslant n \leqslant N-1 \\ 0, & \text{其他 } n \end{cases}$$

八、用离散傅氏变换实现有限长序列的线性卷积

由上述的时域循环卷积知，在时域内两个有限长序列（长度皆为 N）的卷积可以转换为在频域上两序列相应 DFT 的乘积。而 DFT 已有高效的快速算法：快速傅氏变换（Fast Fourier Transforms，FFT）算法（下章介绍）。利用这种算法，在计算机上通过如下步骤能有效地实现两个序列的卷积运算。

（1）分别计算两个有限长序列 $x_1(n)$ 和 $x_2(n)$ 的 N 点傅氏变换 $X_1(k)$ 和 $X_2(k)$；

（2）取 $0 \leqslant k \leqslant N-1$ 计算乘积 $Y(k) = X_1(k) \cdot X_2(k)$；

（3）计算 $Y(k)$ 的 DFT 反变换便得到 $y(n) = x_1(n) \textcircled{N} x_2(n)$。

这种算法与线性卷积相比，计算速度可以大幅度提高。

一般实际问题中，我们所关心的是实现两个有限长序列（二者的长度不一定相等）的线性卷积，也就是希望实现一个线性移不变系统的运算。如地震信号、重磁数据、语音波形等数据处理中所进行的滤波运算，或者计算信号的自相关函数等都属于这类问题。为了得到线性卷积，首先必须保证循环卷积运算具有线性卷积效果。下面我们来详细讨论。

（一）两个有限长序列的线性卷积

假设 $x_1(n)$ 是长度为 N_1 的有限长序列（$0 \leqslant n \leqslant N_1 - 1$），$x_2(n)$ 是长度为 N_2 的有限长序列（$0 \leqslant n \leqslant N_2 - 1$），那么这两个序列的线性卷积为

$$y_l(n) = \sum_{m=-\infty}^{\infty} x_1(m) x_2(n-m) = \sum_{m=0}^{N_1-1} x_1(m) x_2(n-m) \tag{6-68}$$

序列 $x_1(m)$ 的非零值区间为 $0 \leqslant m \leqslant N_1 - 1$，而序列 $x_2(n-m)$ 的非零值区间为 $0 \leqslant n - m \leqslant N_2 - 1$，两个不等式相加，得

$$0 \leqslant n \leqslant N_1 + N_2 - 2$$

在该区间外，很明显，$y(n) = 0$。因而 $y(n)$ 也是有限长序列，长度为（$N_1 + N_2 - 1$）点，

等于参与卷积的两序列的长度点数之和减去 1，即 $N = N_1 + N_2 - 1$。例如，如图 6-8 所示，$x_1(n)$ 为 $N_1 = 6$ 的矩形序列，$x_2(n)$ 为 $N_2 = 5$ 的矩形序列，则它们的线性卷积 $y_l(n)$ 为 $N = N_1 + N_2 - 1 = 10$ 点的有限长序列。

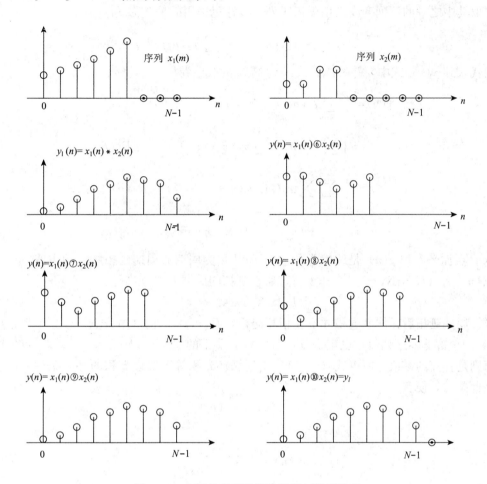

图 6-8　有限长序列的线性卷积与循环卷积

（二）循环卷积代替线性卷积的条件

下面讨论有限长序列 $x_1(n)$ 与 $x_2(n)$ 的循环卷积。先假设长度为 L 点的循环卷积，然后讨论 L 满足什么条件时，循环卷积能代替线性卷积。

假设 $y(n) = x_1(n) \, \textcircled{L} \, x_2(n)$ 是两序列的 L 点循环卷积，将 $x_1(n)$、$x_2(n)$ 都看成是长度为 L 点的序列，令

$$x_1(n) = \begin{cases} x_1(n), & 0 \leqslant n \leqslant N_1 - 1 \\ 0, & N_1 \leqslant n \leqslant L - 1 \end{cases}$$

$$x_2(n) = \begin{cases} x_2(n), & 0 \leqslant n \leqslant N_2 - 1 \\ 0, & N_2 \leqslant n \leqslant L - 1 \end{cases}$$

即在 $x_1(n)$ 中补上 $(L-N_1)$ 个零值点，在 $x_2(n)$ 中补上 $(L-N_2)$ 个零值点。那么

$$y(n) = \Big[\sum_{m=0}^{L-1} x_1(m) x_2((n-m))_L \Big] \cdot R_L(n) \tag{6-69}$$

可以取其中之一的序列变成周期延拓序列 $\Big[$（这里采用的是 $x_2(n)$）$\Big]$。

$$\tilde{x}_2(n) = x_2((n))_L = \sum_{r=-\infty}^{\infty} x_2(n-rL)$$

将它代入到 $y(n)$ 式中，并考虑到式（6-68）的线性卷积，得

$$
\begin{aligned}
y(n) &= \Big[\sum_{m=0}^{L-1} x_1(m) x_2((n-m))_L \Big] \cdot R_L(n) \\
&= \Big\{ \sum_{m=0}^{L-1} x_1(m) \Big[\sum_{r=-\infty}^{\infty} x_2(n-rL-m) \Big] \Big\} \cdot R_L(n) \\
&= \Big[\sum_{r=-\infty}^{\infty} \sum_{m=0}^{L-1} x_1(m) x_2(n-rL-m) \Big] \cdot R_L(n) \\
&= \Big[\sum_{r=-\infty}^{\infty} y_l(n-rL) \Big] \cdot R_L(n) = \tilde{y}(n) \cdot R_L(n)
\end{aligned}
\tag{6-70}
$$

所以 L 点循环卷积 $y(n)$ 是线性卷积 $y_l(n)$ 以 L 为周期的周期延拓序列的主值序列。因为 $y_l(n)$ 有 (N_1+N_1-1) 个非零值，所以延拓的周期 L 必须满足：

$$L \geqslant N_1 + N_2 - 1 \tag{6-71}$$

这样，周期延拓后，线性卷积才不会相互交叠，而 $y(n)$ 的前 (N_1+N_2-1) 个值正好是 $y(n)$ 的全部非零序列值，也正是 $y_l(n)$，$y(n)$ 剩下的 $[L-(N_1+N_2-1)]$ 个点上的序列值则是补充的零值。所以式（6-71）正是循环卷积等于线性卷积的必要条件，即只要满足此条件，便有

$$y(n) = y_l(n)$$

即

$$x_1(n) \textcircled{L} x_2(n) = x_1(n) * x_2(n) \quad \begin{cases} L \geqslant N_1 + N_2 - 1 \\ 0 \leqslant n \leqslant N_1 + N_2 - 2 \end{cases} \tag{6-72}$$

图 6-8 正好反映了式（6-70）的循环卷积与线性卷积的关系。在图 6-8 中 $N=N_1+N_2-1=6+4-1=9$，故当 $L=6$、7、8 时，都小于 N，这时产生混叠现象，$y(n)=x_1(n)$ $\textcircled{6} x_2(n)$、$y(n)=x_1(n)$ $\textcircled{7} x_2(n)$ 和 $y(n)=x_1(n)$ $\textcircled{8} x_2(n)$，其循环卷积不代表线性卷积。只有当 $L \geqslant N=9$ 时，循环卷积结果与线性卷积相同，如图 6-8 中 $L=9$，所得 $y(n)$ 的 9 点序列正好代表线性卷积结果。此后，当 L 增加时，前 9 点序列代表线性卷积结果，而后面从第 10 点开始为零值，对结果 $y_l(n)$ 没有影响。所以只要 $L \geqslant N_1+N_2-1$，循环卷积结果就代表线性卷积。

综上所述，用离散傅氏变换计算线性卷积的具体步骤为：

(1) 将序列 $x_1(n)$ 和 $x_2(n)$ 补零到长度 $L \geqslant N_1+N_2-1$；

(2) 分别求出 $x_1(n)$ 和 $x_2(n)$ 的 L 点 DFT $X_1(k)$ 和 $X_2(k)$；

(3) 将 $X_1(k)$ 和 $X_2(k)$ 直接相乘，得 $Y(k)=X_1(k) \cdot X_2(k)$；

(4) 计算 $Y(k)$ 的反变换，便得线性卷积 $y_l(n)=x_1(n) * x_2(n)$。

【例 6-7】　有两序列

$$x_1(n) = \delta(n) + 2\delta(n-2) + \delta(n-3), \quad x_2(n) = \delta(n) + \delta(n-1) + 2\delta(n-3)$$

(1) 求 $x_1(n)$ 的 4 点 DFT；

(2) 若 $y(n) = x_1(n)④x_1(n)$，求 $y(n)$ 及其 4 点 DFT $Y(k)$；

(3) 求 $x_1(n)④x_2(n)$；

(4) 求 $x_1(n)⑤x_2(n)$；

(5) 求 $x(n)⑥h(n)$；

(6) 求 $x_1(n)⑦x_2(n)$。

解：(1) $X_1(k) = \sum\limits_{n=0}^{N-1} x_1(n) W_N^{nk} = \sum\limits_{n=0}^{4-1} x_1(n) W_4^{nk} = \sum\limits_{n=0}^{3} x_1(n) W_4^{nk} = 1 + 2W_4^{2k} + W_4^{3k}$。

(2) $y(n) = x_1(n)④x_1(n)$，故 $Y(k) = X_1(k) \cdot X_1(k) = X_1^2(k)$，即

$$Y(k) = X_1^2(k) = (1 + 2W_4^{2k} + W_4^{3k})^2 = 1 + 4W_4^{2k} + 2W_4^{3k} + 4W_4^{4k} + 4W_4^{5k} + W_4^{6k}$$

又因 $W_4^{4k} = (e^{-j\frac{2\pi}{4}})^{4k} = e^{-j\frac{2\pi}{4} \cdot 4k} = e^{-j2\pi k} = 1$；$W_4^{5k} = (e^{-j\frac{2\pi}{4}})^{(4+1)k} = W_4^{1k}$；$W_4^{6k} = W_4^{2k}$，所以有

$$Y(k) = 5 + 4W_4^{k} + 5W_4^{2k} + 2W_4^{3k}$$

做逆变换后，得 $y(n) = 5\delta(n) + 4\delta(n-1) + 5\delta(n-2) + 2\delta(n-3)$。

(3) $x_1(n)$ 和 $x_2(n)$ 的 4 点循环卷积可用下列方法求得。

先求 $x_1(n)$ 和 $x_2(n)$ 的线性卷积 $h(n) * x(n)$，即

₂(n) ＼ ₁(n)	1	0	2	1
1	1	0	2	1
1	1	0	2	1
0	0	0	0	0
2	2	0	4	2

所以，$y_l(n) = x_1(n) * x_2(n) = \{1, 1, 2, 5, 1, 4, 2\}$，然后利用下表，求出 $y(n) = x_1(n)④x_1(n)$。

n	0 1 2 3	4 5 6 7
$y_l(n)$	1 1 2 5	1 4 2 0
$y_l(n+4)$	1 4 2 0	
$x_1(n)④x_2(n)$	2 5 4 5	

(4) $y(n) = x(n)⑤h(n)$ 为

n	0 1 2 3 4	5 6 7
$y_l(n)$	1 1 2 5 1	4 2 0
$y_l(n+5)$	4 2 0 0 0	
$x_1(n)⑤x_2(n)$	5 3 2 5 1	

（5）$y(n) = x(n)⑥h(n)$ 为

n	0 1 2 3 4 5	6 7
$y_l(n)$	1 1 2 5 1 4	2 0
$y_l(n+6)$	2 0 0 0 0 0	
$x_1(n)⑥x_2(n)$	3 1 2 5 1 4	

（6）$y(n) = x_1(n)⑦x_2(n)$ 为

n	0 1 2 3 4 5 6	7
$y_l(n)$	1 1 2 5 1 4 2	0
$y_l(n+7)$	0 0 0 0 0 0 0	
$x_1(n)⑦x_2(n)$	1 1 2 5 1 4 2	

显然，由于 $N=N_1+N_2-1=4+4-1=7$，所以，当 $L=N=7$ 时，线性卷积与圆周卷积才相等。

九、用 DFT 计算线性卷积的重叠相加法

离散傅氏变换在计算线性卷积 $y_l(n)=x_1(n)*x_2(n)$ 方面，具有一定的优势。但有时会遇到困难，例如，若 $x_1(n)$ 很长（实际信号），对 $x_1(n)$ 进行离散傅氏变换就要花费很多时间，有时甚至过长而无法计算 DFT，而 $x_2(n)$ 又可能相对较短（如 FIR 滤波器），这时就可利用分段卷积，将要处理的 $x_1(n)$ 进行分段，让每一段 $x_{1i}(n)$ 与 $x_2(n)$ 进行卷积，最后，将所有分段卷积和在一起就构成序列 $y(n)$。有两种分段卷积法：①重叠相加法；②重叠保存法。下面分别来介绍。

（一）重叠相加法

设序列 $x(n)$ 与一个长度为 N 的因果 FIR 滤波器 $h(n)$ 进行卷积运算，即

$$y(n) = \sum_{m=-\infty}^{\infty} x(m)h(n-m) = \sum_{m=0}^{N-1} x(m)h(n-m)$$

假定 $n<0$ 时，$x(n)=0$，而且 $x(n)$ 的长度远远大于 N。在重叠相加法中，将 $x(n)$ 均等的分成若干个长度为 M 的且没有重叠的子序列，如图 6-9 所示，因此 $x(n)$ 可以用长度为 M 的移位有限长序列之和来表示，即

$$x(n) = \sum_{i=0}^{\infty} x_i(n-Mi)$$

其中：

$$x_i(n) = \begin{cases} x(n+Mi), & n=0,\ 1,\ 2,\ \cdots,\ M-1 \\ 0, & \text{其他 } n \end{cases}$$

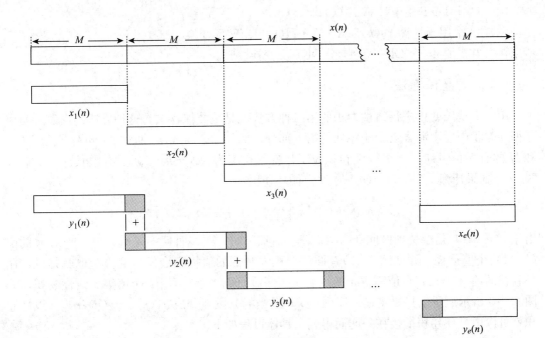

图 6-9 重叠相加法的分段卷积将序列分成长度为 M 的子序列

所以，$x(n)$ 与 $h(n)$ 的线性卷积为

$$y(n) = h(n) * x(n) = h(n) * \left[\sum_{i=0}^{\infty} x_i(n-Mi) \right] = \sum_{i=0}^{\infty} \left[h(n) * x_i(n-Mi) \right]$$

$$= \sum_{i=0}^{\infty} \left[\sum_{m=0}^{N-1} h(m) x_i(n-Mi-m) \right] = \sum_{i=0}^{\infty} y_i(n-Mi) \qquad (6-73)$$

其中：$y_i(n)$ 是 $x_i(n)$ 和 $h(n)$ 的线性卷积，即 $y_i(n) = x_i(n) * h(n)$。每一个子序列 $y_i(n)$ 的长度为 $L=M+N-1$，可以用 $x_i(n)$ 和 $h(n)$ 的 L 点 DFT 相乘来计算。对于每个 i 来说，由于子序列 $y_i(n)$ 和 $y_{i+1}(n)$ 有（$L-M$）个点重叠，求式（6-73）中的和时，将这些重叠点相加，故称为重叠相加法。

【例 6-8】 用一个线性移不变滤波器处理一个 3000 点的序列（进行线性卷积），滤波器的单位冲激相应的长度为 60。为了采用快速傅氏变换算法，该滤波器用 128 点的离散傅氏变换和反变换实现计算。如果采用重叠相加法，那么完成滤波运算共需多少次 DFT 变换？

解：对于重叠相加法，$x(n)$ 被分成若干个长度为 M 的不重叠的序列。若 $h(n)$ 的长度为 N，则 $y_i(n) = x_i(n) * h(n)$ 的长度为 $(M+N-1)$，所以 DFT 的长度应为 $L \geqslant M+N-1$，因此，取 $L=128$，而 $N=60$，故必须将 $x(n)$ 分成长度为

$$M = L - N + 1 = 128 - 60 + 1 = 69$$

的段。若 $x(n)$ 的长度为 3000 点，$3000/69 \approx 43.44$，所以共有 44 个序列，其中第 44 个序列仅有 33 个非零值。为了计算卷积 $y(n) = x(n) * h(n)$，共需要：

（1）一个 DFT 用于计算 $H(k)$；

（2）44 个 DFT 用于计算 $X_i(k)$；

（3）44 个用于计算 $Y_i(k)=X_i(k)\cdot H(k)$ DFT 反变换。

所以，一共需要 45 个 DFT 和 44 个 DFT 反变换。

（二）重叠保存法

用离散傅氏变换进行线性卷积的第二种方法就是重叠保存法，这种方法的出发点是由于循环卷积中发生混叠只影响序列的第一部分。例如，若 $x_1(n)$ 和 $h(n)$ 分别是长度为 L 和 N 的有限长序列，那么线性卷积 $y(n)$ 就是长度为 $(N+L-1)$ 的有限长序列。假设 $N>L$，如果计算 $x_1(n)$ 和 $h(n)$ 的 N 点循环卷积，即

$$x_1(n)\,\text{\textcircled{N}}\,h(n)=\left[\sum_{k=-\infty}^{\infty}y(n+kN)\right]R_N(n)$$

由于 $y(n+N)$ 是混叠到区间 $0\leqslant n\leqslant N-1$ 内唯一的一项，而且 $y(n+N)$ 只和 $y(n)$ 的前 $(L-1)$ 个值重叠（详见例 6-7），循环卷积中剩下的值将不会发生混叠。也就是说，循环卷积的前 $(L-1)$ 个值不等于线性卷积，而后面 $M=N-L+1$ 个值等于线性卷积，如图 6-10 所示。所以只要将输入序列 $x(n)$ 适当的分段［分成 $x_1(n)$、$x_2(n)$ …］，线性卷积就可以由循环卷积衔接在一起而得到。具体过程如下：

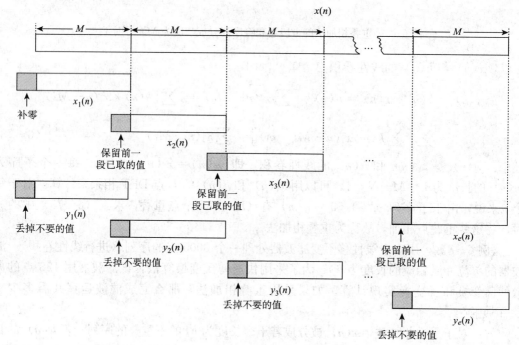

图 6-10　重叠保存法分段卷积示意图

（1）设序列 $x_1(n)$ 为

$$x_1(n)=\begin{cases}0, & 0\leqslant n<L-1\\x(n-L+1), & L-1\leqslant n<N-1\end{cases}$$

（2）计算 $x_1(n)$ 和 $h(n)$ 的 N 点循环卷积：先求乘积 $X_1(k)\cdot H(k)$，后求其反变换，

得到 $y_1(n)$。循环卷积的前 $(L-1)$ 个值发生了混叠，后 $(N-L+1)$ 个值对应于 $x(n)$ 和 $h(n)$ 的线性卷积。由于 $x_1(n)$ 的开始部分补零，所以，后 $(N-L+1)$ 个值是 $y(n)$ 的 $(N-L+1)$ 个值，即

$$y(n) = y_1(n+L-1), \quad 0 \leqslant n \leqslant N-L$$

（3）设序列 $x_2(n)$ 是从 $x(n)$ 中抽出来的 N 点序列，前 $(L-1)$ 个值与序列 $x_1(n)$ 的一些值重叠。

（4）计算 $x_2(n)$ 和 $h(n)$ 的 N 点循环卷积：同样，先求乘积 $X_2(k) \cdot H(k)$，后求其反变换，得到 $y_2(n)$，并去掉 $y_2(n)$ 前 $(L-1)$ 个值，保留后 $(N-L+1)$ 个值，与保存的 $y_1(n)$ 值连接起来，即

$$y(n+N-L+1) = y_2(n+L-1), \quad 0 \leqslant n \leqslant N-L$$

（5）重复步骤（3）和（4），直到计算完线性卷积的所有值。

从上述可以看出，每次计算完 N 点循环卷积后，仅仅保留了 $(N-L+1)$ 个值，所以称此法为重叠保存法。

第七节　对 DTFT 采样

设序列 $x(n)$ 的 DTFT 为 $X(e^{j\omega})$，$y(n)$ 是长度为 N 的有限长序列，$y(n)$ 的 DFT $Y(k)$ 采样是对 $X(e^{j\omega})$ 在 $\omega_k = 2\pi k/N$ 上的采样：

$$Y(k) = X(e^{j\omega})\big|_{\omega=2\pi k/N}, \quad k = 0, 1, 2, \cdots, N-1$$

表 6-2　离散傅氏变换（DFT）的主要性质

序号	序　列	DFT
1	$ax(n)+bh(n)$	$aX(k)+bH(k)$
2	$x((n+m))_N R_N(n)$	$W_N^{-mk} X(k)$
3	$W_N^{ml} x(n)$	$X((k+l))_N R_N(k)$
4	$x^*(n)$	$X^*((N-k))_N R_N(k)$
5	$x((-n))_N R_N(n)$	$X((N-k))_N R_N(k)$
6	$x^*((-n))_N R_N(n)$	$X^*(k)$
7	$\mathrm{Re}[x(n)]$	$X_{ep}(k) = \frac{1}{2}[X(k)+X^*((N-k))_N]R_N(k)$
8	$j\mathrm{Im}[x(n)]$	$X_{op}(k) = \frac{1}{2}[X(k)-X^*((N-k))_N]R_N(k)$
9	$x(n) \cdot h(n)$	$\frac{1}{N}\Big[\sum_{l=0}^{N-1} X(l)H((k-l))_N\Big]R_N(k)$
10	$x(n)Ⓝh(n)$	$X(k) \cdot H(k)$
11	$x_{ep}(n) = \frac{1}{2}[x(n)+x^*((N-n))_N]R_N(n)$	$\mathrm{Re}[X(k)]$

续表

序号	序　列	DFT
12	$x_{\mathrm{op}}(k) = \dfrac{1}{2}\big[x(n) - x^{*}((N-n))_N\big]R_N(n)$	$j\mathrm{Im}[X(k)]$
13	$x(n)$ 为实序列	$X(k) = X^{*}((N-k))_N R_N(k)$ $\mathrm{Re}[X(k)] = \mathrm{Re}[X((N-k))_N]R_N(k)$ $\mathrm{Im}[X(k)] = -\mathrm{Im}[X((N-k))_N]R_N(k)$ $\mid X(k)\mid = \mid X((N-k))_N\mid$ $\arg[X(k)] = -\arg[X((N-k))_N]R_N(k)$
14	$\displaystyle\sum_{n=0}^{N-1} x(n)y^{*}(n) = \frac{1}{N}\sum_{k=0}^{N-1} X(k)Y^{*}(k),\ \sum_{n=0}^{N-1}\mid x(n)\mid^{2} = \frac{1}{N}\sum_{k=0}^{N-1}\mid X(k)\mid^{2}\{\text{Parseval　定理}\}$	

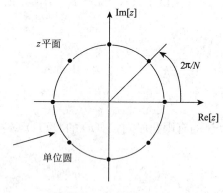

图 6-11　在单位圆上对 $X(z)$ 进行采样的点

因为 DTFT 相当于单位圆上的 $\mathscr{Z}$ 变换，所以，$y(n)$ 的这些 DFT $Y(k)$ 可以在单位圆的 N 个等间隔采样点 $z_k = \mathrm{e}^{j2\pi k/N}$ 处对 $X(z)$ 的采样得

$$Y(k) = X(z)\big|_{z=\mathrm{e}^{j2\pi k/N}},\ k = 0, 1, 2, \cdots, N-1$$

这就是说实现了频域的采样，便于计算机计算，如图 6-11 所示。但是，这种在频率域内采样以后是否仍能恢复出时域的原始序列 $x(n)$？是否仍能恢复出频谱 $X(\mathrm{e}^{j\omega})$？若能恢复，那么条件是什么？下面来讨论这一问题。

一、用频率域采样点重构有限长序列

$x(n)$ 是一个绝对可和的非周期序列，即有限长序列，它的 $\mathscr{Z}$ 变换 $X(z)$ 也绝对可和，因此该傅氏变换存在且连续，所以 $\mathscr{Z}$ 变换收敛域包括单位圆。按照上述方式采样，得到的实际上是周期序列（因为 DTFT 的函数是周期函数），用 $\widetilde{X}(k)$ 表示 [是 $Y(k)$ 的周期延拓]，即

$$\widetilde{X}(k) = X(z)\big|_{z=\mathrm{e}^{j2\pi k/N}} = \sum_{n=-\infty}^{\infty} x(n)\mathrm{e}^{-j\frac{2\pi}{N}kn}$$

$$= \sum_{n=-\infty}^{\infty} x(n)W_N^{kn} \tag{6-74}$$

这一周期序列 $\widetilde{X}(k)$ 的反变换为 $\widetilde{x}_N(n)$

$$\widetilde{x}_N(n) = \mathrm{IDFS}[\widetilde{X}(k)] = \frac{1}{N}\sum_{k=0}^{N-1}\widetilde{X}(k)W_N^{-nk}$$

将式（6-74）代入上式，得

$$\widetilde{x}_N(n) = \frac{1}{N}\sum_{k=0}^{N-1}\Big[\sum_{m=-\infty}^{\infty} x(m)W_N^{mk}\Big]W_N^{-nk}$$

$$= \sum_{m=-\infty}^{\infty} x(m)\Big[\frac{1}{N}\sum_{k=0}^{N-1} W_N^{(m-n)k}\Big]$$

由于

$$\frac{1}{N}\sum_{k=0}^{N-1}W_N^{(m-n)k} = \begin{cases} 1, & m = n+rN, r\ \text{为任意整数} \\ 0, & \text{其他}\ m \end{cases}$$

所以

$$\tilde{x}_N(n) = \sum_{m=-\infty}^{\infty}x(m)\left[\frac{1}{N}\sum_{k=0}^{N-1}W_N^{(m-n)k}\right] = \sum_{r=-\infty}^{\infty}x(n+rN) = x((n))_N \qquad (6-75)$$

可见，从 $\tilde{X}(k)$ 得到的周期序列 $\tilde{x}_N(n)$，是原始非周期序列 $x(n)$ 的周期延拓序列，而且时域周期是频域采样点数 N。显然，假若 $x(n)$ 不是有限长的，那么时域周期延拓后，必然会形成混叠现象，产生误差。然而，当 n 增加时，如果信号衰减得越快，或频域采样点数 N 越大（即采样越密），那么误差就越小。假若 $x(n)$ 是长度为 M 的有限长序列，而频域采样点 N 不够大，即当 $N<M$ 时，那么，$x(n)$ 以 N 为周期进行延拓，会产生混叠，从而由 $\tilde{x}_N(n)$ 就不能无失真地重构出原始信号 $x(n)$。

综上所述，对于长度为 M 的有限长序列 $x(n)$，要用频域采样点不失真地重构，其条件是：频域采样点数 N 要大于或等于序列长度 M，即满足

$$N \geqslant M \qquad (6-76)$$

这样便可得到

$$x_N(n) = \tilde{x}_N(n)R_N(n) = \sum_{r=-\infty}^{\infty}x(n+rN)R_N(n) = x(n), \quad N \geqslant M \qquad (6-77)$$

说明长度为 N（或小于 N）的有限长序列，可以利用它的 $\mathscr{L}$ 变换在单位圆上的 N 个等间隔点上的采样值精确地表示。即

$$x(n) = y(n) = \frac{1}{N}\sum_{k=0}^{N-1}Y(k)W_N^{-nk}$$

$$Y(k) = X(z)\big|_{z=e^{j2\pi k/N}}, \quad k = 0,1,\cdots,N-1$$

二、用频率域采样点重构函数 $X(z)$

由上述讨论知，只要 $N \geqslant M$，那么在频率域的 N 个采样点 $X(k)$ 可以无失真的重构长度为 M 的有限长序列 $x(n)$。显然，N 个采样点 $X(k)$ 也能重构 $X(z)$，讨论如下：

假设有限长序列 $x(n)$ 的长度也为 $N(0 \leqslant n \leqslant N-1)$，且 $x(n)$ 的 $\mathscr{L}$ 变换为

$$X(z) = \sum_{n=0}^{N-1}x(n)z^{-n}$$

而 $x(n) = \frac{1}{N}\sum_{k=0}^{N-1}X(k)W_N^{-nk}$，所以有

$$\begin{aligned}
X(z) &= \sum_{n=0}^{N-1}\left[\frac{1}{N}\sum_{k=0}^{N-1}X(k)W_N^{-nk}\right]z^{-n} \\
&= \frac{1}{N}\sum_{k=0}^{N-1}X(k)\left[\sum_{n=0}^{N-1}W_N^{-nk}z^{-n}\right] \\
&= \frac{1}{N}\sum_{k=0}^{N-1}X(k)\frac{1-W_N^{-Nk}z^{-N}}{1-W_N^{-k}z^{-1}}
\end{aligned}$$

$$= \frac{1-z^{-N}}{N} \sum_{k=0}^{N-1} \frac{X(k)}{1-W_N^{-k}z^{-1}} \tag{6-78}$$

这就是用 N 个频率采样点重构 $X(z)$ 的内插公式，若用

$$\Psi_k(z) = \frac{1}{N} \cdot \frac{1-z^{-N}}{1-W_N^{-k}z^{-1}}$$

则上式可以表示为

$$X(z) = \sum_{k=0}^{N-1} X(k)\Psi_k(z) \tag{6-79}$$

其中：$\Psi_k(z)$ 称为**频域内插函数**。令其分子为零，得

$$z = e^{j\frac{2\pi}{N}r}, \quad r = 0, 1, 2, \cdots, k, \cdots, N-1$$

显然，有 N 个零点。同样令分母为零，那么有一个 $z = W_N^{-k}$ 极点，它将与分子的第 k 个零点相抵消，因而内插函数 $\Psi_k(z)$ 只在本身采样点 $e^{j2\pi k/N}$ 处不为零，在其他 $(N-1)$ 个采样点 i 处（$i \neq k$）都是零点 [有 $(N-1)$ 个零点]，而它在 $z=0$ 处有 $(N-1)$ 阶极点。

接下来，讨论频率响应 $X(e^{j\omega})$，令 $z = e^{j\omega}$，根据式 (6-78)$X(z)$ 的内插公式得

$$X(e^{j\omega}) = \sum_{k=0}^{N-1} X(k)\Psi_k(e^{j\omega})$$

而

$$\Psi_k(e^{j\omega}) = \frac{1}{N} \cdot \frac{1-e^{-j\omega N}}{1-e^{-j(\omega-2\pi k/N)}}$$

$$= \frac{1}{N} \cdot \frac{\sin\dfrac{\omega N}{2}}{\sin\left[\left(\omega - \dfrac{2\pi}{N}k\right)/2\right]} e^{-j\left[\frac{(N-1)}{2}\omega + \frac{\pi k}{N}\right]}$$

$$= \frac{1}{N} \cdot \frac{\sin\left[\dfrac{N}{2}\left(\omega - \dfrac{2\pi}{N}k\right)\right]}{\sin\left[\dfrac{1}{2}\left(\omega - \dfrac{2\pi}{N}k\right)\right]} e^{-j\frac{N-1}{2}\left(\omega-\frac{2\pi}{N}k\right)} \tag{6-80}$$

为了方便，把 $\Psi_k(e^{j\omega})$ 表示成下列形式：

$$\Psi_k(e^{j\omega}) = \Phi(\omega - 2\pi k/N) \tag{6-81}$$

其中：

$$\Phi(\omega) = \frac{1}{N} \cdot \frac{\sin\dfrac{\omega N}{2}}{\sin\dfrac{\omega}{2}} e^{-j\frac{N-1}{2}\omega} \tag{6-82}$$

显然，频域内插函数 $\Phi(\omega)$ 为复数，其幅值的变化规律与第四章中的时域采样内插函数 $\left[\sin\left(\dfrac{\pi}{T}t\right)\right] / \left(\dfrac{\pi}{T}t\right)$ 的变化规律完全一样，只不过这里 $\Phi(\omega)$ 是周期为 2π 的周期函数。此外，$\tau_h(\omega) = -\dfrac{d}{d\omega}\arg[\Phi(\omega)] = (N-1)/2$ 为常数，所以频域内插函数 $\Phi(\omega)$ 具有线性相位

特性。

因此，与时域情形相同，在每个采样点上，$X(e^{j\omega})$ 准确等于 $X(k)$，而在其他点上，则 $X(e^{j\omega})$ 值由各采样点的加权内插函数在所求点上的值的叠加而得到。因此有

$$X(e^{j\omega}) = \sum_{k=0}^{N-1} X(k)\Phi\left(\omega - \frac{2\pi}{N}k\right) \tag{6-83}$$

【例6-9】 当 $N=6$、11 时，分别画出频域内插函数 $\Phi(\omega)$ 的幅值图和相位图。

解：所画的图形见图 6-12，$N=6$ 和 $N=11$ 时，频域内插函数 $\Phi(\omega)$ 的幅值图和相位图依次从上到下给出，由图可见，较小的 $N(N=6)$，对应的 $|\Phi(\omega)|$ 的主瓣较宽，反之，较大的 $N(N=11)$，对应的 $|\Phi(\omega)|$ 的主瓣较窄。

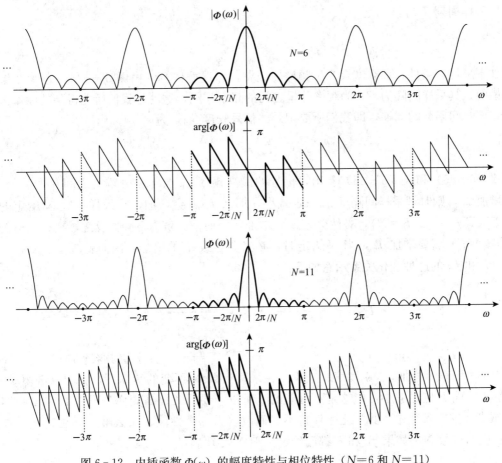

图 6-12 内插函数 $\Phi(\omega)$ 的幅度特性与相位特性（$N=6$ 和 $N=11$）

第八节 用 DFT 对连续时间信号逼近的讨论

DFT 有快速算法，这也是它被广泛应用的原因之一，它给频谱分析提供了快速分析方法。我们在大多数情况下都要分析连续时间信号的频谱，所以，为了能在数字计算机上

实现这种频谱的处理，常用 DFT 来逼近连续时间信号的傅氏变换，为此，需要了解用 DFT 逼近连续时间信号的傅氏变换过程中将会产生一些什么问题？应该注意哪些事项？

一、频率分辨力与信号最高频率之间的关系

我们已经知道，对连续时间信号进行采样时，通常假定所处理的信号是带限的，在采样之前已经用模拟低通滤波器进行了预滤波，避免高于连续时间信号的最高频率 f_h 的频率分量的出现。假设采样频率为 f_s，那么为了不产生混叠现象，根据奈奎斯特采样定理要求，应该有

$$f_s \geqslant 2f_h \qquad\qquad (6-84)$$

所以采样周期 T 应该满足

$$T = \frac{1}{f_s} \leqslant \frac{1}{2f_h} \qquad\qquad (6-85)$$

假如不满足此条件，那么就会产生频谱的交叠，即混叠失真。由图 6-4 知，频率函数是离散的，其采样间隔为 F，为频率分量之间的频率间隔，这就是我们所能得到的**频率分辨力**，而时间函数的周期，即我们所要记录的**信号长度** T_p，为

$$T_p = \frac{1}{F} \qquad\qquad (6-86)$$

由式（6-85）和式（6-86）看出，信号的最高频率 f_h 与频率分辨力之间存在着矛盾，若增加 f_h，则时域采样间隔 T 就一定减小，那么 f_s 就会增加，在采样点数 N 给定的情况下（$T_p/T = f_s/F = N$），必然会导致 F 增加，因而使分辨力下降。反之，要提高分辨力（即减小 F）就要增加 T_p，当 N 给定时，必然会导致 T 的增加，因而就减小了高频容量 f_h，F 和 f_h 的这种变化关系示意如下：

$$f_h \uparrow \xrightarrow{\quad T \leqslant \frac{1}{2f_h} \quad} T \downarrow \xrightarrow{\quad T_p = NT, N\text{不变} \quad} T_p \downarrow \xrightarrow{\quad T_p = \frac{1}{F} \quad} F \uparrow \text{频率分辨力降低}$$

$$F \downarrow \xrightarrow{\quad T_p = \frac{1}{F} \quad} T_p \uparrow \xrightarrow{\quad T_p = NT, N\text{不变} \quad} T \uparrow \xrightarrow{\quad T \leqslant \frac{1}{2f_h} \quad} f_h \downarrow \text{高频容量减少}$$

其中"↑"表示增加，"↓"表示减少。在采样点数 N 不变的情况下，我们总希望 f_h 应足够大，而 F 应足够小，但这是不可能的。所以，要同时提高频率分辨力 F 和高频容量 f_h 或者在这两参数中，其中之一保持不变而改善另一个性能，那么唯一办法就是增加记录长度的点数 N。如果 f_h 和 F 都已给定，则 N 必须满足

$$N \geqslant 2f_h/F \qquad\qquad (6-87)$$

这是在未采用任何特殊数据处理（例如加窗函数处理）情况下，为实现基本 DFT 算法所必须满足的最低条件。

但必须注意：如果连续时间信号是非限带的，那么将无法准确地从有限的采样点重构原始信号的频谱，而只能通过恰当地提高采样率，增加采样点，来减少混叠对频谱分析所造成的影响。

【例 6-10】 假如快速傅氏变换（FFT）处理器的频率分辨能力为 $F \leqslant 5$ Hz，所能允

许通过信号的最高频率为 $f_h \leqslant 10$ kHz，并要求采样点数为 2 的整数幂。而且未采取其他任何数据处理措施，求：(1) 最小记录长度 T_p；(2) 采样点的最大时间间隔 T；(3) 在一个记录中的最少点数 N。

解：(1) 由频率分辨力 F 可以确定最小记录长度 T_p，即

$$T_p \geqslant \frac{1}{F} = \frac{1}{5} = 0.2 \text{s}$$

所以记录长度 T_p 至少为 0.2s。

(2) 由所能允许通过信号的最高频率可以确定最大的采样时间间隔 T（即最小采样频率 $f_s = 1/T$），按采样定理知：$f_s \geqslant 2f_h$，即

$$T \leqslant \frac{1}{2f_h} = \frac{1}{2 \times 10 \times 10^3} = 0.05 \times 10^{-3} \text{ s}$$

(3) 最小记录点数 N 应满足

$$N \geqslant \frac{2f_h}{F} = \frac{2 \times 10 \times 10^3}{5} = 4000$$

因此该处理器的所需最少点数为

$$N = 2^{12} = 4096$$

二、频谱泄漏现象

对连续时间信号进行采样，利用 DFT 分析，除了因采样率低于奈奎斯特定理所要求的采样率而造成频谱出现混叠外，还因截取波形的时间长度不恰当会引起频谱泄漏。

一般地，我们在实际处理信号时，把所观测的信号 $x(n)$ 往往要限制在一定的时间范围内，也就是从原来无限长信号 $x(n)$ 取出某一个时间段 $x_1(n)$，这种过程就是截断数据的过程。这实际上就是通常所说的"加窗"处理，即对原始信号采用**加窗截断**获取数据。如果窗函数是一个矩形函数，那么会造成信号中数据的突然截断，但在窗内的波形并不改变，如图 6-13 所示。这种在时域的截断，相当于原始信号与窗函数相乘，即

$$x_1(n) = x(n)w(n)$$

其中 $w(n)$ 为矩形窗函数。根据卷积定理，这种时域中的乘积运算，相当于在频域中为所研究波形 $x(n)$ 的频谱 $X(e^{j\omega})$ 与矩形窗函数的频谱 $W(e^{j\omega})$ 作卷积运算，为卷积过程，即

$$X_1(e^{j\omega}) = X(e^{j\omega}) * W(e^{j\omega})$$

这样一来，卷积的结果所形成频谱 $X_1(e^{j\omega})$，与相应的时间段内的 $x(n)$ 的频谱有所不同，造成了失真，从图 6-13 可以看出，频谱 $X_1(e^{j\omega})$ 将产生"拖尾"现象，称为**频谱泄漏**，频谱 $X_1(e^{j\omega})$ 的范围加宽了，扩展了。

实际上，频谱泄漏是与混叠完全分不开的，因为频谱泄漏将导致频谱的扩展，从而使最高频率有可能超过折叠频率（$f_s/2$），造成混叠失真。

在实际数据处理中，由于无法获取无限个数据，所以在进行 DFT 时，时域的截断是必然的，因而泄漏也就必然会存在，我们应当尽量减少泄漏的影响。例如采用适当形状的窗函数使数据逐渐截断，就能使频谱泄漏最小，而不要用矩形窗使数据突然截断。但是对

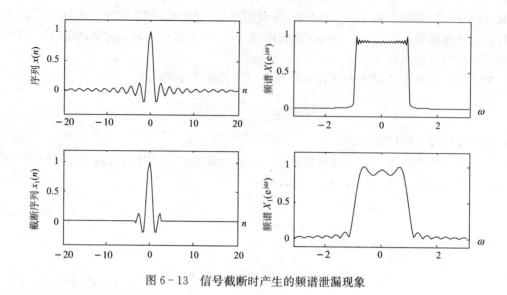

图 6-13　信号截断时产生的频谱泄漏现象

于周期信号进行谱分析时，如果截取信号的长度为一个基本周期或者是基本周期的整数倍，那么频谱泄漏是可以避免的。

有关窗函数形状的内容见 FIR 滤波器设计章节。

三、栅栏效应

利用 DFT 计算频谱，得到的只是一些离散点上的频谱，即在频率坐标轴上，以频率间隔 F 为等间隔分布点上的频谱分量，频谱不是频率的连续函数，这就产生了所谓的**栅栏效应**。在某种意义上来说，用 DFT 来计算信号的频谱，就好像透过一个"栅栏"观看一幅景象一样，因而只能观看到离散点处的真实景象。因此，如果在两个离散点的谱线之间存在另一频谱分量，若不做特殊处理，那么将无法检测出这些频谱分量来。为了减少这种栅栏效应，通常的做法是在所处理的数据的末端添加一些零值点，这样就会使一个周期内的点数增加，但是不改变原有的记录数据，等效于改变了周期，从而能保持原来频谱形式不变的情况下，使谱线变密，也就是使频域的采样点数增加，其结果就是原来看不到的频谱分量，有可能看到了。

但应该注意：补加零值点改变周期时，所用窗函数的宽度却不能改变，也就是说，必须按照数据记录的原来的实际长度来选择窗函数，而不能按补了零值点后的长度来选择窗函数。

习题与思考题

习题 6-1　求下式序列的 DFS 变换：

$$\widetilde{x}(n) = A\cos\left(\frac{n\pi}{2}\right)$$

习题 6 - 2　求序列的 N 点 DFT：

(1) $x(n) = \delta(n)$；

(2) $x(n) = \delta(n-m)$　　$0 < m < N$；

(3) $x(n) = a^n R_N(n)$；

(4) $x(n) = n$

习题 6 - 3　求下列 10 点的 DFT 反变换：

$$X(k) = \begin{cases} 3, & k = 0 \\ 1, & 1 \leqslant k \leqslant 9 \end{cases}$$

习题 6 - 4　若有两个序列

$$x(n) = \delta(n) + 3\delta(n-1) + 3\delta(n-2) + 2\delta(n-3)$$
$$h(n) = \delta(n) + \delta(n-1) + \delta(n-2) + \delta(n-3)$$

求 $x(n)$ 和 $h(n)$ 5 点圆周卷积。

习题 6 - 5　若有两个序列

$$x(n) = \cos\left(\frac{2\pi n}{N}\right), \quad h(n) = \sin\left(\frac{2\pi n}{N}\right)$$

求 $x(n)$ 和 $h(n)$ 的 N 点循环卷积。

习题 6 - 6　若有两个有限长序列 $x_1(n)$ 和 $x_2(n)$ 在区间 $[0, 99]$ 外均为零，二者的循环卷积 $y(n)$ 为

$$y(n) = x_1(n)\textcircled{L}x_2(n)$$

其中 $L = 100$。如果 $x_1(n)$ 仅在 $10 \leqslant n \leqslant 39$ 时有非零值，那么 n 为哪些值时，$y(n)$ 一定等于 $x_1(n)$ 和 $x_2(n)$ 的线性卷积？

思考题 6 - 7　如果以 8 kHz 速率对一段长为 10 s 的信号采样，并用长为 64 的 FIR 滤波器对信号进行滤波处理。如采用 DFT 的 1024 点重叠保存法，那么共需要多少次 DFT 变换和反变换来进行卷积。

思考题 6 - 8　在【例 6 - 9】中，对于频域内插函数 $\Phi(\omega)$，其幅值 $|\Phi(\omega)|$ 的主瓣随采样点数 N 的增加而变窄，这是否具有普遍性，为什么？

第七章 快速傅里叶变换

第一节 引　　言

DFT 和卷积是信号处理中两个最基本也是最常用的运算，由第五章可知，卷积可以化为 DFT 来实现。实际上，其他许多算法，如滤波、相关等运算也都可以化为 DFT 来实现，当然，DFT 也可以化为卷积来实现，它们之间有着互通的关系。因此，我们有必要讨论 DFT 的计算量，推导出计算 DFT 的一些快速算法，这些算法统称为快速傅氏变换（FFT）。下面来讨论 DFT 的快速计算方法。

第二节 概　　况

对 N 点序列 $x(n)$，其 DFT 变换对定义为

$$\begin{cases} X(k) = \sum_{n=0}^{N-1} x(n) W_N^{nk}, & 0 \leqslant k \leqslant N-1 \\ x(n) = \dfrac{1}{N} \sum_{k=0}^{N-1} x(n) W_N^{-nk}, & 0 \leqslant n \leqslant N-1 \end{cases} \tag{7-1}$$

可见，求出 N 点 $X(k)$ 需要 N^2 次复数乘法，$N(N-1)$ 次复数加法。而实现一次复数相乘，需要四次实数相乘和两次实数相加，实现一次复数相加，则需要两次实数相加。当 N 很大时，其计算量是相当可观的。例如，若 $N=1024$，则需要 1048576 次复数乘法，即 4194304 次实数乘法。所需时间过长，难于"实时"实现。对于二维傅氏变换，则所需计算量更是大得惊人。

然而，在 DFT 运算中包含有大量的重复运算。如在式（7-1）计算 $X(k)$ 中，虽然需要计算 N^2 个 W_N^{nk} 值，但由于 W_N 具有周期性，其中只有 N 个值是独立的，即 W_N^0、$W_N^1 \cdots W_N^{N-1}$，且这 N 个值也有一些对称关系，即 W_N 因子具有下述周期性和对称性：

（1）$W_N^0 = 1$，$W_N^{N/2} = -1$；

（2）$W_N^{N+r} = W_N^r$，$W^{N/2+r} = -W^r$。

例如，对四点 DFT，根据式（7-1）直接计算 $X(k)$，需要 $4^2 = 16$ 次复数相乘，如果利用上述周期性和对称性，可写成如下的矩阵形式：

$$\begin{bmatrix} X(0) \\ X(1) \\ X(2) \\ X(3) \end{bmatrix} = \begin{bmatrix} 1 & 1 & 1 & 1 \\ 1 & W_4^1 & -1 & -W_4^1 \\ 1 & -1 & 1 & -1 \\ 1 & -W_4^1 & -1 & W_4^1 \end{bmatrix} \cdot \begin{bmatrix} x(0) \\ x(1) \\ x(2) \\ x(3) \end{bmatrix}$$

将该矩阵的第二列和第三列交换，得

$$\begin{bmatrix} X(0) \\ X(1) \\ X(2) \\ X(3) \end{bmatrix} = \begin{bmatrix} 1 & 1 & 1 & 1 \\ 1 & -1 & W_4^1 & -W_4^1 \\ 1 & 1 & -1 & -1 \\ 1 & -1 & -W_4^1 & W_4^1 \end{bmatrix} \begin{bmatrix} x(0) \\ x(2) \\ x(1) \\ x(3) \end{bmatrix}$$

由此得出

$$X(0) = [x(0) + x(2)] + [x(1) + x(3)]$$
$$X(1) = [x(0) - x(2)] + [x(1) - x(3)]W_4^1$$
$$X(2) = [x(0) + x(2)] - [x(1) + x(3)]$$
$$X(3) = [x(0) - x(2)] - [x(1) - x(3)]W_4^1$$

实际上，求出四点 DFT 只需要一次复数相乘法，问题的关键是如何巧妙地利用 W_N 因子的周期性和对称性，导出一个高效的快速算法。这一算法最早由 J. W. Cooley 和 J. W. Tukey 于 1965 年提出。Cooley 和 Tukey 提出的快速傅氏变换算法（Fast Fourier Transform，FFT）使 N 点 DFT 的复数乘法计算量由 N^2 次降为 $(N/2)\log_2 N$ 次，复数加法计算量由 $N(N-1)$ 次降为 $N \cdot \log_2 N$ 次。仍以 $N = 1024$ 为例，计算量降为 5120 次，仅为原来的 4.88%。因此人们公认这一重要发现的问世是数字信号处理发展史上的一个转折点，也可以称之为一个里程碑，以此为契机，加之超大规模集成电路（VLSI）和计算机的飞速发展，使得数字信号处理的理论在过去近几十年中获得了飞速的发展，并广泛应用于众多的技术领域，显示了这一学科的巨大生命力。

第三节　基 2FFT 算法

N 点序列 $x(n)$ 的 N 点 DFT 为

$$X(k) = \sum_{n=0}^{N-1} x(n)W_N^{nk}, \quad 0 \leqslant k \leqslant N-1 \tag{7-2}$$

$x(n)$ 可以是实序列或复序列，利用 W_N 的周期性与对称性，可以提高它的运算速度。由上述介绍知，FFT 算法中采用的基本方法是"分而治之"，将一个 N 点 DFT 分解成几个较短的 DFT。如果我们假定 $x(n)$ 的长度是偶数（即 N 可以被 2 整除）。若将 $x(n)$ 分解成两个长度均为 $N/2$ 的序列，计算每一个这种序列的 $N/2$ 点 DFT 大约需要 $(N/2)^2$ 次复数相乘和复数相加。两个 DFT 共需要 $2(N/2)^2 = N^2/2$ 次复数相乘和复数相加。

一、按时间抽取的 FFT 算法

按时间抽取（decimation‐in‐time）FFT 算法是基于将 $x(n)$ 分解（抽取）成较短

的序列，然后从这些序列的 DFT 中求得 $X(k)$ 的方法。设序列 $x(n)$ 的长度为 2 的整数幂，即 $N=2^m$，$x(n)$ 被分解（抽取）成两个子序列，每个长度为 $N/2$。如图 7-1 所示，第一个序列 $g(n)$ 由 $x(n)$ 的偶数项组成：

$$g(n) = x(2n), \quad 0 \leqslant n \leqslant \frac{N}{2} - 1 \tag{7-3}$$

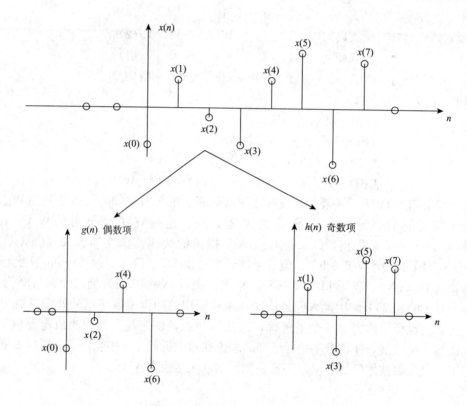

图 7-1　以因子 2 分解长度为 $N=8$ 的序列

第二个序列 $h(n)$ 由 $x(n)$ 的奇数项组成

$$h(n) = x(2n+1), \quad 0 \leqslant n \leqslant \frac{N}{2} - 1 \tag{7-4}$$

则 $x(n)$ 的 N 点 DFT 用这些序列表示为

$$X(k) = \sum_{n=0}^{N-1} x(n) W_N^{nk} = \sum_{n\text{为偶数}} x(n) W_N^{nk} + \sum_{n\text{为奇数}} x(n) W_N^{nk}$$

$$= \sum_{l=0}^{N/2-1} g(l) W_N^{2lk} + \sum_{l=0}^{N/2-1} h(l) W_N^{(2l+1)k} \tag{7-5}$$

由于 $W_N^{2lk} = \mathrm{e}^{-\mathrm{j}2lk/N} = \mathrm{e}^{-\mathrm{j}lk/(N/2)} = W_{N/2}^{lk}$，式（7-5）可以表示为

$$X(k) = \sum_{l=0}^{N/2-1} g(l) W_{N/2}^{lk} + W_N^k \sum_{l=0}^{N/2-1} h(l) W_{n/2}^{lk} \tag{7-6}$$

注意第一项是 $g(n)$ 的 $N/2$ 点 DFT，第二项是 $h(n)$ 的 $N/2$ 点 DFT：

$$X(k) = G(k) + W_N^k H(k), \quad 0 \leqslant k \leqslant N-1 \qquad (7-7)$$

虽然 $g(n)$ 和 $h(n)$ 的 $N/2$ 点 DFT 是长度为 $N/2$ 的序列，但由复指数序列的周期性可以得到

$$G(k) = G\left(k + \frac{N}{2}\right), \quad H(k) = H\left(k + \frac{N}{2}\right), \quad 0 \leqslant k \leqslant N-1$$

所以，$X(k)$ 可以由 $N/2$ 点 DFT$G(k)$ 和 $H(k)$ 求得。由于

$$W_N^{k+N/2} = W_N^k W_N^{N/2} = - W_N^k$$

然后

$$W_N^{k+N/2} H\left(k + \frac{N}{2}\right) = - W_N^k H(k)$$

对 $k = 0, 1, 2, \cdots, N/2-1$，仅需要组成乘积 $W_N^k H(k)$，式（7-7）中与 $H(k)$ 相乘的复指数称为旋转因子。一个 8 点按时间抽取 FFT 第一级需要的运算框图示在图 7-2 中。

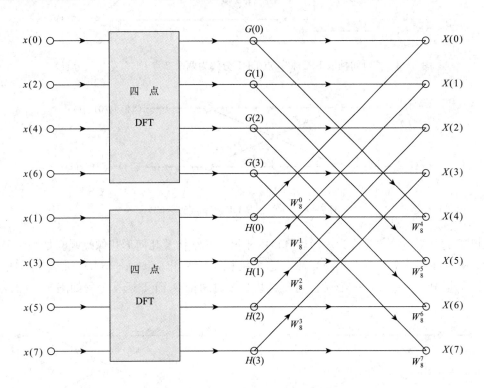

图 7-2 一个 8 点按时间抽取 FFT 算法的第一级分解

如果 $N/2$ 是偶数，$g(n)$ 和 $h(n)$ 还可以再被分解。例如，$G(k)$ 可以计算如下：

$$G(k) = \sum_{l=0}^{N/2-1} g(l) W_{N/2}^{lk} = \sum_{l为偶数}^{N/2-1} g(l) W_{N/2}^{lk} + \sum_{l为奇数}^{N/2-1} g(l) W_{N/2}^{lk} \qquad (7-8)$$

和前面的相同，将会得到

$$G(k) = \sum_{l=0}^{N/4-1} g(2l) W_{N/4}^{lk} + W_{N/2}^k \sum_{l=0}^{N/4-1} g(2l+1) W_{N/4}^{lk}$$

其中：第一项是 $g(n)$ 偶数项的 $N/4$ 点 DFT；第二项是 $g(n)$ 奇数项的 $N/4$ 点 DFT，表示这次分解的框图示于图 7-3 中。若 N 是 2 的整数幂，这样的分解过程可以继续下去直到只剩下 2 点的 DFT，2 点的 DFT 形式示于图 7-4 中。

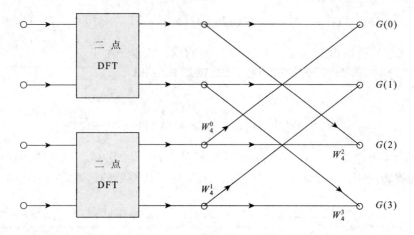

图 7-3　按时间抽取 FFT 将 4 点 DFT 分解为两个 2 点 DFT(第二级分解)

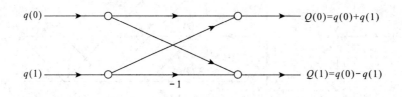

图 7-4　一个 2 点 DFT(第三级分解)

　　FFT 的基本运算单元称为蝶形运算，由于该运算结构及几何形状像蝴蝶。如图 7-5(a) 所示。从下面的分支中提取出 W_N^r 项，这个结构可以简化为图 7-5(b) 所示的形式，剩下的因子是 $W_N^{N/2}=-1$，一个完整的 8 点基 2 按时间抽取 FFT 运算流程如图 7-6 所示。

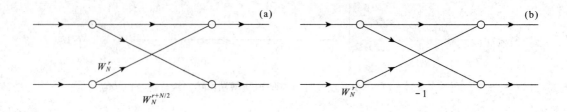

图 7-5　蝶形运算 (a)(FFT 算法中的基本运算单元) 和简化的蝶形运算 (b)(只有一次复乘)

　　利用基 2 按时间抽取 FFT 计算 N 点 DFT 比直接计算 DFT 效率更高。例如，如果 $N=2^m$，就有 $\log_2 N=m$ 级运算，每一级需要 $N/2$ 次与旋转因子 W_N 的复数相乘和 N 次复数相加，所以共有 $(N \cdot \log_2 N)/2$ 次复数相乘和 $N \cdot \log_2 N$ 次复数相加。

　　由按时间抽取 FFT 算法的结构可以看出，一旦一对复数进行完蝶形运算后，就没有

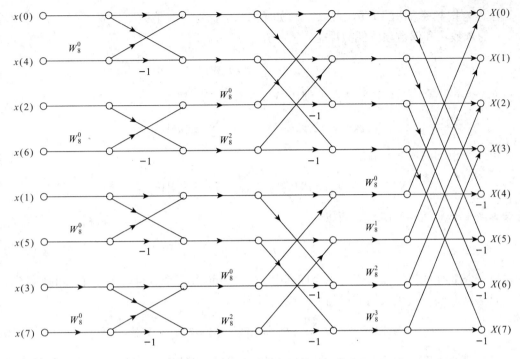

图 7 - 6 一个完整的 8 点基 2 按时间抽取 FFT

必要保留输入的复数对了，输出对可以放在和输入相同的一组存储器中。所以，只需要 N 个存储单元，也就是说运算在"原位"进行。但是为了进行原位运算，如图 7 - 6 所示，输入序列必须以倒序进行存储。由于对 $x(n)$ 的逐次抽取，必须对输入序列倒位序，得到的次序相当于是原始序列次序的码位倒置。也就是说，若标号 n 以二进制的形式表示，输入序列的输入顺序可以由 n 的二进制数表示码位倒置后对应的数得到，表 7 - 1 列出了 $N=8$ 时的自然顺序二进制数和相应的码位倒置二进制数。

表 7 - 1 $N=8$ 时的自然顺序二进制数和相应的码位倒置二进制数

n	二进制	码位倒置二进制	n'	n	二进制	码位倒置二进制	n'
0	000	000	0	4	100	001	1
1	001	100	4	5	101	101	5
2	010	010	2	6	110	011	3
3	011	110	6	7	111	111	7

FFT 算法的另一种形式可以从按时间抽取 FFT 中推导出来，只要控制流程图，调整每一阶段计算结果的存储顺序就可以了。例如，可以调整流程图的节点，这样输入序列是自然顺序。但是这样重新排序造成的损失是不能再进行原位运算。

二、按频率抽取的 FFT 算法

另一类 FFT 算法可以通过将输出序列 $X(k)$ 分解成越来越短的子序列推导出来，这种算法称为按频率抽取 FFT，可以推导如下：设 N 是 2 的整数幂，$N=2^m$，分别计算 $X(k)$ 的奇数项和偶数项。偶数项是

$$X(2k) = \sum_{n=0}^{N-1} x(n) W_N^{2nk}$$

将求和分为前 $N/2$ 点和后 $N/2$ 点，利用 $W_N^{2nk}=W_{N/2}^{nk}$ 这一性质，上式变为

$$X(2k) = \sum_{n=0}^{N/2-1} x(n) W_{N/2}^{nk} + \sum_{n=N/2}^{N-1} x(n) W_{N/2}^{nk}$$

改变第二个求和的序号，就有

$$X(2k) = \sum_{n=0}^{N/2-1} x(n) W_{N/2}^{nk} + \sum_{n=0}^{N/2-1} x\left(n+\frac{N}{2}\right) W_{N/2}^{(n+N/2)k}$$

最后，由于 $W_{N/2}^{(n+N/2)k}=W_{N/2}^{nk}$，所以

$$X(2k) = \sum_{n=0}^{N/2-1} \left[x(n) + x\left(n+\frac{N}{2}\right) \right] W_{N/2}^{nk} \qquad (7-9)$$

上式为一个序列的 $N/2$ 点 DFT，这个序列由 $x(n)$ 的前 $N/2$ 个点与后 $N/2$ 个点相加得到。

对 $X(k)$ 的奇数项采用同样的方法就会得到

$$X(2k+1) = \sum_{n=0}^{N/2-1} W_N^n \left[x(n) - x\left(n+\frac{N}{2}\right) \right] W_{N/2}^{nk} \qquad (7-10)$$

第一级分解的流程图如图 7-7 所示。和按时间抽取 FFT 相同，可以这样继续分解下去，最后只剩下 2 点 DFT。一个完整的 $N=8$ 按频率抽取 FFT 如图 7-8 所示。按频率抽取

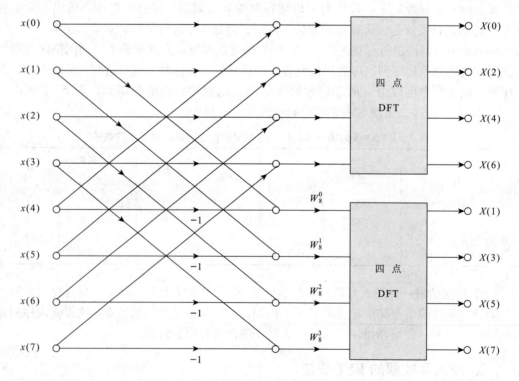

图 7-7 8 点按频率抽取 FFT 算法第一级分解图

FFT 的运算复杂度与按时间抽取 FFT 的相同，也可以进行原位运算。最后，注意：虽然输入序列 $x(n)$ 是自然顺序，但频率采样值 $X(k)$ 是码位倒置次序。

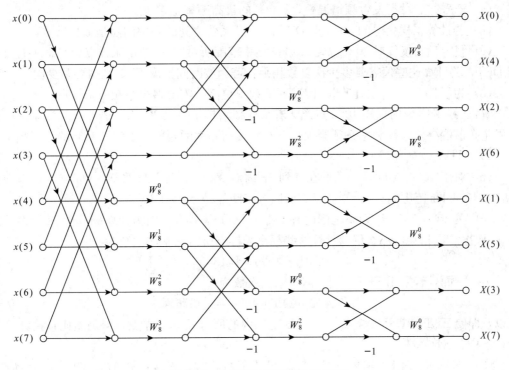

图 7-8　8 点基 2 按频率抽取 FFT

【例 7-1】　假设一次复数相乘需要 $1\ \mu s$，而且计算一个 DFT 总共需要的时间由计算所有乘法所需要的时间决定。

(a) 直接计算一个 1024 点的 DFT 需多少时间？

(b) 计算一个 FFT 需多少时间？

(c) 对 4096 点 DFT 重复问题（a）和（b）。

解：(a) 包括可能与 ± 1 的乘法在内，直接计算一个 N 点的 DFT 需要 N^2 次复数相乘。如果每一次复数相乘需 $1\ \mu s$，直接计算 1024 点的 FFT 需要时间

$$t_{\mathrm{DFT}} = (1024)^2 \times 10^{-6}\ \mathrm{s} \approx 1.05\ \mathrm{s}$$

(b) 对于一个基 2FFT，复数相乘的次数大约为 $(N/2)\log_2 N$，$N = 1024$ 时，则等于 5120，所以用 FFT 计算一个 1024 点的 DFT 总共需要的时间是

$$t_{\mathrm{FFT}} = 5120 \times 10^{-6}\ \mathrm{s} = 5.12\ \mathrm{ms}$$

(c) 若 DFT 的长度增加了 4 倍达到 $N = 4096$，则直接计算 DFT 所需复数相乘的次数将增加 16 倍，所以直接计算 DFT 所需时间为

$$t_{\mathrm{DFT}} = 16.78\ \mathrm{s}$$

另一方面，如果用 FFT，乘法次数为

$$(4096/2)\log_2 4096 = 24576$$

计算 DFT 总共需要的时间为

$$t_{FFT} = 24.576 \text{ ms}$$

【例7-2】 对一个连续时间信号 $x_a(t)$ 采样 1 s 得到一个 4096 个采样点的序列。

(a) 若采样后没有发生频谱混叠，$x_a(t)$ 的最高频率是多少？

(b) 若计算采样信号的 4096 点 DFT，DFT 系数之间的频率间隔是多少赫兹？

(c) 假定我们仅仅对 $200 \leqslant f \leqslant 300$ Hz 频率范围所对应的 DFT 采样点感兴趣，若直接用 DFT，要计算这些值需要多少次复数相乘？若用按时间抽取 FFT 则需要多少次？

(d) 为了使 FFT 算法比直接计算 DFT 效率更高，需要多少个频率采样点？

解：(a) 在 1 s 内采样 4096 点意味着采样频率是 $f_s = 4096$ Hz。若对 $x_a(t)$ 采样后没有发生频谱混叠，采样频率必须至少是 $x_a(t)$ 最高频率的两倍。所以 $x_a(t)$ 的最高频率为 $f_h = 2048$ Hz。

(b) 对于 4096 点 DFT，我们在 0 到 2π 内对 $X(e^{j\omega})$ 等间隔采样 4096 点，相当于在 $0 \leqslant f \leqslant 4096$ Hz 范围内采样 4096 点。所以频率间隔是 $\Delta f = 1$ Hz。

(c) 在 200～300 Hz 频率范围内有 101 个 DFT 采样点。因为计算每一个 DFT 系数需要 4096 次复数相乘，那么仅仅计算这些频率采样点所需的乘法次数为

$$101 \times 4096 = 413696$$

另一方面，若采用 FFT，则所需的乘法次数为

$$(4096/2)\log_2 4096 = 24576$$

所以，即使 FFT 计算了 $0 \leqslant f \leqslant 4096$ Hz 范围内的所有频率采样点，但仍然比直接计算这 101 个采样点效率高。

(d) 一个 N 点 FFT 需要 $(N/2)\log_2 N$ 次复数相乘，直接计算 M 个 DFT 需要 $M \times N$ 次复数相乘。只要

$$M \times N > (N/2)\log_2 N$$

或

$$M > (1/2)\log_2 N$$

求 M 个采样点时 FFT 就会更有效。$N = 4096$ 时，频率采样点数为 $M = 6$。

习题与思考题

习题 7-1 若计算机的速度为平均每次复乘 5 μs，每次复加 0.5 μs，用它来计算 512 点的 $DFT[x(n)]$，那么直接计算需要多少时间？用 FFT 运算需要多少时间？

习题 7-2 一个长度为 $N = 1024$ 的序列 $x(n)$ 与一个长度为 L 的序列 $h(n)$ 卷积，当 L 为何值时，直接计算卷积比求 DFT 乘积 $X(k)H(k)$ 和相应的反变换效率更高？计算 DFT 是采用基 2FFT 算法。

习题 7-3 一个长度为 $N = 8192$ 的复序列 $x(n)$ 与一个长度为 $L = 512$ 的复序列 $h(n)$ 卷积。

(a) 求直接进行卷积所需复数相乘次数。

(b) 若用 1024 点基 2 按时间抽取 FFT 重叠相加法计算卷积，重复问题 (a)。

习题 7-4 以 10 kHz 采样率对语音信号进行采样，并对其实时处理，所需的部分运

算包括采集 1024 点语音值块、计算一个 1024 点的 DFT 变换和一个 1024 点的 DFT 反变换。若每一次实乘所需时间为 $1\,\mu s$，那么计算 DFT 变换和 DFT 反变换后还剩下多少时间用来处理数据？

思考题 7-5　已知 $X(k)$、$Y(k)$ 是两个 N 点实序列 $x(n)$、$y(n)$ 的 DFT 值，今需要从 $X(k)$、$Y(k)$ 求 $x(n)$、$y(n)$ 的值，为了提高运算效率，试用一个 N 点的 IDFT 运算来完成。

第八章 离散时间系统的实现

第一节 引 言

在前面各章介绍了离散时间信号与系统的时域分析和频域分析理论，利用这些理论进行处理数字信号之前，必须要设计和实现有关系统，或称之为滤波器，有时也称频谱分析仪。滤波器设计会受到诸如滤波器类型（IIR 或 FIR）、实现形式（结构）等因素的影响。所以，在讨论设计问题之前，首先来看一看在实际中这些滤波器是如何实现的，对于不同的滤波器结构会有不同的设计思路，因此，这是一个重要而且值得关注的问题。

具有有理系统函数的线性时（移）不变系统，可以用系统的输入与输出序列所应该满足的线性常系数差分方程来描述。由于系统函数是单位脉冲响应的 $\mathscr{L}$ 变换，而输入和输出所应满足的差分方程又可以直接由系统函数来确定。因此，差分方程、单位脉冲响应和系统函数都可用来描述线性时不变离散时间系统的输入与输出之间的关系，这些不同的描述方式实质上是等效的。当用离散时间逼近或数字硬件实现这种系统时，就必须先将差分方程或系统函数的表示转换成便于实现的算法或结构。所以，在本章中会看到，由线性常系数差分方程描述的系统能够利用加法器、乘法器和延迟器等基本运算单元的互联所组成的结构来表示，至于它的真正实现则取决于所采用的具体方法。

第二节 数 字 网 络

若一个线性时不变系统具有如下的有理系统函数：

$$H(z) = \frac{\sum_{k=0}^{M} b_k z^{-k}}{1 - \sum_{k=1}^{N} a_k z^{-k}} = \frac{Y(z)}{X(z)} \tag{8-1}$$

那么，就可以用常系数线性差分方程来表示输入与输出之间的关系，即

$$y(n) = \sum_{k=1}^{N} a_k y(n-k) + \sum_{k=0}^{M} b_k x(n-k) \tag{8-2}$$

求解这类差分方程在 n 时刻的输出时，所需要的基本运算单元有加法器、乘法器和延时器。这些基本运算单元可以用**方框图**或信号**流图**来表示，实践证明，这样表示会非常方便。依据式（8-2）所描述的规则将它们有机的连接起来便构成一个**数字网络**。因此，实

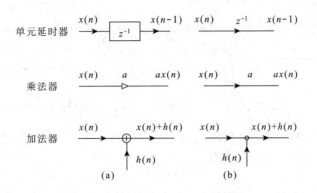

图 8-1　基本运算单元方框图（a）和流图（b）

现所给定系统的运算结构通常就用这两种表示法，如图 8-1 所示。方框图表示法比较直观，流图表示法则更加简单方便。可以看出，数字网络的功能，就是把输入序列通过式（8-2）的运算转换成输出序列，这种转换方式既可以在计算机上编写程序来实现（软件实现），也可以利用数字信号处理器来实现（硬件实现）。数字网络由节点及支路组成，如图 8-2 所示，j 和 k 为**网络节点**，有向支路在节点处连接，每一个支路有一个输入和输出，方向用箭头表示。在流图中，节点分为加法器和**分支节点**，加法器相当于有多个输入支路的节点，如节点 j。分支节点相当于有多个输出分支的节点，如节点 k。节点用**节点值**来描述，如节点 j 用 $x_j(n)$ 而节点 k 用 $x_k(n)$ 来表示。任一节点的节点值等于它的所有输入支路的信号值之和，而输入支路的信号值等于该支路起点处节点值乘以支路上的传输系数。传输系数为 1 时，通常在支路上不标出来。同样，延迟支路用延迟算子 z^{-1} 表示，它表示单位延时器，即 "-1" 表示延迟一位。此外，还有两个特殊节点：源节点（表示信号源——source，输入网络）和**阱节点**（为输出节点——sink），分别见图 8-3 中的 $x(n)$ 和 $y(n)$，源节点没有输入支路，阱节点没有输出支路。例如，图 8-3 是 $y(n)=a_1y(n-1)+a_2y(n-2)+b_0x(n)$ 系统的实现。1、2、3、4、5 为网络节点，按上述原则得图 8-3 的各节点值为

$$w_2(n) = y(n)$$
$$w_3(n) = w_2(n-1) = y(n-1)$$
$$w_4(n) = w_3(n-1) = y(n-2)$$
$$w_5(n) = a_1w_3(n) + a_2w_4(n) = a_1y(n-1) + a_2y(n-2)$$
$$w_1(n) = b_0x(n) + w_5(n) = b_0x(n) + a_1y(n-1) + a_2y(n-2)$$

节点 2、3、4 相当于分支节点，节点 1、5 相当于相加器。对分支节点 2 有 $y(n)=w_2(n)=w_1(n)$，从而得出

$$y(n) = b_0x(n) + a_1y(n-1) + a_2y(n-2)$$

所以，这些基本单元构成的网络能清楚地表示出系统的运算步骤和运算结构。显然，不同结构所需的存储单元及乘法次数是不同的，前者影响复杂性，后者影响运算速度。此外，在有限精度（有限字长）情况下，不同运算结构的误差、稳定性是不同的。

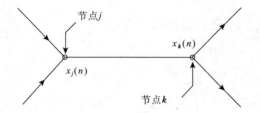

图 8-2 节点和分支节点的信号流图，节点 j
表示加法器，节点 k 表示分支节点

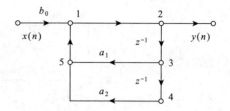

图 8-3 二阶数字滤波器的信号流图结构

由于有限长单位冲激响应（FIR）系统与无限长单位冲激响应（IIR）系统在结构上各有不同的特点，所以我们将分别对它们进行讨论。

第三节 FIR 系统的结构

一个因果的 FIR 系统函数为 z^{-1} 的多项式，即

$$H(z) = b_0 + b_1 z^{-1} + b_2 z^{-2} + \cdots + b_{N-1} z^{1-N} = \sum_{n=0}^{N-1} b_n z^{-n} \qquad (8-3)$$

所以，系统的单位冲激响应 $h(n)$ 为

$$h(n) = \begin{cases} b_n, & 0 \leqslant n \leqslant N-1 \\ 0, & \text{其他 } n \end{cases} \qquad (8-4)$$

当输入为 $x(n)$，那么输出为

$$y(n) = \sum_{k=0}^{N-1} b_k x(n-k) = \sum_{k=0}^{N-1} h(k) x(n-k) \qquad (8-5)$$

显然，这就是线性时不变系统的卷积公式，这个系统的阶数为 $(N-1)$，而长度等于系数的个数 N。FIR 滤波器结构总是稳定的，而且与 IIR 结构相比较，FIR 滤波器结构是相对简单的。另外，FIR 滤波器可以设计成具有线性相位响应，这在某些应用中是所希望的。对于每一个 n 值来说，计算系统的输出都需要 N 次乘法和 $(N-1)$ 次加法。下面介绍几种常见的结构。

直接型：这种类型直接由差分方程式（8-5）实现。

级联型：由式（8-3）的系统函数 $H(z)$ 分解为二阶因式，然后将各二阶因式以级联方式实现。

线性相位型：当一个 FIR 滤波器具有线性相位响应时，其单位冲激响应呈现某种对称性，利用这些对称性能把相乘次数大约减少一半。

快速卷积结构：利用两序列的循环卷积来代替两序列的线性卷积，从而构成一种结构。

频率采样型：采样型这种结构是基于单位冲激响应 $h(n)$ 的 DFT，形成一种并联结构。当然，它也适合于基于频率响应 $H(e^{j\omega})$ 采样的设计方法。

下面分别来描述这几种不同的实现方法。

一、直接型

实现一个 FIR 系统最常用的方法是采用一个抽头延时链的横向结构形式，如图 8-4 所示，直接由系统的差分方程（8-5）实现，它也是线性时不变系统的卷积形式，故称为**直接型**或**卷积型**结构，有时也称**横截型**结构。

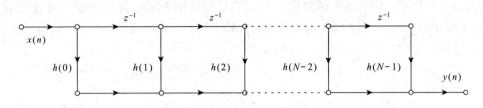

图 8-4　FIR 滤波器直接型结构

二、级联型

将 $H(z)$ 分解成实系数二阶因子的乘积形式：

$$H(z) = \prod_{k=1}^{\left[\frac{N}{2}\right]} (c_{0k} + c_{1k}z^{-1} + c_{2k}z^{-2}) \tag{8-6}$$

其中 $[N/2]$ 表示取 $N/2$ 的整数部分。图 8-5 画出了 N 为奇数时，FIR 滤波器的级联结构 [这时 $(N-1)$ 正好为偶数]，其中每一个二阶因子都采用图 8-3 的横截型结构。

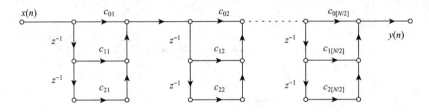

图 8-5　FIR 滤波器的级联型结构（N 为奇数）

三、线性相位滤波器

当线性相位滤波器的单位抽样响应 $h(n)$ 对称时 [在第五章中已讨论过，但这里 $h(n)$ 的长度为 N]，即
当 $h(n)$ 偶对称时，

$$h(n) = h(N-1-n) \tag{8-7}$$

当 $h(n)$ 奇对称时，

$$h(n) = -h(N-1-n) \tag{8-8}$$

$h(n)$ 呈对称性，可以简化网络结构。当 $h(n)$ 偶对称，N 为奇数时，即 $h(n)$ 为 I 型线性相位滤波器，可得

$$y(n) = \sum_{k=0}^{N-1} h(k)x(n-k) = h\left(\frac{N-1}{2}\right)x\left(n-\frac{N-1}{2}\right) +$$

$$\sum_{k=0}^{\frac{N-1}{2}-1} h(k)[x(n-k)+x(n-N+1+k)]$$

显然，在 $h(n)$ 与 $x(n)$ 相乘之前，先求 $[x(n-k)+x(n-N+1+k)]$ 的和会减少乘法运算，如图 8-6 所示。当 $h(n)$ 偶对称，N 为偶数时，即 $h(n)$ 为 II 型线性相位滤波器，其结构如图 8-7 所示。当 $h(n)$ 为奇对称时，即 III 型（N 为奇数时）和 IV 型（N 为偶数时），线性相位滤波器也有类似的结构。

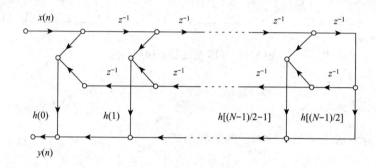

图 8-6　I 型线性相位滤波器的直接型实现

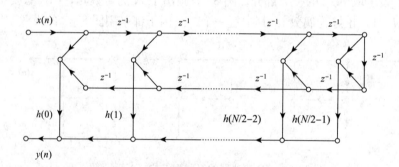

图 8-7　II 型线性相位滤波器的直接型实现

四、快速卷积结构

在前一章中，我们已经讨论过，只要将两个有限长序列补上一定的零值点，就可以用两序列的循环卷积来代替两序列的线性卷积，即

$$x(n) = \begin{cases} x(n), & 0 \leqslant n \leqslant N_1 - 1 \\ 0, & N_1 \leqslant n \leqslant L - 1 \end{cases}$$

$$h(n) = \begin{cases} h(n), & 0 \leqslant n \leqslant N_2 - 1 \\ 0, & N_2 \leqslant n \leqslant L - 1 \end{cases}$$

只要满足

$$L \geqslant N_1 + N_2 - 1$$

则 L 点的循环卷积就可以代替线性卷积，在频域中等效于两序列的 DFT 乘积，可得图 8-8 的快速卷积结构，当 N_1、N_2 足够长时，这种运算结构比直接计算线性卷积要快得多。这里计算 DFT 和 IDFT 都采用快速傅氏变换计算方法（$L = 2^p$）。

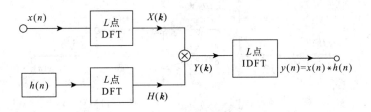

图 8-8　FIR 滤波器的快速卷积结构

五、频率采样型

频率采样型是一种用 DFT 系数将滤波器参数化的一种实现结构。上一章已讨论过，一个有限长序列（长度为 N 点）的 $\mathscr{L}$ 变换 $H(z)$ 可以由它的单位圆上 N 采样点 $H(k)$ 重构，即

$$H(z) = (1 - z^{-N}) \frac{1}{N} \cdot \sum_{k=0}^{N-1} \frac{H(k)}{1 - \mathrm{e}^{\mathrm{j}2\pi k/N} z^{-1}} \tag{8-9}$$

在这种结构中，利用的是离散傅氏变换 $H(k)$，而不是单位冲激响应 $h(n)$，式（8-9）中既有极点又有零点，它为 FIR 滤波器提供了一种实现结构。从式（8-9）看出，它由两部分级联组成，一部分相当于一个 FIR 滤波器 $(1 - z^{-N})/N$，而另一部分相当于一个单极点并行网络滤波器：

$$H_k(z) = \frac{H(k)}{1 - \mathrm{e}^{\mathrm{j}2\pi k/N} z^{-1}}$$

对于一个窄带滤波器来说，它大部分 DFT 系数为 0，所以频率采样型结构是一种很有效的实现方式。频率采样型结构如图 8-9 所示。若 $h(n)$ 为实数，则 $H(k) = H^*(N-k)$，共轭对称，这种结构可以简化。

例如，当 N 为偶数时，

$$H(z) = \frac{(1 - z^{-N})}{N} \cdot \left[\frac{H(0)}{1 - z^{-1}} + \frac{H(N/2)}{1 + z^{-1}} + \sum_{k=1}^{N/2-1} \frac{\beta_{0k} + \beta_{1k} z^{-1}}{1 - z^{-1} \cdot 2\cos(2\pi k/N) + z^{-2}} \right]$$

当 N 为奇数时，

$$H(z) = \frac{(1 - z^{-N})}{N} \cdot \left[\frac{H(0)}{1 - z^{-1}} + \sum_{k=1}^{(N-1)/2} \frac{\beta_{0k} + \beta_{1k} z^{-1}}{1 - z^{-1} \cdot 2\cos(2\pi k/N) + z^{-2}} \right]$$

其中：

$$\beta_{0k} = H(k) + H(N-k) = 2\mathrm{Re}[H(k)]$$

$$\beta_{1k} = -H(k)\mathrm{e}^{-\mathrm{j}2\pi k/N} - H(N-k)\mathrm{e}^{\mathrm{j}2\pi k/N} = -2\mathrm{Re}[H(k)\mathrm{e}^{\mathrm{j}2\pi k/N}]$$

综上所述，有限长单位冲激响应（FIR）滤波器有以下特点：

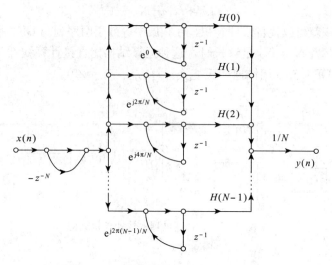

图 8-9　FIR 滤波器的频率抽样型结构

（1）系统的单位冲激响应 $h(n)$ 为有限个值；

（2）系统函数 $H(z)$ 在 $|z|>0$ 处收敛，极点全部在 $z=0$ 处，即为因果系统；

（3）非递归结构为主要类型，没有输出反馈到输入，但频率采样结构含有反馈部分。

第四节　IIR 系统的结构

IIR 系统的基本网络结构有以下几种。

一、直接型

一个因果 IIR 滤波器的系统函数为有理函数，即

$$H(z)=\frac{\sum_{k=0}^{M}b_kz^{-k}}{1-\sum_{k=1}^{N}a_kz^{-k}}=\frac{Y(z)}{X(z)}\rightarrow H(z)=\left(\sum_{k=0}^{M}b_kz^{-k}\right)\cdot\frac{1}{1-\sum_{k=1}^{N}a_kz^{-k}}$$

$$(8-10)$$

输入 $x(n)$ 与输出 $y(n)$ 的关系可以用差分方程表示为

$$y(n)=\sum_{k=1}^{N}a_ky(n-k)+\sum_{k=0}^{M}b_kx(n-k)\qquad(8-11)$$

式中第二部分 $\sum_{k=0}^{M}b_kx(n-k)$ 相当于 FIR 系统，表示将输入加以延时，组成 M 节的延时网络，把每节延时抽头后，以系数 b_k 进行加权，然后把结果相加，这就是本章第三节讨论的一个横向结构网络。而第一部分 $\sum_{k=1}^{N}a_ky(n-k)$ 表示将输出加以延时，组成 N 节的

延时网络，将每节延时抽头后，以系数 a_k 进行加权，然后把结果相加，最后的输出 $y(n)$ 就是这两部分相加而构成。由于该类系统中包含了输出的延时部分，故它是一个有反馈的网络，由式（8-11）右端的第一个和式构成。这种结构称为**直接Ⅰ型**结构，其结构流图如图 8-10 所示。可以看出，整个网络是由上面讨论的两部分网络级联组成，第一部分实现系统的零点，第二部分实现系统的极点。这种网络共需（$N+M+1$）个乘法器、（$N+M$）个加法器和（$N+M$）个延时器。

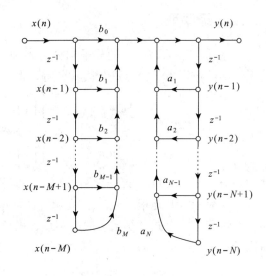

图 8-10　实现 N 阶差分方程的直接Ⅰ型结构

在第二章中我们已经讨论过，一个线性时不变系统，如果交换其级联子系统的次序，系统函数不会改变，说明输入输出关系不会改变。所以，可以交换第一部分和第二部分的次序，得到另一种如图 8-11 的结构，两个子网络级联，第一个子网络实现系统函数的极点，第二个子网络实现系统函数的零点。同时看出：两行串行延时支路有相同的输入，可以将它们合并，则得到图 8-12 的结构，称为**直接Ⅱ型结构**，或**典范型**结构。这种网络共需（$N+M+1$）个乘法器、（$N+M$）个加法器和 $\max(N,M)$ 个延时器。与直接Ⅰ型相比，所需延时器减少了，是 IIR 网络结构中所需要延时器单元最少的。

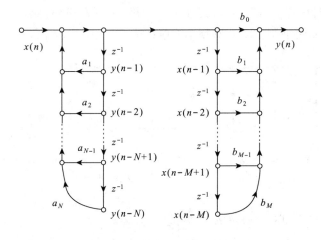

图 8-11　直接Ⅰ型的变型，
将图 8-10 网络的零点与极点的级联次序互换

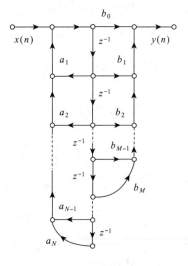

图 8-12　直接Ⅱ型结构

二、级联型

级联结构是对 $H(z)$ 的分子和分母多项式进行因式分解后得到的，即将式（8-10）的系统函数按零点、极点进行因式分解，得

$$H(z) = \frac{\sum\limits_{k=0}^{M} b_k z^{-k}}{1 - \sum\limits_{k=1}^{N} a_k z^{-k}} = K \frac{\prod\limits_{k=1}^{M_1}(1 - p_k z^{-1}) \prod\limits_{k=1}^{M_2}(1 - q_k z^{-1})(1 - q_k^* z^{-1})}{\prod\limits_{k=1}^{N_1}(1 - c_k z^{-1}) \prod\limits_{k=1}^{N_2}(1 - d_k z^{-1})(1 - d_k^* z^{-1})}$$

式中：$M = M_1 + 2M_2$；$N = N_1 + 2N_2$；一阶因式表示实根，p_k 为实零点，c_k 为实极点；二阶因式表示复共轭根，q_k、q_k^* 表示复共轭零点，d_k、d_k^* 表示复共轭极点。当 a_k、b_k 为实系数情况下，上式就是最一般的零点、极点分布表示法。把共轭因子组合成实系数的二阶因子，则有

$$H(z) = K \frac{\prod\limits_{k=1}^{M_1}(1 - p_k z^{-1}) \prod\limits_{k=1}^{M_2}(1 + \beta_{1k} z^{-1} + \beta_{2k} z^{-2})}{\prod\limits_{k=1}^{N_1}(1 - c_k z^{-1}) \prod\limits_{k=1}^{N_2}(1 - \alpha_{1k} z^{-1} - \alpha_{2k} z^{-2})} \tag{8-12}$$

将实系数一阶因子也变为二阶因子，即把 $H(z)$ 全部分解成实系数的二阶因子，这样简化后的级联形式，有利于实现，适合时分多路复用，即

$$H(z) = K \prod_k \frac{(1 + \beta_{1k} z^{-1} + \beta_{2k} z^{-2})}{(1 - \alpha_{1k} z^{-1} - \alpha_{2k} z^{-2})} = K \prod_k H_k(z) \tag{8-13}$$

图 8-13 是一个六阶系统的级联实现。一个系统用这样的级联方式实现时具有相当大的灵活性，例如能单独调整滤波器第 k 对零点，而不影响其他零点、极点，同样，调整系数 α_{1k}、α_{2k} 就能单独调整滤波器第 k 对极点，而不影响其他零点、极点。所以这种结构，便于准确实现滤波器零点、极点，因而便于调整滤波器频率响应性能。

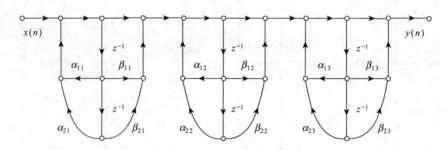

图 8-13　六阶 IIR 滤波器的级联结构

三、并联型

分解 $H(z)$ 的另一种方法是用部分分式法将 $H(z)$ 展开，这样，就得到了并联型的

IIR 滤波器结构：

$$H(z)=\frac{\sum\limits_{k=0}^{M}b_kz^{-k}}{1-\sum\limits_{k=1}^{N}a_kz^{-k}}=\sum\limits_{k=1}^{N_1}\frac{A_k}{(1-c_kz^{-1})}+$$

$$\sum\limits_{k=1}^{N_2}\frac{B_k(1-g_kz^{-1})}{(1-d_kz^{-1})(1-d_k^*z^{-1})}+\sum\limits_{k=0}^{M-N}G_kz^{-k} \tag{8-14}$$

式中：$N=N_1+2N_2$；一般地，系数 a_k、b_k 是实数，故 A_k、B_k、g_k、c_k、G_k 都为实数；d_k^* 是 d_k 的共轭复数。当 $M<N$ 时，那么式（8-14）中不包含 $\sum\limits_{k=0}^{M-N}G_kz^{-k}$ 项，如果 $M=N$，则 $\sum\limits_{k=0}^{M-N}G_kz^{-k}$ 项变成常数项 G_0。大多数情况下，IIR 滤波器皆满足 $M\leqslant N$ 的条件。式（8-14）表示系统是由 N_1 个一阶系统、N_2 个二阶系统和各延时器加权并联而构成。

为了便于实现，把具有共轭极点对的因子变换成二阶实系数多项式，同样也将两个一阶实极点变换成二阶实系数多项式，若 $M=N$，则有

$$H(z)=G_0+\sum\limits_{k=1}^{\left[\frac{N+1}{2}\right]}\frac{\gamma_{0k}+\gamma_{1k}z^{-1}}{(1-\alpha_{1k}z^{-1}-\alpha_{2k}z^{-2})} \tag{8-15}$$

可表示成

$$H(z)=G_0+\sum\limits_{k=1}^{\left[\frac{N+1}{2}\right]}H_k(z) \tag{8-16}$$

式中：$\left[(N+1)/2\right]$ 表示取 $(N+1)/2$ 的整数部分。图 8-14 画出了 $M=N=6$ 时的并联型实现，由三个二阶直接 II 型系统以并联方式连接。

四、转置型

如果将原网络中所有支路方向加以倒转，把输入 $x(n)$ 和输出 $y(n)$ 相互交换，那么该系统函数 $H(z)$ 仍不改变。这种由转置得到的类型称为**转置型**。利用转置方法，可将上面讨论的各种结构加以转置而得到各种新的网络结构。例如，对图 8-12 的直接 II 型结构，转置后得到的新结构网络见图 8-15 所示。

一般地，无限长单位冲激响应滤波器有以下几个特点：

（1）单位冲激响应 $h(n)$ 是无限长；

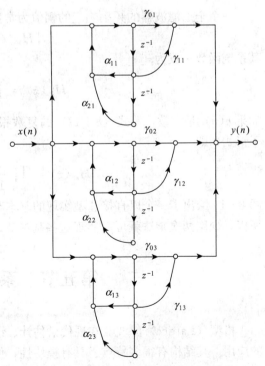

图 8-14　六阶 IIR 滤波器的并联型结构

（2）系统函数 $H(z)$ 在有限 z 平面（$0<|z|<\infty$）上有极点存在；

（3）结构上存在着输出到输入的反馈，也就是结构上是递归型的。

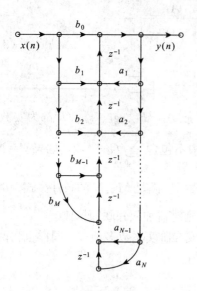

图 8-15　转置直接 II 型结构

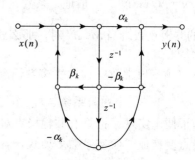

图 8-16　用直接 II 型实现的全通滤波器的二阶基本节

五、全通滤波器结构

一个全通滤波器的频率响应的幅值为常数，即

$$|H_{\mathrm{ap}}(\mathrm{e}^{\mathrm{j}\omega})|=1$$

其系统函数一般为

$$H_{\mathrm{ap}}(z)=\prod_{k=1}^{N}\frac{z^{-1}-a_k^*}{1-a_kz^{-1}} \tag{8-17}$$

如果 $h(n)$ 是实数，等式（8-17）的复数根将呈共轭对出现，合并共轭对便得到二阶因子形式，即

$$H_{\mathrm{ap}}(z)=\prod_{k=1}^{N_1}\frac{\alpha_k-\beta_kz^{-1}+z^{-2}}{1-\beta_kz^{-1}+\alpha_kz^{-2}}$$

图 8-16 给出了一个以直接 II 型实现的基本节。由于每一个基本节仅有两个系数 α_k 和 β_k，所以，少用两次乘法就可以实现这些基本节。

第五节　系统格型结构

格型（Lattice）滤波器在现代谱估计、语音信号处理、自适应滤波等方面得到了广泛的应用。其结构有很多特点：具有模块性，便于实现高速并行处理；对有限字长的舍入误差具有低灵敏性；能简单判断其稳定性；以及一个 m 阶格型滤波器可以形成从 1 阶到 m

阶的 m 个横向滤波器的输出性能等。

这里仅介绍一下全零点、全极点系统的格型结构。

一、FIR 格型结构

FIR 系统的格型结构是一个 M 阶的 FIR 滤波器，全零点系统，其横向结构（卷积型）的系统函数 $H(z)$ 为

$$H(z) = B(z) = \sum_{i=0}^{M} b(i) z^{-i} = \sum_{i=0}^{M} h(i) z^{-i} \rightarrow H(z) = 1 + \sum_{i=1}^{M} b_i^{(M)} z^{-i} \quad (8-18)$$

式中系数 $b_i^{(M)}$ 表示 M 阶 FIR 系统的第 i 个系数，并假定 $H(z)$ 的首项系数 $h(0)=1$。如图 8-17 所示。一个 FIR 格型滤波器是双端口网络的级联，每个双端口网络用它的反射系数 k_m 值来定义，两个输入 $f_{m-1}(n)$、$g_{m-1}(n)$ 与两个输出 $f_m(n)$、$g_m(n)$ 之间的关系可以用差分方程表示：

$$f_m(n) = f_{m-1}(n) + k_m g_{m-1}(n-1), \quad m = 1, 2, \cdots, M \quad (8-19)$$

$$g_m(n) = g_{m-1}(n-1) + k_m f_{m-1}(n), \quad m = 1, 2, \cdots, M \quad (8-20)$$

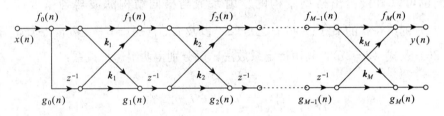

图 8-17　全零点系统（FIR 系统）的格型结构

第一个节的输入是 $f_0(n) = g_0(n) = x(n)$，且 $f_M(n) = y(n)$。可以从 FIR 滤波器中横向结构的参量导出格型结构的参量，在 FIR 的横向结构中有 M 个参数 $b_i^{(M)}$ [或者 $h(i)$，$i=1$，2，$\cdots$，M]，共需 M 次乘法，M 次延迟；在 FIR 格型结构中也有 M 个参数 $k_i (i=1, 2, \cdots,$

$M)$，称之为**反射系数**，共需 $2M$ 次乘法，M 次延迟。格型结构的信号只有正馈通路（正馈网络），没有反馈通路（反馈网络），所以，它是一个典型的 FIR 系统。全零点格型滤波器结构中的基本传输单元如图 8-18 所示。

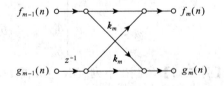

图 8-18　全零点（FIR 系统）
格型结构基本传输单元

若定义 $B_m(z)$、$D_m(z)$ 分别是由输入端到第 m 个基本传输单元上端和下端所对应的系统函数，显然有 $F_m(z) = B_m(z) X(z)$，$G_m(z) = D_m(z) X(z)$，即

$$B_m(z) = \frac{F_m(z)}{F_0(z)} = 1 + \sum_{i=1}^{m} b_i^{(m)} z^{-i}, \quad m = 1, 2, \cdots, M$$

$$D_m(z) = \frac{G_m(z)}{G_0(z)}, \quad m = 1, 2, \cdots, M \quad (8-21)$$

当 $m=M$ 时，$B_M(z)=B(z)$。可以看出，$(m-1)$ 级的 $B_{m-1}(z)$ 与图 8-18 的基本单元级联即得到 m 级的 $B_m(z)$，因此，格型结构有着模块化的结构形式。

对式（8-19）、式（8-20）取 z 变换，可得

$$F_m(z) = F_{m-1}(z) + k_m z^{-1} G_{m-1}(z), \qquad m=1,2,\cdots,M \qquad (8-22)$$

$$G_m(z) = z^{-1} G_{m-1}(z) + k_m F_{m-1}(z), \qquad m=1,2,\cdots,M \qquad (8-23)$$

将式（8-22）除以 $F_0(z)$，式（8-23）除以 $G_0(z)$，考虑到式（8-21）的表示方法，得到 $B_m(z)$ 和 $D_m(z)$ 的递推公式：

$$B_m(z) = B_{m-1}(z) + k_m z^{-1} D_{m-1}(z), \qquad m=1,2,\cdots,M \qquad (8-24)$$

$$D_m(z) = z^{-1} D_{m-1}(z) + k_m B_{m-1}(z), \qquad m=1,2,\cdots,M \qquad (8-25)$$

在实际计算时，往往只求 $B_m(z)$，故这里给出 $B_m(z)$ 和 $B_{m-1}(z)$ 的递推公式：

$$B_m(z) = B_{m-1}(z) + k_m z^{-m} B_{m-1}(z^{-1}), \qquad m=1,2,\cdots,M \qquad (8-26)$$

$$B_{m-1}(z) = \frac{1}{1-k_m^2}[B_m(z) - k_m z^{-m} B_m(z^{-1})], \quad m=1,2,\cdots,M \qquad (8-27)$$

这是两个重要的从低阶到高阶或从高阶到低阶的递推关系。

我们也可以直接给出格型结构的反射系数与横向结构滤波器各系数的关系。将式（8-21）的第一式的 $B_m(z) = 1 + \sum_{i=1}^{m} b_i^{(m)} z^{-i}$ 以及 $B_{m-1}(z) = 1 + \sum_{i=1}^{m-1} b_i^{(m-1)} z^{-i}$，分别代入式（8-26）及式（8-27），利用待定系数法，可分别得两组递推关系：

$$\begin{cases} b_m^{(m)} = k_m \\ b_i^{(m)} = b_i^{(m-1)} + k_m b_{m-i}^{(m-1)} \end{cases} \qquad (8-28)$$

$$\begin{cases} k_m = b_m^{(m)} \\ b_i^{(m-1)} = \dfrac{1}{1-k_m^2}[b_i^{(m)} - k_m b_{m-i}^{(m)}] \end{cases} \qquad (8-29)$$

以上两式中 $i=1,2,\cdots,(m-1)$；$m=2,\cdots,M$。或者用矩阵的形式表示为

$$\begin{bmatrix} 1 \\ b_1^{(m)} \\ \cdots \\ b_{m-1}^{(m)} \\ b_m^{(m)} \end{bmatrix} = \begin{bmatrix} 1 \\ b_1^{(m-1)} \\ \cdots \\ b_{m-1}^{(m-1)} \\ 0 \end{bmatrix} + k_m \begin{bmatrix} 0 \\ b_{m-1}^{(m-1)} \\ \cdots \\ b_1^{(m-1)} \\ 1 \end{bmatrix} \qquad (8-30)$$

【例 8-1】 画出下列 FIR 滤波器 $H(z)$ 的格型结构实现方式：

$$H(z) = 8 + 4z^{-1} + 2z^{-2} + z^{-3}$$

解：根据式（8-18）$H(z) = 1 + \sum_{i=1}^{M} b_i^{(M)} z^{-i}$，先应将 $H(z)$ 归一化，即

$$H(z) = 8 + 4z^{-1} + 2z^{-2} + z^{-3} = 8\left[1 + \frac{1}{2}z^{-1} + \frac{1}{4}z^{-2} + \frac{1}{8}z^{-3}\right]$$

这样使 $b_0=1$，因此可得

$$B_3(z) = 1 + \frac{1}{2}z^{-1} + \frac{1}{4}z^{-2} + \frac{1}{8}z^{-3}$$

由递推公式（8-29），知

$$k_m = b_m^{(m)}$$

$$\left. b_i^{(m-1)} = \frac{1}{1-k_m^2}\left[b_i^{(m)} - k_m b_{m-i}^{(m)}\right] \right\} \quad i=1,\ 2,\ \cdots,\ m-1;\ m=2,\ 3$$

显然，$b_3^{(M)} = b_3^{(3)} = 1/8$，可得 $k_3 = b_3^{(3)} = 1/8$，当 $m=3$ 时，有

$$b_i^{(2)} = \frac{1}{1-k_3^2}\left[b_i^{(3)} - k_3 b_{3-i}^{(3)}\right], \quad i=1,\ 2$$

即

$$b_1^{(2)} = \frac{10}{21}, \qquad b_2^{(2)} = \frac{4}{21}$$

得

$$B_2(z) = 1 + \frac{10}{21}z^{-1} + \frac{4}{21}z^{-2}$$

当 $m=2$ 时，有

$$b_i^{(1)} = \frac{1}{1-k_2^2}\left[b_i^{(2)} - k_2 b_{2-i}^{(2)}\right], \quad i=1$$

即

$$b_1^{(1)} = \frac{1}{1-k_2^2}\left[b_2^{(2)} - k_2 b_1^{(2)}\right] = \frac{2}{5}$$

$$B_1(z) = 1 + \frac{2}{5}z^{-1}$$

或者直接利用公式（8-27），即

$$B_{m-1}(z) = \frac{1}{1-k_m^2}\left[B_m(z) - k_m z^{-m} B_m(z^{-1})\right]$$

来求反射系数 k_m 和 $B_m(z)$，当 $m=3$ 时，有

$$B_2(z) = \frac{1}{1-k_3^2}\left[B_3(z) - k_3 z^{-3} B_3(z^{-1})\right]$$

$$= \frac{1}{1-(1/8)^2}\left[\left(1 + \frac{1}{2}z^{-1} + \frac{1}{4}z^{-2} + \frac{1}{8}z^{-3}\right) - \frac{1}{8}z^{-3}\left(1 + \frac{1}{2}z + \frac{1}{4}z^2 + \frac{1}{8}z^3\right)\right]$$

$$= 1 + \frac{10}{21}z^{-1} + \frac{4}{21}z^{-2}$$

当 $m=2$ 时，有

$$B_1(z) = \frac{1}{1-k_2^2}\left[B_2(z) - k_2 z^{-2} B_2(z^{-1})\right]$$

$$= \frac{1}{1-(4/21)^2}\left[\left(1 + \frac{10}{21}z^{-1} + \frac{4}{21}z^{-2}\right) - \frac{4}{21}z^{-2}\left(1 + \frac{10}{21}z + \frac{4}{21}z^2\right)\right]$$

$$= 1 + \frac{2}{5}z^{-1}$$

FIR 滤波器 $H(z)$ 的格型结构实现方式如图 8-19 所示。

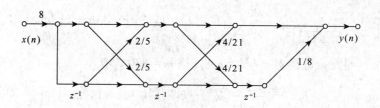

图 8 - 19　【例 8 - 1】的 FIR 滤波器 $H(z)$ 的格型结构实现

二、IIR 格型结构

全极点 IIR 格型滤波器的结构如图 8 - 20 所示，它是由 FIR 滤波器的格型结构演变而来。设全极点系统函数为

$$H(z) = \frac{1}{A(z)} = \frac{1}{1 + \sum_{i=1}^{N} a_i^{(N)} z^{-i}}$$

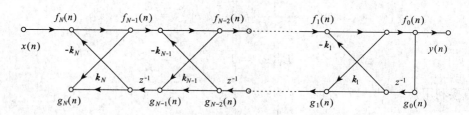

图 8 - 20　全极点系统（IIR 系统）的格型结构

实际上，这是 FIR 滤波器的逆系统。一个 N 阶 IIR 格型滤波器是 N 阶的级联，每一级都是双端口网络的级联，双端口网络用它的反射系数 k_m 值来定义，两个输入 $f_m(n)$、$g_{m-1}(n)$ 与两个输出 $f_{m-1}(n)$、$g_m(n)$ 之间的关系可以用差分方程表示：

$$f_{m-1}(n) = f_m(n) - k_m g_{m-1}(n-1), \quad m = 1, 2, \cdots, N \tag{8-31}$$

$$g_m(n) = g_{m-1}(n-1) + k_m f_{m-1}(n), \quad m = 1, 2, \cdots, N \tag{8-32}$$

且 $f_N(n) = x(n)$，$y(n) = f_0(n) = g_0(n)$。反射系数 k_m 值可由式（8 - 28）和（8 - 29）求出。全极点格型滤波器结构中的基本传输单元如图 8 - 21 所示。

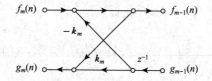

图 8 - 21　全极点（IIR 系统）格型结构基本传输单元

习题与思考题

习题 8-1　有一个线性系统的网络结构如下图，求出该系统的频率响应。

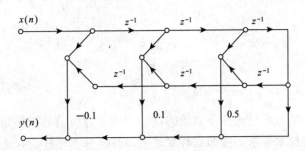

习题 8-2　一个 FIR 滤波器的单位冲激响应是

$$h(n) = \begin{cases} a^n, & 0 \leqslant n \leqslant 6 \\ 0, & \text{其他} \end{cases}$$

（a）画出该系统的直接型实现结构；

（b）证明系统函数为

$$H(z) = \frac{1 - a^7 z^{-7}}{1 - a z^{-1}}, \quad |z| > 0$$

利用该系统函数画出一个 FIR 系统与 IIR 系统级联的流图。

（c）对这两种实现结构，确定计算输出所需要的乘法次数、加法次数以及所需的存储器数（延时器）。

习题 8-3　将下列系统函数用一阶级联结构来实现（IIR 直接 II 型）：

$$H(z) = \frac{1 + 2z^{-1} + z^{-2}}{1 - 0.75z^{-1} + 0.125z^{-2}}$$

思考题 8-4　为什么说 FIR 频率采样型具有递归结构？

第九章　FIR 数字滤波器的设计

第一节　引　言

现在让我们集中精力来讨论数字系统的设计问题，即所谓的数字滤波器设计。根据实际问题，提出一定的技术要求，按照这种要求给出具体技术指标，并选择合适的方法，设计出所期望的数字信号处理系统。在数字信号处理中有两种重要的处理方式，一种是在时域内进行信号滤波处理，即**数字滤波**；另一种是在频域内给出信号的表示与解释，即**频谱分析**。滤波器是一种特别重要的线性时不变系统。本章主要介绍几种基本的 FIR 滤波器设计方法，而在第十章介绍 IIR 滤波器设计方法。这些设计方法大多数都属于频率选择型，即主要设计多频带的低通、高通、带通和带阻滤波器。这种频率选择性滤波器（系统）只允许某些频率分量通过而完全拒绝其他频率分量通过。从广义上来讲，任何能对某些频率进行修正的系统都称为滤波器。

尽管在许多应用中并不要求所设计的滤波器一定是因果的，但是在本章我们还是着重讨论因果滤波器的设计。一般说来，对因果滤波器做一些适当的修正就可以设计和实现非因果滤波器。

首先，我们引入与滤波器的设计思想和设计技术要求有关的一些基本概念，然后研究 FIR 滤波器的设计算法。希望读者能深刻理解窗函数法设计线性相位滤波器的原理、吉布斯现象产生的原因，熟悉常用窗函数的特性，熟练掌握窗函数设计法，了解频率采样设计法。

第二节　数字滤波器设计的基本概念

一、设计步骤与要求

数字滤波器的设计与实现分三步完成。

第一步　技术要求：在设计滤波器之前，必须要根据实际问题，确定相应的技术指标。例如，截止频率是多少、阻带的衰减是多少等技术要求，即所谓的滤波器技术指标。

第二步　系统逼近：技术指标确定之后，用已学过的相关概念和相应的数学工具来给出滤波器的表达式，通常用因果离散时间系统来逼近能满足上述技术指标的滤波器。这一步属于滤波器设计的范畴，也是我们将要重点讨论的内容。

第三节　系统实现：前两步完成后所得到的结果是一个系统（滤波器）的表达式，它可能是以差分方程的形式表示，或者是以系统函数 $H(z)$ 表示，或者是以单位冲激响应

$h(n)$ 表示。因此，基于此表达式，系统（滤波器）既可以用硬件形式来实现，也可以在计算机上通过编程用软件形式来实现。

通常，对连续时间信号先进行周期采样，并做 A/D 转换，而后对所得到的信号进行滤波处理。在整个过程中，虽然所涉及的基本设计方法往往都是与信号和系统的离散时间特性有关，但是我们常常把所设计的离散时间滤波器称为数字滤波器。

这里，我们要详细讨论的是"系统的逼近"，将技术指标的要求转换成为一种滤波器表达式。在很多应用中，如语音或音频信号处理、地震勘探以及重磁勘探的数据处理，数字滤波器是用来实现频率选择性功能的，选择所需要的一些频率范围。因此，技术指标要求都是在频域内通过滤波器的期望幅度和相位响应给出的。一般来说，在通带有一个线性相位是所希望的。对于 FIR 滤波器，有可能具有真正的线性相位，但对于 IIR 滤波器，在通带内具有线性相位是不可能实现的。滤波器的性能要求，往往以频率响应的幅度特性的**容许误差**来表征，因此，我们在这里仅仅考虑幅度上的要求。常用两种方式给出幅度要求：第一种是绝对指标要求，针对幅度响应函数 $|H(e^{j\omega})|$ 给出一组要求；第二种是相对指标要求，以分贝（dB）形式给出，即

$$20\lg \frac{|H(e^{j\omega})|}{|H(e^{j\omega})|_{\max}}$$

在实际中，这是对 FIR 和 IIR 滤波器最为通用的一种表示方式，其意义是：$|H(e^{j\omega})|$ 相对于 $|H(e^{j\omega})|_{\max}$ 衰减的程度。

二、绝对指标

系统对连续时间信号进行离散时间处理时，往往（但不总是）给出离散时间滤波器和有效的连续时间滤波器在频域内的技术指标，尤其对于像低通、带通和高通滤波器之类的选频滤波器。典型的低通滤波器的绝对技术要求（应注意，这里虽说是绝对指标，但指的是归一化后的值）如图 9-1 所示，频带 $[0, \omega_p]$ 称为**通带**，δ_1 是在理想通带响应内可以接受的起伏波动，通常称为**通带波纹**；频带 $[\omega_s, \pi]$ 称为**阻带**，δ_2 是相应的阻带所

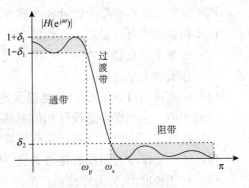

图 9-1　低通滤波器的绝对技术指标

容许的起伏波动，通常称**阻带波纹**；频带 $[\omega_p, \omega_s]$ 称为**过渡带**，在这个频带内对幅度响应不作要求。其中 ω_p 为**通带截止频率**，ω_s 为**阻带截止频率**。

三、相对指标（dB）

一组典型的低通滤波器的相对指标如图 9-2 所示，其中 R_p 是以 dB 表示的通带波纹，A_s 是以 dB 表示的阻带衰减。上面给出的两组技术指标要求的参数显然是有关系的。因为在绝对指标中，$|H(e^{j\omega})|_{\max}$ 等于 $(1+\delta_1)$，所以有

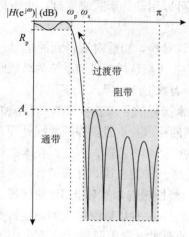

图 9-2 低通滤波器的相对技术指标

$$R_p = 20\lg \frac{1-\delta_1}{1+\delta_1}$$

和

$$A_s = 20\lg \frac{\delta_2}{1+\delta_1}$$

一般来说，R_p 数值较小，如 $R_p = 0.1$，而 A_s 的数值较大（绝对值），远大于1。

上面这些技术要求是针对低通滤波器给出的，对其他类型的选频滤波器（如高通或带通）也能给出类似的技术要求。然而，最重要的设计参数是频带波纹和通带截止频率。至于所给出的频带是通带还是阻带，这是一个相当次要的问题。因此，在讨论设计方法时将集中在低通滤波器上，第十章还要讨论如何将低通滤波器变换到其他类型的选频滤波器。因此，研究低通滤波器设计方法具有重要意义。

四、设计思路

设计一个低通滤波器，就是求出它的系统函数 $H(z)$ 或单位冲激响应或者差分方程。低通滤波器具有一个通带 $[0, \omega_p]$，通带波纹为 δ_1（或以 dB 表示为 R_p）；一个阻带 $[\omega_s, \pi]$，阻带波纹为 δ_2（或以 dB 表示为 A_s）。

FIR 数字滤波器有几个设计和实现方面的优势：

（1）相位响应可以是真正线性的。

（2）由于不存在稳定性问题，所以设计相对容易。

（3）在实现上是高效的。

（4）在实现中可以用 DFT，能极大地提高运算效率。

一般来说，感兴趣的是线性相位的频率选择性 FIR 滤波器。线性相位响应的优点是：

（1）设计问题中仅有实数运算而没有复数运算（详见第五章第四节）；

（2）线性相位滤波器没有延时失真，仅有某一固定时延；

（3）对于长度为 N 的滤波器，其运算次数具有 $N/2$ 量级，这已在线性相位滤波器中讨论过。

FIR 滤波器的单位冲激响应 $h(n)$ 是有限长的（$0 \leqslant n \leqslant N-1$），其频率响应为

$$H(e^{j\omega}) = \sum_{n=0}^{N-1} h(n)e^{-j\omega n} \tag{9-1}$$

设计这样的滤波器，就是要求解单位冲激响应 $h(n)$，即求式（9-1）的系数 $h(n)$。下面我们用窗函数设计法和频率采样设计法来逼近线性相位 FIR 滤波器。

第三节　用窗函数法设计线性相位 FIR 滤波器原理

假设 $h_d(n)$ 是一个理想频率选择滤波器的单位冲激响应，滤波器具有线性相位，其频率响应为

$$H_d(e^{j\omega}) = H_d(\omega)e^{-j(\alpha\omega-\beta)}$$

在设计滤波器前，理想的滤波器频率响应 $H_d(e^{j\omega})$ 是事先给定的，且大多数情况下，$H_d(e^{j\omega})$ 在通带与阻带的交界处是不连续的，许多理想化系统的频率响应均用分段常数或分段函数来表示。现在要求设计一个 FIR 滤波器频率响应 $H(e^{j\omega})$ 来逼近 $H_d(e^{j\omega})$，而且，设计又是在时域进行的，因此，首先应该对 $H_d(e^{j\omega})$ 进行傅氏反变换，导出 $h_d(n)$：

$$h_d(n) = \frac{1}{2\pi}\int_{-\pi}^{\pi} H_d(e^{j\omega})e^{j\omega n}\,d\omega \tag{9-2}$$

若 $H_d(e^{j\omega})$ 在频率域内是矩形函数（或门函数），那么它的傅氏反变换 $h_d(n)$（为函数 sinc）一定是无限长的序列，而且也是非因果的。但是，FIR 滤波器要求 $h(n)$ 必须是有限长的。因此，要用有限长的 $h(n)$ 来逼近无限长的 $h_d(n)$，最有效的方法是截取 $h_d(n)$ 中的主要成分，即用一个有限长的"窗函数"序列 $w(n)$ 来截取 $h_d(n)$：

$$h(n) = w(n) \cdot h_d(n) \tag{9-3}$$

窗函数 $w(n)$ 为矩形窗或矩形序列，在区间 $0 \leqslant n \leqslant N-1$ 内有值，在其外恒为零，而且关于中间点对称，即

$$w(n) = w(N-1-n)$$

显然，窗函数序列 $w(n)$ 对设计 $h(n)$ 影响很大，其形状与长度的选择非常重要，直接影响 $h(n)$ 的性能。

$w(n)$ 与 $h_d(n)$ 在时域内作点积运算，相应地，$W(e^{j\omega})$ 和 $H_d(e^{j\omega})$ 在频域内做卷积运算，其结果是：$W(e^{j\omega})$ 平滑了 $H_d(e^{j\omega})$。下面我们就以具有矩形幅度特性的理想低通滤波器为例来讨论 $W(e^{j\omega})$ 和 $H_d(e^{j\omega})$ 的卷积过程。

假设理想低通滤波器的截止频率为 ω_c，且具有线性相位，其群延时为 α，即

$$H_d(e^{j\omega}) = \begin{cases} 1 \cdot e^{-j\omega\alpha}, & -\omega_c \leqslant \omega \leqslant \omega_c \\ 0, & \omega_c < \omega \leqslant \pi, -\pi < \omega \leqslant -\omega_c \end{cases}$$

在通带 $|\omega| \leqslant \omega_c$ 范围内，$H_d(e^{j\omega})$ 的幅度为 1，相位是 $-\omega\alpha$，利用式（9-2），得

$$h_d(n) = \frac{1}{2\pi}\int_{-\pi}^{\pi} H_d(e^{j\omega})e^{j\omega n}\,d\omega = \frac{1}{2\pi}\int_{-\omega_c}^{\omega_c} e^{-j\omega\alpha}e^{j\omega n}\,d\omega$$

$$= \frac{\omega_c}{\pi} \cdot \frac{\sin[\omega_c(n-\alpha)]}{\omega_c(n-\alpha)} \tag{9-4}$$

如图 9-3(a) 所示，$h_d(n)$ 是以 α 为对称中心的偶对称序列，而且是无限长非因果序列，用有限长序列 $h(n)$ 去逼近 $h_d(n)$，从 $h_d(n)$ 中截取其主要部分，现在让我们用矩形窗 $w(n)=R_N(n)$ 截取 $h_d(n)$，如图 9-3(b) 所示。按照线性相位滤波器的约束，要求 $h(n)$ 必须是偶对称的，$h(n)$ 对称中心应为它的长度一半 $(N-1)/2$，而且必须要求

$\alpha = (N-1)/2$，所以有

$$\begin{cases} h(n) = h_d(n)w(n) = \begin{cases} h_d(n), & 0 \leqslant n \leqslant N-1 \\ 0, & n\text{ 为其他值} \end{cases} \\ \alpha = \dfrac{N-1}{2} \end{cases} \qquad (9-5)$$

将式（9-4）代入式（9-5），得

$$h(n) = \begin{cases} \dfrac{\omega_c}{\pi} \cdot \dfrac{\sin\left[\omega_c\left(n-\dfrac{N-1}{2}\right)\right]}{\omega_c\left(n-\dfrac{N-1}{2}\right)}, & 0 \leqslant n \leqslant N-1 \\ 0, & n\text{ 为其他值} \end{cases} \qquad (9-6)$$

此时，一定满足 $h(n)=h(N-1-n)$ 这一线性相位特性的条件。图 9-3 示出了 $h_d(n)$ 和 $w(n)=R_N(n)$ 以及它们的傅氏变换的幅度图形。

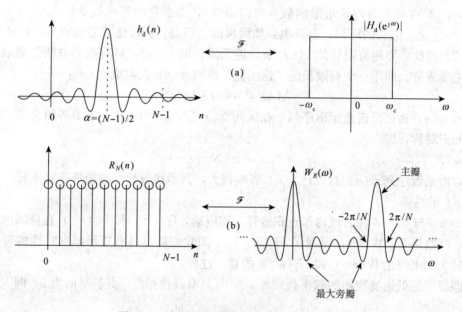

图 9-3　理想低通滤波器与矩形窗函数序列

（a）理想低通滤波器 $H_d(\omega)$ 与 $h_d(n)$；（b）矩形窗函数序列
$w(n)=R_N(n)$ 与 $W_R(\omega)$

现在让我们来分析 FIR 滤波器的频率特性，即对 $h(n)$ 进行傅氏变换，根据式（9-3）$h(n)=w(n)\cdot h_d(n)$ 知，在时域序列是相乘关系，按照第三章的复卷积公式，在频域内呈周期性卷积运算，即

$$H(e^{j\omega}) = \frac{1}{2\pi}\int_{-\pi}^{+\pi} H_d(e^{j\theta})W[e^{j(\omega-\theta)}]d\theta \qquad (9-7)$$

显然，用 $H(e^{j\omega})$ 逼近 $H_d(e^{j\omega})$ 的程度好坏，完全取决于窗函数 $w(n)$ 的频率特性 $W(e^{j\omega})$。

如果窗函数 $w(n)$ 是矩形窗 $R_N(n)$ 时，那么它的频谱为

$$W_R(\mathrm{e}^{\mathrm{j}\omega}) = \sum_{n=0}^{N-1} R_N(n)\mathrm{e}^{-\mathrm{j}\omega n} = \sum_{n=0}^{N-1} \mathrm{e}^{-\mathrm{j}\omega n} = \frac{1-\mathrm{e}^{-\mathrm{j}\omega N}}{1-\mathrm{e}^{-\mathrm{j}\omega}}$$

$$= \mathrm{e}^{-\mathrm{j}\frac{N-1}{2}\omega} \frac{\sin\dfrac{\omega N}{2}}{\sin\dfrac{\omega}{2}} \tag{9-8}$$

可以将 $W_R(\mathrm{e}^{\mathrm{j}\omega})$ 表示成**幅度函数**与**相位函数**

$$W_R(\mathrm{e}^{\mathrm{j}\omega}) = W_R(\omega) \cdot \mathrm{e}^{-\mathrm{j}\frac{N-1}{2}\omega} \tag{9-9}$$

其中：

$$W_R(\omega) = \frac{\sin\dfrac{\omega N}{2}}{\sin\dfrac{\omega}{2}} \tag{9-10}$$

$W_R(\mathrm{e}^{\mathrm{j}\omega})$ 为**频域采样内插函数**（差一个常数因子 $1/N$），其幅度函数 $W_R(\omega)$ 在 $-2\pi/N \leqslant \omega \leqslant 2\pi/N$ 内有一个**主瓣**，两侧形成许多衰减振荡的**旁瓣**，如图 9-3 所示，$W_R(\omega)$ 是周期函数〔周期为 2π，即 $(2\pi/N) \cdot N = 2\pi$〕。

如果将理想频率响应写成

$$H_\mathrm{d}(\mathrm{e}^{\mathrm{j}\omega}) = H_\mathrm{d}(\omega) \cdot \mathrm{e}^{-\mathrm{j}\frac{N-1}{2}\omega} \tag{9-11}$$

那么，其幅度函数为

$$H_\mathrm{d}(\omega) = \begin{cases} 1, & -\omega_\mathrm{c} \leqslant \omega \leqslant \omega_\mathrm{c} \\ 0, & \omega_\mathrm{c} < \omega \leqslant \pi, -\pi < \omega \leqslant -\omega_\mathrm{c} \end{cases} \tag{9-12}$$

这样，把式（9-9）和式（9-11）代入式（9-7），便得到所设计的 FIR 滤波器的频率响应 $H(\mathrm{e}^{\mathrm{j}\omega})$ 为

$$H(\mathrm{e}^{\mathrm{j}\omega}) = \frac{1}{2\pi}\int_{-\pi}^{\pi}\left[H_\mathrm{d}(\theta) \cdot \mathrm{e}^{-\mathrm{j}\frac{N-1}{2}\theta} \cdot W_R(\omega-\theta) \cdot \mathrm{e}^{-\mathrm{j}\frac{N-1}{2}(\omega-\theta)}\right]\mathrm{d}\theta$$

$$= \mathrm{e}^{-\mathrm{j}\frac{N-1}{2}\omega} \cdot \frac{1}{2\pi}\int_{-\pi}^{\pi}\left[H_\mathrm{d}(\theta) \cdot W_R(\omega-\theta)\right]\mathrm{d}\theta \tag{9-13}$$

如取

$$H(\mathrm{e}^{\mathrm{j}\omega}) = H(\omega) \cdot \mathrm{e}^{-\mathrm{j}\frac{N-1}{2}\omega} \tag{9-14}$$

那么，FIR 数字滤波器的幅度函数 $H(\omega)$ 为

$$H(\omega) = \frac{1}{2\pi}\int_{-\pi}^{\pi} H_\mathrm{d}(\theta)W_R(\omega-\theta)\mathrm{d}\theta \tag{9-15}$$

由此可见，在频域内，窗函数频率响应的幅度函数 $W_R(\omega)$ 对所设计的 FIR 滤波器频率响应的幅度函数 $H(\omega)$ 产生影响。

式（9-15）的卷积过程可用图 9-4 来说明，下面取几个特殊的频率点，来看一看幅度函数 $H(\omega)$ 的变化规律。应注意卷积过程给 $H(\omega)$ 造成的起伏现象。

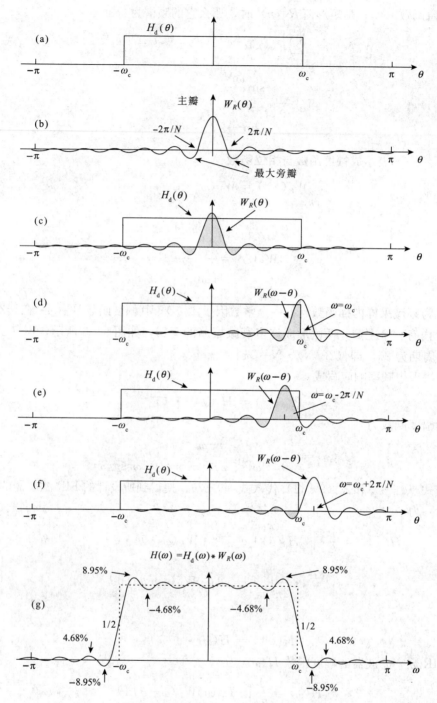

图 9-4 $H_d(\omega)$ 与 $W_R(\omega)$ 的卷积过程

(1) $H(\omega)$ 在零频率处，即 $\omega=0$ 时，$H(0)$ 应该是图 9-4 中 (a) 与 (b) 两函数乘积的积分，在 $\theta=-\omega_c$ 到 $\theta=\omega_c$ 一段内 $H_d(\omega)=1$，$H(0)$ 值就是 $W_R(\theta)$ 的积分面积。一般情况下 $\omega_c \gg 2\pi/N$，因此，$H(0)$ 近似看成是 θ 从 $-\pi$ 到 π 的 $W_R(\theta)$ 的全部积分面积。如

图 9-4(c) 所示。

(2) $H(\omega)$ 在 $\omega=\omega_c$ 处的值为 $H(\omega_c)$，由于此时 $H_d(\theta)$ 正好与 $W_R(\omega-\theta)$ 的一半重叠，如图 9-4(d) 所示，所以 $H(\omega_c)/H(0)=0.5$。

(3) $H(\omega)$ 在 $\omega=\omega_c-2\pi/N$ 处的值为 $H(\omega_c-2\pi/N)$，由于这时 $W_R(\omega-\theta)$ 的全部主瓣在 $H_d(\theta)$ 的通带 $|\omega|\leqslant\omega_c$ 之内，如图 9-4(e) 所示，因此卷积结果有最大值，即 $H(\omega_c-2\pi/N)$ 为最大值，幅度函数 $H(\omega)$ 出现正肩峰。

(4) $H(\omega)$ 在 $\omega=\omega_c+2\pi/N$ 处的值为 $H(\omega_c+2\pi/N)$，由于这时 $W_R(\omega-\theta)$ 的全部主瓣都在 $H_d(\theta)$ 的通带之外，如图 9-4(f) 所示，而通带内的旁瓣负的面积大于正的面积，因而卷积结果达到最小值（负值），幅度函数 $H(\omega)$ 出现负的肩峰。

(5) 当 $\omega>\omega_c+2\pi/N$ 时，随着 ω 的增加，$W_R(\omega-\theta)$ 左边旁瓣的起伏部分将越过通带，卷积值也将随 $W_R(\omega-\theta)$ 的旁瓣在通带内面积的变化而变化，故 $H(\omega)$ 将围绕着零值而波动。当 ω 从 $(\omega_c-2\pi/N)$ 向通带内减小时（ω 在通带范围内），$W_R(\omega-\theta)$ 的右旁瓣将进入 $H_d(\omega)$ 的通带（此时，左边旁瓣已向左越过通带），右旁瓣的起伏造成 $H(\omega)$ 值将围绕 $H(0)$ 值而摆动。卷积得到的 $H(\omega)$ 可见图 9-4(g) 所示。

通过两幅度函数 $H_d(\omega)$ 和 $H(\omega)$ 的对比，可以看出，在时域对序列 $h_d(n)$ 进行截取，即采用加窗处理后，在频域内对理想频率特性 $H_d(\omega)$ 产生以下几点影响：

(1) 使理想频率特性的幅度函数 $H_d(\omega)$ 在不连续点处的边缘展宽，在两个肩峰之间形成一个近似过渡带，带的宽度等于窗的频率响应 $W_R(\omega)$ 的主瓣宽度 $\Delta W=4\pi/N$；

(2) 在截止频率 ω_c 的两边 $\omega=\omega_c\pm2\pi/N$ 处（即过渡带的两边），$H(\omega)$ 出现最大的肩峰值，肩峰的两侧形成起伏振荡，其振荡幅度取决于旁瓣的相对幅度，而振荡的次数多少，则取决于旁瓣的个数多少；

(3) 增加截取长度 N，不能改变主瓣与旁瓣的相对比例，即不能改变振荡的幅度，这是因为在主瓣附近（$\omega=0$ 附近），窗函数频率响应的幅度函数为

$$W_R(\omega)=\frac{\sin\dfrac{\omega N}{2}}{\sin\dfrac{\omega}{2}}\approx\frac{\sin\dfrac{\omega N}{2}}{\dfrac{\omega}{2}}=N\cdot\frac{\sin\dfrac{\omega N}{2}}{\dfrac{\omega N}{2}} \tag{9-16}$$

$$W_R(\omega)\Rightarrow N\cdot\frac{\sin x}{x}$$

其中 $x=\omega N/2$。显然，改变 N，只能改变窗函数频谱的主瓣宽度、改变 ω 坐标的比例以及改变 $W_R(\omega)$ 的绝对值大小，但是决不能改变主瓣与旁瓣的相对比例（当然 N 太小时，会影响旁瓣的相对值），这个相对比例是由 $\sin x/x$ 决定的，或者说是仅仅根据窗函数的形状来决定的。所以，当截取长度 N 增加时，只会减小过渡带宽（$4\pi/N$）[这里所指的过渡带与前述的定义（见图 9-1，图 9-2）有所不同，故称为理论近似过渡带，而按前述定义的过渡带则称为精确过渡带]，但不会改变肩峰的相对值。在矩形窗情况下，最大相对肩峰值为 8.95%。当 N 增加时，$2\pi/N$ 减小，故起伏振荡变密，但最大肩峰则总是 8.95%，这种现象称为**吉布斯（Gibbs）效应**，如图 9-5 所示。我们知道，窗函数频谱的肩峰大小，影响到 $H(\omega)$ 通带的平稳和阻带的衰减，对滤波器性能影响很大。

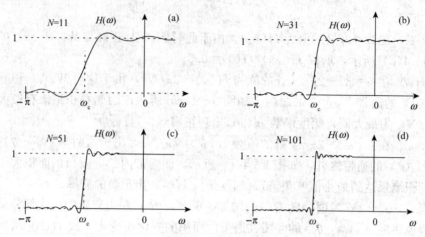

图 9-5 矩形窗截断的吉布斯现象

(a) $N=11$; (b) $N=31$; (c) $N=51$; (d) $N=101$

第四节 各种常见窗函数

从本章第三节的分析可见，采用窗函数设计出来的滤波器的频率响应对理想频率响应 $H_d(e^{j\omega})$ 的逼近程度，由两个因素决定：

①$W(e^{j\omega})$ 主瓣的宽度；②$W(e^{j\omega})$ 旁瓣的幅度肩峰值。

理想的情况是主瓣的宽度应尽可能得窄，以获得较陡的过渡带；旁瓣的幅度应尽可能得小，也就是能量尽量集中于主瓣，这样使肩峰和波纹减小，就可增大阻带的衰减。但是，对于一个固定的窗函数来说，这些不可能同时达到最小。

第三节讨论的矩形窗截断造成肩峰为 8.95%，而阻带最小衰减为 $20\lg(8.95\%) = -21$ dB，这个衰减量在工程上常常是不够的。为了加大阻带衰减，只能改善窗函数的形状。从式 (9-15) 的频域周期卷积式看出，只有当窗函数频谱逼近冲激函数时，也就是绝大部分能量集中在频谱中点时，$H(\omega)$ 才会逼近 $H_d(\omega)$。这相当于窗的宽度为无穷长，等于不加窗口截断，没有实际意义。在实际设计中，往往是增加主瓣宽度以换取对旁瓣的抑制。所以，可以选用不同形状的窗函数来得到平坦的幅度响应和较小的阻带波纹，加大阻带衰减。下面给出几种常用的窗函数。

一、矩形窗

前面已讨论过了，这里仅列出有关公式：

$$w(n) = \begin{cases} 1, & 0 \leqslant n \leqslant N-1 \\ 0, & \text{其他} \end{cases}$$

$$W_R(e^{j\omega}) = W_R(\omega)e^{-j\frac{N-1}{2}\omega}, \quad W_R(\omega) = \sin\frac{\omega N}{2}\Big/\sin\frac{\omega}{2}$$

根据式（9-15）所设计的滤波器的真正的幅度函数为

$$H(\omega) = \frac{1}{2\pi}\int_{-\pi}^{\pi} H_d(\theta) W_R(\omega-\theta)\mathrm{d}\theta = \frac{1}{2\pi}\int_{-\omega_c}^{\omega_c} H_d(\theta) W_R(\omega-\theta)\mathrm{d}\theta$$

$$= \frac{1}{2\pi}\int_{-\omega_c}^{\omega_c} 1\cdot W_R(\omega-\theta)\mathrm{d}\theta$$

$$= \frac{1}{2\pi}\int_{-\omega_c}^{\omega_c} W_R(\omega-\theta)\mathrm{d}\theta$$

令 $\omega-\theta=\beta$，则得

$$H_{\mathrm{cum}}(\omega) = \frac{1}{2\pi}\int_{\omega-\omega_c}^{\omega+\omega_c} W_R(\beta)\mathrm{d}\beta$$

若令

$$H_{\mathrm{cum}}(\omega) = \frac{1}{2\pi}\int_{-\pi}^{\omega-\omega_c} W_R(\beta)\mathrm{d}\beta + \frac{1}{2\pi}\int_{\omega-\omega_c}^{\omega+\omega_c} W_R(\beta)\mathrm{d}\beta$$

$$= \frac{1}{2\pi}\int_{-\pi}^{\omega+\omega_c} W_R(\beta)\mathrm{d}\beta$$

$$= \frac{1}{2\pi}\int_{-\pi}^{\omega+\omega_c}\left[\sin\frac{\beta N}{2}\right]/\sin\frac{\beta}{2}\mathrm{d}\beta$$

由此可见，$H_{\mathrm{cum}}(\omega)$ 是窗的幅度函数的连续积分（或称之为**累加幅度函数**），$H_{\mathrm{cum}}(\omega)$ 有第一个旁瓣幅度在 21 dB 处，事实上，它形成了 21 dB 的最小阻带衰减，而且与 N 无关，如图 9-6 所示。利用最小阻带衰减，可以将过渡带准确计算出来，即

$$\omega_s - \omega_p = 1.8\pi/N$$

这大约是理论近似过渡带宽 $\Delta W = 4\pi/N$ 的一半。

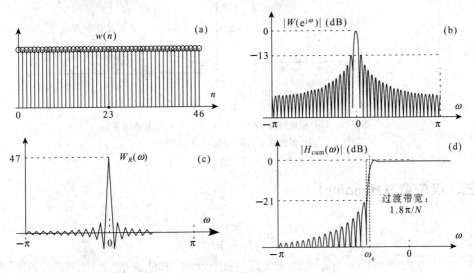

图 9-6　矩形窗

（a）$N=47$；（b）幅度响应 $|W(\mathrm{e}^{\mathrm{j}\omega})|$（dB）；（c）幅度函数 $W_R(\omega)$；

（d）累加幅度函数 $|H_{\mathrm{cum}}(\omega)|$（dB）

二、三角形窗（Bartlett）

$$w(n) = \begin{cases} \dfrac{2n}{N-1}, & 0 \leqslant n \leqslant \dfrac{N-1}{2} \\ 2 - \dfrac{2n}{N-1}, & \dfrac{N-1}{2} < n \leqslant N-1 \\ 0, & \text{其他 } n \text{ 值} \end{cases} \qquad (9-17)$$

窗函数频谱为

$$W(\mathrm{e}^{\mathrm{j}\omega}) = \frac{2}{N-1}\left[\frac{\sin\left(\dfrac{N-1}{4}\omega\right)}{\sin\dfrac{\omega}{2}}\right]^2 \cdot \mathrm{e}^{-\mathrm{j}\frac{N-1}{2}\omega} \approx \frac{2}{N}\left[\frac{\sin\dfrac{\omega N}{4}}{\sin\dfrac{\omega}{2}}\right]^2 \cdot \mathrm{e}^{-\mathrm{j}\frac{N-1}{2}\omega} \qquad (9-18)$$

"$\approx$" 在 $N \gg 1$ 时成立。此时主瓣宽度为 $8\pi/N$，如图 9-7 所示。

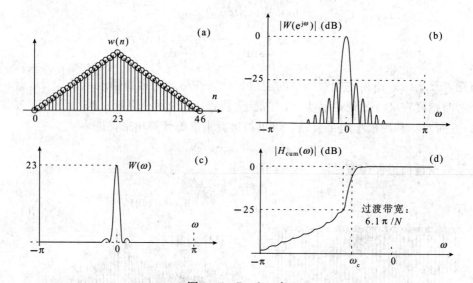

图 9-7　Bartlett 窗

(a) $N=47$；(b) 幅度响应 $|W(\mathrm{e}^{\mathrm{j}\omega})|$ (dB)；(c) 幅度函数 $W(\omega)$；

(d) 累加幅度函数 $|H_{\mathrm{cum}}(\omega)|$ (dB)

三、汉宁窗（Hanning）

$$w(n) = \begin{cases} \dfrac{1}{2}\left(1 - \cos\dfrac{2\pi n}{N-1}\right), & 0 \leqslant n \leqslant N-1 \\ 0, & \text{其他 } n \text{ 值} \end{cases} \qquad (9-19)$$

为了便于证明，将 $w(n)$ 可以写成

$$w(n) = \frac{1}{2}\left(1 - \cos\frac{2\pi n}{N-1}\right) R_N(n)$$

利用傅氏变换的调制特性，即

$$e^{j\omega_0 n} x(n) \overset{\mathscr{F}}{\longleftrightarrow} X[e^{j(\omega-\omega_0)}]$$

以及

$$\cos(n\omega_0) = \frac{e^{j\omega_0 n} + e^{-j\omega_0 n}}{2}$$

可得

$$
\begin{aligned}
W(e^{j\omega}) = F[w(n)] &= \frac{1}{2}F\Big[1 - \cos\frac{2\pi n}{N-1}\Big]R_N(n) \\
&= \frac{1}{2}F\Big[R_N(n) - \cos\frac{2\pi n}{N-1}R_N(n)\Big] \\
&= \frac{1}{2}F\Big[R_N(n) - \frac{1}{2}(e^{j\frac{2\pi n}{N-1}} + e^{-j\frac{2\pi n}{N-1}})R_N(n)\Big] \\
&= \Big\{0.5W_R(\omega) + 0.25\Big[W_R\Big(\omega - \frac{2\pi}{N-1}\Big) + W_R\Big(\omega + \frac{2\pi}{N-1}\Big)\Big]\Big\}e^{-j\frac{N-1}{2}\omega} \\
&= W(\omega) \cdot e^{-j\frac{N-1}{2}\omega}
\end{aligned}
\tag{9-20}
$$

当 $N \gg 1$ 时，$N-1 \approx N$（注：频率间隔为 $\Delta\omega = 2\pi/N$），所以窗函数频谱的幅度函数为

$$W(\omega) \approx 0.5W_R(\omega) + 0.25\Big[W_R\Big(\omega - \frac{2\pi}{N}\Big) + W_R\Big(\omega + \frac{2\pi}{N}\Big)\Big] \tag{9-21}$$

如图 9-8 所示。与矩形窗相比，式（9-21）的右端，使旁瓣互相抵消，能量更集中在主瓣（图 9-9），然而，代价是主瓣宽度比矩形窗的主瓣宽度增加一倍，即为 $8\pi/N$。

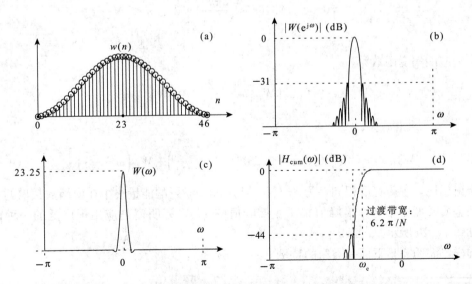

图 9-8　Hanning 窗

(a) $N=47$；(b) 幅度响应 $|W(e^{j\omega})|$（dB）；(c) 幅度函数 $W(\omega)$；

(d) 累加幅度函数 $|H_{cum}(\omega)|$（dB）

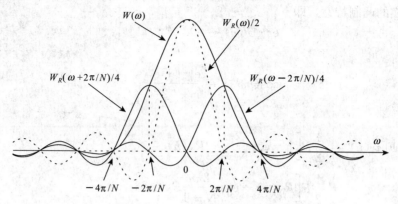

图 9-9 Hanning 窗谱形成过程

汉宁窗是下面一类窗中的特例:

$$w(n) = \left[\cos^\alpha\left(\frac{n\pi}{N-1} \right) \right] R_N(n)$$

$$w(n) = \left[\sin^\alpha\left(\frac{n\pi}{N-1} \right) \right] R_N(n) \tag{9-22}$$

当 $\alpha = 2$ 时,上面的第二个式子就是汉宁窗。

四、海明窗 (Hamming)

把汉宁窗加以改进,可以得到旁瓣更小的效果,窗函数为

$$w(n) = \begin{cases} 0.54 - 0.46\cos\dfrac{2\pi n}{N-1}, & 0 \leqslant n \leqslant N-1 \\ 0, & \text{其他 } n \text{ 值} \end{cases} \tag{9-23}$$

其频率响应的幅度函数为

$$W(e^{j\omega}) = \left\{ 0.54 W_R(\omega) + 0.23\left[W_R\left(\omega - \frac{2\pi}{N-1}\right) + W_R\left(\omega + \frac{2\pi}{N-1}\right) \right] \right\} e^{-j\frac{N-1}{2}\omega}$$

$$= W(\omega) \cdot e^{-j\frac{N-1}{2}\omega}$$

$$W(\omega) \approx 0.54 W_R(\omega) + 0.23\left[W_R\left(\omega - \frac{2\pi}{N}\right) + W_R\left(\omega + \frac{2\pi}{N}\right) \right] \tag{9-24}$$

与汉宁窗相比,主瓣宽度相同,为 $8\pi/N$,但有 99.963% 的能量集中在窗函数频谱的主瓣内,而旁瓣幅度更小,旁瓣峰值小于主瓣峰值的 1%,海明窗是应用很广泛的一种窗函数,如图 9-10 所示。

同样,海明窗是下面一类窗的特例 ($\alpha = 0.54$ 时):

$$w(n) = \left[\alpha - (1-\alpha)\cos\left(\frac{2\pi n}{N-1} \right) \right] R_N(n) \tag{9-25}$$

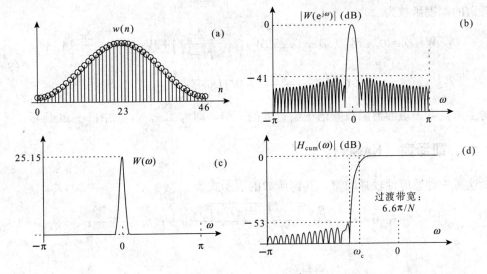

图 9-10　Hamming 窗

(a) $N=47$；(b) 幅度响应 $|W(e^{j\omega})|$（dB）；(c) 幅度函数 $W(\omega)$；

(d) 累加幅度函数 $|H_{cum}(\omega)|$（dB）

五、布拉克曼窗（Blackman）

为了更进一步有效抑制旁瓣，还可再加上余弦的二次谐波分量，得到布拉克曼窗：

$$w(n) = \begin{cases} 0.42 - 0.5\cos\dfrac{2\pi n}{N-1} + 0.08\cos\dfrac{4\pi n}{N-1}, & 0 \leqslant n \leqslant N-1 \\ 0, & \text{其他 } n \text{ 值} \end{cases} \qquad (9-26)$$

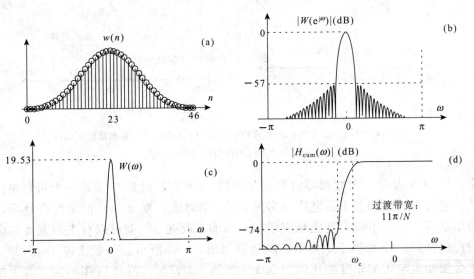

图 9-11　Blackman 窗

(a) $N=47$；(b) 幅度响应 $|W(e^{j\omega})|$（dB）；(c) 幅度函数 $W(\omega)$；

(d) 累加幅度函数 $|H_{cum}(\omega)|$（dB）

其频谱的幅度函数为

$$W(\omega) = 0.42W_R(\omega) + 0.25\left[W_R\left(\omega - \frac{2\pi}{N-1}\right) + W_R\left(\omega + \frac{2\pi}{N-1}\right)\right] +$$

$$0.04\left[W_R\left(\omega - \frac{4\pi}{N-1}\right) + W_R\left(\omega + \frac{4\pi}{N-1}\right)\right] \qquad (9-27)$$

此时主瓣宽度为矩形窗函数频谱主瓣宽度的三倍，即为 $12\pi/N$，如图 9-11 所示。

六、凯泽窗（Kaiser）

这是一种适应性较强的窗，其窗函数的表示式为

$$w(n) = \frac{I_0\{\beta\sqrt{1 - [(n-\alpha)/\alpha]^2}\}}{I_0(\beta)}, \quad 0 \leqslant n \leqslant N-1 \qquad (9-28)$$

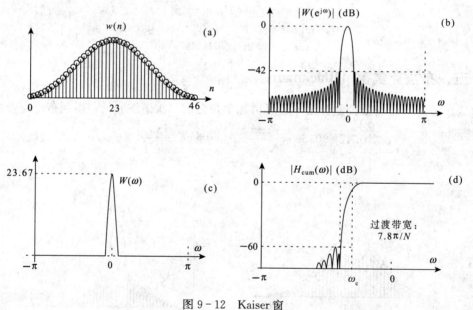

图 9-12　Kaiser 窗

(a) $N=47$，$\beta=5.658$；(b) 幅度响应 $|W(e^{j\omega})|$ (dB)；(c) 幅度函数 $W(\omega)$；

(d) 累加幅度函数 $|H_{cum}(\omega)|$ (dB)

其中：$I_0(\cdot)$ 是第一类变形零阶贝塞尔函数；$\alpha=(N-1)/2$；β 是一个可自由选择的参数，它可以同时调整主瓣宽度与旁瓣幅值，β 越大，则 $w(n)$ 窗宽变得越窄，频谱的旁瓣就越小，但主瓣宽度也相应增加。因而，改变 β 值就可以对主瓣宽度与旁瓣衰减进行选择，$\beta=0$ 相当于矩形窗。凯泽窗如图 9-12 所示。一般选择 $4<\beta<9$，这相当于旁瓣幅度与主瓣幅度的比值由 3.1％ 变到 0.047％。凯泽窗在不同 β 值下的性能归纳在表 9-1 上。

表 9-1　凯泽窗参数对滤波器的性能的影响

β	旁瓣峰值幅度/dB	准确过渡带	阻带最小衰减/dB
2.0	-19	$3.0\pi/N$	-29
3.0	-24	$4.0\pi/N$	-37
4.0	-30	$5.2\pi/N$	-45
5.0	-37	$6.4\pi/N$	-54
6.0	-44	$7.6\pi/N$	-63
7.0	-51	$9.0\pi/N$	-72
8.0	-59	$10.2\pi/N$	-81
9.0	-67	$11.4\pi/N$	-90
10.0	-74	$12.8\pi/N$	-99

由公式（9-28）看出，凯泽窗函数是以 $n=(N-1)/2$ 为对称中心呈偶对称的，即

$$w(n) = w(N-1-n)$$

而

$$w\left(\frac{N-1}{2}\right) = \frac{I_0(\beta)}{I_0(\beta)} = 1$$

从中点 $n=(N-1)/2$ 向两边变化时，$w(n)$ 逐渐减小，两端点为

$$w(0) = w(N-1) = \frac{1}{I_0(\beta)}$$

如果已知 ω_p、ω_s、R_p、A_s，那么标准过渡带带宽为：$\Delta\omega = \omega_s - \omega_p$

滤波器的阶数：

$$N \approx \frac{A_s - 7.95}{2.286\Delta\omega}$$

$$\beta = \begin{cases} 0.1102(A_s - 8.7), & A_s \geqslant 50 \text{ dB} \\ 0.5842(A_s - 21)^{0.4} + 0.07886(A_s - 21), & 21 \leqslant A_s \leqslant 50 \text{ dB} \\ 0, & A_s \leqslant 21 \text{ dB} \end{cases}$$

参数 β 越大，$w(n)$ 变化越快。表 9-2 归纳了以上提到的几种窗的主要性能，供设计 FIR 滤波器时参考。

表 9-2　五种窗函数基本参数的比较

窗函数	旁瓣峰值幅度/dB	主瓣宽度（理论近似过渡带宽）	准确过渡带宽	阻带最小衰减/dB
矩形窗	-13	$4\pi/N$	$1.8\pi/N$	-21
三角形窗	-25	$8\pi/N$	$6.1\pi/N$	-25
汉宁窗	-31	$8\pi/N$	$6.2\pi/N$	-44
海明窗	-41	$8\pi/N$	$6.6\pi/N$	-53
布拉克曼窗	-57	$12\pi/N$	$11\pi/N$	-74

从以上讨论可以看出，最小阻带衰减仅由窗形状决定，不受 N 的影响，而过渡带的宽度则随窗的宽度增加而减小。

七、窗函数法的设计步骤

窗函数法的设计分下面几步完成：

(1) 根据实际问题所提出的要求来确定频率响应函数 $H_d(e^{j\omega})$；

(2) 利用式（9-2）求 $h_d(n) = \mathscr{F}^{-1}[H_d(e^{j\omega})]$；

(3) 根据过渡带宽及阻带最小衰减的要求，利用表 6-2、表 6-3，可选定窗的形状及 N 的大小，一般要通过几次试探后，才能最后确定 N 值；

(4) 计算 $h(n) = h_d(n) w(n)$，$n = 0, 1, \cdots, N-1$，便得到所设计的 FIR 滤波器。

应该注意的是：当 $H_d(e^{j\omega})$ 很复杂或不能依据式（9-2）直接积分计算 $h_d(n)$ 时，则必须用求和的办法来代替积分，以便在计算机上运算，也就是说：需要进行离散傅氏反变换，一般采用 FFT 来计算。常将积分限分成 M 段，并令采样频率为

$$\omega_k = \frac{2\pi}{M}k, \quad k = 1, 2, \cdots, M-1$$

那么

$$h_M(n) = \frac{1}{M}\sum_{k=0}^{M-1}H_d(e^{j\frac{2\pi}{M}k})e^{j\frac{2\pi}{M}kn} \tag{9-29}$$

在频域内的采样，会产生时域序列的周期延拓，延拓周期为 M，即

$$h_M(n) = \sum_{r=-\infty}^{\infty}h_d(n+rM) \tag{9-30}$$

由于 $h_d(n)$ 有可能是无限长的序列，因而严格说，必须 $M \to \infty$ 时，$h_M(n)$ 才能等于 $h_d(n)$ 而不产生混叠现象，即

$$h_d(n) = \lim_{M \to \infty}h_M(n) \tag{9-31}$$

实际上，由于 $h_d(n)$ 随 n 增加衰减很快，一般只要 M 足够大，即 $M \gg N$ 来近似就足够了。

窗函数法的优点是简单，有闭合形式的公式可循，因而很实用，但它的缺点是通带、阻带的截止频率不易控制，而且对于给定的滤波器的阶数和截止频率来说，波动不是最小的，从这一点来说，用窗函数法设计滤波器不是最优的。

【例 9-1】 设计一个线性相位 FIR 低通滤波器，给定采样频率为 $f_s = 15\ \text{kHz}$，通带截止频率为 $f_p = 1.5\ \text{kHz}$，阻带截止频率为 $f_{st} = 2.25\ \text{kHz}$，阻带衰减不小于 $-50\ \text{dB}$。幅度特性如图 9-13(b) 所示。

解：(1) 先求相对应的数字频率：

通带截止频率为 $\qquad \omega_p = \Omega_p T = \dfrac{2\pi f_p}{f_s} = 2\pi\dfrac{1500}{15000} = 0.2\pi$

阻带截止频率为 $\qquad \omega_s = \Omega_{st} T = \dfrac{2\pi f_{st}}{f_s} = 2\pi\dfrac{2250}{15000} = 0.3\pi$

阻带衰减相当于 $\qquad\qquad A_s = -50\ \text{dB}$

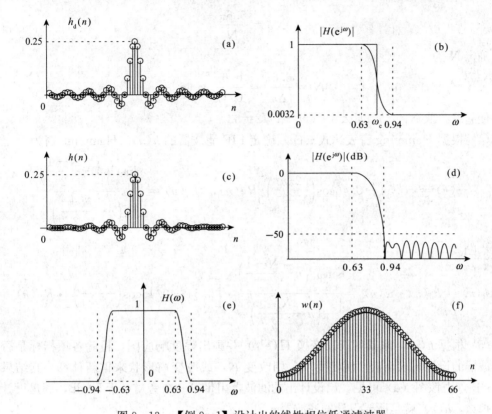

图 9-13　【例 9-1】设计出的线性相位低通滤波器

(a) 理想冲激响应 $h_d(n)$；(b) 幅度响应 $|H_d(e^{j\omega})|$ 和 $|H(e^{j\omega})|$；(c) 设计出的冲激响应 $h(n)$；

(d) 幅度响应 $|H(e^{j\omega})|$ (dB)　(e) 设计出的低通滤波器 $H(\omega)$；(f) Hamming 窗 $N=67$

（2）若 $H_d(e^{j\omega})$ 为理想线性相位滤波器

$$H_d(e^{j\omega}) = \begin{cases} e^{-j\omega a}, & |\omega| \leqslant \omega_c \\ 0, & \text{其他} \end{cases}$$

理想低通滤波器的数字截止频率 ω_c 近似为

$$\omega_c = \frac{1}{2}(\omega_p + \omega_s) = 0.25\pi$$

故

$$h_d(n) = \frac{1}{2\pi}\int_{-\pi}^{\pi} e^{-j\omega a} e^{j\omega n} d\omega = \frac{1}{2\pi}\int_{-\omega_c}^{\omega_c} e^{j\omega(n-a)} d\omega$$

$$= \frac{\sin[\omega_c(n-\alpha)]}{\pi(n-\alpha)}$$

其中 α 为线性相位所必须要求的移位，应满足 $\alpha = (N-1)/2$。

（3）根据阻带衰减 A_s 的大小来确定窗形状，由表 9-2 可选 Hamming 窗，其阻带最小衰减 -53 dB，满足 $A_s = -50$ dB 的要求。数字频域过渡带宽为 $\Delta\omega = \omega_s - \omega_p = 0.1\pi$，而 Hamming 窗过渡带宽满足

$$\Delta\omega = \frac{6.6\pi}{N}$$

所以确定 N 为

$$N = \frac{6.6\pi}{\Delta\omega} = \frac{6.6\pi}{0.1\pi} = 66$$

为方便起见，取 $N=67$，那么 $\alpha=(N-1)/2=33$。

（4）根据 Hamming 窗表达式 $w(n)$ 确定 FIR 滤波器的 $h(n)$。Hamming 窗为

$$w(n) = \left[0.54 - 0.46\cos\left(\frac{2\pi n}{N-1}\right)\right]R_N(n), \quad h_d(n) = \frac{\sin\omega_c\left(n-\dfrac{N-1}{2}\right)}{\pi\left(n-\dfrac{N-1}{2}\right)}$$

所以

$$h(n) = h_d(n) \cdot w(n) = \frac{\sin\omega_c\left(n-\dfrac{N-1}{2}\right)}{\pi\left(n-\dfrac{N-1}{2}\right)} \cdot \left[0.54 - 0.46\cos\left(\frac{2\pi n}{N-1}\right)\right] \cdot R_N(n)$$

（5）根据 $h(n)$，求其傅氏反变换 $H(e^{j\omega})$ 并画出幅度响应图，检验各项指标是否满足滤波器的设计要求，若不满足要求，则改变 N，或改变窗形状来重新计算。其结果如图 9-13，由该图（d）可见，已设计出的滤波器阻带第一个旁瓣小于 50 dB，满足设计要求，那么，$h(n)$ 就是所要设计的滤波器。

【例 9-2】 设计一个线性相位 FIR 带通滤波器，给定采样频率为 $f_s=15$ kHz，通带下边缘截止频率为 $f_{p1}=2.625$ kHz，$f_{p2}=4.875$ kHz，下阻带截止频率为 $f_{st1}=1.5$ kHz，上阻带截止频率为 $f_{st2}=6$ kHz，阻带衰减不小于 -60 dB。幅度特性如图 9-14(b) 所示。

解：（1）求相应的数字频率：

下阻带截止频率为 $\quad\omega_{s1}=\Omega_{st1}T=\dfrac{2\pi f_{st1}}{f_s}=2\pi\dfrac{1500}{15000}=0.2\pi$

通带下边缘截止频率为 $\quad\omega_{p1}=\Omega_{p1}T=\dfrac{2\pi f_{p1}}{f_s}=2\pi\dfrac{2625}{15000}=0.35\pi$

通带上边缘截止频率为 $\quad\omega_{p2}=\Omega_{p2}T=\dfrac{2\pi f_{p2}}{f_s}=2\pi\dfrac{4875}{15000}=0.65\pi$

上阻带截止频率为 $\quad\omega_{s2}=\Omega_{st2}T=\dfrac{2\pi f_{st2}}{f_s}=2\pi\dfrac{6000}{15000}=0.8\pi$

阻带衰减相当于 $\quad A_s=-60$ dB

（2）若 $H_d(e^{j\omega})$ 为理想带通线性相位滤波器，则

$$H_d(e^{j\omega}) = \begin{cases} e^{-j\omega\alpha}, & \omega_{c1}\leqslant|\omega|\leqslant\omega_{c2} \\ 0, & \text{其他} \end{cases}$$

那么，该理想带通滤波器可以根据两个幅值相等而截止频率不同的理想低通滤波器形成，截止频率分别近似为

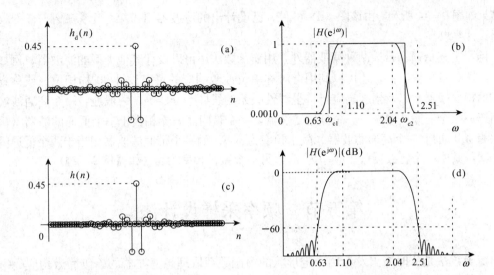

图 9 - 14 【例 9 - 2】设计出的线性相位带通滤波器

(a) 理想冲激响应 $h_{\mathrm{d}}(n)$；(b) 幅度响应 $|H_{\mathrm{d}}(\mathrm{e}^{\mathrm{j}\omega})|$ 和 $|H(\mathrm{e}^{\mathrm{j}\omega})|$；

(c) 设计出的冲激响应 $h(n)$；(d) 幅度响应 $|H(\mathrm{e}^{\mathrm{j}\omega})|$ （dB）

$$\omega_{\mathrm{c}1} = \frac{1}{2}(\omega_{\mathrm{p}1} + \omega_{\mathrm{s}1}) = 0.275\pi; \quad \omega_{\mathrm{c}2} = \frac{1}{2}(\omega_{\mathrm{p}2} + \omega_{\mathrm{s}2}) = 0.725\pi$$

故

$$h_{\mathrm{d}}(n) = \frac{1}{2\pi} \int_{-\omega_{\mathrm{c}2}}^{+\omega_{\mathrm{c}2}} \mathrm{e}^{\mathrm{j}\omega(n-\alpha)} \mathrm{d}\omega - \frac{1}{2\pi} \int_{-\omega_{\mathrm{c}1}}^{+\omega_{\mathrm{c}1}} \mathrm{e}^{\mathrm{j}\omega(n-\alpha)} \mathrm{d}\omega$$

$$= \frac{\sin[\omega_{\mathrm{c}2}(n-\alpha)]}{\pi(n-\alpha)} - \frac{\sin[\omega_{\mathrm{c}1}(n-\alpha)]}{\pi(n-\alpha)}$$

其中 α 为线性相位所必需的移位，应满足 $\alpha = (N-1)/2$。

(3) 根据阻带衰减 A_{s} 来确定窗形状，根据表 9 - 2 可选 Blackman 窗，其阻带最小衰减 -74 dB 满足 $A_{\mathrm{s}} = -60$ dB 的要求。数字频域过渡带宽为 $\Delta\omega = \omega_{\mathrm{s}2} - \omega_{\mathrm{p}2} = \omega_{\mathrm{s}1} - \omega_{\mathrm{p}1} = 0.15\pi$，而 Blackman 窗过渡带宽满足

$$\Delta\omega = \frac{11\pi}{N}$$

所以确定 N 为

$$N = \frac{11\pi}{\Delta\omega} = \frac{11\pi}{0.15\pi} \approx 74$$

为方便起见，取 $N = 75$，那么 $\alpha = (N-1)/2 = 37$

(4) 根据 Blackman 表达式 $w(n)$ 确定 FIR 滤波器的 $h(n)$：

$$h(n) = h_{\mathrm{d}}(n) \cdot w(n) = \left[\frac{\sin[\omega_{\mathrm{c}2}(n-\alpha)]}{\pi(n-\alpha)} - \frac{\sin[\omega_{\mathrm{c}1}(n-\alpha)]}{\pi(n-\alpha)} \right] \cdot$$

$$\left[0.42 - 0.5\cos\left(\frac{2\pi n}{N-1}\right) + 0.08\cos\left(\frac{4\pi n}{N-1}\right) \right] R_N(n)$$

其结果如图 9-14 所示，由该图（d）可见，已设计出的滤波器阻带第一个旁瓣小于 -60 dB，满足设计要求。

除了上述低通和带通两种滤波器外，用窗函数法还可以设计其他类型的滤波器，例如高通滤波器、带阻滤波器。还可以利用奇对称单位冲激响应的特点设计 90°移相位（或称离散希尔伯特变换器）以及幅度响应与 ω 呈线性关系的线性差分器等。一般地，一个高通滤波器相当于一个全通滤波器减去一个低通滤波器，一个带阻滤波器相当于一个低通滤波器（截止频率为 ω_1）加上一个高通滤波器（截止频率为 ω_2）。而一个带通滤波器相当于两个低通滤波器相减，其中一个滤波器截止频率为 ω_2，另一个截止频率为 ω_1（如【例 9-2】）。

第五节　频率采样设计法

窗函数法是从**时域**出发，用一定形状的窗函数截取理想滤波器的单位冲激响应 $h_d(n)$，得到有限长的单位冲激响应 $h(n)$，实际上是用有限长的 $h(n)$ 去逼近 $h_d(n)$，通过这种方式得到的频率响应 $H(e^{j\omega})$ 近似于理想频率响应 $H_d(e^{j\omega})$（在频域内采用均方误差最小化准则逼近）。而频率采样法则是从**频域**出发，对所给定的理想频率响应 $H_d(e^{j\omega})$ 进行采样以后，用有限的采样点来设计所期望的滤波器（在频域内采用插值的办法逼近）。

一、直接设计法

假设理想频率响应为 $H_d(e^{j\omega})$，在 $0\sim2\pi$ 之间进行等间隔采样，即

$$H_d(e^{j\omega})\big|_{\omega=\frac{2\pi}{N}k} = H_d(k)$$

并将 $H_d(k)$ 作为实际所要设计的滤波器频率特性的采样值 $H(k)$，即

$$H(k) = H_d(k) = H_d(e^{j\omega})\big|_{\omega=\frac{2\pi}{N}k}, \quad k=0,\ 1,\ 2,\ \cdots,\ N-1 \qquad (9-32)$$

由这些采样点处的 $H_d(k)$ 值构成了一个 N 点 DFT，可以用频域的这些 N 个采样值 $H(k)$ 来唯一确定有限长序列 $h(n)$，这样便得到一个（$N-1$）阶 FIR 滤波器，即

$$h(n) = \frac{1}{N}\sum_{k=0}^{N-1} H(k)e^{j2\pi nk/N}, \quad 0\leqslant n\leqslant N-1$$

$h(n)$ 和 $h_d(n)$ 之间的关系为

$$h(n) = \sum_{r=-\infty}^{\infty} h_d(n+rN), \quad 0\leqslant n\leqslant N-1$$

另一方面，我们在第六章中探讨过，在频率域采样理论中，由采样点 $X(k)$ 重构 $X(e^{j\omega})$ 的内插公式为

$$X(e^{j\omega}) = \sum_{k=0}^{N-1} X(k)\Phi\left(\omega-\frac{2\pi}{N}k\right)$$

其中：$\Phi(\omega)$ 是内插函数，即

$$\Phi(\omega) = \frac{1}{N}\cdot\frac{\sin\left(\dfrac{\omega N}{2}\right)}{\sin\left(\dfrac{\omega}{2}\right)}\cdot e^{-j\frac{N-1}{2}\omega} \qquad (9-33)$$

由此可知，利用 N 个频域采样值 $H(k)$，能够得到 FIR 滤波器频率响应 $H(\mathrm{e}^{\mathrm{j}\omega})$［或者系统函数 $H(z)$］

$$H(\mathrm{e}^{\mathrm{j}\omega}) = \sum_{k=0}^{N-1} H(k)\Phi\left(\omega - \frac{2\pi}{N}k\right) \tag{9-34}$$

将式（9-33）代入式（9-34），即

$$H(\mathrm{e}^{\mathrm{j}\omega}) = \frac{1}{N} \cdot \mathrm{e}^{-\mathrm{j}\frac{N-1}{2}\omega} \cdot \sum_{k=0}^{N-1} H(k) \cdot \mathrm{e}^{-\mathrm{j}\frac{\pi k}{N}} \cdot \frac{\sin\left(\dfrac{\omega N}{2}\right)}{\sin\left(\dfrac{\omega}{2} - \dfrac{\pi k}{N}\right)} \tag{9-35a}$$

化简后可得

$$H(\mathrm{e}^{\mathrm{j}\omega}) = \mathrm{e}^{-\mathrm{j}\frac{N-1}{2}\omega} \cdot \sum_{k=0}^{N-1} H(k) \cdot \frac{1}{N}\mathrm{e}^{-\mathrm{j}\frac{\pi k}{N}(N-1)} \cdot \frac{\sin\left[\left(\dfrac{\omega}{2} - \dfrac{\pi k}{N}\right)N\right]}{\sin\left(\dfrac{\omega}{2} - \dfrac{\pi k}{N}\right)} \tag{9-35b}$$

从内插公式（9-34）可以看到：①在各频率采样点上，滤波器的实际频率响应与理想频率响应是严格相等的，即 $H(\mathrm{e}^{\mathrm{j}\frac{2\pi}{N}k}) = H(k) = H_\mathrm{d}(k) = H_\mathrm{d}(\mathrm{e}^{\mathrm{j}\frac{2\pi}{N}k})$，也就是说理想滤波器和实际所要设计的滤波器在采样点上的逼近误差为零。②在各采样点之间的频率响应是根据各采样点的加权内插函数的延伸叠加而形成，所以有一定的逼近误差，误差大小取决于理想频率响应曲线形状，理想频率响应特性变化越平缓，则内插值越接近理想值，逼近误差越小，如图 9-15(b) 梯形理想频率特性所示。反之，如果采样点之间的理想频率特性变化越陡，则内插值与理想值之间的误差就越大，因而在理想频率特性的不连续点附近，就会产生肩峰和波纹，如图 9-15(a) 矩形理想频率特性所示。③在靠近通带边缘的逼近误差较大，而在通带内的逼近误差较小。

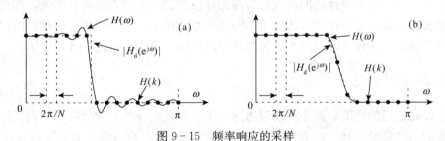

图 9-15　频率响应的采样

对于线性相位的 FIR 数字滤波器，要求其采样值 $H(k)$ 的幅度和相位一定要满足第五章第四节所讨论的线性相位约束条件，即 $h(n)$ 为奇对称或偶对称。

如果有

$$H(\mathrm{e}^{\mathrm{j}\omega}) = H(\omega)\mathrm{e}^{-\mathrm{j}\frac{N-1}{2}\omega} \tag{9-36}$$

那么，采样值 $H(k) = H(\mathrm{e}^{\mathrm{j}2\pi k/N})$ 也用幅值 H_k（纯标量）与相角 θ_k 表示：

$$H(k) = H(\mathrm{e}^{\mathrm{j}2\pi k/N}) = H\left(\frac{2\pi}{N}k\right)\mathrm{e}^{\mathrm{j}\theta_k} = H_k\mathrm{e}^{\mathrm{j}\theta_k} \tag{9-37}$$

根据式（9-36）可知，对于第Ⅰ型及第Ⅱ型来说，θ_k 必须满足

$$\theta_k = -\frac{N-1}{2} \cdot \frac{2\pi}{N}k = -k\pi\left(1-\frac{1}{N}\right) \tag{9-38}$$

即

$$\theta_k = \begin{cases} -\dfrac{N-1}{2} \cdot \dfrac{2\pi k}{N}, & k = 0, 1, \cdots, \dfrac{N-1}{2} \\ \dfrac{N-1}{2} \cdot \dfrac{2\pi}{N}(N-k), & k = \dfrac{N-1}{2}+1, \cdots, N-1 \end{cases}$$

对于第Ⅲ型及第Ⅳ型来说，θ_k 必须满足

$$\begin{aligned} \theta_k &= \frac{\pi}{2} - \frac{N-1}{2} \cdot \frac{2\pi}{N}k \\ &= \frac{\pi}{2} - k\pi\left(1-\frac{1}{N}\right) \end{aligned} \tag{9-39}$$

即

$$\theta_k = \begin{cases} \dfrac{\pi}{2} - \dfrac{N-1}{2} \cdot \dfrac{2\pi k}{N}, & k = 0, 1, \cdots, \dfrac{N-1}{2} \\ -\dfrac{\pi}{2} + \dfrac{N-1}{2} \cdot \dfrac{2\pi}{N}(N-k), & k = \dfrac{N-1}{2}+1, \cdots, N-1 \end{cases}$$

对于第Ⅰ型与第Ⅳ型 H_k 必须满足：

$$H_k = H_{N-k} \tag{9-40}$$

对于第Ⅱ型与第Ⅲ型 H_k 必须满足：

$$H_k = -H_{N-k} \tag{9-41}$$

有两种设计途径，第一种是直接利用上述介绍的方法，在逼近误差上不给出任何限制条件，也就是说，不管设计出的滤波器与理想滤波器之间的逼近误差有多大，都接受所设计出的滤波器，这就是直接设计法。第二种途径是试图通过改变过渡带内样本的值将阻带内误差降到最小，这种方法较理想，称为最优设计法，下面来讨论这种设计法。

二、最优设计法

若要提高逼近的精度，减小在通带边缘由于采样点的陡然变化而引起的起伏振荡，和窗函数法的平滑截断一样，应在理想频率响应的不连续点的边缘，加上一些过渡的采样点，其结果就是增加过渡带，减小频带边缘的突变，即减小起伏振荡。一般过渡带取一、二、三采样点即可得到满意结果，在低通滤波器设计中，不加过渡采样点时，阻带最小衰减为 -20 dB，加一个过渡采样点的最优设计时，阻带最小衰减可提高到 -44 dB 到 -54 dB 左右，加两个过渡采样点的最优设计时，阻带最小衰减可达 -65 dB 到 -75 dB 左右，而加三个过渡采样点的最优设计时，则可达 -85 dB 到 -95 dB 左右。

【例 9-3】 利用频率采样法来设计一个低通 FIR 数字滤波器，通带截止频率为 $\omega_p = 0.2\pi$，阻带截止频率为 $\omega_s = 0.4\pi$，阻带衰减相当于 $A_s = -50$ dB，滤波器具有线性相位。

解：显然，滤波器截止频率为 $\omega_c = 0.3\pi$，其理想频率特性是

$$H_d(e^{j\omega}) = \begin{cases} 1 \cdot e^{-j\alpha\omega}, & 0 \leqslant \omega \leqslant \omega_c \\ 0, & \text{其他 } \omega \end{cases}$$

即

$$|H_d(e^{j\omega})| = \begin{cases} 1, & 0 \leqslant \omega \leqslant \omega_c \\ 0, & \text{其他 } \omega \end{cases}$$

$$H(\omega) = \begin{cases} 1, & 0 \leqslant \omega \leqslant \omega_c \\ 0, & \text{其他 } \omega \end{cases}$$

可画出频率采样后的 $H(k)$ 序列，如图 9-16(a) 所示。由于 $|H(k)|$ 是对称于 $\omega = \pi$ 的，我们只对 $0 \leqslant \omega \leqslant \pi$，即 $0 \leqslant k \leqslant [N/2]$ 的区间感兴趣，故可将 $\pi \leqslant \omega \leqslant 2\pi$ 即 $[N/2]+1 \leqslant k \leqslant N-1$ 的图形略去不画。截止频率 $\omega_c = 0.3\pi$，采样间隔 $\Delta\omega = 2\pi/N$，取 $N=10$，$\Delta\omega = 0.2\pi$，使 ω_p 和 ω_s 正好落在采样点上。因此，在通带 $0 \leqslant \omega \leqslant 0.2\pi$ 之间有 2 个样本，即 $k=0$，1；而在过渡带 $0.2\pi < \omega < 0.4\pi$ 之间没有样本；在阻带 $0.4\pi \leqslant \omega \leqslant \pi$ 之间有 4 个样本，即

$$H_k = \begin{cases} 1, & k=0, k=1, k=9 \\ 0, & 2 \leqslant k \leqslant 8 \end{cases} \quad \text{或} \quad H_k = [1, 1, \underbrace{0, 0, \cdots, 0}_{7\uparrow}, 1]$$

$\alpha = (N-1)/2 = 4.5$，相位响应为

$$\theta_k = \begin{cases} -4.5 \dfrac{2\pi k}{10} = -0.9\pi k, & 0 \leqslant k \leqslant 4 \\ 0.9\pi(10-k), & 5 \leqslant k \leqslant 9 \end{cases}$$

将这些值代入式 (9-37)，即

$$H(k) = H(e^{j2\pi k/N}) = H\left(\frac{2\pi}{N}k\right)e^{j\theta k} = H_k e^{j\theta k}$$

计算这些 $H(k)$ 值及 $20\lg|H(k)|$，对 $H(k)$ 进行傅氏反变换后得到 $h(n)$，如图 9-16 (b)、(c)、(d) 所示。可见，最小阻带衰减大约为 -14 dB，远未达到 -50 dB，下面利用最优设计法在过渡带增加采样点，并增加 N。当 $N=20$ 时，求出 $k=3$，$|H(3)|=0.5$，$k=17$，$|H(17)|=0.5$。这相当于加宽过渡带，此时其他 $H(k)$ 为

$$H_k = [1, 1, 1, 0.5, \underbrace{0, 0, \cdots, 0}_{13\uparrow}, 0.5, 1, 1]$$

$\alpha = (N-1)/2 = 9.5$，相位相应为

$$\theta_k = \begin{cases} -9.5 \dfrac{2\pi k}{20} = -0.95\pi k, & 0 \leqslant k \leqslant 9 \\ 0.95\pi(20-k), & 10 \leqslant k \leqslant 19 \end{cases}$$

如图 9-17 所示。最小阻带衰减大约为 -30 dB，还未达到 -50 dB，在过渡带再增加一点并经反复试验后选取 $N=36$，用优化法求出 $k=6$、7、31、32，$|H(6)|=|H(32)|=0.5925$，$|H(7)|=|H(31)|=0.1099$；用同样的方式得出图 9-18 的结果，阻带最小衰减达到 -62 dB。满足设计要求。

　　其他一些设计法，如等波纹线性相位滤波器设计等就不一一介绍了，感兴趣的读者可参阅书后所列的参考书。

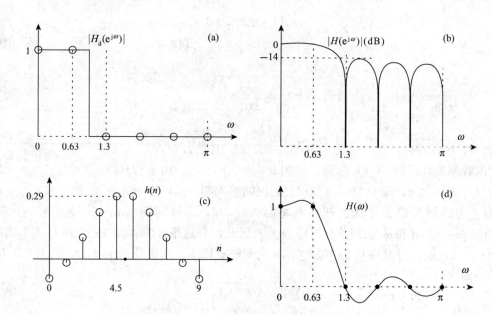

图 9-16　N=10 时的频率响应

(a) 理想频率响应 $|H_d(e^{j\omega})|$ 及其采样值 $|H(k)|$；

(b) 设计出的幅度响应 $|H(e^{j\omega})|$ (dB)；(c) 设计出的冲激响应 $h(n)$；

(d) 设计出的幅度函数 $H(\omega)$

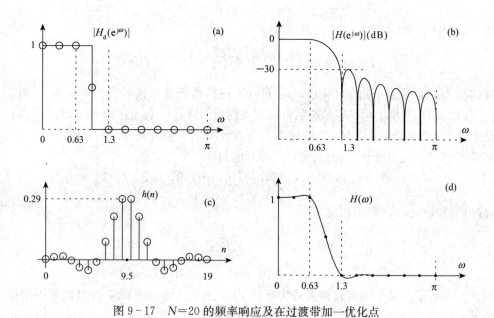

图 9-17　N=20 的频率响应及在过渡带加一优化点

(a) 理想频率响应 $|H_d(e^{j\omega})|$

及其采样值 $|H(k)|$；(b) 设计出的幅度响应 $|H(e^{j\omega})|$ (dB)；

(c) 设计出的冲激响应 $h(n)$；(d) 设计出的幅度函数 $H(\omega)$

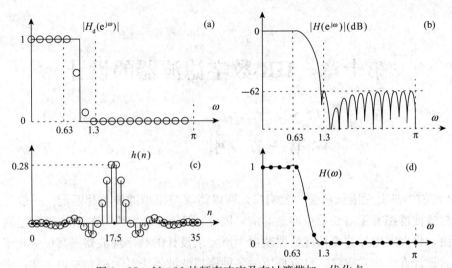

图 9-18　$N=36$ 的频率响应及在过渡带加一优化点

（a）理想频率响应 $|H_d(e^{j\omega})|$ 及其采样值 $|H(k)|$；（b）设计出的幅度响应 $|H(e^{j\omega})|$（dB）；

（c）设计出的冲激响应 $h(n)$；（d）设计出的幅度函数 $H(\omega)$

习题与思考题

习题 9-1　用矩形窗函数设计一个阶数为 $N-1=24$ 且具有线性相位的 FIR 滤波器，其理想低通滤波器的频率响应为

$$|H(e^{j\omega})| = \begin{cases} 1, & |\omega| \leqslant 0.2\pi \\ 0, & 0.2\pi < |\omega| \leqslant \pi \end{cases}$$

习题 9-2　用 Hanning 窗函数设计一个技术指标为

$$0.99 \leqslant |H(e^{j\omega})| \leqslant 1.01, \qquad 0 \leqslant |\omega| \leqslant 0.3\pi$$
$$|H(e^{j\omega})| \leqslant 0.01, \qquad 0.35\pi < |\omega| \leqslant \pi$$

的线性相位 FIR 滤波器。

习题 9-3　用 Kaiser 窗函数设计一个高通滤波器，阻带截止频率 $\omega_s=0.22\pi$，通带截止频率 $\omega_p=0.28\pi$，阻带波纹为 51 dB。

习题 9-4　已知带通滤波器的技术指标为

$$|H(e^{j\omega})| \leqslant 0.01, \qquad 0 \leqslant |\omega| \leqslant 0.2\pi$$
$$0.95 \leqslant |H(e^{j\omega})| \leqslant 1.05, \qquad 0.3\pi < |\omega| \leqslant 0.7\pi$$
$$|H(e^{j\omega})| \leqslant 0.02, \qquad 0.8 \leqslant |\omega| \leqslant \pi$$

用 Blackman 窗函数设计一个满足上述指标的线性相位 FIR 滤波器。

思考题 9-5　指出下表哪一类型可以用来逼近所给定的滤波器类型。

	Ⅰ 型	Ⅱ 型	Ⅲ 型	Ⅳ 型
低通滤波器				
高通滤波器				
带通滤波器				
带阻滤波器				

第十章 IIR 数字滤波器的设计

第一节 引 言

IIR 滤波器具有无限长单位冲激响应，所以能够与模拟滤波器相匹配。一般说来，所有的模拟滤波器都有无限长单位冲激响应，因此，IIR 滤波器设计的基本思路是利用复数映射方法，将大家熟知的模拟滤波器映射为所要求设计的数字滤波器。其优势在于：模拟滤波器的设计方法非常成熟，已有现成的各种模拟滤波器设计表格和映射方法，设计起来既方便又准确。所以，设计 IIR 数字滤波器一般有两种方法，一种是先设计一个合适的模拟滤波器（Analog Filter），有很多现成简单的设计公式和相应的设计参数表格可利用，然后将其映射成满足预定指标的数字滤波器，这种方法很方便；另一种是计算机辅助设计法，这是一种最优化设计法。先要确定一种优化准则，例如设计出的实际频率响应幅度 $|H(e^{j\omega})|$ 与所要求的理想频率响应幅度 $|H_d(e^{j\omega})|$ 的均方误差为最小的准则，或者它们的最大误差最小化的准则等，然后在此最佳准则下，求出滤波器的系统函数的系数。这种设计方法一般得不到滤波器频率响应函数的闭合表达式，而且需要进行大量的迭代运算，故离不开计算机。

第二节 常用模拟低通滤波器

对于 IIR 滤波器，其系统函数为 z^{-1}（或 z）的有理函数

$$H(z) = \frac{\sum\limits_{k=0}^{M} b_k z^{-k}}{1 - \sum\limits_{k=1}^{N} a_k z^{-k}} \tag{10-1}$$

一般满足 $M \leqslant N$，这类系统称为 N 阶系统，当 $M > N$ 时，$H(z)$ 可看成是一个 N 阶 IIR 子系统与一个 $(M-N)$ 阶的 FIR 子系统（多项式）的级联。在下面的讨论都假定 $M \leqslant N$。

IIR 滤波器的设计就是去寻找滤波器的各系数 a_k 和 b_k，在某种规定的意义上，如最小均方误差或最大误差最小化等，使其逼近一个所要求的特性。这就是数学上的逼近问题。如果在 s 平面上去逼近，得到的是模拟滤波器，如果在 z 平面上去逼近，那么得到的就是数字滤波器。为了从模拟滤波器设计 IIR 数字滤波器，首先，必须设计一个满足技术指标的模拟滤波器原型，也就是要把数字滤波器的指标，先转变成模拟滤波器原型的指标，设计"模拟滤波器原型"。

一、模拟滤波器的技术指标

长期以来，人们已提出了多种模拟滤波器逼近方法，设计出的无源系统的增益小于或等于1。所以，一组典型的模拟滤波器的技术指标如图 10-1 所示，其技术指标为

$$1-\alpha \leqslant |H_a(j\Omega)| \leqslant 1, \qquad |\Omega| \leqslant \Omega_p$$

$$0 \leqslant |H_a(j\Omega)| \leqslant \delta_2, \qquad \Omega_s \leqslant |\Omega|$$

其中：Ω_p 和 Ω_s 分别是通带截止频率和阻带截止频率（rad/s）；α 是通带的波纹。在幅度平方函数设计中（下面将要介绍），便于讨论，设 ε 是通带波纹参数，A 是阻带衰减参数，那么

$$\frac{1}{1+\varepsilon^2} \leqslant |H_a(j\Omega)|^2 \leqslant 1, \qquad |\Omega| \leqslant \Omega_p$$

$$0 \leqslant |H_a(j\Omega)|^2 \leqslant \frac{1}{A^2}, \qquad \Omega_s \leqslant |\Omega|$$

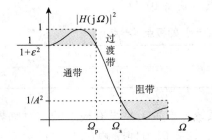 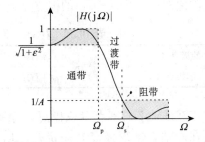

图 10-1　对模拟低通滤波器通带与阻带的两种不同描述方式

（用 ε 和 A 描述的技术指标）

ε 和 A 是分别与以 dB 计的参数 R_p 和 A_s 有关的，这些关系为

$$R_p = -10\lg\frac{1}{1+\varepsilon^2} \Rightarrow \varepsilon = \sqrt{10^{R_p/10}-1}$$

$$A_s = -10\lg\frac{1}{A^2} \Rightarrow A = 10^{A_s/20}$$

（10-2）

而 ε 和 A 分别与 δ_1 和 δ_2 的关系为（与第九章的第二节给出的表示相比较）

$$\frac{1-\delta_1}{1+\delta_1} = \sqrt{\frac{1}{1+\varepsilon^2}} \Rightarrow \varepsilon = \frac{2\sqrt{\delta_1}}{1-\delta_1}$$

$$\frac{\delta_2}{1+\delta_1} = \frac{1}{A} \Rightarrow A = \frac{1+\delta_1}{\delta_2}$$

设计模拟滤波器是根据一组设计规范来设计模拟系统函数 $H_a(s)$，使其逼近某个理想滤波器特性。可以根据幅度平方函数来逼近，也可以根据相位特性或者群延迟特性来进行逼近，由具体应用情况而定。在本章中，我们只根据幅度平方函数来设计。

二、幅度平方函数法

模拟滤波器幅度响应常用"幅度平方函数" $f(\Omega)$ 来表示

$$f(\Omega) = |H_a(j\Omega)|^2 = H_a(j\Omega) \cdot H_a^*(j\Omega) \qquad (10-3)$$

如果滤波器冲激响应 $h(t)$ 是实函数，那么 $H(j\Omega)$ 满足

$$H(j\Omega) = H^*(-j\Omega) \rightarrow H^*(j\Omega) = H(-j\Omega)$$

所以

$$\begin{aligned}f(\Omega) &= H_a(j\Omega) \cdot H_a(-j\Omega) \\ &= H_a(s) \cdot H_a(-s)\big|_{s=j\Omega}\end{aligned} \qquad (10-4)$$

其中：$H_a(s)$ 是模拟滤波器的系统函数，为 s 的有理函数；$H_a(j\Omega)$ 是模拟滤波器的稳态响应，即频率特性，$|H_a(j\Omega)|$ 是模拟滤波器的稳态幅度特性。如果 $f(\Omega)$ 是已知的，那么我们就可以根据式（10-4）来求 $H_a(s)$。设 $H_a(s)$ 有一个极点（或零点）位于 $s=s_0$ 处，与之对应 $H_a(-s)$ 在 $s=-s_0$ 处必有一个极点（或零点），因而 $H_a(s)$ 的极点（或零点）以及与之对应的 $H_a(-s)$ 的极点（或零点）见表 10-1。

表 10-1 $H_a(s)$ 与 $H_a(-s)$ 的极点（零点）

$H_a(s)$ 的极点（零点）	$-\sigma_0 \pm j\Omega_0$	$-\sigma_0$	$+j\Omega_0$
$H_a(-s)$ 的极点（零点）	$-\sigma_0 \mp j\Omega_0$	$+\sigma_0$	$-j\Omega_0$

其中，在虚轴上的零点（或极点，稳定系统，虚轴上是没有极点的，对临界稳定情况，才会在虚轴上出现极点）一定是二阶的，这是因为冲激响应 $h_a(t)$ 是实的，因而 $H_a(s)$ 的极点（或零点）必成共轭对存在。所以，$H_a(s)H_a(-s)$ 的极点、零点分布呈象限对称，如图 10-2 所示。任何物理上可实现的滤波器都是稳定的，其系统函数 $H_a(s)$ 的极点一定落于 s 的左半平面，所以左半平面的极点一定属于 $H_a(s)$，而右半平面的极点则属于 $H_a(-s)$。零点的分布不受此限制，仅与滤波器的相位特性有关，如果要求系统具有最小相位延时特性，那么 $H_a(s)$ 应取左半平面零点，如果有其他特殊要求，那么按这种特殊要求来考虑零点的分配，否则，可将对称零点的任一半取为 $H_a(s)$ 的零点。

因此，根据 $f(\Omega) = |H_a(j\Omega)|^2$ 来确定 $H_a(s)$ 的方法是：

（1）将 $f(\Omega)$ 中的变量 $j\Omega$ 换为 s，即 $f(\Omega)\big|_{\Omega^2=-s^2} = H_a(s) \cdot H_a(-s)$，得到在 s 平面上呈象限对称的函数 $H_a(s) H_a(-s)$；

（2）对 $H_a(s) H_a(-s)$ 进行因式分解，得到极点、零点。并将左半平面的极点归于 $H_a(s)$，但零点的分配视具体情况而定：如果对 $H_a(s)$ 无特殊要求，可取 $H_a(s) \cdot H_a(-s)$ 对称零点的任意一半作为 $H_a(s)$ 的零点；如果要求系统 $H_a(s)$ 为最小相位延时滤波器，那么取左半平

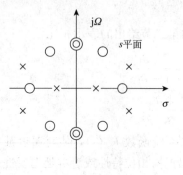

图 10-2 $H_a(s) H_a(-s)$ 的零点、极点分布
（呈象限对称）

面零点作为 $H_a(s)$ 的零点。$j\Omega$ 轴上的零点或极点都是偶次的，其中一半属于 $H_a(s)$。

（3）根据 $f(\Omega)$ 与 $H_a(s)$ 的低频特性或高频特性的对比就可确定出增益常数。

根据所求出的 $H_a(s)$ 的零点、极点及增益常数，完全能确定系统函数 $H_a(s)$。

【例 10-1】　根据以下幅度平方函数 $f(\Omega)$ 确定系统函数 $H_a(s)$

$$f(\Omega) = \frac{9(36-\Omega^2)^2}{(16+\Omega^2)(64+\Omega^2)}$$

解：$f(\Omega)$ 为 Ω 的非负有理函数，它在 $j\Omega$ 轴上的零点是偶次的（$s=j\Omega$），所以满足幅度平方函数的条件，先求

$$H_a(s) \cdot H_a(-s) = f(\Omega)\big|_{\Omega^2=-s^2} = \frac{9(36+s^2)^2}{(16-s^2)(64-s^2)}$$

其极点为 $s=\pm 8$，$s=\pm 4$；零点为 $s=\pm j6$（全为二阶），选出左半平面极点 $s=-4$、$s=-8$ 及一对虚轴零点 $s=\pm j6$ 为 $H_a(s)$ 的极点与零点。并设增益常数为 K_0，则得 $H_a(s)$ 为

$$H_a(s) = \frac{K_0(36+s^2)}{(s+4)(s+8)}$$

由 $|H_a(0)|^2 = f(0)$ 的条件可得增益常数 $K_0=3$，最后得到 $H_a(s)$ 为

$$H_a(s) = \frac{3(36+s^2)}{(s+4)(s+8)} = \frac{3s^2+108}{(s+4)(s+8)}$$

一般说来，模拟滤波器的设计都是以低通滤波器为基础来讨论逼近函数，因为带通、带阻、高通等频率选择性滤波器可用变换方法由低通滤波器映射而得到。最常用的模拟低通滤波器设计的基本方法有：巴特沃斯型（Butterworth）、契比雪夫型（Чебышев；Chebyshev）和考尔型（Cauer）［又称椭圆函数型（Elliptic）］滤波器。表 10-2 直接给出这几种最常用的模拟低通滤波器幅度平方函数。

表 10-2　典型滤波器逼近函数表

名称	定义	参数说明
巴特沃斯滤波器（Butterworth）	$\|H(j\Omega)\|^2 = \dfrac{1}{1+\left(\dfrac{j\Omega}{j\Omega_c}\right)^{2N}}$	Ω_c 为截止频率，N 为滤波器的阶数
契比雪夫 I 滤波器（Chebyshev I）	$\|H(j\Omega)\|^2 = \dfrac{1}{1+\varepsilon^2 \cdot C_N^2\left(\dfrac{j\Omega}{j\Omega_c}\right)}$	Ω_c 为截止频率，ε 为小于 1 的正数，C_N^2 为 Chebyshev 多项式，N 为阶数
契比雪夫 II 滤波器（Chebyshev II）	$\|H(j\Omega)\|^2 = \dfrac{1}{1+\varepsilon^2 \cdot \left[\dfrac{C_N(\Omega_s)}{C_N\left(\dfrac{j\Omega_s}{j\Omega}\right)}\right]^2}$	Ω_s 为阻带截止频率，ε 为小于 1 的正数，C_N^2 为 Chebyshev 多项式，N 为阶数
考尔滤波器（Cauer 或 Elliptic）	$\|H(j\Omega)\|^2 = \dfrac{1}{1+\varepsilon^2 U_N^2\left(\dfrac{\Omega}{\Omega_p}\right)}$	Ω_p 为通带截止频率，$U_n(\Omega)$ 为 Jacobian 椭圆函数，是 N 阶有理函数

三、巴特沃斯低通逼近

根据表 10-2，巴特沃斯模拟低通滤波器幅度平方函数为

$$f(\Omega) = |H_a(j\Omega)|^2 = \frac{1}{1 + \left(\dfrac{j\Omega}{j\Omega_c}\right)^{2N}} \tag{10-5}$$

式中：N 为整数，是滤波器的阶次；Ω_c 为截止频率，当 $\Omega = \Omega_c$ 时，$f(\Omega) = 1/2$，即

$$|H_a(j\Omega_c)| = \frac{1}{\sqrt{2}}, \quad -20\lg\left|\frac{H_a(j\Omega_c)}{H_a(0)}\right| = 3 \text{ dB}$$

所以又称 Ω_c 为 3 dB 带宽。巴特沃斯模拟低通滤波器幅度平方函数也可表示为

$$f(\Omega) = |H_a(j\Omega)|^2 = \frac{1}{1 + \varepsilon^2\left(\dfrac{j\Omega}{j\Omega_p}\right)^{2N}} \tag{10-6}$$

其中：$\varepsilon = (\Omega_p/\Omega_c)^N$。

在表 10-2 四种滤波器中，N 阶巴特沃斯滤波器幅度平方函数 $f(\Omega)$ 的前 $(2N-1)$ 阶导数在 $\Omega = 0$ 处为零，在通带中有最大平坦的幅度特性，所以又称它为最平幅度逼近。在阻带内的逼近是单调变化的，不管 N 为多少，所有 $|H_a(j\Omega)|$ 都通过点（−3 dB 点）。巴特沃斯低通滤波器的幅度特性如图 10-3 所示。滤波器的特性完全由 N 确定，当 N 增加时，滤波器特性变得更陡，更接近于理想的矩形幅度特性。在（10-5）式中，代入 $j\Omega = s$，可得

$$H_a(s)H_a(-s) = \frac{1}{1 + \left(\dfrac{s}{j\Omega_c}\right)^{2N}} \tag{10-7}$$

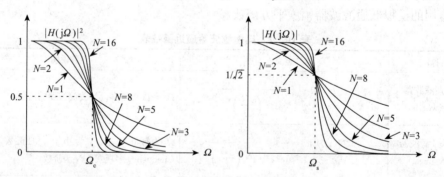

图 10-3　巴特沃斯滤波器幅度特性

所以巴特沃斯滤波器的零点全部在 $s = \infty$ 处，因而属于所谓"全极点型"滤波器。$H_a(s)\ H_a(-s)$ 的极点为

$$1 + \left(\frac{s}{j\Omega_c}\right)^{2N} = 0$$

得

$$s_k = (-1)^{\frac{1}{2N}}(j\Omega_c) = \Omega_c e^{j\left(\frac{1}{2} + \frac{2k-1}{2N}\right)\pi}; \quad k = 1, 2, \cdots, 2N \tag{10-8}$$

这些极点在 s 平面上呈象限对称，分布在半径为 Ω_c 的圆（称巴特沃斯圆）上，共有 $2N$

个极点，极点间的角度间隔为（π/N）rad，极点绝不会落在虚轴上，因而滤波器才有可能是稳定的。N 为奇数时，实轴上有极点；N 为偶数时，实轴上没有极点，$N=6$ 时，极点间隔为（π/6）rad，此时 $H_a(s)\,H_a(-s)$ 的极点图形如图 10-4 所示。

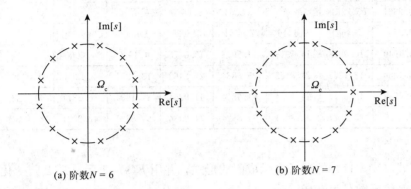

(a) 阶数 $N=6$　　　　　　　　　(b) 阶数 $N=7$

图 10-4　N 阶巴特沃斯滤波器的 $H_a(s)\,H_a(-s)$ 的极点在 s 平面上的位置

$H_a(s)\,H_a(-s)$ 在左半平面的极点即为 $H_a(s)$ 的极点，所以

$$H_a(s) = \frac{K_0}{\prod\limits_{k=1}^{N}(s-s_k)} \tag{10-9}$$

K_0 是归一化常数，可由 $H_a(s)$ 的低频特性决定，而 s_k 为

$$s_k = \Omega_c e^{j\left(\frac{1}{2}+\frac{2k-1}{2N}\right)\pi}, \quad k=1,\ 2,\ \cdots,\ N \tag{10-10}$$

它是 s 平面巴特沃斯圆左半圆周上的极点。

在一般设计中，都先把 $H_a(s)\,H_a(-s)=1\Big/\Big[1+\Big(\dfrac{s}{j\Omega_c}\Big)^{2N}\Big]$ 中的 Ω_c 选为 1 rad/s，这样使频率得到归一化。归一化后巴特沃斯滤波器的极点分布以及相应的系统函数、分母多项式的系数都有现成的表格可查。

如果 Ω_{cr} 表示归一化响应中的参考角频率（一般取为 $\Omega_{cr}=1$ rad/s），而所需的实际滤波器幅度响应中的参考角频率为 Ω_c（一般为截止频率或称 3 dB 截止频率，也可以是其他衰减分贝处的频率）。令 $H_{a_n}(s)$ 代表归一化系统的系统函数，那么，归一化原型（低通滤波器）系统函数的一般形式为

$$H_{a_n}(s) = \frac{d_0}{a_0 + a_1 s + a_2 s^2 + \cdots + a_N s^N} \tag{10-11}$$

式中分母多项式的系数可制成表，供使用，见表 10-3。

表 10-3　巴特沃斯多项式 $s^N + a_{N-1}s^{N-1} + a_{N-2}s^{N-2} + \cdots + a_2 s^2 + a_1 s^1 + 1$ 的系数

N	a_1	a_2	a_3	a_4	a_5	a_6	a_7	a_8	a_9
1	1.0000								
2	1.4142	1.0000							
3	2.000	2.0000	1.0000						

续表

N	a_1	a_2	a_3	a_4	a_5	a_6	a_7	a_8	a_9
4	2.6131	3.4142	2.6131	1.0000					
5	3.2361	5.2361	5.2361	3.2361	1.0000				
6	3.8637	7.4641	9.1416	7.4641	3.8637	1.0000			
7	4.4940	10.0978	14.5918	14.5918	10.0978	4.4940	1.0000		
8	5.1258	13.1371	21.8462	25.6884	21.8462	13.1371	5.1258	1.0000	
9	5.7588	16.5817	31.1634	41.9864	41.9864	31.1634	16.5817	5.7588	1.0000
10	6.3925	20.4317	42.8021	64.8824	74.2334	64.8824	42.8021	20.4317	6.3925

注：$a_0 = a_N = 1$。

如果将式（10-11）的分母表示成因式形式，并用 $E(s)$ 表示，那么归一化原型（低通滤波器）系统函数可表示成

$$H_{a_n}(s) = \frac{d_0}{E(s)} \qquad (10-12)$$

$E(s)$ 也可制成表。

若 $H_a(s)$ 为所需的参考角频率为 Ω_c 的滤波器的系统函数，那么把原归一化系统函数中的变量 s 用 $\dfrac{\Omega_{cr}s}{\Omega_c}$ 代替后，就得到所需系统的系统函数，即

$$s \to \frac{\Omega_{cr}s}{\Omega_c} \qquad (10-13a)$$

$$H_a(s) = H_{a_n}\left(\frac{\Omega_{cr}s}{\Omega_c}\right) \qquad (10-13b)$$

此外，根据式（10-5），并考虑到 $|H_a(j\Omega)|_{max} = 1$，当 $\Omega = \Omega_p$ 时，有

$$-20\lg\frac{|H_a(j\Omega_p)|}{|H_a(j\Omega)|_{max}} = -20\lg[|H_a(j\Omega_p)|]$$

$$= -10\lg[|H_a(j\Omega_p)|^2]$$

$$= -10\lg\frac{1}{\left[1 + \left(\dfrac{j\Omega_p}{j\Omega_c}\right)^{2N}\right]}$$

$$= 10\lg\left[1 + \left(\frac{j\Omega_p}{j\Omega_c}\right)^{2N}\right] = R_p \qquad (10-14)$$

同样，当 $\Omega = \Omega_s$ 时，有

$$10\lg\left[1 + \left(\frac{j\Omega_s}{j\Omega_c}\right)^{2N}\right] = A_s \qquad (10-15)$$

由上两式可得

$$N \geqslant \frac{\lg[(10^{R_p/10} - 1)/(10^{A_s/10} - 1)]}{2\lg(\Omega_p/\Omega_s)} \qquad (10-16)$$

N 必须取整数，因为所选的 N 比实际大，所以技术指标在 $\Omega = \Omega_p$ 或者 $\Omega = \Omega_s$ 处都能满足或超过一些。为了能精确地满足指标要求，可以取

$$\Omega_c = \frac{\Omega_p}{\sqrt[2N]{10^{R_p/10}-1}} \quad 或 \quad \Omega_c = \frac{\Omega_s}{\sqrt[2N]{10^{A_s/10}-1}} \tag{10-17}$$

设计一个巴特沃斯滤波器的步骤如下：

（1）根据滤波器技术指标，如 Ω_p、Ω_s、R_p、A_s 来确定 N；

（2）根据所得到的 N 值，计算 Ω_c，并在 $\dfrac{\Omega_p}{\sqrt[2N]{10^{R_p/10}-1}} \leqslant \Omega_c \leqslant \dfrac{\Omega_s}{\sqrt[2N]{10^{A_s/10}-1}}$ 区间内任选一 Ω_c；

（3）根据式（10-5），求出极点，按照上述所讨论的原则，确定系统函数 $H_a(s)$，即

$$H_a(s) = \frac{K_0}{\prod\limits_{k=1}^{N}(s-s_k)}$$

其中：$s_k = \Omega_c e^{j\left[\frac{1}{2}+\frac{2k-1}{2N}\right]\pi}$，$k = 1, 2, \cdots, N$。

【例10-2】　导出三阶巴特沃斯低通滤波器的系统函数，设 $\Omega_c = 1$ rad/s。

解：幅度平方函数是

$$f(\Omega) = |H_a(j\Omega)|^2 = \frac{1}{1+\left(\dfrac{j\Omega}{j\Omega_c}\right)^{2\times 3}} = \frac{1}{1+\Omega^6}$$

令 $\Omega^2 = -s^2$，则有

$$H_a(s)H_a(-s) = \frac{1}{1+(-s^2)^3}$$

各极点满足 $s_k = \Omega_c e^{j\left(\frac{1}{2}+\frac{2k-1}{2N}\right)\pi}$，$k = 1, 2, \cdots, N$，即

$$s_k = \Omega_c e^{j\left(\frac{1}{2}+\frac{2k-1}{6}\right)\pi}, \quad k = 1, 2, \cdots, 6$$

而根据式（10-10），前面三个 $s_k(k=1, 2, 3)$ 就是 $H_d(s)$ 的极点。所得出的全部六个 s_k 为

$$s_1 = e^{j\frac{2}{3}\pi} = -\frac{1}{2}+j\frac{\sqrt{3}}{2}; \qquad s_4 = e^{j\frac{5}{3}\pi} = \frac{1}{2}-j\frac{\sqrt{3}}{2};$$

$$s_2 = e^{j\pi} = -1; \qquad\qquad s_5 = e^{j0} = 1;$$

$$s_3 = e^{j\frac{4}{3}\pi} = -\frac{1}{2}-j\frac{\sqrt{3}}{2}; \qquad s_6 = e^{j\frac{2}{3}\pi} = \frac{1}{2}+j\frac{\sqrt{3}}{2}$$

由 s_1、s_2、s_3 三个极点构成系统函数：

$$H_a(s) = \frac{K_0}{(s-s_1)(s-s_2)(s-s_3)} = \frac{K_0}{s^3+2s^2+2s+1}$$

代入 $s=0$ 时，$H_a(s)=1$，可得 $K_0=1$，故

$$H_a(s) = \frac{1}{s^3+2s^2+2s+1}$$

【**例 10-3**】 设计一个满足下面要求的低通巴特沃斯滤波器：

通带截止频率：$\Omega_p = 0.2\pi$；通带波纹：$R_p = 7$ dB；

阻带截止频率：$\Omega_s = 0.3\pi$；阻带波纹：$A_s = 16$ dB；

解：由式（10-16）得

$$\frac{\lg\left[(10^{7/10}-1)/(10^{16/10}-1)\right]}{2\lg(0.2\pi/0.3\pi)} = 2.79$$

所以取 $N=3$。为了准确在 Ω_p 处能满足指标要求，由式（10-17）得

$$\Omega_c = \frac{0.2\pi}{\sqrt[2\times3]{10^{7/10}-1}} = 0.4985$$

同理，为了准确在 Ω_s 处能满足指标要求，则取

$$\Omega_c = \frac{0.3\pi}{\sqrt[2\times3]{10^{16/10}-1}} = 0.5122$$

现在可以在这两个 Ω_c 之间任选 Ω_c 值，如选 $\Omega_c = 0.5$，即取 $N=3$、$\Omega_c = 0.5$，其系统函数为

$$H_a(j\Omega) = \frac{0.125}{(s+0.5)(s^2+0.5s+0.25)}$$

巴特沃斯滤波器的频率特性在通带与阻带内都随频率单调变化，因此，如果在通带边缘满足指标，那么在通带内肯定会有富余量，超过所要求的指标，往往所设计滤波器的阶数较高，这样并不经济。事实上，更有效的办法就是将要求指标均匀地分布在通带内，或均匀分布在阻带内，或同时均匀分布在通带与阻带内，能设计出阶数较低的滤波器。这种均匀分布的办法可通过选择具有等波纹特性的逼近函数来完成。如契比雪夫滤波器的幅度特性在一个频带中（通带或阻带）具有这种等波纹特性；若在通带内是等波纹变化的，而在阻带内是单调变化的，称为契比雪夫 I 型；若在通带内是单调变化的，而在阻带内是等波纹变化的，称为契比雪夫 II 型。由具体应用的要求来选择采用哪种型式的契比雪夫滤波器。图 10-5 画出了 N 为奇数与偶数时的契比雪夫 I、II 型滤波器的幅度特性。

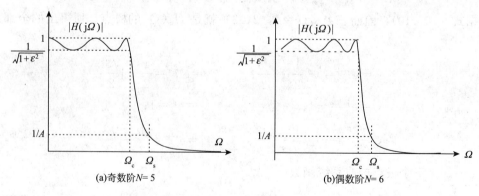

(a)奇数阶 $N=5$ (b)偶数阶 $N=6$

图 10-5 契比雪夫 I 型滤波器的幅度特性

契比雪夫 I 型滤波器的幅度平方函数为

$$f(\Omega) = |H_a(j\Omega)|^2 = \frac{1}{1+\varepsilon^2 C_N^2\left(\dfrac{\Omega}{\Omega_c}\right)} \tag{10-18}$$

其中：ε 为小于 1 的正数，它是表示通带波纹大小的一个参数，ε 越大，波纹也越大。Ω/Ω_c 为 Ω 对 Ω_c 的归一化频率，Ω_c 为截止频率，也是滤波器的某一衰减分贝处的通带宽度，这一分贝数不一定是 3 dB，也就是说，在契比雪夫滤波器中 Ω_c 不一定是 3 dB 的带宽。$C_N(x)$ 是 N 阶契比雪夫多项式，定义为

$$C_N(x) = \begin{cases} \cos(N\cos^{-1}x), & |x| \leqslant 1 \\ \mathrm{ch}(N\mathrm{ch}^{-1}x), & |x| > 1 \end{cases} \tag{10-19}$$

式（10-19）可以展开成多项式，由此可归纳出高阶（$N \geqslant 1$）契比雪夫多项式的递推公式为

$$C_{N+1}(x) = 2xC_N(x) - C_{N-1}(x) \tag{10-20}$$

$C_0(x)=1$，$C_1(x)=x$，契比雪夫多项式具有以下性质：

性质 1　多项式的零值点在 $|x| \leqslant 1$ 区间内，即多项式的所有根都在 $|x| \leqslant 1$ 内。

性质 2　当 $|x| \leqslant 1$ 时，$|C_N(x)| \leqslant 1$，且多项式 $C_N(x)$ 在 $|x| \leqslant 1$ 内具有等波纹幅度特性；在 $|x| > 1$ 区间内，$C_N(x)$ 是双曲余弦函数，它随 x 增加而单调地增加。

性质 3　N 为偶数时，$C_N(0)=\pm1$；N 为奇数时，$C_N(0)=0$。

由此可见，在 $|x| \leqslant 1$ 间隔内，$1+\varepsilon^2 C_N^2(x)$ 的值将在 1 与 $(1+\varepsilon^2)$ 之间变化，$1/[1+\varepsilon^2 C_N^2(x)]$ 为契比雪夫 I 型滤波器的幅度平方函数。在 $|x| \leqslant 1$ 时，即

$$\left| \frac{\Omega}{\Omega_c} \right| \leqslant 1$$

也就是 $0 \leqslant \Omega \leqslant \Omega_c$ 范围内（通带）$|H_a(\mathrm{j}\Omega)|^2$ 在 1 的附近等波纹起伏，最大值为 1，最小值为 $1/(1+\varepsilon^2)$，在此范围外，即在 $|x| > 1$ 时，也就是 $\Omega > \Omega_c$ 时，随着 Ω/Ω_c 的增大

$$\varepsilon^2 C_N^2 \left(\frac{\Omega}{\Omega_c} \right) \geqslant 1$$

使 $|H_a(\mathrm{j}\Omega)|^2$ 迅速单调地趋近于零。由图 10-5 看出，N 为偶数时，$|H_a(\mathrm{j}\Omega)|^2$ 在 $\Omega=0$ 处是最小值 $1/(1+\varepsilon^2)$；N 为奇数时，$|H_a(\mathrm{j}\Omega)|^2$ 在 $\Omega=0$ 处是最大值 1。

契比雪夫 I 型是一个全极点型滤波器，在通带内等波纹振荡，在阻带内单调下降。与巴特沃斯低通逼近一样，可以求出 $1+\varepsilon^2 C_N^2 \left(\dfrac{\mathrm{j}\Omega}{\mathrm{j}\Omega_c} \right) = 1+\varepsilon^2 C_N^2 \left(\dfrac{s}{\mathrm{j}\Omega_c} \right) = 0$ 的极点为 $s_k = \sigma_k + \mathrm{j}\Omega_k$。

$$\left. \begin{aligned} \sigma_k &= -a\Omega_c \sin\frac{\pi}{2N}(2k-1) \\ \Omega_k &= b\Omega_c \cos\frac{\pi}{2N}(2k-1) \end{aligned} \right\} \quad k=1,2,3,\cdots,2N \tag{10-21}$$

其中：

$$a = (\sqrt[N]{\alpha} - \sqrt[N]{1/\alpha})/2$$
$$b = (\sqrt[N]{\alpha} + \sqrt[N]{1/\alpha})/2 \tag{10-22a}$$

而

$$\alpha = 1/\varepsilon + \sqrt{1+1/\varepsilon^2} \tag{10-22b}$$

因此，式（10-22a）、式（10-22b）两式平方之和为

$$\frac{\sigma_k^2}{(\Omega_c a)^2} + \frac{\Omega_k^2}{(\Omega_c b)^2} = 1 \tag{10-23}$$

这是一个椭圆方程。由于双曲余弦总大于双曲正弦，故模拟契比雪夫滤波器的极点位于 s 平面长轴为 $\Omega_c b$（在虚轴上）、短轴为 $\Omega_c a$（在实轴上）的椭圆上。这个系统函数为

$$H_a(s) = \frac{K_0}{\prod\limits_{k=1}^{N}(s-s_k)} \tag{10-24}$$

其中 K_0 是某一归一化因子，选择成

$$H_a(j0) = \begin{cases} 1, & N \text{ 为奇数} \\ \dfrac{1}{\sqrt{1+\varepsilon^2}}, & N \text{ 为偶数} \end{cases} \tag{10-25}$$

契比雪夫 I 型滤波器的设计步骤与巴特沃斯滤波器一样，具体步骤如下：

(1) 根据滤波器技术指标 Ω_p、Ω_s、R_p、A_s 来确定三个参数：ε、Ω_c、N；

$$\varepsilon = \sqrt{10^{R_p/10}-1}, \quad A = 10^{A_s/20}, \quad d = \frac{\sqrt{A^2-1}}{\varepsilon}, \quad \Omega_r = \frac{\Omega_s}{\Omega_p}$$

$$\Omega_c = \Omega_p$$

$$N \geqslant \left[\frac{\lg(d+\sqrt{d^2-1})}{\lg(\Omega_r+\sqrt{\Omega_r^2-1})}\right] \tag{10-26}$$

(2) 利用式（10-21）、式（10-22）计算极点 s_k；

(3) 确定系统函数 $H_a(s)$，即

$$H_a(s) = \frac{K_0}{\prod\limits_{k=1}^{N}(s-s_k)}$$

归一化的契比雪夫滤波器的极点分布及相应多项式的系数都已算出，并已列成表格，供设计时查看（查阅有关参考书）。

契比雪夫 II 型滤波器，幅度特性在通带内呈单调变化（在 $\Omega=0$ 附近最平坦），而在阻带内具有等波纹特性，其幅度平方函数见表 10-2，幅度特性见图 10-6。可以证明，II 型滤波器既有极点又有零点，零点是虚数。由于篇幅有限，这里就不做讨论了。

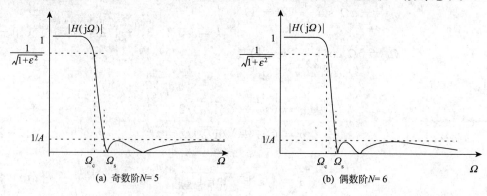

图 10-6　契比雪夫 II 型滤波器的幅度特性

还有一种通带、阻带都具有"等波纹"幅度特性的滤波器称为**椭圆函数滤波器**或考尔滤波器，这里不做讨论。图 10 - 7 画出了 N 为偶数时的 Cauer（Elliptic）型滤波器的幅度特性。

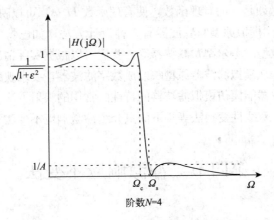

图 10 - 7　Cauer(Elliptic) 滤波器的幅度特性

第三节　由模拟滤波器设计 IIR 数字滤波器

利用模拟滤波器来设计数字滤波器，需要将 $h_a(t)$ 转换成 $h(n)$，或者将 $H_a(s)$ 转换成 $H(z)$，从 s 平面映射到 z 平面，使模拟系统函数 $H_a(s)$ 变换成所要设计的数字滤波器的系统函数 $H(z)$，这种从复变量 s 到复变量 z 之间的映射关系，可以写成

$$H(z) = H_a(s)\,|_{s=m(z)}$$

其中 $s=m(z)$ 是映射函数，为了得到可接受的实用数字滤波器，映射函数 $m(z)$ 必须满足下列三个基本要求：

（1）让 $H(z)$ 的频率响应能保持模拟滤波器 $H_a(s)$ 的频率响应，从 s 平面的虚轴 $j\Omega$ 到 z 平面的单位圆 $e^{j\omega}$ 上的映射必须是一一对应的，即虚轴 $s=j\Omega$ 必须映射到单位圆 $|z|=1$ 上，保证模拟频率轴与数字频率轴是对应的，如图 10 - 8 所示。

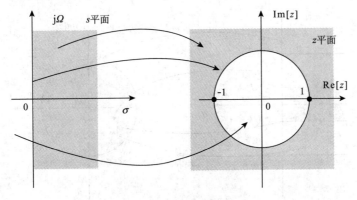

图 10 - 8　从复变量 s 到复变量 z 之间的映射关系

（2）让因果的、稳定的 $H_a(s)$ 能映射成因果的、稳定的 $H(z)$，即 s 平面的左半平面 $\text{Re}[s]<0$ 必须映射到 z 平面单位圆的内部 $|z|<1$。

（3）映射 $m(z)$ 必须是 z 的有理函数，使有理函数 $H_a(s)$ 可以映射成有理函数 $H(z)$。

由上一节讨论知，"模拟原型"滤波器有多种设计方法，如巴特沃斯型滤波器，契比雪夫型滤波器，椭圆函数型（考尔型）滤波器等。我们可以根据实际情况来选取一种作为模拟原型进行设计，然后，从模拟滤波器原型映射成数字滤波器，要求映射函数 $m(z)$ 满足上述三个条件，让数字滤波器能模仿模拟滤波器的特性。常用的映射方法主要有：冲激响应不变法、阶跃响应不变法、双线性变换法等。下面只介绍冲激响应不变法和双线性变换法。

第四节　冲激响应不变法

一、映射原理

冲激响应不变法是让数字滤波器的单位冲激响应序列 $h(n)$ 能模仿模拟滤波器的冲激响应 $h_a(t)$。将模拟滤波器的冲激响应加以等间隔的采样，使 $h(n)$ 正好等于 $h_a(t)$ 的采样值，即

$$h(n) = h_a(nT) \tag{10-27}$$

其中 T 是采样周期。

如果令 $H_a(s)$ 是 $h_a(t)$ 的拉氏变换，$H(z)$ 为 $h(n)$ 的 $\mathscr{Z}$ 变换，那么，由第五章中采样序列的 $\mathscr{Z}$ 变换与模拟信号的拉氏变换的关系得

$$H(z)\mid_{z=e^{sT}} = \frac{1}{T}\sum_{k=-\infty}^{\infty} H_a\left(s-j\frac{2\pi}{T}k\right) \tag{10-28}$$

可以看出，冲激响应不变法将模拟滤波器的 s 平面变换成数字滤波器的 z 平面，这个从 s 到 z 的变换 $z=e^{sT}$ 正是符合拉氏变换到 $\mathscr{Z}$ 变换的转换关系式。

如图 10-9 所示，s 平面上每一条宽度为 $2\pi/T$ 的横条都将重叠地映射到整个 z 平面

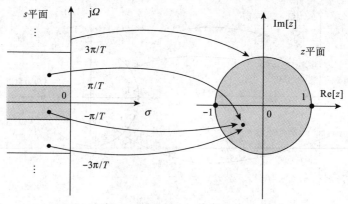

图 10-9　冲激响应不变法映射关系

上，其中横条的左半部分映射到 z 平面单位圆内，横条的右半部分映射到 z 平面单位圆外，而 s 平面虚轴（$j\Omega$ 轴）映射到 z 平面单位圆上，虚轴上每一段长为 $2\pi/T$ 的线段正好映射到 z 平面上单位圆上一周。由此可见，s 平面每一横条都要重叠地映射到 z 平面上，这恰好反映了 $H(z)$ 和 $H_a(s)$ 的周期延拓序列之间的变换关系，即 $z = e^{sT}$。

在式（10 - 28）中，由 s 平面内虚轴 $j\Omega$ 到 z 平面内单位圆 $z = e^{j\omega}$ 上的映射为 $z = e^{sT} = e^{j\Omega T} = e^{j\omega}$，所以，数字滤波器的频率响应和模拟滤波器的频率响应之间的关系为

$$H(e^{j\omega}) = \frac{1}{T} \sum_{k=-\infty}^{\infty} H_a\left(j\frac{\omega - 2\pi k}{T}\right) \tag{10 - 29}$$

即数字滤波器的频率响应是模拟滤波器频率响应的周期延拓，当模拟滤波器的频率响应为严格限带的，而且频带只限于折叠频率以内时，即

$$\begin{cases} H_a(j\Omega), & |\Omega| < \dfrac{\pi}{T} = \dfrac{\Omega_s}{2} \\[2mm] H_a(j\Omega) = 0, & |\Omega| \geqslant \dfrac{\pi}{T} = \dfrac{\Omega_s}{2} \end{cases} \tag{10 - 30}$$

这样，我们可以仅取式（10 - 29）主周期中的 $H_a(j\omega/T)$，得数字滤波器的频率响应

$$H(e^{j\omega}) = \frac{1}{T} H_a\left(j\frac{\omega}{T}\right), \quad |\omega| < \pi \tag{10 - 31}$$

二、具体实现与改进

由上一节可以看出，冲激响应不变法是先从模拟系统函数 $H_a(s)$ 开始，求其拉氏反变换得到模拟的冲激响应 $h_a(t)$，然后对 $h_a(t)$ 进行采样后，得到 $h(n) = h_a(nT)$，再取 $h(n)$ 的 $\mathscr{Z}$ 变换得 $H(z)$，整个过程较复杂。显然，如果 $H_a(s)$ 为部分分式表达时，变换起来会方便些。

下面我们来讨论冲激响应不变法所形成的 s 平面和 z 平面的对应关系。

假设模拟滤波器的系统函数 $H_a(s)$ 只有单阶极点，同时分母的阶次大于分子的阶次，这在大多数情况下，是能得到满足的，并且极点的实部小于零，这样系统函数 $H_a(s)$ 是一个稳定的模拟系统。所以，$H_a(s)$ 可以展开成部分分式的形式：

$$H_a(s) = \sum_{k=1}^{N} \frac{A_k}{s - s_k} \tag{10 - 32}$$

$H_a(s)$ 的拉氏反变换为单位冲激响应 $h_a(t)$，即

$$h_a(t) = \mathscr{L}^{-1}[H_a(s)] = \sum_{k=1}^{N} A_k e^{s_k t} u(t)$$

其中 $u(t)$ 是连续时间的单位阶跃函数。那么由冲激响应不变法的条件得出数字滤波器的单位采样响应为

$$h(n) = h_a(nT) = \sum_{k=1}^{N} A_k e^{s_k nT} u(n) = \sum_{k=1}^{N} A_k (e^{s_k T})^n u(n) \tag{10 - 33}$$

对 $h(n)$ 取 z 变换得数字滤波器的系统函数 $H(z)$：

$$H(z) = \sum_{n=-\infty}^{\infty} h(n) z^{-n} = \sum_{n=-\infty}^{\infty} \left[\sum_{k=1}^{N} A_k (e^{s_k T})^n u(n) \right] z^{-n}$$

$$= \sum_{n=0}^{\infty} \left[\sum_{k=1}^{N} A_k (e^{s_k T})^n \right] z^{-n} = \sum_{n=0}^{\infty} \sum_{k=1}^{N} A_k (e^{s_k T} z^{-1})^n$$

$$= \sum_{k=1}^{N} A_k \left[\sum_{n=0}^{\infty} (e^{s_k T} z^{-1})^n \right] = \sum_{k=1}^{N} \frac{A_k}{1 - e^{s_k T} z^{-1}} \tag{10-34}$$

将式（10-32）的 $H_a(s)$ 和（10-34）的 $H(z)$ 加以比较，可以看出：

（1）s 平面的单极点 $s = s_k$ 映射到 z 平面上 $z = e^{s_k T}$ 处的单极点；

（2）$H_a(s)$ 与 $H(z)$ 的部分分式表达式中的系数是相同的，皆为 A_k；

（3）如果模拟滤波器是稳定的，即所有极点 s_k 都满足 $\text{Re}[s_k] < 0$，那么映射到 z 平面后，数字滤波器的全部极点在单位圆内，即 $|e^{s_k T}| = e^{\text{Re}[s_k]T} < 1$，因此数字滤波器也是稳定的；

（4）只能保证 s 平面极点与 z 平面极点有这种一一对应的代数关系，但不能保证整个 s 平面与 z 平面有这种代数对应关系，特别是数字滤波器的零点位置就与模拟滤波器的零点位置没有这种代数对应关系，而是随 $H_a(s)$ 的极点 s_k 以及系数 A_k 两者而变化，故零点没有明确的映射方式。

此外，从式（10-31）还可看出，数字滤波器频率响应与采样间隔 T 成反比，如果采样频率很高，即 T 很小，那么滤波器增益就会太大。这样很不好，希望数字滤波器的频率响应不随采样频率而变化，因此作以下修正，令

$$h(n) = T h_a(nT) \tag{10-35}$$

那么

$$H(z) = \sum_{k=1}^{N} \frac{T A_k}{1 - e^{s_k T} z^{-1}} \tag{10-36}$$

及

$$H(e^{j\omega}) \approx \sum_{k=-\infty}^{\infty} H_a \left(j \frac{\omega - 2\pi k}{T} \right)$$

$$= H_a \left(j \frac{\omega}{T} \right), \quad |\omega| < \pi \tag{10-37}$$

三、适用范围

从以上讨论看出，只有当模拟滤波器频率响应是严格限带的，而且带只限于折叠频率（奈奎斯特频率）以内时，由冲激响应不变法才能映射出合理的数字滤波器，所得到的数字滤波器的冲激响应完全能模仿模拟滤波器的冲激响应，即时域逼近良好，而且模拟频率 Ω 和数字频率 ω 之间呈线性关系：$\omega = \Omega T$。因而一个线性相位的模拟滤波器可以映射成一个线性相位的数字滤波器。

但是，任何一个实际的模拟滤波器频率响应都不是严格限带的，这就会产生周期延拓分量的频谱交叠，即产生混叠失真（Aliasing）。而且，当滤波器的指标用数字域频率 ω

给定时，用减小 T 的方法还不能解决混叠问题。如所设计的低通滤波器的截止频率为 ω_c，相应的模拟滤波器的截止频率 Ω_c 为

$$\Omega_c = \frac{\omega_c}{T}$$

如果采样时的模拟折叠角频率 $\Omega_s/2$ 正好与 Ω_c 相等，那么，对应的模拟角频率 Ω 的带域为 $[-\pi/T, \pi/T]$。显然，随着 T 的减小，它会增加。若 ω_c 不变，T 减小时，Ω_c 则相应增加，即

$$T \downarrow \xrightarrow[\Omega_c = \frac{\omega_c}{T}]{\omega_c 固定不变} \Omega_c \uparrow$$

因此，如果在 $\Omega_c > \pi/T$，即在 $[-\pi/T, \pi/T]$ 域外，模拟滤波器原型 $H_a(s)$ 的截止频率的值不为零时，由于 ω_c 不变，Ω_c 与 T 同步变化。所以，不管如何减小 T，总有 $\Omega_c > \pi/T$，不能解决混叠问题。

由于冲激响应不变法具有频率混叠效应，所以冲激响应不变法只适用于限带的模拟滤波器，所以高通和带阻滤波器不宜采用冲激响应不变法，否则要加保护滤波器，滤掉高于折叠频率以上的频率。对于带通和低通滤波器，需充分限带，若阻带衰减越大，则混叠效应越小。一般来说，如果模拟滤波器的频率响应在折叠频率以上处衰减大一些、快一些，那么频谱混叠失真就小一些。

【例 10-4】　假设模拟滤波器的系统函数为

$$H_a(s) = \frac{1}{s^2 + 3s + 2} = \frac{1}{s+1} - \frac{1}{s+2}$$

利用冲激响应不变法映射成 IIR 数字滤波器。

解：利用式（10-36）得到数字滤波器的系统函数为

$$H(z) = \frac{T}{1 - e^{-T}z^{-1}} - \frac{T}{1 - e^{-2T}z^{-1}}$$

$$= \frac{Tz^{-1}(e^{-T} - e^{-2T})}{1 - z^{-1}(e^{-T} + e^{-2T}) + z^{-2}e^{-3T}}$$

取 $T=1$，得

$$H(z) = \frac{0.2325z^{-1}}{1 - 0.5032z^{-1} + 0.04978z^{-2}}$$

模拟滤波器的频率响应 $H_a(j\Omega)$ 以及数字滤波器的频率响应 $H(e^{j\omega})$ 分别为

$$H_a(j\Omega) = \frac{1}{(j\Omega)^2 + 3j\Omega + 2} = \frac{1}{(2 - \Omega^2) + j3\Omega}$$

$$H(e^{j\omega}) = \frac{0.2325e^{-j\omega}}{1 - 0.5032e^{-j\omega} + 0.04978e^{-j2\omega}}$$

图 10-10 给出了 $|H_a(j\Omega)|$ 和 $|H(e^{j\omega})|$ 变化曲线，由于 $H_a(j\Omega)$ 不是充分限带的，所以 $H(e^{j\omega})$ 产生了很大的频谱混叠失真。

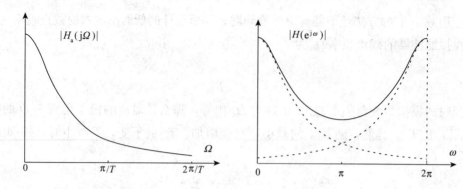

图 10-10　冲激响应不变法的频率响应幅度

第五节　双线性变换法

冲激响应不变法是在时域内让数字滤波器模仿模拟滤波器，其缺点是产生频率响应的混叠失真。它是由 s 平面到 z 平面的多值映射关系所造成的，我们可以采用双线性变换法来克服这一缺点，下面来介绍双线性变换法。

一、映射原理

为了克服从 s 平面到 z 平面的多值映射这一缺点，首先，我们可以把整个 s 平面压缩变换到某一中介 s_1 平面内的一横条带里，横条带宽度为 $2\pi/T$，即从 $-\pi/T$ 到 π/T；然后再利用上节讨论过的映射方式 $z=e^{s_1 T}$ 将横条带映射到整个 z 平面内，这样就实现了从 s 平面与 z 平面一一对应关系的映射，消除了多值性，即消除了频谱混叠现象，如图 10-11 所示，这种映射可以采用下列变换来实现

$$\Omega = \tan \frac{\Omega_1 T}{2} \qquad\qquad (10-38)$$

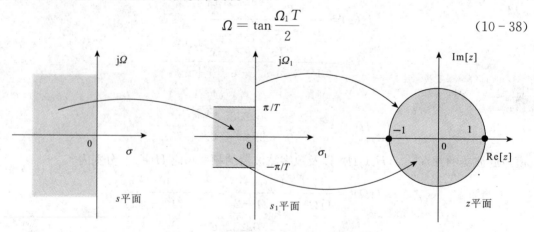

图 10-11　双线性变换法的映射关系

因为 $\Omega = \tan(\Omega_1 T/2) \to +\infty\ (-\infty)$ 时，$\Omega_1 \to +\pi/T(-\pi/T)$；$\Omega = 0$ 时，$\Omega_1 = 0$，所以将 s 平面内的虚轴 $j\Omega$ 整体压缩变换到 s_1 平面内虚轴 $j\Omega_1$ 上的一段：从 $-\pi/T$ 到 π/T。

可以参考图 10-11，将式（10-38）改写成

$$\Omega = \tan\frac{\Omega_1 T}{2} = \frac{(e^{j\Omega_1 T/2} - e^{-j\Omega_1 T/2})/(2j)}{(e^{j\Omega_1 T/2} + e^{-j\Omega_1 T/2})/2} \Rightarrow j\Omega = \frac{e^{j\Omega_1 T/2} - e^{-j\Omega_1 T/2}}{e^{j\Omega_1 T/2} + e^{-j\Omega_1 T/2}}$$

将这种变换解析延拓到整个 s 平面内与 s_1 平面内，并令 $j\Omega = s$，$j\Omega_1 = s_1$，那么

$$s = \frac{e^{s_1 T/2} - e^{-s_1 T/2}}{e^{s_1 T/2} + e^{-s_1 T/2}} = th\frac{s_1 T}{2} \xrightarrow{\text{乘以 } e^{-s_1 T/2}} s = \frac{1 - e^{-s_1 T}}{1 + e^{-s_1 T}} \tag{10-39}$$

然后将 s_1 平面通过映射关系 $z = e^{s_1 T}$ 变换到 z 平面，这样便得到 s 平面和 z 平面的单值映射关系为

$$s = \frac{1 - z^{-1}}{1 + z^{-1}} \Rightarrow z = \frac{1 + s}{1 - s} \tag{10-40}$$

这种变换在 s 平面的虚轴 $j\Omega$ 与 z 平面的单位圆 $|z| = 1$ 之间存在着严重的非线性关系，这是因为 $\Omega = \tan(\Omega_1 T/2) \rightarrow \omega = 2\tan^{-1}\Omega (\omega = \Omega_1 T)$，显然 ω 和 Ω 呈非线性关系。因此，要想让模拟滤波器的某一频率 Ω 与数字滤波器的任一频率 ω 有对应的关系，我们可以引入待定常数 c 使式（10-38）和式（10-39）变成

$$\Omega = c\tan\frac{\Omega_1 T}{2} \tag{10-41}$$

$$s = c\frac{1 - e^{-s_1 T}}{1 + e^{-s_1 T}} \tag{10-42}$$

将映射 $z = e^{s_1 T}$ 代入式（10-42），可得

$$s = c\frac{1 - z^{-1}}{1 + z^{-1}} \Rightarrow z = \frac{c + s}{c - s} \tag{10-43}$$

式（10-43）是 s 平面和 z 平面之间的单值映射关系，这种变换就称为双线性变换。它是让数字滤波器的频率响应与模拟滤波器的频率响应相似的一种变换方法，即

$$\underset{\text{平面}}{s} \xrightarrow[\text{压缩}]{c\frac{1-e^{-s_1 T}}{1+e^{-s_1 T}}} \underset{\text{平面}}{s_1} \xrightarrow[\text{映射}]{s_1 = \frac{1}{T}\ln z} \underset{\text{平面}}{z} \Rightarrow s = c\frac{1 - z^{-1}}{1 + z^{-1}}$$

二、常数 c 的选择

ω 和 Ω 呈非线性关系，但是，我们可以通过改变常数 c 使模拟滤波器频率特性在某些频率点 Ω 处与数字滤波器频率特性在某些频率点 ω 处有对应的关系，也就是可以调节频带间的对应关系。通常有两种选择常数 c 的方法：

（1）在低频处，当 $\Omega \rightarrow 0$，$\Omega_1 \rightarrow 0$ 时，有 $\Omega \approx \Omega_1$，由式（10-41）得 $\tan(\Omega_1 T/2) \approx \Omega_1 T/2$，所以

$$\Omega \approx \Omega_1 \approx c\frac{\Omega_1 T}{2}$$

故

$$c = 2/T \tag{10-44}$$

这时，模拟原型滤波器的低频特性近似等于数字滤波器的低频特性。

（2）可以根据需要，采用数字滤波器的某一特定频率 ω 与模拟原型滤波器的一个特

定频率 Ω 严格相对应，如截止频率 $\omega_c = \Omega_{1c}T$，即

$$\Omega_c \approx c\tan\frac{\Omega_{1c}T}{2} = c\tan\frac{\omega_c}{2}$$

那么便有

$$c = \frac{\Omega_c}{\tan(\omega_c/2)} = \Omega_c\cot\frac{\omega_c}{2} \tag{10-45}$$

这表明：在特定的模拟频率和特定的数字频率处，频率响应是严格相等的，所以可以较准确地控制截止频率的位置。

三、映射效果

双线性变换式（10-43）确实符合我们在第十章第三节中提出的映射函数应该满足的三个条件：

（1）首先，将 $z = e^{j\omega}$ 代入式（10-43）中第一式，得

$$s = c\frac{1-e^{-j\omega}}{1+e^{-j\omega}} = c\cdot j\tan\left(\frac{\omega}{2}\right) \Rightarrow$$

$$jc\tan\left(\frac{\omega}{2}\right) = j\Omega \tag{10-46}$$

所以，s 平面的虚轴 $j\Omega$ 确实与 z 平面的单位圆 $z = e^{j\omega}$ 相对应。

（2）其次，将 $s = \sigma + j\Omega$ 代入中第二式，得

$$z = \frac{c+s}{c-s} = \frac{(c+\sigma)+j\Omega}{(c-\sigma)-j\Omega}$$

因此

$$|z| = \frac{\sqrt{(c+\sigma)^2+\Omega^2}}{\sqrt{(c-\sigma)^2+\Omega^2}} \leqslant 1$$

这是因为：当 $\sigma < 0$ 时，$|z| < 1$；$\sigma > 0$ 时，$|z| > 1$；$\sigma = 0$ 时，$|z| = 1$。

（3）根据式（10-43）知，双线性变换的映射函数是有理函数。

由此可见，s 的左半平面映射到 z 平面的单位圆内；s 的右半平面映射到 z 平面的单位圆外；而 s 的虚轴映射到 z 平面单位圆上。所以稳定的模拟滤波器，通过双线性变换后，所得到的数字滤波器也一定是稳定的。

除了满足这几点要求外，双线性变换最大的优点是避免了频率响应混叠现象，式（10-46）表示了模拟角频率 Ω 与数字频率 ω 之间的变换关系，重写如下：

$$\Omega = c\tan\left(\frac{\omega}{2}\right) \tag{10-47}$$

它表明 s 平面与 z 平面是单值的一一对应关系，s 平面整个 $j\Omega$ 轴单值对应于 z 平面单位圆的一周，即频率轴是单值变换关系。这个关系表示在图 10-11 上。由图看出，s 平面内的上半虚轴 $j\Omega$（辐角 Ω 为正）映射成 z 平面内的上半单位圆周，而负虚轴 $j\Omega$（辐角 Ω 为负）映射成 z 平面单位圆的下半圆周。$\Omega \to +\infty$ 时，$\Omega = \pi$ 为折叠频率，所以不会有高于此折叠频率的

分量，这就避免了冲激响应不变法的频率响应混叠现象。

　　然而，除了在零频率附近，式（10-47）的频率变换关系接近于线性关系外，当 Ω 增加时，正如上面所提到的，这种变换关系就是非线性的了，也就是说，在频率 Ω 与 ω 之间存在着严重的非线性关系，如公式（10-47）及图 10-12 所示。由于存在这种频率之间的非线性映射关系，就产生了新问题，一个线性相位的模拟滤波器经双线性变换后却得到非线性相位的数字滤波器，不再保持原有的线性相位了。这种非线性关系要求模拟滤波器的幅频响应必须是分段常数型的，即在一频率段的幅度响应近似于某一常数，否则映射所形成的数字滤波器幅频响应相对于原模拟滤波器的幅频响应会产生畸变，例如一个模拟微分器将不能变换成数

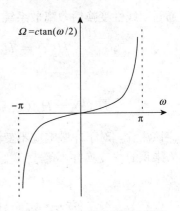

图 10-12　双线性变换中模拟频带与数字频带之间非线性关系

字微分器。所幸的是一般典型的低通、高通、带通、带阻型滤波器都具有这种响应特性，对于分段常数的滤波器，双线性变换后，仍然可以得到幅频特性为分段常数的滤波器，只是各个分段边缘的临界频率点产生了畸变，这种频率的畸变，可以通过频率的预畸来加以校正，也就是将临界频率事先加以畸变，然后经变换后正好映射到所需的频率。

四、具体实现

　　由式（10-43）知，在双线性变换法中，s 到 z 之间的变换是简单的代数关系，可以直接在模拟系统函数 $H_a(s)$ 用 $s = c(1-z^{-1})/(1+z^{-1})$ 替换 s，便得到数字滤波器的系统函数，即

$$H(z) = H_a(s)\big|_{s=c\frac{1-z^{-1}}{1+z^{-1}}} = H_a\left(c\,\frac{1-z^{-1}}{1+z^{-1}}\right) \tag{10-48}$$

此外，还可以先将模拟系统函数 $H_a(s)$ 分解成若干个低阶的子系统函数（例如一、二阶的），然后让这些子系统并联而成，即等于子系统函数相加；或让这些子系统函数级联而成，即等于这些子系统函数相乘，再对每个子系统函数分别采用双线性变换，这样做比较方便，因为模拟系统函数的分解已有大量的图表可以利用。

　　假设模拟系统函数分解为级联的低阶子系统

$$H_a(s) = H_{a_1}(s) \cdot H_{a_2}(s) \cdot \cdots \cdot H_{a_m}(s) = \prod_{k=1}^{m} H_{a_k}(s) \tag{10-49}$$

通过双线性变换后，离散系统函数可表示为

$$H(z) = H_1(z) \cdot H_2(z) \cdot \cdots \cdot H_m(z) = \prod_{k=1}^{m} H_k(z) \tag{10-50}$$

其中：

$$H_k(z) = H_{a_k}(s)\big|_{s=c\frac{1-z^{-1}}{1+z^{-1}}} = H_{a_k}\left(c\,\frac{1-z^{-1}}{1+z^{-1}}\right), \quad k = 1,\,2,\,3,\,\cdots,\,m \tag{10-51}$$

　　假设模拟系统函数分解为并联子系统：

$$H_a(s) = \overline{H}_{a_1}(s) + \overline{H}_{a_2}(s) + \cdots + \overline{H}_{a_n}(s) = \sum_{i=1}^{n} \overline{H}_{a_i}(s) \tag{10-52}$$

通过双线性变换后，离散系统函数为

$$H(z) = \overline{H}_1(z) + \overline{H}_2(z) + \cdots + \overline{H}_n(z) = \sum_{i=1}^{n} \overline{H}_i(z) \qquad (10\text{-}53)$$

其中：

$$\overline{H}_i(z) = \overline{H}_{a_i}(s)\big|_{s=c\frac{1-z^{-1}}{1+z^{-1}}} = \overline{H}_{a_i}\left(c\,\frac{1-z^{-1}}{1+z^{-1}}\right), \quad i=1,\ 2,\ 3,\ \cdots,\ n \qquad (10\text{-}54)$$

应该注意，对于冲激响应不变法，则不能将模拟系统函数先分解成级联型子系统，这是因为乘积的 $\mathcal{L}$ 变换并不等于 $\mathcal{L}$ 变换的乘积。

第六节　IIR 滤波器设计的频率转换法

在实际应用中，我们经常要用到低通、高通、带通、带阻等类型的频率选择性数字滤波器，设计各类频率选择性数字滤波器通常有以下两种办法：

（1）可以先设计一个归一化原型模拟低通滤波器，然后进行模拟频带转换，将其变换为所要求类型的频率选择性模拟滤波器，这实质上是截止频率为 Ω_c 的另一个低通模拟滤波器，或者高通、带通、带阻的频率选择性模拟滤波器，最后再通过冲激响应不变法或双线性变换法映射为所需要类型的频率选择性数字滤波器，如图 10‑13(1) 所示。在实际中，若将这一方法中的前两步合成一步来实现，即把归一化模拟低通原型变换到模拟低通、高通、带通、带阻等频率选择性滤波器的公式与利用双线性变换得到相应数字滤波器的公式合并起来，就可直接从归一化模拟低通原型通过一定的频率转换关系，

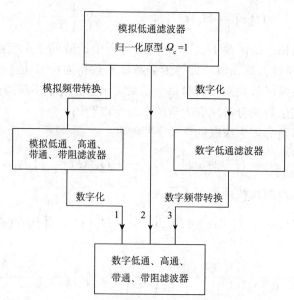

图 10‑13　IIR 数字滤波器设计的频率转换法

1—先进行模拟频带转换，后进行数字化；2—模拟频带转换与数字化
合为一步设计；3—先进行数字化，后进行数字频带转换

一步完成各类型频率选择性数字滤波器的设计，如图 10-13(2) 所示。但要注意：这里只涉及双线性变换法，因为冲激响应不变法具有频率混叠失真效应，只适用严格限带的数字低通、带通频率选择性滤波器的设计，对于数字高通、带阻频率选择性滤波器，不能直接应用。

(2) 由模拟低通原型先利用冲激响应不变法或双线性变换法数字化成数字低通滤波器，然后利用数字频带转换法，将它变换成所需要的各种类型频率选择性数字滤波器（另一截止频率的数字低通，数字高通、带通、带阻等）。这可见图 10-13(3)。

第七节 模拟频带转换法设计

一、模拟低通滤波器映射成数字低通滤波器

首先将数字滤波器的技术指标转换为相应的模拟滤波器的技术指标，然后根据此指标设计模拟滤波器，这既可以用查表的方法也可以用解析的方法来实现。最后通过冲激响应不变法或双线性变换法，将模拟低通滤波器 $H_a(s)$ 映射成所需要的数字滤波器 $H(z)$，下面举例说明。

（一）数字巴特沃斯低通滤波器

【例 10-5】　采用巴特沃斯低通滤波器作原型，用冲激响应不变法设计 IIR 数字低通滤波器，给定采样频率为 $f_s=15$ kHz，通带截止频率为 $f_p=1.5$ kHz，通带内的波纹小于 1 dB；阻带截止频率为 $f_{st}=2.25$ kHz，阻带衰减大于 15 dB。

解：（1）首先将数字滤波器的技术指标转换为相应的模拟滤波器的技术指标，依题意，有通带截止频率：

$$\omega_p = 2\pi f_p \frac{1}{f_s} = 2\pi \frac{1.5 \times 10^3}{15 \times 10^3} = 0.2\pi, \quad \Omega_p = 2\pi f_p = 2\pi \times 1.5 \times 10^3 = 3000\pi \text{ rad/s}$$

阻带截止频率：

$$\omega_s = 2\pi f_{st} \frac{1}{f_s} = 2\pi \frac{2.25 \times 10^3}{15 \times 10^3} = 0.3\pi, \quad \Omega_s = 2\pi f_{st} = 2\pi \times 2.25 \times 10^3 = 4500\pi \text{ rad/s}$$

而 $R_p=1$ dB，$A_s=15$ dB，所以

$$N = \frac{\lg[(10^{1/10}-1)/(10^{15/10}-1)]}{2\lg(3000\pi/4500\pi)} = 5.885783$$

$$\Omega_c = \frac{\Omega_p}{\sqrt[2N]{10^{R_p/10}-1}} = \frac{3000\pi}{\sqrt[2\times6]{10^{1/10}-1}} \approx 10548.1 \text{ rad/s}$$

$$\Omega_c = \frac{\Omega_s}{\sqrt[2\times6]{10^{A_s/10}-1}} = \frac{4500\pi}{\sqrt[2\times6]{10^{15/10}-1}} \approx 10629.8 \text{ rad/s}$$

我们取 $\Omega_c=10548.1$ rad/s。

（2）用查表法：

查表 10-2，当 $N=6$ 时，归一化原型模拟低通巴特沃斯滤波器的频率响应为

$$H_a(s) = \cfrac{1}{s^6 + 3.8637s^5 + 7.4641s^4 + 9.1416s^3 + 7.4641s^2 + 3.8637s + 1}$$

$$= \cfrac{1}{[s^2 + 0.51764s + 1] \cdot [s^2 + 1.41421s + 1] \cdot [s^2 + 1.93186s + 1]}$$

将 s 用 $s/\Omega_c = s/10548.1$ 代入上式，可得截止频率为 Ω_c 的模拟低通滤波器，即

$$H_a(s) = \cfrac{1.3773345 \times 10^{24}}{[s^2 + 20377.31747s + 111261901] \cdot [s^2 + 14917.23171s + 111261901]} \cdot$$

$$\cfrac{1}{[s^2 + 5460.08576s + 111261901]} \qquad (10-55)$$

另一种办法也可以将 $\Omega_c = 10548.1 \text{ rad/s}$，$N=6$ 代入到 $s_k = \Omega_c e^{j[\frac{1}{2} + \frac{2k-1}{2N}]\pi}$，$k = 1, 2, \cdots,$ N，得到 z 平面左半平面的三对极点为

$$\left.\begin{array}{l}
\Omega_c \left[\cos\left(\dfrac{7}{12}\pi\right) \pm j\sin\left(\dfrac{7}{12}\pi\right)\right] = (-2730.0492 \pm j10188.6822) \\[2mm]
\Omega_c \left[\cos\left(\dfrac{9}{12}\pi\right) \pm j\sin\left(\dfrac{9}{12}\pi\right)\right] = (-7458.6330 \pm j7458.6330) \\[2mm]
\Omega_c \left[\cos\left(\dfrac{11}{12}\pi\right) \pm j\sin\left(\dfrac{11}{12}\pi\right)\right] = (-10188.6822 \pm j2730.0492)
\end{array}\right\} \qquad (10-56)$$

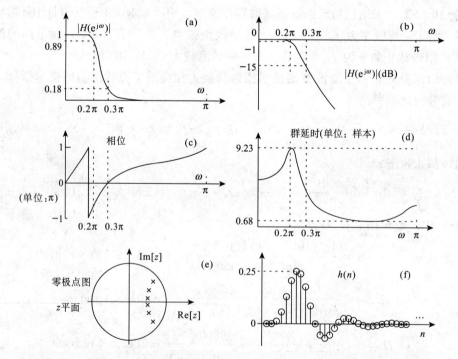

图 10-14　用冲激响应不变法设计出的六阶巴特沃斯低通数字滤波器频率响应

（a）幅度；（b）对数幅度（dB）；（c）相位；（d）群延时；（e）极点分布图；（f）单位冲激响应

利用式（10 - 56），由 $H_a(s) = K_0 / \prod_{k=1}^{N} (s - s_k)$ 得到模拟滤波器系统函数与式（10 - 55）相同。这里分子的系数是根据 $s = 0$ 时 $H_a(s) = 1$ 而得到的。

（3）将 $H_a(s)$ 展成部分分式，然后利用冲激响应不变法修正后的公式（10 - 36），得所需数字滤波器的系统函数 $H(z)$ 为

$$H(z) = \frac{1.8558 - 0.6304z^{-1}}{1 - 0.9972z^{-1} + 0.2570z^{-2}} + \frac{-2.1428 + 1.1454z^{-1}}{1 - 1.0691z^{-1} + 0.3699z^{-2}} + \frac{0.2871 - 0.4466z^{-1}}{1 - 1.2972z^{-1} + 0.6949z^{-2}}$$

$$= \frac{0.0006z^{-1} + 0.0101z^{-2} + 0.0161z^{-3} + 0.0041z^{-4} + 0.0001z^{-5}}{1 - 3.3635z^{-1} + 5.0684z^{-2} - 4.2759z^{-3} + 2.1066z^{-4} - 0.5706z^{-5} + 0.0661z^{-6}}$$

$$= \frac{0.000631z^{-1}}{(1 - 0.9972z^{-1} + 0.2570z^{-2})(1 - 1.0691z^{-1} + 0.3699z^{-2})(1 - 1.2972z^{-1} + 0.6949z^{-2})}$$

当 $z = e^{j\omega}$ 时，即得到数字滤波器的频率响应，如图 10 - 14 所示。

（二）数字契比雪夫低通滤波器

用双线性变换法设计数字契比雪夫低通滤波器，为了便于对比与讨论，我们仍然用上面同一例子的指标，即数字指标，$|\omega| \leqslant 0.2\pi$ 通带范围内幅度的波纹 R_p 小于 1 dB，在 $0.3\pi \leqslant |\omega| \leqslant \pi$ 的阻带范围内，衰减 A_s 大于 15 dB，设计一 IIR 数字契比雪夫低通滤波器。

解：（1）通带截止频率：$\Omega_p = 3000\pi$ rad/s；阻带截止频率：$\Omega_s = 4500\pi$ rad/s，而 $R_p = 1$ dB，$A_s = 15$ dB。但是，采用双线性变换 ω 和 Ω 之间是非线性关系，因而将数字域指标变为模拟域指标时，首先要将数字截止频率按 $\Omega = c \tan(\omega/2)$ 预畸变为模拟原型滤波器的截止频率。c 是调节模拟频带与数字频带间对应关系的一个常数，我们让模拟频率特性与数字频率特性在低频频率处有较确切对应关系，那么常数 $c = 2/T$，并取 $T = 1$(可以证明，取 $T = 1$ 时对计算结果并不影响，因为在变换公式中前后抵消 T)，由式（10 - 2）得

$$\varepsilon = \sqrt{10^{R_p/10} - 1} = \sqrt{10^{1/10} - 1} = 0.5088$$
$$A = 10^{15/20} = 5.6234$$

所以预畸变的模拟原型滤波器的通带截止频率和阻带截止频率分别为

$$\Omega_p = \frac{2}{T} \tan\left(\frac{\omega_p}{2}\right) = 2\tan\left(\frac{0.2\pi}{2}\right) = 0.6498$$

$$\Omega_s = \frac{2}{T} \tan\left(\frac{\omega_s}{2}\right) = 2\tan\left(\frac{0.3\pi}{2}\right) = 1.0191$$

二者的比值为

$$\Omega_r = \frac{\Omega_s}{\Omega_s} = \frac{1.0191}{0.6498} = 1.5683$$

参数 d 为

$$d = \frac{\sqrt{A^2 - 1}}{\varepsilon} = \frac{\sqrt{5.6234^2 - 1}}{0.5088} = 10.8761$$

根据式（10-26）得

$$N = \frac{\lg(d + \sqrt{d^2 - 1})}{\lg(\Omega_r + \sqrt{\Omega_r^2 - 1})} = \frac{\lg(10.8761 + \sqrt{10.8761^2 - 1})}{\lg(1.5683 + \sqrt{1.5683^2 - 1})}$$

$$= 3.0138$$

$$\Omega_c = \Omega_p = 0.6498$$

我们取 $N = 4$；

（2）计算 α、a、b 及 σ_k、Ω_k，由式（10-22）得

$$\alpha = \frac{1}{\varepsilon} + \sqrt{1 + \frac{1}{\varepsilon^2}} = 4.1706$$

$$a = \frac{1}{2}(\sqrt[N]{\alpha} - \sqrt[N]{1/\alpha}) = \frac{1}{2}(\sqrt[4]{4.1706} - \sqrt[4]{1/4.1706}) = 0.3646$$

$$b = \frac{1}{2}(\sqrt[N]{\alpha} - \sqrt[N]{1/\alpha}) = \frac{1}{2}(\sqrt[4]{4.1706} + \sqrt[4]{1/4.1706}) = 1.0644$$

所以，$a\Omega_c = 0.2369$，$b\Omega_c = 0.6916$，然后就可以求出左半平面的两对极点，由式（10-21），当 $k = 1$，2，3，4 时，可得左半平面两对极点为

$$-a\Omega_c\sin\frac{\pi}{8} \pm jb\Omega_c\cos\frac{\pi}{8} = -0.0907 \pm j0.6390$$

$$-a\Omega_c\sin\frac{3\pi}{8} \pm jb\Omega_c\cos\frac{3\pi}{8} = -0.2189 \pm j0.2647$$

（3）求模拟滤波器的系统函数 $H_a(s)$。由式（10-25），得

$$H_a(j\Omega)|_{\Omega=0} = H_a(j0) = \frac{1}{\sqrt{\varepsilon^2 + 1}} = \frac{1}{\sqrt{0.5088^2 + 1}} = 0.8913$$

$$H_a(s) = \frac{K_0}{(s^2 + 0.4378s + 0.1180)(s^2 + 0.1814s + 0.4166)}$$

$|H_a(j0)|$ 对应于 $s = 0$（$\Omega = 0$），让 $|H_a(j0)|$ 与上式的值相等，从而求得常数 $K_0 = 0.0438$。

$$H_a(s) = \frac{0.0438}{(s^2 + 0.4378s + 0.1180)(s^2 + 0.1814s + 0.4166)} \tag{10-57}$$

（4）求数字滤波器系统函数 $H(z)$。对 $H_a(s)$ 做双线性变换，$T = 1$ 时可得

$$H(z) = H_a(s)|_{s = \frac{2}{T} \cdot \frac{1 - z^{-1}}{1 + z^{-1}}}$$

$$= \frac{0.0018 + 0.0073z^{-1} + 0.0110z^{-2} + 0.0073z^{-3} + 0.0018z^{-4}}{1 - 3.0543z^{-1} + 3.8290z^{-2} - 2.2925z^{-3} + 0.5507z^{-4}}$$

$$= 0.0033 - \frac{0.0742 + 0.0277z^{-1}}{1 - 1.4996z^{-1} + 0.8482z^{-2}} + \frac{0.0727 + 0.0388z^{-1}}{1 - 1.5548z^{-1} + 0.6493z^{-2}} \tag{10-58}$$

$$H(z) = \frac{0.0018(1 + z^{-1})^4}{(1 - 1.4996z^{-1} + 0.8482z^{-2})(1 - 1.5548z^{-1} + 0.6493z^{-2})} \tag{10-59}$$

当 $z = e^{j\omega}$ 时，即得到数字滤波器的频率响应，如图 10-15 所示。

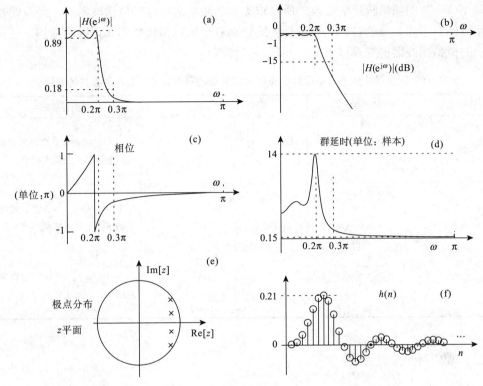

图 10 - 15　用双线性变换法设计出的四阶契比雪夫低通数字滤波器频率响应

(a) 幅度；(b) 对数幅度（dB）；(c) 相位；(d) 群延时；(e) 极点分布图；(f) 单位冲激响应

从上两例中可以看出，我们都是先从设计一个归一化原型模拟低通滤波器开始，然后进行模拟频带转换，将其变换为所要求类型的频率选择性模拟滤波器，即转换成截止频率为 Ω_c 的另一个模拟低通滤波器。关于高通、带通、带阻等数字滤波器的设计，利用表 10 - 4 所提供的关系式进行模拟频带转换，其变换为所要求类型的频率选择性模拟滤波器。最后再通过冲激响应不变法或双线性变换法映射为所需要类型的频率选择性数字滤波器，其步骤与上两例中的步骤基本相同。

表 10 - 4　模拟低通滤波器到其他频率选择性滤波器的转换

转换类型	原型 3 dB 通带截止频率 Ω_p	映射公式	转换后的通带截止频率
低通→低通	Ω_p	$s \rightarrow \dfrac{\Omega_p}{\Omega_p'} s$	Ω_p'
低通→高通	Ω_p	$s \rightarrow \dfrac{\Omega_p \Omega_p'}{s}$	Ω_p'
低通→带通	Ω_p	$s \rightarrow \dfrac{s^2 + \Omega_1 \Omega_2}{s(\Omega_2 - \Omega_1)} \Omega_p$	Ω_1、Ω_2 分别为带通的下、上通带截止频率
低通→带阻	Ω_p	$s \rightarrow \dfrac{s(\Omega_2 - \Omega_1)}{s^2 + \Omega_1 \Omega_2} \Omega_p$	Ω_1、Ω_2 分别为带阻的下、上通带截止频率

表 10-5 为用频带转换法变换成所要求类型的频率选择性模拟滤波器后，经双线性映射成相应的数字滤波器的各种变换设计公式，而且变换都是代数形式，因而适用于任何形式表示的模拟滤波器的变换（级联、并联、直接等）。

表 10-5　根据模拟低通原型设计各类数字滤波器的频率转换式及有关参量的表达式

数字滤波器类型	频率变换式	设计参量的表达式	频带参数
高通	$s=C_1\dfrac{1+z^{-1}}{1-z^{-1}}$ $\Omega=C_1\cot\dfrac{\omega}{2}$	$C_1=\Omega_c\tan\dfrac{\omega_c}{2}$	Ω_c、ω_c 分别为模拟高通原型和所设计数字低通的截止频率
带通	$s=D\dfrac{z^{-2}-Ez^{-1}+1}{1-z^{-2}}$ $\Omega=D\dfrac{\cos\omega_0-\cos\omega}{\sin\omega}$	$D=\Omega_c\cot\dfrac{\omega_2-\omega_1}{2}$ $E=2\dfrac{\cos\left[(\omega_2+\omega_1)/2\right]}{\cos\left[(\omega_2-\omega_1)/2\right]}=2\cos\omega_0$	Ω_c 同上，ω_1、ω_2 分别为数字带通的下、上截止频率
带阻	$s=D_1\dfrac{1-z^{-2}}{z^{-2}-E_1z^{-1}+1}$ $\Omega=D_1\dfrac{\sin\omega}{\cos\omega-\cos\omega_0}$	$D_1=\Omega_c\tan\dfrac{\omega_2-\omega_1}{2}$ $E_1=2\dfrac{\cos\left[(\omega_2+\omega_1)/2\right]}{\cos\left[(\omega_2-\omega_1)/2\right]}=2\cos\omega_0$	Ω_c 同上，ω_1、ω_2 分别为数字带阻的下、上截止频率

二、数字带通滤波器

【例 10-6】　设计一个采样频率为 $f_s=1\ \text{kHz}$ 的数字带通滤波器，其技术指标：通带范围 200 Hz 到 280 Hz，在此两频率处衰减要求不大于 3 dB，在 100 Hz 和 400 Hz 频率处衰减不得小于 20 dB，采用巴特沃斯型滤波器。

解：先求出所需数字滤波器在数字域的各个临界频率，通带的上下边界频率为

$$\omega_1=2\arctan\left(\frac{\Omega_1 T}{2}\right)=2\arctan\left(\frac{\Omega_1}{2f_s}\right)=2\arctan\left(\frac{2\pi\times200}{2\times1000}\right)=0.3571\pi=1.1220$$

$$\omega_2=2\arctan\left(\frac{\Omega_2 T}{2}\right)=2\arctan\left(\frac{\Omega_2}{2f_s}\right)=2\arctan\left(\frac{2\pi\times280}{2\times1000}\right)=0.4593\pi=1.4429$$

阻带边界频率：当频率为 100 Hz 时，

$$\omega_{s_1}=2\arctan\left(\frac{\Omega_{s_1} T}{2}\right)=2\arctan\left(\frac{\Omega_{s_1}}{2f_s}\right)=2\arctan\left(\frac{2\pi\times100}{2\times1000}\right)=0.1938\pi=0.6088$$

当频率为 400 Hz 时，

$$\omega_{s_2}=2\arctan\left(\frac{\Omega_{s_2} T}{2}\right)=2\arctan\left(\frac{\Omega_{s_2}}{2f_s}\right)=2\arctan\left(\frac{2\pi\times400}{2\times1000}\right)=0.5721\pi=1.7973$$

由于映射时使用双线性变换，故在这里采用预畸变。

由 $D=\Omega_c\cot\dfrac{\omega_2-\omega_1}{2}$ 求得 D 为

$$D=\Omega_c\cot\frac{\omega_2-\omega_1}{2}=\Omega_c\cot\frac{0.4593\pi-0.3571\pi}{2}=\Omega_c\cot(0.1022\pi)$$

取 $\Omega_c = 1$ rad/s，则 $D = 6.1780$，由

$$E = 2\frac{\cos[(\omega_2 + \omega_1)/2]}{\cos[(\omega_2 - \omega_1)/2]} = 2\cos\omega_0$$

可求得 E 和 $\cos(\omega_0)$ 分别为

$$E = 2\frac{\cos[(0.56\pi + 0.4\pi)/2]}{\cos[(0.56\pi - 0.4\pi)/2]} = 0.5762, \quad \cos(\omega_0) = 0.2881$$

设 Ω_s 为满足数字带通滤波器要求的模拟低通原型的阻带起始频率，可按表 10-4 中带通滤波器的变换关系求得

$$-\Omega_{s_1} = D\frac{\cos\omega_0 - \cos\omega_{s_1}}{\sin\omega_{s_1}} = -5.7500$$

$$\Omega_{s_2} = D\frac{\cos\omega_0 - \cos\omega_{s_2}}{\sin\omega_{s_2}} = 3.2500$$

所以我们取 $\Omega_s = 3.2500$，由巴特沃斯型滤波器作为原型，求出

$$N \geqslant \frac{\lg[(10^{R_p/10} - 1)/(10^{A_s/10} - 1)]}{2\lg(\Omega_c/\Omega_s)} = \frac{\lg[(10^{3/10} - 1)/(10^{20/10} - 1)]}{2\lg(1/3.2500)} = 1.9513$$

选 $N = 2$，查表 10-3 可得二阶巴特沃斯滤波器的归一化原型系统函数为

$$H_{lp}(s) = \frac{1}{s^2 + 1.4142s + 1}$$

将关系式

$$s = D\frac{z^{-2} - Ez^{-1} + 1}{1 - z^{-2}}$$

代入上式，并将求出的 D、E 参量也代入，得

$$H(z) = H_{lp}(s)\big|_{s = D\frac{z^{-2} - Ez^{-1} + 1}{1 - z^{-2}}}$$

$$= (1 - z^{-2})^2/[(D^2 + \sqrt{2}D + 1) - (2D^2 E + \sqrt{2}DE)z^{-1} +$$

$$(D^2 E^2 + 2D^2 - 2)z^{-2} + (\sqrt{2}DE - 2ED^2)z^{-3} + (D^2 - \sqrt{2}D + 1)z^{-4}]$$

$$= 0.0461(1 - z^{-2})^2/[1 - 1.0232z^{-1} + 1.8162z^{-2} - 0.8130z^{-3} + 0.6352z^{-4}]$$

$$= 1.5742 \times \left[\frac{0.0747 + 9.9248z^{-1}}{1 - 0.3126z^{-1} + 0.7908z^{-2}} - \frac{0.6489 + 8.4638z^{-1}}{1 - 0.7106z^{-1} + 0.8033z^{-2}}\right]$$

$$= \frac{1 + 2z^{-1} + z^{-2}}{1 - 0.3126z^{-1} + 0.7908z^{-2}} \cdot \frac{1 - 2z^{-1} + z^{-2}}{1 - 0.7106z^{-1} + 0.8033z^{-2}}$$

上述设计的结果如图 10-16 所示。

　　不过，应注意：这里采用了归一化低通原型 $\Omega_c = 1$，这是因为对某一具体 Ω_c，设计滤波器时要用 s/Ω_c 代替归一化原型中的 s，则实际模拟滤波器的系统函数为

$$H'_{lp}(s) = \frac{1}{\dfrac{s^2}{\Omega_c^2} + \dfrac{s}{\Omega_c} + 1}$$

映射成数字滤波器

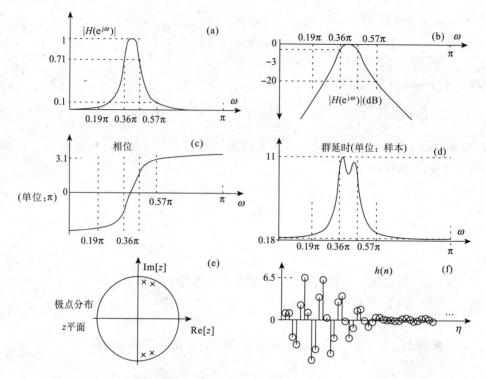

图 10-16　用双线性变换法设计出的四阶契比雪夫低通数字滤波器频率响应

(a) 幅度；(b) 对数幅度（dB）；(c) 相位；(d) 群延时；(e) 极点分布图；(f) 单位冲激响应

$$H(z) = H'_{lp}(s)\big|_{s=D\frac{z^{-1}-Ez^{-1}+1}{1-z^{-1}}=\Omega_c\cot\frac{\omega_1-\omega_c}{2}\cdot\frac{z^{-1}-Ez^{-1}+1}{1-z^{-1}}}$$

显然，$\dfrac{s}{\Omega_c}$ 中的 Ω_c 就和 D 中的 Ω_c 互相抵消，因此，只需用 $\Omega_c=1$ 的归一化原型 $H_{lp}(s)$ 设计即可。

限于篇幅，其他类型的滤波器的设计在这里不再赘述，读者可以查阅书后的参考书。

第八节　数字域频带转换法设计

我们先将模拟归一化低通滤波器映射成数字低通滤波器，然后再利用数字域频带转换法设计各种类型的数字滤波器。上面已经讨论过了模拟归一化低通滤波器原型映射成数字低通滤波器的办法，现在来讨论由给定的数字低通滤波器转换成各种类型数字滤波器的方法——**数字域频带转换**。

假设已给定数字滤波器的低通原型系统函数 $H_L(z)$，那么，同样可以通过一定的转换，设计出其他各种不同类型的数字滤波器系统函数 $H_d(Z)$，这种转换是将 $H_L(z)$ 的 z 平面映射为 $H_d(Z)$ 的 Z 平面，从 z 到 Z 的映射关系为

$$z^{-1} = G(Z^{-1}) \tag{10-60}$$

则有

$$H_{a}(Z) = H_{L}(z)\big|_{z^{-1}=G(Z^{-1})} \tag{10-61}$$

对转换函数 $G(Z^{-1})$ 的要求是：让一个因果稳定的数字低通有理系统函数 $H_{lp}(z)$ 变成的 $H_{d}(Z)$ 也必须是因果稳定的有理系统函数，所以

（1）频率响应要满足一定的转换要求，频率轴应能对应起来，也就是说 z 平面的单位圆必须映射到 Z 平面的单位圆；

（2）从因果稳定性角度来看，z 平面的单位圆内部必须映射到 Z 平面的单位圆内部；

（3）系统函数 $G(Z^{-1})$ 必须是 Z^{-1} 的有理函数。

设 θ 和 ω 分别为 z 平面与 Z 平面的数字频率变量，即 $z=\mathrm{e}^{j\theta}$，$Z=\mathrm{e}^{j\omega}$，根据式（10-60），可得

$$\mathrm{e}^{-j\theta} = G(\mathrm{e}^{-j\omega}) = \big|G(\mathrm{e}^{-j\omega})\big| \cdot \mathrm{e}^{\mathrm{jarg}[G(\mathrm{e}^{-j\omega})]} \tag{10-62}$$

这就要求

$$\big|G(\mathrm{e}^{-j\omega})\big| = 1 \tag{10-63a}$$

$$\theta = -\mathrm{jarg}[G(\mathrm{e}^{-j\omega})] \tag{10-63b}$$

式（10-63a）表明函数 $G(Z^{-1})$ 在单位圆上的幅度必须恒等于 1，这样的函数就是全通函数，任何全通函数都可以表示为

$$G(Z^{-1}) = \pm \prod_{i=1}^{N} \frac{z^{-1} - a_{i}^{*}}{1 - a_{i}z^{-1}} \tag{10-64}$$

其中 a_i 是 $G(Z^{-1})$ 的极点，可以是实数，也可以是共轭复数，但必须保证极点在单位圆内即 $|a_i| < 1$，以保证变换的稳定性不改变。$G(Z^{-1})$ 的所有零点都是其极点的共轭倒数 $1/a_i^*$，N 称为全通函数的阶数，可以证明，当 ω 由 0 变到 π 时，全通函数的相角 $\mathrm{arg}[G(\mathrm{e}^{-j\omega})]$ 的变化量为 $N\pi$。选择合适的 N 和 a_i，则可得到各类变换。有关变换公式见表 10-6。

表 10-6　由截止频率为 θ_c 的低通数字滤波器变换成各型数字滤波器

变换类型	变换公式	变换参数的公式
低通→低通	$z^{-1} \rightarrow \dfrac{z^{-1}-\alpha}{1-\alpha z^{-1}}$	$\alpha = \dfrac{\sin\dfrac{\theta_c-\omega_c}{2}}{\sin\dfrac{\theta_c+\omega_c}{2}}$，$\omega_c$ 为所要设计的截止频率
低通→高通	$z^{-1} \rightarrow -\dfrac{z^{-1}+\alpha}{1+\alpha z^{-1}}$	$\alpha = -\dfrac{\cos\dfrac{\theta_c+\omega_c}{2}}{\cos\dfrac{\theta_c-\omega_c}{2}}$，$\omega_c$ 同上
低通→带通	$z^{-1} \rightarrow -\dfrac{z^{-2}-\dfrac{2ak}{k+1}z^{-1}+\dfrac{k-1}{k+1}}{\dfrac{k-1}{k+1}z^{-2}-\dfrac{2ak}{k+1}z^{-1}+1}$	$\alpha = \dfrac{\cos\dfrac{\omega_2+\omega_1}{2}}{\cos\dfrac{\omega_2-\omega_1}{2}}$，$k=\cot\dfrac{\omega_2-\omega_1}{2}\tan\dfrac{\theta_c}{2}$ ω_1、ω_2 为所要设计的下、上截止频率
低通→带阻	$z^{-1} \rightarrow \dfrac{z^{-2}-\dfrac{2\alpha}{1+k}z^{-1}+\dfrac{1-k}{1+k}}{\dfrac{1-k}{1+k}z^{-2}-\dfrac{2\alpha}{1+k}z^{-1}+1}$	$\alpha = \dfrac{\cos\dfrac{\omega_2+\omega_1}{2}}{\cos\dfrac{\omega_2-\omega_1}{2}}$，$k=\tan\dfrac{\omega_2-\omega_1}{2}\tan\dfrac{\theta_c}{2}$ ω_1、ω_2 为所要设计的下、上截止频率

第九节　在数字域设计 IIR 数字滤波器

该设计法是在离散时域或离散频域内进行直接设计 IIR 数字滤波器的方法。在时域内有帕德（Pade）逼近法，在频域内有幅度平方函数法，以及在此法基础上的波形形成滤波器设计法等。频域与时域的最优化设计，也是一种直接设计法，有关这方面的内容可查阅书后的参考资料。

第十节　FIR 和 IIR 滤波器的比较

到此为止，我们已经探讨了设计 FIR 和 IIR 滤波器的许多方法。在实际工作中，人们往往首先想知道在什么样应用条件下，该选用什么样滤波器（FIR 或 IIR），并用什么样方法去设计它。由于这些设计方法涉及的种类不同，并受到诸多因素的制约，所以要做出理想而全面的比较是困难的。下面只给出一般意义上的对比：

（1）在相同技术指标下，由于 IIR 滤波器存在着输出对输入的反馈，所以能用比 FIR 滤波器较少的阶数来实现，因此能减少存储单元、运算次数，较为经济。例如用频率采样法设计阻带衰减为 -20 dB 的 FIR 滤波器，其阶数要有 33 阶才能达到要求，而用双线性变换法设计则只需 $4 \sim 5$ 阶的契比雪夫 IIR 滤波器即可达到所要求的技术指标，所以 FIR 滤波器的阶数要高 $5 \sim 10$ 倍左右。而且在 IIR 滤波器中，从计算量的角度来看，椭圆形滤波器是乐于接受的，因为在同等指标条件下，它的阶数更低。

（2）FIR 滤波器可得到严格的线性相位，而 IIR 滤波器则不能做到这一点，IIR 滤波器选择性愈好，则相位的非线性愈严重。如果要想让 IIR 滤波器得到线性相位，又能满足幅度滤波的技术要求，那么，必须要用全通网络进行相位校正，而这又同样会大大增加滤波器的阶数。

（3）FIR 滤波器主要采用非递归结构，无论从理论上还是从实际有限精度的运算上来看，都是稳定的，而且有限精度运算误差也较小，通常采用线性相位直接型实现。由于 IIR 滤波器必须采用递归的结构，要求极点必须在 z 平面上单位圆内，才能稳定，在这种结构中，采用四舍五入的运算方式进行处理时，可能会引起寄生振荡。

（4）从设计角度来看，对于 IIR 滤波器，可以利用模拟滤波器设计中现成的闭合公式、数据和表格，计算工作量较小，对计算工具要求不高。而 FIR 滤波器则一般没有现成设计公式，窗函数法只给出窗函数的计算公式，但计算通带、阻带衰减仍无显示表达式。一般来说，FIR 滤波器设计要用计算机来完成。

（5）IIR 滤波器主要用于规格化的、频率特性为分段常数的标准低通、高通、带通、带阻、全通等频率选择性滤波器的设计，而 FIR 滤波器的设计则要灵活得多，例如频率采样设计法，可适应各种幅度特性及相位特性的要求，因而 FIR 滤波器可以设计出理想正交变换器、理想微分器、线性调频器等各种网络，适应性较广。

（6）由于 FIR 滤波器的冲激响应是有限长的，因而可以用快速傅氏变换算法，大大提高运算速度，而 IIR 滤波器则不能进行这样的运算。

从以上比较看出，IIR 与 FIR 滤波器各有特点，所以，可根据实际应用的要求，从多方面考虑来加以选择。MATLAB 中提供了大量的库函数用于实现 IIR 与 FIR 滤波器的设计。

习题与思考题

习题 10-1　巴特沃斯模拟滤波器的阶数 N 增加时，在 3 dB 截止频率 Ω_c 处 $|H_a(j\Omega)|^2$ 的斜率也增加。试推导出 $|H_a(j\Omega)|^2$ 在 Ω_c 的斜率与滤波器的阶数 N 之间的函数表达式。

习题 10-2　设计一个巴特沃斯模拟滤波器，3 dB 截止频率为 150 Hz，在 300 Hz 处的衰减为 40 dB。

习题 10-3　若 $H_a(s)$ 是一个三阶契比雪夫 I 型低通滤波器，截止频率 $\Omega_p = 1$，$\varepsilon = 0.1$，求 $H_a(s)\,H_a(-s)$。

习题 10-4　设 $H_a(s)$ 是一个全极点型滤波器，在有限 s 平面没有零点，那么，如果用双线性变换将

$$H_a(s) = \prod_{k=0}^{N-1} \frac{K_0}{s - s_k}$$

映射成数字滤波器，$H(z)$ 是全极点滤波器吗？

习题 10-5　用冲激响应不变法将模拟滤波器 $H_a(s) = (s+a)/[(s+a)^2 + b^2]$ 映射成数字滤波器，采样周期为 T。

习题 10-6　设计一低通数字滤波器，其通带为 $f = 0 \sim 40$ Hz，波纹为 $\leqslant 1$ dB，阻带为 $f_{st} = 50 \sim \infty$ Hz，衰减为 $\geqslant 15$ dB，采样率为 4 ms，利用巴特沃斯原型低通模拟滤波器，并用双线性变换映射成低通数字滤波器。

习题 10-7　根据习题 9-6 的技术指标设计一低通数字滤波器，利用契比雪夫 I 型设计原型，并用双线性变换映射成低通数字滤波器。

思考题 10-8　在冲激响应不变法中，当滤波器的指标用数字域频率 ω 给定时，为什么说用减小采样间隔 T 的方法不能解决混叠问题？怎样才能有效解决混叠问题？

第十一章 多采样率信号处理

第一节 引 言

在前述各章中，我们讨论的离散时间系统都是假设在一个固定的单采样率 f_s 下工作的，即系统中所有信号的采样率是相同的。这时，输入连续信号经过一模数转换器（A/D）变换成数字信号，然后以数字处理方式对该信号做各种处理，如果需要还可再由数模转换器（D/A）变换为连续信号（如第四章所述）。采样率是信号处理要考虑的基本参数，通常它决定了信号处理的效率、精度以及方便与否。近年来，在信号处理应用中要求一种处理算法在不同的部分用不同的采样率（如语音信号子带编码、小波变换、大地电磁数据采集等应用），这样处理起来更为有效和方便，因此，需要在系统中变换信号的采样率。将信号的采样率从 $f_s=1/T$ 换到 $f_s'=1/T'$ 的过程称为**采样率变换**，我们在第二章中讲过的减采样或增采样就是采样率变换。

采样率变换可以用模拟方法实现，当需要做采样率变换时，将该数字信号由 D/A 变换为模拟信号，再以新的采样率 f_s' 对信号重新采样。但是，由于重新采样会增加加性噪声，这种方法会使不理想采样器增加信号失真，而且还会因所用的滤波器频率特性不理想而增加频率失真。另一种改变采样率的方法是数字方法，它完全是对数字信号进行采样率变换，中间不经过 A/D 或 D/A 变换，因此不会增加失真和噪声，理论上可以得到无失真的采样率变换。在数字采样率变换方法中，若 $f_s'>f_s$，称为**内插**或**增采样**；若 $f_s'<f_s$，称为**抽取**或**减采样**，统称为多采样率信号处理。从数字信号处理的观点看，无论增采样还是减采样都可以用线性滤波来表示，因此采样率变换涉及数字网络的结构和设计问题。本章首先介绍减采样和增采样的基本数字表示和性质，然后讨论多采样率变换系统中滤波器的设计，最后讨论多级采样率实现问题。希望读者能掌握多采样率信号处理的概念、工作原理，学会多级采样率信号处理实现的设计方法。

第二节 多采样率信号处理系统的基本单元

一、减采样和增采样信号的时域表示

离散序列的减采样（抽取）和增采样（内插）是多采样率信号处理系统中的基本处理（见第二章），减采样处理将降低信号的采样率，增采样处理将提高信号的采样率。离散序列 $x(n)$ 的 M 倍减采样（抽取）定义为

$$x_D(n) = x(Mn), \quad n \text{ 为整数} \tag{11-1}$$

其中 M 为正整数。减采样处理的框图如图 11-1 所示。

$M=5$ 的减采样过程如图 11-2 所示。由图可知，在减采样处理以后，原序列中 $n=5k$ 处的样本将保留，而其他的样本将会丢弃。即离散序列的减采样表示每隔 $(M-1)$ 点采集到原序列中一个样点。减采样以后，$x_D(n)$ 序列的采样率是原序列的 $1/M$。如果序列 $x(n)$ 采样间隔为 T，则 M 倍减采样以后，序列 $x_D(n)$ 的采样间隔为 MT。故图 11-2 中，减采样以后，$x_D(n)$ 序列的间隔是原序列的五倍。

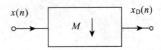

图 11-1　M 倍减采样处理框图

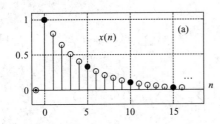
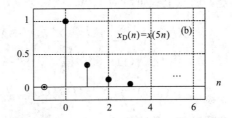

图 11-2　离散序列的减采样

离散序列的 L 倍增采样定义为

$$x_I(n) = x(n/M), \quad n = 0, \pm 1L, \pm 2L, \pm 3L \cdots \tag{11-2}$$

L 为正整数。增采样处理的框图如图 11-3 所示。五倍的增采样处理如图 11-4 所示。由图可知，增采样后，原序列 $x(n)$ 的所有样本都保留在序列 $x_I(n)$ 中，即增采样处理不丢失信息。离散序列的增采样处理在原序列每两个样本点之间插入 $(L-1)$ 个零值样本点。增采样后，序列 $x_I(n)$ 的采样率是原序列的 L 倍。如果序列 $x(n)$ 的采样间隔为 T，则 L 倍增采样后，序列 $x_I(n)$ 的采样间隔为 T/L。

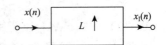

图 11-3　5 倍增采样处理的框图

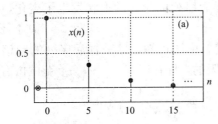
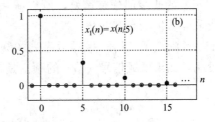

图 11-4　离散序列的增采样

二、减采样和增采样信号的变换域表示

周期为 M 的单位脉冲序列 $\tilde{\delta}_M(n)$ 为

$$\tilde{\delta}_M(n) = \sum_{r=-\infty}^{\infty} \delta(n-rM) = \begin{cases} 1, & n = rM, r \text{ 为任意整数} \\ 0, & \text{其他} \end{cases} \tag{11-3}$$

若用傅氏级数展开，则其系数为 1（详见第六章中的【例 6-1】），故 $\tilde{\delta}_M(n)$ 可以表示为

$$\tilde{\delta}_M(n) = \frac{1}{M}\sum_{k=0}^{M-1} W_M^{nk} = \frac{1}{M}\sum_{k=0}^{M-1} e^{j\frac{2\pi}{M}nk} \tag{11-4}$$

由 $\mathscr{Z}$ 变换定义知，M 倍减采样以后，序列 $x_D(n)$ 的 $\mathscr{Z}$ 变换 $X_D(z)$ 可表示为

$$X_D(z) = \sum_{n=-\infty}^{\infty} x_D(n)z^{-n} = \sum_{n=-\infty}^{\infty} x(Mn)z^{-n} = \sum_{\substack{l=-\infty \\ l\text{是}M\text{的整数倍}}}^{\infty} x(l)z^{-l/M}$$

由于周期为 M 的单位脉冲序列 $\tilde{\delta}_M(n)$ 只在 n 为 M 的整数倍时，其值为 1，n 为其他值时，其值为零，所以上式可写为

$$X_D(z) = \sum_{l=-\infty}^{\infty} x(l)\Big[\sum_{r=-\infty}^{\infty} \delta(l-rM)\Big]z^{-l/M} = \sum_{l=-\infty}^{\infty} x(l)\tilde{\delta}_M(l)z^{-l/M} \tag{11-5}$$

将式 (11-4) 代入式 (11-5)，得

$$X_D(z) = \sum_{l=-\infty}^{\infty} x(l)\tilde{\delta}_M(l)z^{-l/M} = \sum_{l=-\infty}^{\infty} \frac{1}{M}\sum_{k=0}^{M-1} x(l)(z^{\frac{1}{M}}W_M^k)^{-l}$$

交换其求和顺序，便可得

$$X_D(z) = \frac{1}{M}\sum_{k=0}^{M-1} X(z^{\frac{1}{M}}W_M^k) \tag{11-6}$$

将 $z = e^{j\omega}$ 代入式 (11-6) 即可得 M 倍减采样后序列 $x_D(n)$ 的频谱为

$$X_D(e^{j\omega}) = \frac{1}{M}\sum_{k=0}^{M-1} X(e^{j\frac{\omega-2\pi k}{M}}) \tag{11-7}$$

由式 (11-7) 可知，M 倍减采样以后，序列 $x_D(n)$ 的频谱可由下列步骤获得：

(1) 将 $X(e^{j\omega})$ 扩展 M 倍得 $X(e^{j\omega/M})$，注意 $X(e^{j\omega/M})$ 的周期为 $2\pi M$；

(2) 将 $X(e^{j\omega/M})$ 右移 2π 的整数倍 $(2\pi k)$ 得 $\{X[e^{j(\omega-2\pi k)/M}]; k=0, 1, \cdots, M-1\}$；

(3) 将 (2) 中的 M 个周期为 $2\pi M$ 的函数相加并乘以因子 $1/M$，即可得到周期为 2π 的 M 倍减采样后序列的频谱 $X_D(e^{j\omega})$。

图 11-5 画出了二倍减采样后序列的频谱。由图 11-5 可知，由于 $X(e^{j\omega/2})$ 与 $X[e^{j(\omega-2\pi k)/2}]$ 的非零部分有重叠，所以减采样后序列的频谱的形状发生了变化，称这个现象为减采样产生的频谱混叠。

图 11-6 画出了三倍减采样后序列的频谱。由图可知，减采样后序列的频谱没有混叠。一般地，如果低频信号 $x(n)$ 的频谱是带限的，即在区间 $[-\pi, \pi]$ 范围内有

$$X(e^{j\omega}) = 0, \quad |\omega| > \frac{\pi}{M} \tag{11-8}$$

则 M 倍减采样后信号的频谱不会发生混叠。式 (11-8) 称为序列减采样不混叠的奈奎斯特条件，即奈奎斯特频率为 π/M（数字频率）。

由增采样的定义，可得 L 倍增采样序列 $x_I(n)$ 的 $\mathscr{Z}$ 变换 $X_I(z)$ 为

$$X_I(z) = \sum_{n=-\infty}^{\infty} x_I(n)z^{-n} = \sum_{\substack{n=-\infty \\ n\text{是}L\text{的整数倍}}}^{\infty} x(n/L)z^{-n} = \sum_{m=-\infty}^{\infty} x(m)z^{-mL} = X(z^L) \tag{11-9}$$

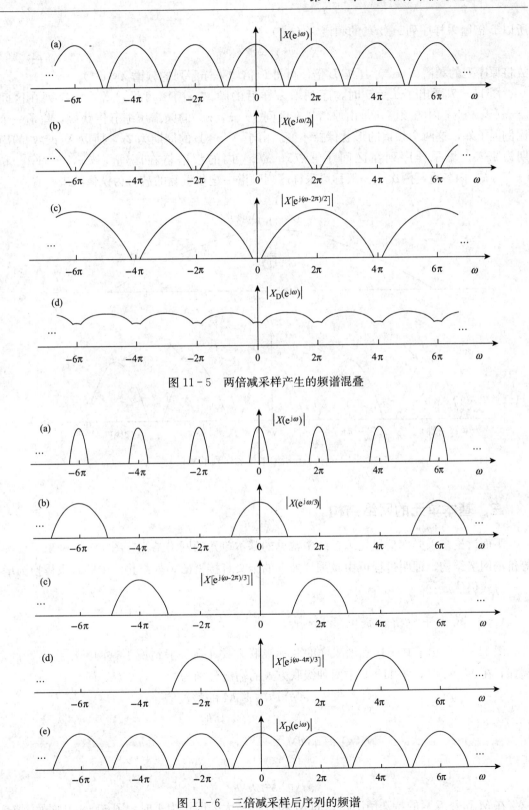

图 11-5 两倍减采样产生的频谱混叠

图 11-6 三倍减采样后序列的频谱

所以 L 倍增采样序列 $x_I(n)$ 的频谱 $X_I(e^{j\omega})$ 为

$$X_I(e^{j\omega}) = X(e^{j\omega L}) \qquad (11-10)$$

故将原序列的频谱 $X(e^{j\omega})$ 压缩 L 倍便可得 L 倍增采样序列的频谱 $X_I(e^{j\omega})$。

图 11-7 画出了 $L=5$ 时，序列增采样后的频谱。由图可见，增采样序列在区间 $[-\pi/5, \pi/5]$ 内的频谱，是由原信号在区间 $[-\pi, \pi]$ 的频谱压缩五倍获得，除了一个比例因子外，这两个频谱的形状保持不变。由于 $X(e^{j\omega})$ 的周期为 2π，所以 $X(e^{j5\omega})$ 的周期为 $2\pi/5$。增采样序列在区间 $[-\pi/5, \pi/5]$ 内的频谱将在区间 $[-\pi, -\pi/5]$ 和 $[\pi/5, \pi]$ 内各重复两次。一般称增采样序列频谱中这些重复的波形为**镜像频谱**。

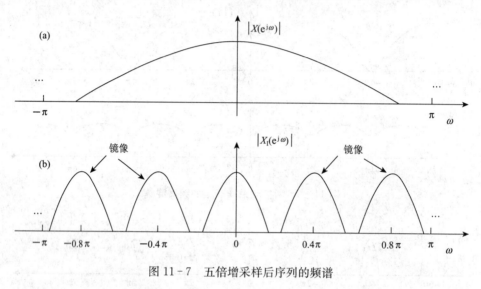

图 11-7　五倍增采样后序列的频谱

三、基本单元的网络结构

下面讨论多采样率信号处理系统中常见的基本单元的网络结构。图 11-8 画出了三种等价的网络结构，证明过程可由减采样处理的定义直接得出，如果将图中的减采样换为增采样等式仍然成立。

（一）减采样和增采样的级联

图 11-9 给出了减采样和增采样的两种级联方式，在一般情况下这两种结构不等价。例如，在 $M=L$ 时，图 11-9 中两种级联方式的输出分别为

$$y_1(n) = \begin{cases} x(n), & n \text{ 是 } M \text{ 的整数倍} \\ 0, & \text{其他} \end{cases}$$

$$y_2(n) = x(n)$$

所以

$$y_1(n) \neq y_2(n)$$

在 M 和 L 互素的特殊情况下，即 M 和 L 的最大公因子为 1 时，图 11-9 中的两种结

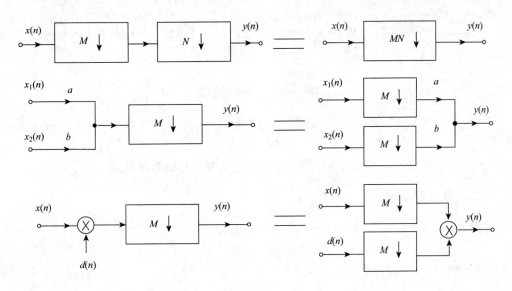

图 11-8　系统基本单元的网络结构等效性

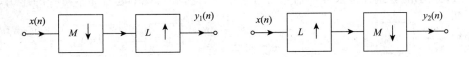

图 11-9　减采样和增采样的级联，当 M 和 L 互素时两种级联等价

构等价。由减采样和增采样的定义可得

$$y_1(n) = \begin{cases} x(nM/L), & nM \text{ 是 } L \text{ 的整数倍} \\ 0, & \text{其他} \end{cases} \tag{11-11}$$

$$y_2(n) = \begin{cases} x[(n/L)M], & n \text{ 是 } L \text{ 的整数倍} \\ 0, & \text{其他} \end{cases} \tag{11-12}$$

当 M 和 L 互素时，nM 能被 L 整除与 n 能被 L 整除等价。所以，在 M 和 L 互素的条件下，式（11-11）与式（11-12）相等。

（二）减采样等式

由式（11-6）可得图 11-10(a) 系统的输出为

$$Y(z) = H(z) \frac{1}{M} \sum_{k=0}^{M-1} X(z^{\frac{1}{M}} W_M^k) \tag{11-13}$$

图 11-10(b) 系统的输出为

$$Y(z) = \frac{1}{M} \sum_{k=0}^{M-1} X(z^{\frac{1}{M}} W_M^k) H\big[(z^{\frac{1}{M}} W_M^k)^M\big]$$

由于 $W_M^{Mk} = 1$，所以

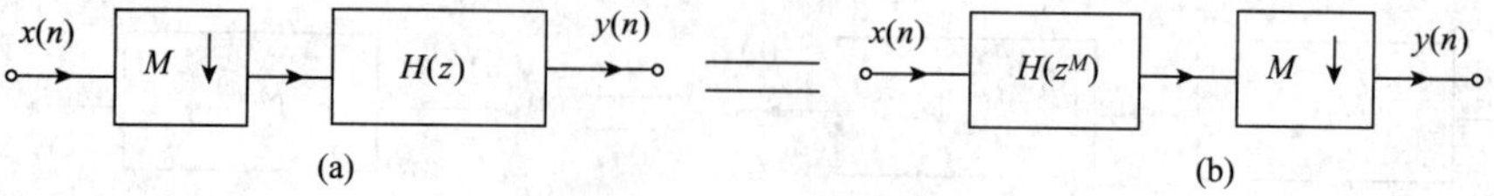

图 11-10　减采样等式

$$Y(z) = \frac{H(z)}{M} \sum_{k=0}^{M-1} X(z^{\frac{1}{M}} W_M^k) \qquad (11-14)$$

比较式（11-13）和式（11-14）可知，图 11-10 表示的减采样等式成立。

（三）增采样等式

由式（11-9）可得图 11-11(a) 系统的输出为

$$Y(z) = X(z)H(z)|_{z=z^L} = X(z^L)H(z^L) \qquad (11-15)$$

图 11-11(b) 系统的输出为

$$Y(z) = X(z^L)H(z^L) \qquad (11-16)$$

比较式（11-15）和式（11-16）可知，图 11-11 表示的增采样等式成立。图 11-10 和图 11-11 表示的等式在多采样率信号处理系统的分析和实现中起着非常重要的作用。

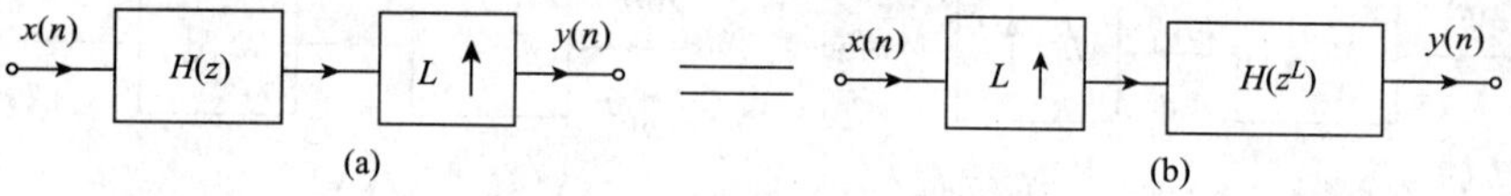

图 11-11　增采样等式

第三节　抽取滤波器和内插滤波器

一、抽取滤波器

由上节的讨论可知，在一般情况下减采样后的离散序列的频谱将会出现混叠。为了避免混叠，可在信号减采样前用低通滤波器对信号进行滤波，如图 11-12 所示，称该低通滤波器为**抽取滤波器**（**decimation filter**）。由图 11-6 可知，抽取滤波器可以是截止频率为 π/M 的理想低通滤波器。

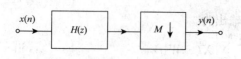

图 11-12　M 倍减采样滤波系统

该滤波器可滤除信号 $x(n)$ 在频率范围 $[-\pi/M, \pi/M]$ 以外的所有频率分量，使得减采样后的信号 $y(n)$ 能保留信号 $x(n)$ 在频率范围 $[-\pi/M, \pi/M]$ 上的频谱。

若信号 $x(n)$ 需保留的最高频率分量为 $\omega_m/M(\omega_m < \pi)$，即减采样后的信号在频率范围 $[0, \omega_m]$ 内无混叠，在频率范围 $[\omega_m, \pi]$ 允许存在混叠，则抽取滤波器 $H(z)$ 的幅

度响应可为

$$|H(\mathrm{e}^{\mathrm{j}\omega})| = \begin{cases} 1, & |\omega| < \dfrac{\omega_m}{M} \\[3mm] 0, & \dfrac{2\pi k - \omega_m}{M} \leqslant |\omega| \leqslant \dfrac{2\pi k + \omega_m}{M}, \ k = 1, \ 2, \ \cdots, \ M-1 \end{cases}$$

$$(11-17)$$

满足式 (11-17) 的 FIR 滤波器可用第九章介绍的方法进行设计。

M 倍减采样滤波系统输出信号的时域表达式可写为

$$y(n) = \sum_m x(m)h(Mn-m) \tag{11-18}$$

由上式可知，在计算 M 倍减采样滤波系统的输出时，只需计算抽取滤波器每 M 个输出中的一个样本。所以可以减少系统的计算量。如果系统 $h(n)$ 是长度为 N 的 FIR 滤波器，输入信号的采样频率为 f_s，则直接进行滤波时系统每秒所需的乘法次数 R 为

$$R = N \times f_s$$

M 倍抽取滤波器系统每秒的乘法次数 R_{dec} 为

$$R_{\mathrm{dec}} = N \times f_s/M$$

即系统每秒的乘法次数是直接滤波的 $1/M$。由于 IIR 滤波器在计算系统的输出时需要利用系统过去的输出值，所以这个结论对 IIR 滤波器不成立。

二、内插滤波器

信号的增采样不会引起频谱的混叠，但会产生镜像频谱，如图 11-7 所示。为了消除这些镜像频谱，可将增采样后的信号通过一个低通滤波器，如图 11-13 所示，称该低通滤波器为**内插滤波器**（**interpolation filter**）。由图 11-7 可知，内插滤波器可以是截止频率为 π/L 的理想低通滤波器。该滤波器可滤除信号 $x_1(n)$ 频谱中的镜像频谱，仅保留基带$[-\pi/L, \ \pi/L]$范围的频谱。

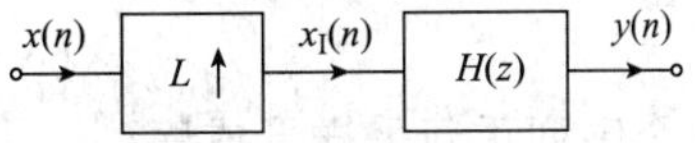

图 11-13　L 倍增采样滤波系统

若信号 $x(n)$ 的频谱是带限的，即 $x(n)$ 的频谱只在 $[-\omega_m, \ \omega_m]$（$\omega_m < \pi$）范围内有非零值，则镜像频谱将出现在 $(2\pi k - \omega_m)/L \leqslant |\omega_m| \leqslant (2\pi k + \omega_m)/L$；$k = 1, \ 2, \ \cdots$，$L-1$，所以内插滤波器的幅度响应可表示为

$$|H(\mathrm{e}^{\mathrm{j}\omega})| = \begin{cases} 1, & |\omega| < \dfrac{\omega_m}{L} \\[3mm] 0, & \dfrac{2\pi k - \omega_m}{L} \leqslant |\omega| \leqslant \dfrac{2\pi k + \omega_m}{L}, & k = 1, \ 2, \ \cdots, \ L-1 \end{cases}$$

$$(11-19)$$

L 倍增采样系统输出的时域表示可写为

$$y(n) = \sum_m x_1(m)h(n-m) = \sum_m x(m)h(n-Lm) \tag{11-20}$$

由于增采样系统的输入信号 $x_1(n)$ 中每 L 个样本中只有一个非零样本，所以增采样系统的计算量只有常规系统的 $1/L$。

三、有理数倍采样率转换

将离散序列的采样率改变 L/M 倍，可由 L 倍增采样系统与 M 倍减采样系统的级联构成的系统来完成，如图 11-14 所示。由于 $H(z)$ 是一个内插滤波器，所以其截止频率需小于 π/L。由图 11-14 可以看出，$H(z)$ 也是一个抽取滤波器，故其截止频率也需小于 π/M。因此 $H(z)$ 的幅度响应为

$$|H(e^{j\omega})| = \begin{cases} 1, & |\omega| \leqslant \min\left\{\dfrac{\pi}{L}, \dfrac{\pi}{M}\right\} \\ 0, & \text{其他} \end{cases} \quad (11-21)$$

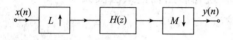

图 11-14 有理数倍采样率转换框图

【例 11-1】 假设 $x(n)$ 是对某一信号以采样频率 $f_s = 12$ kHz 采集而得，但实际上所期望的离散时间信号要求采样频率为 $f'_s = 16$ kHz 才能达到要求。因此，可以按照下列倍数来改变采样频率：

$$\frac{L}{M} = \frac{16}{12} = \frac{4}{3}$$

所以，我们先可以通过以系数 $L=4$ 增采样对 $x(n)$ 重新采样，然后用截止频率 $\omega_c = \pi/4$、增益为 4 的低通滤波器对增采样信号进行滤波，再以系数 $M=3$ 进行减采样滤波后来获得采样频率为 $f'_s = 16$ kHz 的离散时间信号。

【例 11-2】 假设一离散时间序列 $x(n)$ 是带限的信号，满足

$$X(e^{j\omega}) = 0, \quad 0.45\pi \leqslant |\omega| < \pi$$

对这个序列重新采样形成序列

$$y(n) = x(Mn)$$

其中 M 是整数。求 M 的最大值使得 $x(n)$ 可以唯一能从 $y(n)$ 恢复。

解：如下图 11-15 所示，用一个采样频率为 f_s 的理想 D/C 转换器把 $x(n)$ 转换为一连续时间信号，将产生一个带限为 $f_0 = 0.45 f_s/2$ 的连续时间信号 $x_a(t)$。所以，如果使用采样频率 $f'_s \geqslant 2f_0$，或

$$T' < \frac{T}{0.45} = 2.222222 \cdot T$$

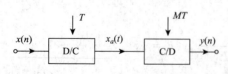

图 11-15 【例 11-2】示意图

进行采样时，则可以无混叠地对 $x_a(t)$ 进行采样，若取 $T'=2T$，则

$$y(n) = x_a(2nT) = x(2n)$$

这样 $x(n)$ 可以唯一地从 $y(n)$ 恢复，故 $M=2$。

【例 11-3】 已知图 11-14 系统中输入信号 $x(n)$ 的采样频率为 4 kHz，其频谱如图 11-16(a) 所示。试确定图 11-14 系统中的 L、M 和 $H(z)$ 的幅度响应，使输出信号 $H(n)$ 的采样频率为 5 kHz。

解：由于 5 kHz/4 kHz=5/4，所以可取 $L=5$，$M=4$。对信号 $x(n)$ 进行 5 倍增采样后的频谱如图 11-16(b) 所示。由图 11-16(b) 可以看出系统 $H(z)$ 的幅度响应为

$$|H(\mathrm{e}^{\mathrm{j}\omega})| = \begin{cases} 1, & |\omega| \leqslant 0.16\pi \\ 0, & 0.24\pi \leqslant |\omega| \leqslant 0.56\pi, 0.64\pi \leqslant |\omega| \leqslant 0.96\pi \end{cases}$$

图 11-16(c) 画出了系统输出信号的频谱。

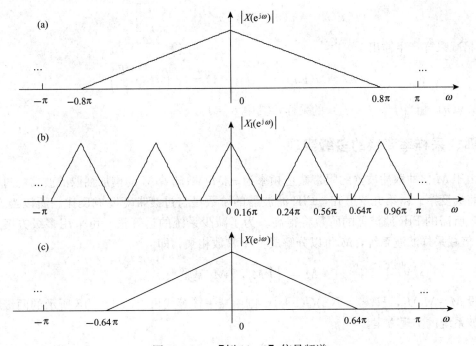

图 11-16　【例 11-3】信号频谱

(a) 输入信号频谱；(b) 增采样后信号频谱；(c) 输出信号频谱

【例 11-4】　若有如下系统假设对于 $|f| > 1/T$，$X_\mathrm{a}(\mathrm{j}2\pi f)=0$，并且

$$H(\mathrm{e}^{\mathrm{j}\omega}) = \begin{cases} \mathrm{e}^{-\mathrm{j}\omega}, & |\omega| \leqslant \dfrac{\pi}{L} \\ 0, & \dfrac{\pi}{L} < |\omega| \leqslant \pi \end{cases}$$

离散时间系统的输出 $y(n)$ 与输入信号 $x_\mathrm{a}(t)$ 的关系是什么？见图 11-17 所示。

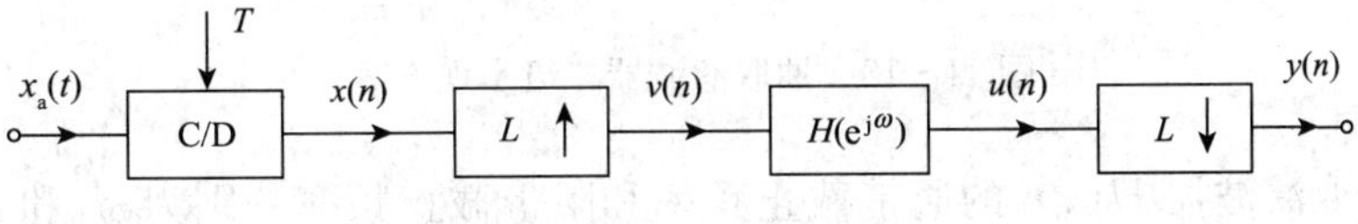

$$x_\mathrm{a}(t) \longrightarrow \boxed{\text{C/D}} \xrightarrow{x(n)} \boxed{L\ \uparrow} \xrightarrow{v(n)} \boxed{H(\mathrm{e}^{\mathrm{j}\omega})} \xrightarrow{u(n)} \boxed{L\ \downarrow} \xrightarrow{y(n)}$$

图 11-17　【例 11-4】示意图

解：在该系统中，对带限信号 $x_\mathrm{a}(t)$ 进行无混叠采样，产生采样信号 $x(n)=x_\mathrm{a}(nT)$。以 L 倍增采样 $x(n)$，然后用截止频率 $\omega_\mathrm{c}=\pi/L$ 的低通滤波器滤波产生信号

$$v(n) = x_\text{a}\left(\frac{nT}{L}\right)$$

$v(n)$ 就是以 Lf_s 采样频率采样得到的信号。然而，由于低通滤波器有 1 个采样的群延时 [因 $H(\text{e}^{\text{j}\omega}) = \text{e}^{-\text{j}\omega}$，$|\omega| \leqslant \pi/L$，线性相位]，所以增采样信号的时延为 1。因此，低通滤波器的输出

$$u(n) = v(n-1) = x_\text{a}\left[(n-1)\frac{T}{L}\right]$$

以 L 倍减采样产生输出

$$y(n) = u(Ln) = v(Ln-1) = x_\text{a}\left(nT - \frac{T}{L}\right)$$

所以，$y(n)$ 相当于 $x_\text{a}(t-t_0)$ 的采样，其中 $t_0 = T/L$。

四、采样率变换的多级实现

由于 M 倍抽取滤波器的阻带截止频率为 π/M，故随着 M 的增加抽取滤波器的过渡带宽度将会变窄。由第九章可知，FIR 滤波器的阶数是与过渡带宽度成反比。所以当 M 较大时，所需的 FIR 滤波器的阶数将很高。为了减少系统的运算量，可采用多级方案来实现 M 倍减采样滤波系统，M 可以分解成 J 个整数相乘，即

$$M = \prod_{j=1}^{J} M_j, \quad M_j \text{ 是整数} \tag{11-22}$$

设 $M = M_1 M_2$，$H(z) = I(z)G(z^{M_1})$，则由减采样等式可得图 11-18 所示的两级减采样滤波系统的实现方案。

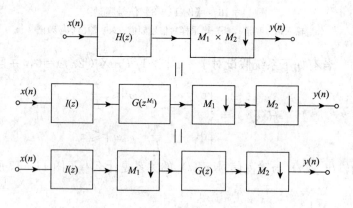

图 11-18 抽取滤波器二级实现方案

若要求抽取滤波器 $H(z)$ 的通带截止频率和阻带截止频率分别为 ω_p 和 ω_s（$\omega_\text{p} < \omega_\text{s}$，$\omega_\text{s} = \pi/M$），如图 11-19(a) 所示，则可设 $G(z)$ 的通带截止频率和阻带截止频率分别为 $M_1 \omega_\text{p}$ 和 $M_1 \omega_\text{s}$，即 $G(z)$ 的过渡带宽度是 $H(z)$ 的 M_1 倍，如图 11-19(b) 所示。由图 11-19(c) 可知，为使 $I(z)G(z^{M_1})$ 满足 $H(z)$ 的指标，$I(z)$ 的通带截止频率和阻带截止频率可取为 ω_p 和（$2\pi/M_1 - \omega_\text{s}$），如图 11-19(d) 所示。

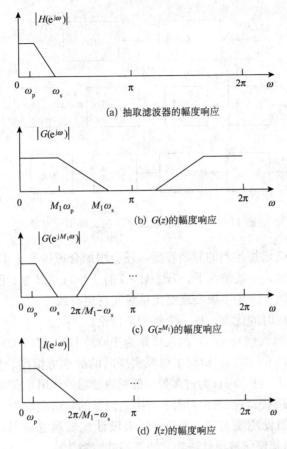

图 11-19 抽取滤波器二级实现中各滤波器的幅度响应

设 $H(z)$ 在通带和阻带的波动分别为 δ_p 和 δ_s，为使 $I(z)$ 和 $G(z^{M_1})$ 的级联在通带满足波动指标，$I(z)$ 和 $G(z)$ 在通带的波动可取为 $\delta_{pG}=\delta_{pI}=\delta_p/2$。为使 $I(z)$ 和 $G(z^{M_1})$ 的级联在阻带满足波动指标，$I(z)$ 和 $G(z)$ 在阻带的波动可取为 $\delta_{sG}=\delta_{sI}=\delta_s$。

多级实现方案也可用于 L 倍增采样滤波系统，同样 L 可以分解成 K 个整数相乘，即

$$L=\prod_{k=1}^{K}L_k, \quad L_k \text{ 是整数}$$

设 $L=L_1L_2$，$H(z)=I(z)G(z^{L_1})$，则由增采样等式可得图 11-20 所示的 2 级增采样滤波系统的实现方案。

对以上讨论会产生这样的疑问：为什么要考虑这种多级结构呢？粗看起来，似乎这样会大大增加总的计算量（因为在每两级之间加入了滤波器），然而实际上却正好相反。多级实现的主要优点是：

(1) 大量减少了计算量；

(2) 减少了系统内的存储量；

(3) 简化了滤波器的设计；

(4) 降低了实现滤波器时的有限字长的影响，即降低了舍入噪声和系数灵敏度。

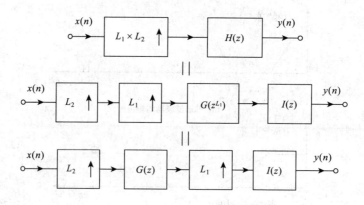

图 11-20 增采样滤波系统的二级实现方案

然而，这类结构会增加控制的复杂程度，还会增加合理选择 J（或 K）值及最佳因子 M_i（或 L_j）的困难程度，一般情况下，若①$M\gg1$ 且 $L=1$；②$L\gg1$ 且 $M=1$；或者③$M\gg1$，$L=1$ 且 $L/M\approx1$ 时，采用多级实现要比单级实现更有效。

为了说明多级实现时的优点，举一个例子来讨论。

【例 11-5】 设输入信号 $x(n)$ 的采样率为 10000 Hz，$M=100$，则输出信号 $y(n)$ 的采样率为 100 Hz。图 11-21(a) 给出了单级实现时的标准方框图。假设输入信号的通带为 0 到 45 Hz，从 45 Hz 到 50 Hz 为过渡带。低通滤波器的作用是在减采样后滤掉各混叠分量，可以看出，此低通滤波器的通带和阻带频率与信号的频谱应取为一致，如图 11-21(b) 所示。为方便起见，假设用凯塞窗（Kaiser）来设计此低通滤波器，并设阻带的衰减为 -60 dB。由第九章凯塞窗函数设计法知，滤波器的阶数为

$$N\approx\frac{A_{\mathrm{s}}-7.95}{2.286\Delta\omega}$$

式中 A_{s} 为阻带衰减（dB），而

$$\Delta\omega=2\pi\cdot\frac{\Delta f}{f_{\mathrm{s}}}=2\pi\frac{50-45}{10000}=10\pi\times10^{-4}$$

可以得出

$$N\approx\frac{60-7.95}{2.286\times10\pi\times10^{-4}}\approx7250$$

这样实现此滤波器所需的每秒乘法次数（MPS）为

$$R=\frac{N(f_{\mathrm{s}}/2)}{M}=\frac{7250\times10^4}{2\times100}=362500\ \text{MPS}$$

以上有关数字统计已假设利用了 $h(n)$ 具有对称性。

现在讨论用二级减采样来实现 $M=100$ 的采样率变换，第一级抽取因子为 50，第二级为 2，如图 11-21(c) 所示。先来考虑第一级低通滤波器，由于第一级的抽取因子为 50，减采样后的采样频率为 $(10000/50)=200$ Hz。如果低通滤波器的阻带频率为 100 Hz，则第一级输出频谱将不会发生混叠，但是由于还存在第二级减采样，还可以将低通滤波器的

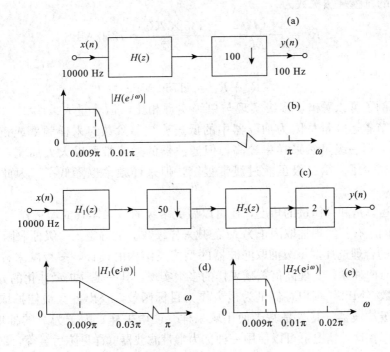

图 11-21　100 倍抽取器的单级（a）和两级（c）实现例子

指标放宽。如图 11-22 所示，我们可以让低通滤波器的阻带频率为 150 Hz，此时，50 Hz 到100 Hz 存在混叠，而这部分混叠的频谱可由第二级抽取器来抑制。实际上由于信号频谱范围为 0~50 Hz（其中 45~50 Hz 为过渡带），这部分混叠是很少的。当然如果低通滤波器的阻带频率再增加，则将影响信号的频谱。因此可得到低通滤波器的过渡带为 $150-45=$

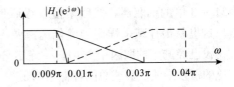

图 11-22　第一级低通滤波器的指标要求

105 Hz。对于低通滤波器的阻带衰减仍是 -60 dB，这样可以求得利用凯塞窗设计时的滤波器阶数大致为

$$N_1 \approx \frac{60-7.95}{2.286 \times (150-45) \times 2\pi \times 10^{-4}} \approx 345$$

第一级每秒所需的乘法次数为

$$R_1 = \frac{N_1(f_s/2)}{M_1} = \frac{345 \times 10^4}{2 \times 50} = 34500 \text{ MPS}$$

对于第二级抽取器，减采样后采样频率为 100 Hz，则可得第二个低通滤波器的指标应如图 11-21(d) 的右图所示，即过渡带为 $50-45=5$ Hz。第二个低通滤波器的阶数大致为

$$N_2 \approx \frac{(60-7.95) \times 200}{2.286 \times (50-45) \times 2\pi} \approx 145$$

第二级的每秒乘法次数为

$$R_2 = \frac{N_2(f_s/2)}{M_2} = \frac{145 \times 200}{2 \times 2} = 7250 \text{ MPS}$$

则

$$R_1 + R_2 = 41750 \text{ MPS}$$

从这个例子可以看出，多级实现与单级实现相比，运算量大致为 1∶8。多级实现之所以可以节省运算量是因为抽取器中的低通滤波器阶数与采样频率成正比，而与过渡带成反比。第一级虽然采样率较高，但滤波器的过渡带可以大大加宽，因此滤波器阶数就显著减少了。第二级虽然过渡带很窄，但采样频率也降低了，因此滤波器阶数也较低。

从减少运算量和存储量的角度，还可以做更多级的减采样（或增采样）。对多级减采样应考虑的问题有：实现抽取因子为 M 的减采样级数 J 的确定，每级抽取因子 $M_j(j=1,$ $2, \cdots, J)$ 的合理选择，每级抽取滤波器的型式及结构的设计，多级减采样总的性能评估等。通常有两种途径实现高倍数减采样的多级实现：其一是寻求最佳化的方法，即以每秒钟乘法次数（MPS）或以存储量为最少作为目标函数，找出各级最佳抽取因子，然后合理设计各级滤波器。其二是基于使用减采样（或增采样）因子为 2 的抽取（或内插）器，这是由于在这种情况下可以使用一种称为半带滤波器（详见陈后金等，2004）的 FIR 滤波器，这种滤波器的单位采样响应的样值近一半为零，因而可以节省乘法次数。例如实现抽取因子为 $M=48$ 的抽取器，可以做 $M=48=3\times2\times2\times2\times2$ 的减采样分解，先用一个 $M_1=3$ 倍的抽取器，然后紧接着级联四个 2 倍抽取器，以便充分利用半带滤波器的特点。这里就最佳减采样比的优化选择做一叙述。

设已经选定抽取因子为 M，并确定分解成 J 级实现，现要选择 $M_j(j=1, 2, \cdots, J)$，使总的每秒乘法次数或总的存储量为最少。

设信号的采样频率为 f_s，f_{sj} 为中间各级的采样率，则有

$$f_{sj} = \frac{f_{s,j-1}}{M_j}, \quad j=1, 2, \cdots, J$$

且末级采样率满足

$$f_{sJ} = \frac{f_s}{M}$$

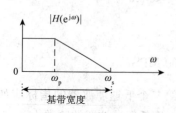

图 11-23 实现滤波器要求

对滤波器的要求如图 11-23 所示（注：$\omega_p = 2\pi f_p$，$\omega_s = 2\pi f_s$），即通带范围为 $0 \leqslant f \leqslant f_p$，过渡带范围为 $f_p \leqslant f \leqslant f_s \leqslant f_{sJ}$。此外减采样后要保证基带宽度内信号没有混叠。

【例 11-6】 数字录音带（DAT）驱动器的采样频率为 48 kHz，而光盘（CD）播放机则是以 44.1 kHz 的采样频率工作。为了直接把声音从 CD 录制到 DAT，需要把采样频率从 44.1 kHz 转换为 48 kHz。为此，考虑图 11-24 完成这个采样率转换的系统，求 L 和 M 的最小可能值以及适当的滤波器完成这个转换。

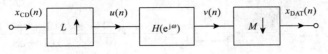

图 11 - 24　【例 11 - 6】示意图

解：已知 $48000 = 2^7 \cdot 3 \cdot 5^3$ 及 $44100 = 2^2 \cdot 3^2 \cdot 5^2 \cdot 7^2$，为改变采样率频率，需要

$$\frac{L}{M} = \frac{2^7 \cdot 3 \cdot 5^3}{2^2 \cdot 3^2 \cdot 5^2 \cdot 7^2} = \frac{160}{147}$$

所以，若以 $L = 160$ 倍增采样和以 $M = 147$ 倍减采样，即可得到所期望的采样率转换。所求得滤波器的截止频率为

$$\omega_{\mathrm{c}} = \min\left\{\frac{\pi}{L}, \frac{\pi}{M}\right\} = \frac{\pi}{160}$$

且滤波器的增益为 $L = 160$。

第四节　多相分解

一、多相分解表示

在多采样率信号处理系统的分析中，**多相分解**（polyphase decomposition）是一个非常有用的工具。多相分解不仅在多采样率信号处理系统的理论分析中起着重要作用，而且利用多相分解还可以更有效地实现多采样率信号处理系统的结构。

系统函数 $H(z)$ 的定义为

$$H(z) = \sum_{n=-\infty}^{\infty} h(n) z^{-n} \tag{11 - 23}$$

将上式的求和分为 n 为偶数和 n 为奇数，则有

$$H(z) = \sum_{m=-\infty}^{\infty} h(2m) z^{-2m} + z^{-1} \sum_{m=-\infty}^{\infty} h(2m+1) z^{-2m}$$

定义

$$E_0(z) = \sum_{m=-\infty}^{\infty} h(2m) z^{-m}, \quad E_1(z) = \sum_{m=-\infty}^{\infty} h(2m+1) z^{-m}$$

则 $H(z)$ 可以表示成

$$H(z) = E_0(z^2) + z^{-1} E_1(z^2) \tag{11 - 24}$$

我们称式（11 - 24）$H(z)$ 在 $M = 2$ 时的多相表示，$E_0(z)$ 为 $H(z)$ 的第 0 个多相分量，$E_1(z)$ 为 $H(z)$ 的第 1 个多相分量。式（11 - 24）的多相表示对 FIR 和 IIR 均成立。

【例 11 - 7】　已知一阶 IIR 的系统函数为

$$H(z) = \frac{1-c}{2} \cdot \frac{1+z^{-1}}{1-cz^{-1}}$$

试求其 $M = 2$ 的多相分量。

解：由于

$$H(z) = \frac{1-c}{2} \cdot \frac{1+z^{-1}}{1-cz^{-1}} = \frac{1-c}{2} \cdot \frac{(1+z^{-1})(1+cz^{-1})}{(1-cz^{-1})(1+cz^{-1})}$$

$$= \frac{1-c}{2} \cdot \frac{1+cz^{-2}+z^{-1}(1+c)}{1-c^2z^{-2}}$$

$$= \frac{1-c}{2} \cdot \frac{1+cz^{-2}}{1-c^2z^{-2}} + z^{-1}\frac{1-c^2}{2} \cdot \frac{1}{1-c^2z^{-2}}$$

所以系统的多相分量为

$$E_0(z) = \frac{1-c}{2} \cdot \frac{1+cz^{-1}}{1-c^2z^{-1}}, \quad E_1(z) = \frac{1-c^2}{2} \cdot \frac{1}{1-c^2z^{-1}}$$

【例 11-8】 试求六阶 I 型线性相位 FIR 系统 $M=2$ 的多相分量。

解：六阶线性相位 FIR 的系统函数为

$$H(z) = h(0) + h(1)z^{-1} + h(2)z^{-2} + h(3)z^{-3} + h(4)z^{-4} + h(5)z^{-5} + h(6)z^{-6}$$

$$= [h(0) + h(2)z^{-2} + h(4)z^{-4} + h(6)z^{-6}] + z^{-1} \cdot [h(1) + h(3)z^{-2} + h(5)z^{-4}]$$

所以

$$E_0(z) = h(0) + h(2)z^{-1} + h(4)z^{-2} + h(6)z^{-3}$$

$$E_1(z) = h(1) + h(3)z^{-1} + h(5)z^{-2}$$

由此可见，六阶线性相位 FIR 的系统函数的多相分量也是线性相位系统。

上述 $M=2$ 的多相分解可推广到 M 为正整数的一般情况。令 $k=mM+n$，$n=0$，1，2，$\cdots$，$M-1$，m 为整数，因此，式（11-23）可表示为

$$H(z) = \sum_{n=0}^{M-1} \sum_{m=-\infty}^{\infty} h(mM+n)z^{-(mM+n)} = \sum_{n=0}^{M-1} z^{-n} \sum_{m=-\infty}^{\infty} h(mM+n)z^{-mM} \quad (11-25)$$

定义 $H(z)$ 的第 n 个多相分量 $E_n(z)$ 为

$$E_n(z) = \sum_{m=-\infty}^{\infty} h(mM+n)z^{-m}, \quad n=0, 1, 2, \cdots, M-1 \quad (11-26)$$

则式（11-25）为

$$H(z) = \sum_{n=0}^{M-1} z^{-n} E_n(z^M) \quad (11-27)$$

称式（11-27）为 $H(z)$ 的 I 型多相分解。记 $R_n(z) = E_{M-1-n}(z)$，$n=0$，1，2，$\cdots$，$M-1$，则可得到多相分解的另一种形式为

$$H(z) = \sum_{n=0}^{M-1} z^{-(M-1-n)} R_n(z^M) \quad (11-28)$$

称式（11-28）为 $H(z)$ 的 II 型多相分解。

二、减采样和增采样滤波系统的多相结构

由多相分解可以推出减采样和增采样滤波系统多相结构。与直接型结构相比较，多相结构的效率更高。如果用 I 型多相分解表示图 11-12 的减采样滤波，则可以用图 11-25(a) 所示的结构实现抽取滤波系统。由图 11-10 表示的抽取等式，可得图 11-25(b) 结构为减采样滤波系统的多相结构。

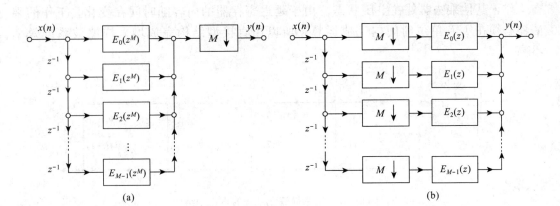

图 11-25　减采样滤波系统的直接型结构

设 $H(z)$ 为 FIR 系统 [$h(n)$ 的长度为 N]，输入信号的采样周期为 1 个单位时间。图 11-26 画出了减采样滤波系统的直接型结构。系统只需要计算 $k=\cdots,\ -2M,\ -M,\ 0,\ M,\ 2M\cdots$ 时的输出样本，每个输出样本需要 N 次乘法和（$N-1$）次加法，当时间从 kM 变化到（$kM+1$）时，延迟寄存器的内容将变化，所以必须在一个单位时间内完成 N 次乘法和（$N-1$）次加法。在接下来的（$M-1$）个周期，系统的运算单元处在空闲状态。

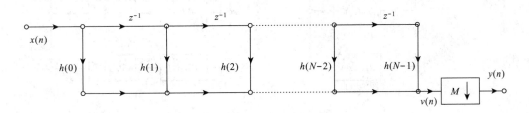

图 11-26　减采样滤波系统的直接型结构

下面分析图 11-25 所示的抽取滤波系统多相结构。设 N_n 表示多相分量 $E_n(z)$ 构成的 FIR 子系统的长度，则 $E_n(z)$ 需要 N_n 次乘法和（N_n-1）次加法。整个系统所需要的乘法次数为

$$\sum_{n=0}^{M-1} N_n = N$$

所需要的加法次数为

$$\sum_{n=0}^{M-1} (N_n - 1) + (M-1) = N-1$$

这与直接型结构所需要的计算量是相同的。由于 $E_n(z)$ 的工作频率是输入信号的 $1/M$，所以系统可在 M 个单位时间内完成与直接型相同的运算量。

在图 11-27 所示的增采样滤波系统直接型结构中，由于内插滤波器的输入信号中最多只有 $1/L$ 的样本值为非零，所以在任意时刻内插滤波器 $H(z)$ 只有 $1/L$ 的乘法器

在工作，其他乘法器处在空闲状态。由于延迟寄存器的内容随时间在变化，工作的乘法器必须在 $1/L$ 单位时间内完成运算，所以用直接型结构完成增采样滤波系统效率不高。

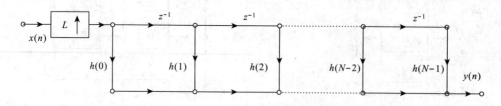

图 11-27　增采样滤波系统的直接型结构

如果用 II 型多相分解表示内插滤波器，则可以用图 11-28(a) 所示的结构实现增采样滤波系统。由图 11-11 表示的内插等式，可得图 11-28(a) 的等价结构，如图 11-28(b) 所示，称图 11-28(b) 的结构为增采样系统的多相结构。

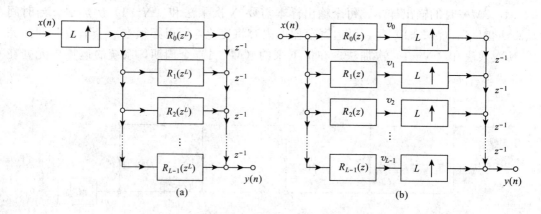

图 11-28　增采样滤波系统的多相结构

在图 11-28 所示的增采样滤波系统的多相结构中，$R_n(z)$ 的工作频率与输入信号相同，所以每个乘法器都有一个单位时间来完成运算。系统所需要的乘法次数为

$$\sum_{n=0}^{L-1} N_n = N$$

所需要的加法次数为

$$\sum_{n=0}^{L-1} (N_n - 1) = N - L$$

由于增采样滤波系统的输入可表示为

$$\cdots,\ v_{L-1}(0),\ v_{L-2}(0),\ v_{L-3}(0),\ \cdots,\ v_0(0),\ v_{L-1}(1),\ v_{L-2}(1),\ v_{L-3}(1),\ \cdots,$$
$$v_0(1),\ v_{L-1}(2),\ v_{L-2}(2),\ \cdots$$

在统计加法时，可以不考虑增采样滤波系统输出端的加法器。

第五节 多采样率信号处理应用举例

多采样率技术在信号处理领域中已得到广泛应用，例如：利用对信号采样率变换可实现一个信道中的多路通信，可实现图像处理、语音处理的数据压缩及分频带编码等，能极大地提高传输效率。利用多采样率实现滤波器组对信号的重建、语音保密系统都有良好的应用效果。此外，多采样率技术还适用于信号的时频表示，如短时傅氏变换、小波变换等。下面举例来说明多采样率处理技术的应用情况。

【例 11 - 9】 多采样率在窄带滤波器设计中的应用。

利用多采样率技术，易于实现窄带滤波器，而且极大地减少运算量。这里以 FIR 低通滤波器为例加以说明。利用 M 倍的减采样和 M 倍的增采样组合成如图 11 - 29(a) 所示的系统，它可以等效成一个低通滤波器，其滤波特性取决于 $H_1(e^{j\omega})$ 和 $H_2(e^{j\omega})$ 的组合。

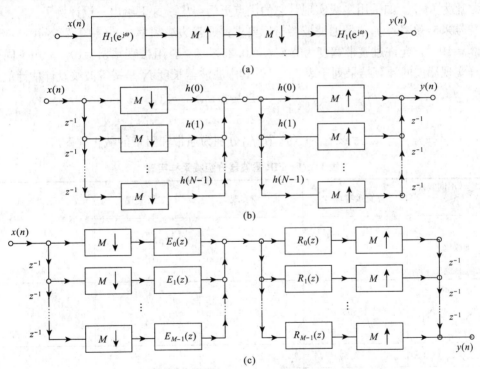

图 11 - 29 用多采样率设计窄带低通滤波器原理框图

(a) 实现低通滤波原理图；(b) FIR 低通数字滤波器的直接实现及其等效电路；
(c) FIR 滤波器的多相结构实现

由图 11 - 29(a) 得到系统的输入输出关系：

$$Y(e^{j\omega}) = H_2(e^{j\omega}) \left\{ \frac{1}{M} \sum_{k=0}^{M-1} X\left[e^{j(\omega - \frac{2\pi k}{M})}\right] H_1\left[e^{j(\omega - \frac{2\pi k}{M})}\right] \right\}$$

$$= \frac{1}{M}H_2(\mathrm{e}^{\mathrm{j}\omega})H_1(\mathrm{e}^{\mathrm{j}\omega})X(\mathrm{e}^{\mathrm{j}\omega}) + \frac{1}{M}H_2(\mathrm{e}^{\mathrm{j}\omega})\sum_{k=1}^{M-1}X\big[\mathrm{e}^{\mathrm{j}(\omega-\frac{2\pi k}{M})}\big]H_1\big[\mathrm{e}^{\mathrm{j}(\omega-\frac{2\pi k}{M})}\big]$$

$$(11-29)$$

如果设计的 $H_1(\mathrm{e}^{\mathrm{j}\omega})$ 没有混叠，而且 $H_2(\mathrm{e}^{\mathrm{j}\omega})$ 可以滤除镜像频率，则在基带内没有混叠成分，实现了对 $x(n)$ 的滤波作用。其等效滤波器的频率特性为

$$H_{\mathrm{eq}}(\mathrm{e}^{\mathrm{j}\omega}) = \frac{1}{M}H_2(\mathrm{e}^{\mathrm{j}\omega})H_1(\mathrm{e}^{\mathrm{j}\omega}) \tag{11-30}$$

这种实现的主要优点是卷积乘法安排在低采样率一侧进行［如图 11-29(b) 所示］，因而减少了乘法次数。设要求实现的 FIR 滤波器长度为 N，则用一般方法实现所需的乘法次数为

$$R_0 = f_{\mathrm{s}}N \tag{11-31}$$

其中：f_{s} 为信号的采样频率。用多相结构实现所需乘法次数为

$$R_1 = \frac{f_{\mathrm{s}}}{M}N + \frac{f_{\mathrm{s}}}{M}N = \frac{2f_{\mathrm{s}}}{M}N \tag{11-32}$$

两者之比为 $M/2$。如果用多级实现，它的优点更为突出。这里给出一设计例子。

信号采样频率为 f_{s}，低通滤波器指标要求：通带边缘频率 $f_{\mathrm{p}}/f_{\mathrm{s}}=4.75\times10^{-3}$，通带波纹 $\delta_{\mathrm{p}}=10^{-3}$，允许过渡带宽度为 $\Delta f/f_{\mathrm{s}}=0.25\times10^{-3}$，阻带衰减 $\delta_{\mathrm{s}}=10^{-4}$。用不同分级减采样实现滤波的计算结果列于表 11-1，其中滤波器长度 N 是按等波纹设计估计值式：

$$N = 1 + \frac{-20\lg\sqrt{\delta_1\delta_2}-13}{2.32(\omega_{\mathrm{s}}-\omega_{\mathrm{p}})}$$

其中：$\omega_{\mathrm{p}}=2\pi f_{\mathrm{p}}/f_{\mathrm{s}}$，$\omega_{\mathrm{s}}=2\pi f_{\mathrm{st}}/f_{\mathrm{s}}$（$f_{\mathrm{p}}$ 和 f_{st} 分别为通带和阻带的截止频率）。

表 11-1 FIR 滤波器分级减采样实现

不同实现 项目	直接实现	一级实现	二级实现	三级实现
抽取比		$M=100$	$M_1=50$ $M_2=2$	$M_1=10$ $M_2=5$ $M_3=2$
滤波器长度 N	15590	16466	423 347	50 44 356
每秒乘法次数（MPS）	$7759f_{\mathrm{s}}$	$165f_{\mathrm{s}}$	$11.9f_{\mathrm{s}}$	$9.4f_{\mathrm{s}}$
MPS 减少比例	1	1 : 47.2	1 : 655	1 : 829
滤波器系数存储量	7795	8233	385	226

从表中可以看出，对给定的滤波器指标用直接实现是难以达到的。随着减采样级数的增加，滤波器的长度明显缩短，这不仅减少了运算量和存储量，而且降低了系统的量化噪声。用多采样率实现窄带滤波主要的问题是控制比较复杂，信号经系统处理延时时间增加。如果用多相结构实现，如图 11-29(c) 所示，那么就无法利用线性相位 FIR 滤波器

结构上的特点，乘法次数和系统存储量都相应有所增加。

【**例 11 - 10**】　用多采样率实现窄带、高分辨力的信号频谱分析。

正如第六章中所述，如果只对某一中心频率附近的一段频谱感兴趣，那么用 DFT 计算时也必须计算出全部单位圆上的特性，然后截取所感兴趣的一段频谱，这种计算效率是很低的，用信号减采样方法就可以做局部的谱分析（通常称为 Zoom FFT）。

窄带高分辨力谱分析的工作原理如图 11 - 30 所示。信号经过复调制，把待分析的一段频谱（例如 ω_0 附近）搬移到零频附近，然后进行 M 倍减采样，这样在较少的点数下做谱分析，达到细化谱分析的目的。

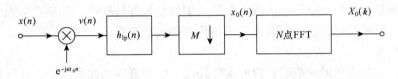

图 11 - 30　窄带、高分辨力谱分析原理框图

若只对 $X(\mathrm{e}^{\mathrm{j}\omega})$ 中的 ω_0 附近做谱分析，按图 11 - 30 所示的框图有

$$V(\mathrm{e}^{\mathrm{j}\omega}) = \mathrm{DTFT}[v(n)] = \mathrm{DTFT}[x(n)\mathrm{e}^{-\mathrm{j}\omega_0 n}] = X(\mathrm{e}^{\mathrm{j}(\omega+\omega_0)})$$

$$X_0(\mathrm{e}^{\mathrm{j}\omega}) = \mathrm{DTFT}[x_0(n)] = \frac{1}{M}\sum_{k=0}^{M-1} X(\mathrm{e}^{\mathrm{j}(\frac{\omega-2\pi k}{M}+\omega_0)}) H_{\mathrm{lp}}(\mathrm{e}^{\mathrm{j}\frac{\omega-2\pi k}{M}}) \quad (11-33)$$

如果低通滤波器 $H_{\mathrm{lp}}(\mathrm{e}^{\mathrm{j}\omega})$ 的截止频率为 $\omega_c \leqslant \pi/M$，经减采样后在分析的频带内不会产生混叠，则有

$$X_0(\mathrm{e}^{\mathrm{j}\omega}) = \frac{1}{M} X(\mathrm{e}^{\mathrm{j}(\frac{\omega}{M}+\omega_0)}) H_{\mathrm{lp}}(\mathrm{e}^{\mathrm{j}\frac{\omega}{M}})$$

经 N 点的 FFT 后有

$$X_0(k) = X_0(\mathrm{e}^{\mathrm{j}\omega})\big|_{\omega=\frac{2\pi}{N}k} = \frac{1}{M} X[\mathrm{e}^{\mathrm{j}(\frac{2\pi}{MN}k+\omega_0)}] H_{\mathrm{lp}}(\mathrm{e}^{\mathrm{j}\frac{2\pi}{MN}k}) \quad (11-34)$$

式 (11-34) 表明经减采样后，用 N 点的 FFT 换取 MN 点的 FFT 效果。例如 $x(n)$ 的采样频率 $f_s = 65536\ \mathrm{Hz} = 2^{16}\ \mathrm{Hz}$，被分析信号的频谱宽度可以到 $f_h = f_s/2 = 2^{15} = 32768\ \mathrm{Hz}$，为得到 1 Hz 的谱分析分辨力，要求 FFT 的点数是 $65536 = 2^{16}$。若用 $M = 256$ 的抽取因子，则只要做 $N = 2^8 = 256$ 点的 FFT 即可，此时被分析频谱的局部范围为 256 Hz，分析带宽为 0.78%。

由式 (11-34) 可以看出，这种细化 FFT 方法受到低通滤波器频率特性的影响，为消除这一影响，低通滤波器的滤波特性尽量接近理想的频率特性。另外随着减采样 M 的提高，滤波器的阶数也相应提高，运算量会有所增加，但是相对于直接用 FFT 计算所花费的计算量而言还是有明显的下降。

【**例 11 - 11**】　多采样率用于子带编码。

子带编码是指把信号分割成不同的频带分量，然后按某一准则合理地对不同频带内的信号分配不同的编码比特数，以便有效地压缩每秒编码的比特数，提高传输或储存的效率。例如对语音信号，基音和共振峰主要集中在低频端，因此可以对低频段子带信号用较多的比特数来表示它的样值，而对高频段子带信号分配较少的比特数，这样既提高编码效率，又能保证恢复时的语音质量，图11-31表示了子带编码的传输框图。

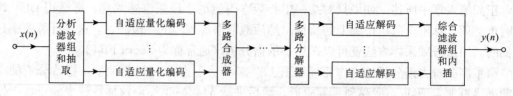

图11-31 子带编码原理框图

子带编码技术已广泛应用于语音、声频、图像信号等处理中，其缺点是滤波器组的延时造成编、解码延时比较长，因而多用于信号存储或允许有较长时间延时的数字声广播或电话传输系统中。

子带编码中对滤波器的矩形系数要求比较高。由于低通与高通在 $\pi/2$ 处混叠，造成信号重构时的失真，如果采用正交镜像滤波器组（quadrature mirror filter banks）（详见陈后金等，2004）就可以解决这一混叠的影响，这种情况对滤波器的设计要求可以降低，一般用FIR滤波器实现只要16至32阶即已满足要求。当需要分更多子带时，可以采用树状结构的多级正交镜像滤波器组。

习题与思考题

习题11-1 序列 $x(n)$ 是以采样频率10 kHz对一带限信号进行采样而得到。可是此序列本应该用采样频率 $f_s = 12$ kHz进行采样。试设计一系统来改变采样频率（数字系统）。

习题11-2 一带限为10 kHz的信号 $x_a(t)$，有如下的系统处理：

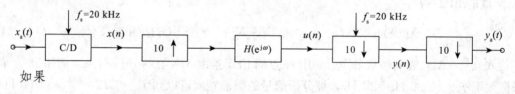

如果

$$H(e^{j\omega}) = \begin{cases} e^{-j4\omega}, & |\omega| \leqslant \dfrac{\pi}{10} \\ 0, & 其他 \end{cases}$$

试用输入 $x_a(t)$ 来表达输出 $y_a(t)$。

习题11-3 已知实信号 $x(n)$ 的频谱如图所示，试画出该信号的3倍减采样后的频谱。并讨论结果。

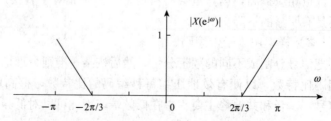

习题 11-4 试确定二阶 IIR 系统

$$H(z) = \frac{2+z^{-1}}{1+0.7z^{-1}+0.8z^{-2}}$$

$M=2$ 的多相分量 $E_0(z)$ 和 $E_1(z)$。

思考题 11-5 增采样和减采样滤波系统中的内插器和抽取器，是线性的吗？是移不变的吗？

第十二章 随机信号分析

第一节 引 言

我们前面所讨论的信号都是确定性信号。然而，在现实生活中，客观存在的信号大多是随机信号。例如，各种无线电系统及电子装置中的噪声与干扰，许多生物医学信号〔如心电图（ECG）〕、放射性物质的衰变、船舶航行时所受到的波浪冲击、地震勘探中的地震波以及语音信号等都是随机的，随机信号的例子很多。此外，确定信号在进行变换和传输过程或多或少也总要受到各种类型噪声的干扰，因此对系统的输入端来说，输入的信号基本上是随机的。所以，我们要研究随机信号，这无论从理论上还是从实际上讲都是非常重要的。随机信号和确定信号不同，随机信号具有随机性，它不能通过一个确切的数学公式来描述，也不能准确地给予预测，因而它的分析必须建立在概率统计的基础上，对随机信号一般只能在统计的意义上来研究。这就决定了其分析与处理的方法和确定性信号相比有着较大的差异。

本章首先介绍随机过程的基本概念及其统计特性，然后重点讨论平稳随机信号的性质及其两个重要的特征量：相关函数与功率谱，继而讨论平稳随机信号通过线性系统的分析方法。在本章的最后部分介绍一下确定性信号进行相关分析的内容。希望读者能掌握相关函数的概念，充分领会其物理意义，熟练掌握相关函数及功率谱的估计（计算）方法。

第二节 随机过程、随机信号及其描述

一、随机过程与随机信号的基本概念

在第二章信号分类中，我们已经知道随机信号是一种不确定性信号，即信号波形的变化不能用确切的数学公式来描述，因而无法准确地预测其未来值。如图 12-1 所示，其中图（a）表示幅度随时间随机变化的噪声电压波形；图（b）表示信号具有 0 和 1 两个状态的莫尔斯电码，但何时出现 0，何时出现 1 则是随机的。这些信号具有两个基本特点：第一，在所定义的观察区间是以时间 t 作为参变量的随机函数；第二，其随机性表现在信号的取值事前不可精确地预知，在重复观察时又不是或不能肯定是重复的出现。如通信机中由电子元器件所产生的热噪声电压就是随机信号，放射性核素衰变时所产生的射线与介质作用时所形成的光脉冲就是随机信号。图 12-2 表示用 N 台记录仪同时记录 N 台性能完全相同的接收机的输出噪声电压波形。显然，它们随时间的变化都是没有规律的，即使接

收机的类型是相同的，而且测试条件也是相同的，其输出波形还是不相同。甚至 N 足够大，也不可能找到两个完全相同的重复波形。由此可见，**随机信号**所发生的物理过程是一个随机过程，换句话说，随机过程所描述的信号是一个随机信号。它是一个时间函数集，通常认为具有无限长度和无限能量的功率信号。

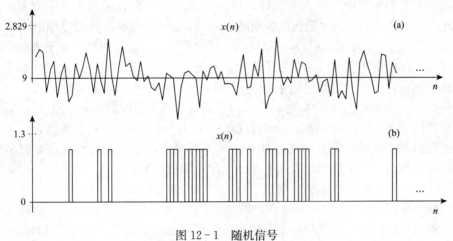

图 12-1 随机信号
（a）噪声电压；（b）莫尔斯电码

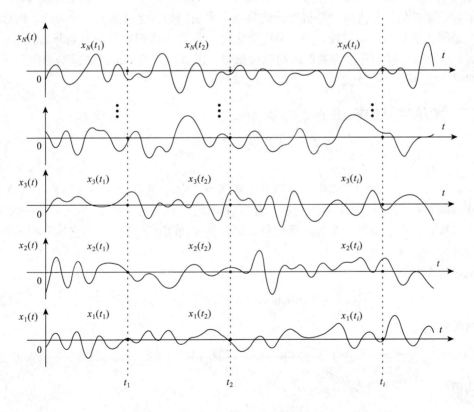

图 12-2 一个随机信号的样本集合

根据数理统计数学，图 12-2 全部可能观察到的波形记录称为"样本空间"或"集合"，用 S 表示，样本空间的每一个波形记录称为"样本函数"或"实现"。在这个随机过程中，我们用 $X(t, S)$ 表示所有可能的噪声波形集合，用 $x(t, s)$ 表示该集合中的单个波形 [注：本章随机变量和随机信号用大写斜体字母符号表示，如 X，Y 等，随机信号的一次实现用小写斜体字母符号表示，如 $x_i(t)$，$x(t, i)$]。但在实际中为了方便，常把变量 s 或 S 去掉而用 $X(t)$ 表示随机过程或随机信号，$x(t)$ 表示随机信号中的一个样本函数或实现。图中每一个样本 $x_1(t)$，$x_2(t)$，…，$x_N(t)$ 都是通过观测记录下来的，所以每一个具体波形都可以用一个确定函数来表示。可见随机信号的描述不能用一个确定信号来表示，而应该用许多个确定信号的集合 $[x_1(t)$，$x_2(t)$，…，$x_N(t)] = \{x_i(t)\}$（$i = 1$，2，3，…，N）来表征。当 $t = t_1$ 时，它们均有确切的数值但取值各不相同（见图 12-2），所以，随机信号在 $t = t_1$ 时的状态 $\{x_i(t)\}$（$i = 1$，2，…）是一个数值的集合，集合中的每个数值虽然是确定的，但是应该取什么值却不能确定，只能在观察次数足够多的情况下，可以确定集合中每个数值出现的概率。因此，随机信号在 $t = t_1$ 的状态 $\{x_i(t_1)\}$ [或记为 $X(t_1)$] 是表示在特定时刻 t_1 观察 $X(t)$ 各样本函数的取值，为一般意义下的随机变量，而 $X(t)$ 在 $t = t_i(i = 1$，2，…，$N)$ 的状态 $X(t_i) = \{x_i(t_i)\}$ 是一组随时间变化的随机变量，可以用随机变量的概率分布函数和概率密度函数来描述。由此可见，随机过程是随时间而变化的随机变量，而随机信号是随机过程所描述的信号，它具有函数的特点，所以利用概率函数来描述。随机信号与一般随机变量的差别在于随机变量反映某一时刻实现的取值，而随机信号是无数个随机变量的总体，实现的是所有可能波形的集合。所以，随机信号是随机变量的时间过程，当 t 连续变化时，称之为**连续时间随机信号**，用 $X(t)$ 表示；当 t 取离散值时，称之为**离散时间随机信号**，用 $X(n)$ 表示，其"样本函数"或"实现"用 $x_i(n)$ 或 $x(n, i)$ 表示。

二、随机信号的描述

（一）随机变量

由概率论可知，我们可以用一个随机变量 X 来描述自然界中的随机事件，若 X 的取值是连续的，则 X 为连续型随机变量，若 X 的取值是离散的，则 X 为离散型随机变量，如服从二项式分布、泊松分布的随机变量。对随机变量 X，我们一般用它的分布函数、概率密度及数字特征来描述。

概率分布函数：

$$P(x) = \text{Probability}(X \leqslant x) = \int_{-\infty}^{x} p(x) \mathrm{d}x \tag{12-1}$$

概率密度：

$$p(x) = \frac{\mathrm{d}}{\mathrm{d}x} P(x) \tag{12-2}$$

均值：

$$\mu = E\{X\} = \int_{-\infty}^{\infty} x p(x) \mathrm{d}x \tag{12-3}$$

均方值：

$$D^2 = E\{|X|^2\} = \int_{-\infty}^{\infty} |x|^2 p(x) \mathrm{d}x \qquad (12-4)$$

方差：

$$\sigma^2 = E\{|X - \mu|^2\} = \int_{-\infty}^{\infty} |x - \mu|^2 p(x) \mathrm{d}x \qquad (12-5)$$

式中 $E\{\cdot\}$ 表示求均值运算。两个随机变量 X、Y，其联合概率密度为 $p(x, y)$，其协方差函数为

$$\mathrm{cov}[X, Y] = E\{(X - \mu_x)(Y - \mu_y)^*\} = E\{XY^*\} - E\{X\} \cdot E\{Y^*\} \qquad (12-6)$$

例如，如果一个均匀分布的实随机变量 X 的取值范围是 $[b, a]$，那么其概率密度为

$$p(x) = \frac{1}{a - b} \qquad (12-7)$$

如果 X 服从高斯分布，那么其概率密度为

$$p(x) = \frac{1}{\sqrt{2\pi\sigma^2}} e^{-\frac{1}{2\sigma^2}(x-\mu)^2} \qquad (12-8)$$

N 个实随机变量 $\boldsymbol{X} = [x_1, x_2, \cdots, x_N]^T$ 的联合高斯分布的概率密度为

$$p(\boldsymbol{X}) = [(2\pi)^N |\boldsymbol{\Sigma}|]^{-1/2} \exp[\frac{1}{2}(\boldsymbol{X} - \boldsymbol{\mu})^{\mathrm{T}} \Sigma^{-1}(\boldsymbol{X} - \boldsymbol{\mu})] \qquad (12-9)$$

式中：

$$\boldsymbol{\mu} = [\mu_{x_1}, \mu_{x_2}, \mu_{x_3}, \cdots, \mu_{x_N}]$$

$$\boldsymbol{\Sigma} = E\{(\boldsymbol{X} - \boldsymbol{\mu})(\boldsymbol{X} - \boldsymbol{\mu})^{\mathrm{T}}\} = \begin{vmatrix} \sigma_1^2 & \mathrm{cov}[x_1, x_2] & \cdots & \mathrm{cov}[x_1, x_N] \\ \mathrm{cov}[x_2, x_1] & \sigma_2^2 & \cdots & \mathrm{cov}[x_2, x_N] \\ \vdots & \vdots & \ddots & \vdots \\ \mathrm{cov}[x_N, x_1] & \mathrm{cov}[x_N, x_2] & \cdots & \sigma_N^2 \end{vmatrix}$$

分别是 $\boldsymbol{X}$ 的均值向量和协方差矩阵。若 $x_1, x_2, \cdots, x_N$ 之间是相互独立的，则上述的方差阵 $\boldsymbol{\Sigma}$ 将变成对角阵。

随机变量 X 的均值称为 X 的一阶矩，方差称为二阶中心矩，均方称为二阶原点矩。以上有关随机变量的描述方法可推广到随机信号。

（二）随机信号的描述

在上一节中，以 N 台记录仪同时记录 N 台性能完全相同的接收机的输出噪声电压波形为例，介绍了随机信号的概念。

当我们在相同的条件下独立地进行多次观察时，各次观察到的结果彼此互不相同。既然如此，为了全面地了解输出噪音的特征，从概念上讲，我们应该在相同的条件下，独立地做尽可能多次的观察，这如同在同一时刻，对尽可能多的性能完全相同的接收机各做一次观察一样。这样，我们每一次观察都可以得到一个记录 $x_i(t)(i = 1, 2, \cdots, N, N \rightarrow \infty)$。如图 12-2 所示。

如果我们把观察看作为一个随机试验，那么，每一次的记录，正如上面提到的，就是

该随机试验的一次实现，相应的结果 $x_i(t)$ 就是一个样本函数。所有样本函数的集合 $x_i(t)(i=1, 2, \cdots, N, N\rightarrow\infty)$ 就构成了噪声波形可能经历的整个过程，该集合就是一个随机过程，也即随机信号 $X(t)$。

对一个特定的时刻 $t=t_1$，显然 $x_1(t_1)$，$x_2(t_1)$，$\cdots$，$x_N(t_1)$ 是一个随机变量，它相当于在某一固定的时刻同时测量无限多个相同接收器的输出值。当 $t=t_j$ 时，$x_1(t_j)$，$x_2(t_j)$，$\cdots$，$x_N(t_j)$ 也是一个随机变量。因此，一个随机信号 $X(t)$ 是依赖于时间 t 的随机变量。这样，我们可以用描述随机变量的方法来描述随机信号。

当 t 在时间轴上取值 t_1，t_2，$\cdots$，t_m 时，我们可得到 m 个随机变量 $X(t_1)$，$X(t_2)$，$\cdots$，$X(t_m)$，显然，描述这 m 个随机变量最全面的方法是利用其 m 维的概率分布函数（或概率密度）：

$$P_X(x_1, x_2, \cdots, x_m; t_1, t_2, \cdots, t_m)$$
$$= P\{X(t_1) \leqslant x_1, X(t_2) \leqslant x_2, \cdots, X(t_m) \leqslant x_m\} \qquad (12-10)$$

当 m 趋近无穷时，式 (12-10) 完整地描述了随机信号 $X(t)$。但是，在实际中，要想得到某一随机信号的高维分布函数（或概率密度）是相当困难的，且计算也十分繁琐。因此，**在实际工作中，对随机信号的描述，除了采用较低维的分布函数（如一维和二维）外，主要是使用其一阶和二阶的数字特征。**

对图 12-2 中的随机信号 $X(t)$ 离散化，得离散随机信号 $X(nT)$，即 $X(n)$。对 $X(n)$ 的每一次实现为 $x(n, i)(i=1, 2, \cdots, N, N\rightarrow\infty)$，显然，对某一固定时刻，如 $n=n_0$ 时，$x(n_0, i)$ $(i=1, 2, \cdots, \infty)$ 构成一个随机变量。若 $x(n_0, i)$ 随 i 的变化仍连续取值，那么 $x(n_0, i)$ 是连续型随机变量，否则，为离散型随机变量。

显然，$X(n)$ 的均值、方差、均方等一、二阶数字特征均应是时间 n 的函数，即

均值：
$$\mu_x(n) = E\{X(n)\} = \lim_{N\rightarrow\infty} \frac{1}{N} \sum_{i=1}^{N} x(n, i) \qquad (12-11)$$

均方值：
$$D_x^2 = E\{| X(n) |^2\} = \lim_{N\rightarrow\infty} \frac{1}{N} \sum_{i=1}^{N} | x(n, i) |^2 \qquad (12-12)$$

方差：
$$\sigma_x^2 = E\{| X(n) - \mu_x(n) |^2\} = \lim_{N\rightarrow\infty} \frac{1}{N} \sum_{i=1}^{N} | x(n, i) - \mu_x(n) |^2 \qquad (12-13)$$

并定义 $X(n)$ 的自相关函数：
$$r_{xx}(n_1, n_2) = E\{X(n_2)X^*(n_1)\} = \lim_{N\rightarrow\infty} \frac{1}{N} \sum_{i=1}^{N} x(n_2, i)x(n_1, i)^* \qquad (12-14)$$

自协方差函数：
$$c_{xx}(n_1, n_2) = E\{[X(n_2) - \mu_x(n_2)] \cdot [X(n_1) - \mu_x(n_1)]^*\}$$
$$= \lim_{N\rightarrow\infty} \frac{1}{N} \sum_{i=1}^{N} [x(n_2, i) - \mu_x(n_2)] \cdot [x(n_1, i) - \mu_x(n_1)]^* \qquad (12-15)$$

式 (12-11)～式 (12-15) 右边的求均值运算 $E\{\cdot\}$ 体现了随机信号的"集总平

均"，该集总平均是由 $X(n)$ 的无穷多样本 $x(n, i)(i=1, 2, \cdots, \infty)$ 在相应时刻对应相加（或相乘后再相加）来实现的。

随机信号的自相关函数 $r_{xx}(n_1, n_2)$ 描述了信号 $X(n)$ 在 n_1，n_2 这两个时刻的相互关系，是一个重要的统计量。若 $n_1 = n_2 = n$，则

$$r_{xx}(n_1, n_2) = E\{\mid X(n) \mid^2\} = D_x^2 \qquad (12-16)$$

$$c_{xx}(n_1, n_2) = E\{\mid X(n) - \mu_x(n) \mid^2\} = \sigma_x^2 \qquad (12-17)$$

对两个随机信号 $X(n)$、$Y(n)$，其互相关函数和互协方差函数分别定义为

$$r_{xy}(n_1, n_2) = E\{X(n_2)Y^*(n_1)\} \qquad (12-18)$$

$$c_{xy}(n_1, n_2) = E\{[X(n_2) - \mu_x(n_2)] \cdot [Y(n_1) - \mu_y(n_1)]^*\} \qquad (12-19)$$

如果 $c_{xy}(n_1, n_2) = 0$，我们称信号 X 和 Y 是不相关的。因为

$$c_{xy}(n_1, n_2) = E\{X(n_2)Y^*(n_1)\} - E\{X(n_2)\}\mu_y^*(n_1) - \mu_x(n_2)E\{Y^*(n_1)\} + \mu_x(n_2)\mu_y^*(n_1)$$

$$= E\{X(n_2)Y^*(n_1)\} - \mu_x(n_2)\mu_y^*(n_1) \qquad (12-20)$$

所以，若 X、Y 不相关，必有

$$\begin{cases} E\{X(n_2)Y^*(n_1)\} = \mu_x(n_2)\mu_y^*(n_1) \\ r_{xy}(n_1, n_2) = \mu_x(n_2)\mu_y^*(n_1) \end{cases} \qquad (12-21)$$

第三节　平稳随机信号

一个离散时间信号 $X(n)$，如果其均值与时间 n 无关，其自相关函数 $r_{xx}(n_1, n_2)$ 和 n_1、n_2 的选取起点无关，而仅和 n_2、n_1 之差 $m = n_2 - n_1$ 有关，那么，我们称 $X(n)$ 为**宽平稳的随机信号**，或**广义平稳随机信号**。

均值：

$$\mu_x(n) = \mu_x = E\{X(n)\} \qquad (12-22)$$

均方值：

$$D_x^2(n) = D_x^2 = E\{\mid X(n) \mid^2\} \qquad (12-23)$$

方差：

$$\sigma_x^2(n) = \sigma_x^2 = E\{\mid X(n) - \mu_x \mid^2\} \qquad (12-24)$$

自相关函数：

$$r_{xx}(n_1, n_2) \xrightarrow{m = n_2 - n_1} r_{xx}(m) = E\{X(n+m)X^*(n)\} \qquad (12-25)$$

自协方差函数：

$$c_{xx}(n_1, n_2) \xrightarrow{m = n_2 - n_1} c_{xx}(m) = E\{[X(n+m) - \mu_x][X(n) - \mu_x]^*\} \qquad (12-26)$$

两个平稳随机信号 $X(n)$、$Y(n)$ 的互相关函数及互协方差函数可分别变为

$$r_{xy}(m) = E\{X(n+m)Y^*(n)\} \qquad (12-27)$$

$$c_{xy}(m) = E\{[X(n+m) - \mu_x] \cdot [Y(n) - \mu_y]^*\} \qquad (12-28)$$

宽平稳随机信号是一类重要的随机信号。在实际工作中，我们往往把所要研究的随机信号视为宽平稳的，这样将使问题得以大大简化。实际上，自然界中的绝大部分随机信号都可以认

为是宽平稳的。

平稳随机信号的相关函数有许多重要的性质，现列如下：

性质 1 $r_{xx}(0) \geqslant |r_{xx}(m)|$；

性质 2 若 $X(n)$ 是实信号，则 $r_{xx}(m) = r_{xx}(-m)$，即 $r_{xx}(m)$ 为实偶函数；若 $X(n)$ 是复信号，则 $r_{xx}(-m) = r_{xx}^*(m)$，即 $r_{xx}(m)$ 是 Hermitian 对称的；

性质 3 $r_{xy}(-m) = r_{yx}^*(m)$，若 $X(n)$、$Y(n)$ 是实信号，则 $r_{xy}(-m) = r_{yx}(m)$，该结果说明，即使 $X(n)$、$Y(n)$ 是实数，$r_{xy}(m)$ 也不是偶对称的。

性质 4 $r_{xx}(0) r_{yy}(0) \geqslant |r_{xy}(m)|^2$；

性质 5 由 $r_{xx}(-M)$，$\cdots$，$r_{xx}(0)$，$\cdots$，$r_{xx}(M)$ 共 $(2M+1)$ 个自相关函数组成的矩阵

$$\boldsymbol{R}_{xx} = \begin{bmatrix} r_{xx}(0) & r_{xx}(-1) & \cdots & r_{xx}(-M) \\ r_{xx}(1) & r_{xx}(0) & \cdots & r_{xx}(-M+1) \\ \vdots & \vdots & \ddots & \vdots \\ r_{xx}(M) & r_{xx}(M-1) & \cdots & r_{xx}(0) \end{bmatrix} \tag{12-29}$$

是非负定的。

$\boldsymbol{R}_{xx}$ 称为 Hermitian 对称的 Toeplitz 矩阵。若 $X(n)$ 为实信号，那么 $r_{xx}(m) = r_{xx}(-m)$，则 $\boldsymbol{R}_{xx}$ 的主对角线及与主对角线平行的对角线上的元素都相等，而且各元素相对主对角线是对称的，这时 $\boldsymbol{R}_{xx}$ 称为实对称的 Toeplitz 矩阵。

【例 12-1】 随机相位正弦序列

$$X(n) = A\sin(\omega_0 n + \Phi) \tag{12-30}$$

式中 A、ω_0 均为常数，Φ 是一随机变量，在 $0 \sim 2\pi$ 内服从均匀分布，即

$$p(\varphi) = \begin{cases} \dfrac{1}{2\pi}, & 0 \leqslant \varphi \leqslant 2\pi \\ 0, & \text{其他} \end{cases}$$

显然，对应 Φ 的一个取值，可得到一条正弦曲线。因为 Φ 在 $0 \sim 2\pi$ 内的取值是随机的，所以其每一个样本 $x(n)$ 都是一条正弦信号，求其均值及其自相关函数，并判断其平稳性。

解：由定义，$X(n)$ 的均值和自相关函数分别为

$$\mu_x(n) = E\{A\sin(\omega_0 n + \Phi)\} = \int_0^{2\pi} A\sin(\omega_0 n + \varphi) \frac{1}{2\pi} \mathrm{d}\varphi = 0$$

$$\begin{aligned} r_{xx}(n_1, n_2) &= E\{A^2 \sin(\omega_0 n_2 + \Phi)\sin(\omega_0 n_1 + \Phi)\} \\ &= \frac{A^2}{2\pi} \int_0^{2\pi} \sin(\omega_0 n_2 + \varphi)\sin(\omega_0 n_1 + \varphi) \frac{1}{2\pi} \mathrm{d}\varphi \\ &= \frac{A^2}{2} \cos[\omega_0(n_2 - n_1)] \end{aligned}$$

由于 $\mu_x(n) = \mu_x = 0$ 及 $r_{xx}(n_1, n_2) = r_{xx}(n_2 - n_1) = r_{xx}(m) = [A^2 \cos(\omega_0 m)]/2$，所以随机相位正弦波是宽平稳的。

【例 12-2】 随机振幅正弦序列如下式所示：

$$X(n) = A\sin(\omega_0 n) \tag{12-31}$$

式中：ω_0 为常数，A 为正态随机变量，$A: N(0, \sigma^2)$，试求 $X(n)$ 的均值、自相关函数，

并讨论其平稳性。

解：均值为

$$\mu_x(n) = E\{X(n)\} = E\{A\sin(\omega_0 n)\}$$

对于给定的时刻 n，$\sin(\omega_0 n)$ 为一常数，所以

$$\mu_x(n) = \sin(\omega_0 n)E\{A\} = 0$$

自相关函数为

$$r_{xx}(n_1,n_2) = E\{A^2\sin(\omega_0 n_2)\sin(\omega_0 n_1)\}$$
$$= \sigma^2\sin(\omega_0 n_2)\sin(\omega_0 n_1)$$

由此可以看出，虽然 $X(n)$ 的均值和时间无关，但其自相关函数不能写成 $r_{xx}(n_2-n_1)$ 的形式，因 $r_{xx}(n_1、n_2)$ 和 n_1、n_2 的选取位置有关，所以随机振幅正弦波不是宽平稳的。

对自相关函数和互相关函数作 $\mathcal{Z}$ 变换，有

$$P_{xx}(z) = \sum_{k=-\infty}^{\infty} r_{xx}(m)z^{-k}$$

$$P_{xy}(z) = \sum_{k=-\infty}^{\infty} r_{xy}(m)z^{-k}$$

(12-32)

令 $z = e^{j\omega}$，得到 $P_{xx}(e^{j\omega})$、$P_{xy}(e^{j\omega})$：

$$P_{xx}(e^{j\omega}) = \sum_{k=-\infty}^{\infty} r_{xx}(m)e^{-j\omega k}$$

$$P_{xy}(e^{j\omega}) = \sum_{k=-\infty}^{\infty} r_{xy}(m)e^{-j\omega k}$$

(12-33)

我们称 $P_{xx}(e^{j\omega})$ 为随机信号 $X(n)$ 的**自功率谱**，$P_{xy}(e^{j\omega})$ 为随机信号 $X(n)$、$Y(n)$ 的**互功率谱**。功率谱反映了信号的功率在频域随频率 ω 的分布，因此，$P_{xx}(e^{j\omega})$、$P_{xy}(e^{j\omega})$ 又称功率谱密度。所以，$P_{xx}(e^{j\omega})\mathrm{d}\omega$ 表示信号 $X(n)$ 在 ω 至 （$\omega+\mathrm{d}\omega$）之间的平均功率。我们知道，随机信号在时间上是无限的，在样本上是无穷多，因此随机信号的能量是无限的，它应是功率信号。功率信号不满足傅氏变换的绝对可积条件，因此其傅氏变换是不存在的。如确定性的正弦、余弦信号，其傅氏变换也是不存在的，只是在引入了 δ 函数后才求得其傅氏变换。因此，对随机信号的频域分析，不再简单的是频谱，而是功率谱。假定 $X(n)$ 的功率是有限的，那么其功率谱密度的反变换必然存在，其反变换即是自相关函数：

$$r_{xx}(m) = \frac{1}{2\pi}\int_{-\pi}^{\pi} P_{xx}(e^{j\omega})e^{j\omega n}\mathrm{d}\omega$$

(12-34)

而

$$r_{xx}(0) = \frac{1}{2\pi}\int_{-\pi}^{\pi} P_{xx}(e^{j\omega})\mathrm{d}\omega = E\{|X(n)|^2\}$$

(12-35)

反映了信号的平均功率。

式（12-33）和式（12-34）称为 Wiener-Khintchine 定理。

功率谱有如下的重要性质：

性质 1 不论 $X(n)$ 是实数的还是复数的，$P_{xx}(e^{j\omega})$ 都是 ω 的实函数，因此功率谱失

去了相位信息；

性质 2 $P_{xx}(e^{j\omega})$ 对所有的 ω 都是非负的；

性质 3 若 $X(n)$ 是实的，由于 $r_{xx}(m)$ 是偶对称的，那么 $P_{xx}(e^{j\omega})$ 还是 ω 的偶函数。

性质 4 由式（12-35）所示，功率谱曲线在 $(-\pi, \pi)$ 内的面积等于信号的均方值。

在实际中所遇到的功率谱可分为三种：一种是平的谱，即白噪声谱；第二种是"线谱"，即由一个或多个正弦信号所组成的信号的功率谱；第三种介于二者之间，即既有峰点又有谷点的谱。

一个平稳的随机序列 $u(n)$，如果其功率谱 $P_{uu}(e^{j\omega})$ 在 $|\omega| \leqslant \pi$ 的范围内始终为一常数，如 σ^2，我们称该序列为白噪声序列。其自相关函数

$$r_{uu}(m) = \frac{1}{2\pi}\int_{-\pi}^{\pi}P_{uu}(e^{j\omega})e^{j\omega n}d\omega = \sigma^2\delta(m) \tag{12-36}$$

是在 $m=0$ 处的 δ 函数。由自相关函数的定义，$r_{uu}(m)=E\{u(n+m)u(n)\}$，它说明白噪声序列在任意两个不同的时刻是不相关的，即 $E\{u(n+i)u(n+j)\}=0$，对所有的 $i \neq j$。若 $u(n)$ 是高斯型的，那么它在任意两个不同的时刻又是相互独立的〔注：两个随机变量 X、Y，若有 $P(x, y)=P(x)P(y)$，则称 X、Y 是相互独立的。两个独立的随机变量必然是不相关的，但反之不一定成立，对高斯型随机变量，二者是等效的〕。这说明，白噪声序列是最随机的，也即由 $u(n)$ 无法预测 $u(n+1)$。"白噪声"的名称来源于牛顿所提，他指出，白光包含了所有频率的光波。

以上讨论说明，白噪声是一种理想化的噪声模型，实际上并不存在，但它是信号处理中最具有代表性的噪声信号，因此已有很多近似产生白噪声的方法。

若 $X(n)$ 由 L 个正弦组成，即

$$X(n) = \sum_{k=1}^{L}A_k\sin(\omega_k n + \varphi_k) \tag{12-37}$$

式中：A_k、ω_k 是常数；φ_k 是均匀分布的随机变量，可以求出（参见【例 11-1】）

$$r_{xx}(m) = \sum_{k=1}^{L}\frac{A_k}{2}\cos(\omega_k m) \tag{12-38}$$

$$P_{xx}(e^{j\omega}) = \sum_{k=1}^{L}\frac{\pi A_k^2}{2}[\delta(\omega+\omega_k) + \delta(\omega-\omega_k)] \tag{12-39}$$

这为线谱，它是相对平谱的另一个极端情况。显然，介于二者之间的应是又有峰点又有谷点的连续谱。

第四节　平稳随机信号通过线性系统

设 $X(n)$ 为一平稳随机信号，它通过一线性移不变系统 $H(z)$ 后，输出为 $Y(n)$，由于

$$Y(n) = X(n) * h(n) = \sum_{k=-\infty}^{\infty} X(k)h(n-k) \qquad (12-40)$$

所以，$Y(n)$ 也是随机的，同时也是平稳的。若 $X(n)$ 是确定信号，那么

$$Y(e^{j\omega}) = X(e^{j\omega})H(e^{j\omega})$$

由于随机信号不存在傅氏变换，因此，我们需要从相关函数和功率谱的角度来研究随机信号通过线性系统的行为。为了讨论方便起见，现假定 $X(n)$ 是实信号，这样，$y(n)$ 也是实的。$X(n)$ 和 $Y(n)$ 之间的关系主要有如下四个：

$$r_{yy}(m) = r_{xx}(m) * h(m) * h(-m) \qquad (12-41)$$

$$P_{yy}(e^{j\omega}) = P_{xx}(e^{j\omega}) \mid H(e^{j\omega}) \mid^2 \qquad (12-42)$$

$$r_{xy}(m) = r_{yy}(m) * h(m) \qquad (12-43)$$

$$P_{xy}(e^{j\omega}) = P_{xx}(e^{j\omega})H(e^{j\omega}) \qquad (12-44)$$

【例 12-3】 一个简单的两点差分器可用下式来描述：

$$Y(n) = \frac{1}{2}[X(n) - X(n-2)]$$

它可以用来近似计算信号的斜率。设 $X(n)$ 为一零均值、方差为 σ^2 的白噪声信号，试求输出 $Y(n)$ 的自相关函数和功率谱。

解：因为 $X(n)$ 为一白噪序列，所以 $r_{xx}(m) = \sigma_x^2 \delta(m)$，$P_{xx}(e^{j\omega}) = \sigma_x^2$，由所给系统，得

$$H(e^{j\omega}) = je^{-j\omega}\sin(\omega) = je^{-j(\omega+\pi/2)}\sin(\omega)$$

及 $h(0) = 1/2$，$h(2) = -1/2$，$h(n) = 0$　n 为其他值。由式 (12-41)，不难得到

$$r_{yy}(m) = \begin{cases} \dfrac{\sigma_x^2}{2}, & m = 0 \\[2mm] -\dfrac{\sigma_x^2}{4}, & m = \pm 2 \end{cases}$$

对 $r_{yy}(m)$ 求傅氏变换，有

$$P_{yy}(e^{j\omega}) = \sigma_x^2 \sin^2(\omega)$$

此结果也可直接由式 (12-42) 得出。

第五节　平稳随机信号的各态遍历性

一个随机信号 $X(n)$，其均值、方差、均方值及自相关函数等，均是建立在集总平均的意义上的，如自相关函数

$$r_{xx}(m) = E\{X(n+m)X(n)\} = \lim_{N\to\infty} \frac{1}{N}\sum_{i=1}^{N} x(n+m, i)x(n, i) \qquad (12-45)$$

为了要精确地求出 $r_{xx}(m)$，需要知道 $x(n, i)$ 的无穷多个样本，即 $i = 1, 2, \cdots, \infty$，这在实际工作中显然是不现实的。因为我们在实际工作中能得到的往往是对 $X(n)$ 的一次实验记录，也即一个样本函数。

既然平稳随机信号的均值和时间无关，自相关函数又和时间选取的位置无关，那么，

能否用一次的实验记录代替一族记录来计算 $X(n)$ 的均值和自相关函数呢？对一部分平稳随机信号，答案是肯定的。

对一平稳信号 $X(n)$，如果它的所有样本函数在某一固定时刻的一阶和二阶统计特性和单一样本函数在长时间内的统计特性一致，我们则称 $X(n)$ 为**各态遍历信号**。其意义是，单一样本函数随时间变化的过程可以包括该信号所有样本函数的取值经历。这样，我们就可以定义各态遍历信号的一阶和二阶数字特征。

设 $x(n)$ 是各态遍历信号 $X(n)$ 的一个样本函数，对 $X(n)$ 的数字特征可重新定义如下

$$\mu_x = E\{X(n)\} = \lim_{M \to \infty} \frac{1}{2M+1} \sum_{n=-M}^{M} x(n) = \mu_x \tag{12-46}$$

$$r_{xx} = E\{X(n+m)X(n)\} = \lim_{M \to \infty} \frac{1}{2M+1} \sum_{n=-M}^{M} x(n+m)x(n) = r_{xx}(m) \tag{12-47}$$

上面两式右边的计算都是使用的单一样本函数 $x(n)$ 来求出 μ_x 和 $r_{xx}(m)$，因此称为"时间平均"，对各态遍历信号，其一阶二阶的集总平均等于相应的时间平均。

【例 12 - 4】 讨论【例 12 - 1】随机相位正弦波的各态遍历性。

解：对 $X(n) = A\sin(\omega_0 n + \Phi)$，其单一的时间样本 $x(n) = A\sin(\omega_0 n + \varphi)$，$\varphi$ 为一常数，对 $X(n)$ 作时间平均，显然

$$\mu_x = \lim_{M \to \infty} \frac{1}{2M+1} \sum_{n=-M}^{M} A\sin(2\pi fnT + \varphi) = 0 = \mu_x$$

$$r_{xx} = \lim_{M \to \infty} \frac{1}{2M+1} \sum_{n=-M}^{M} A\sin(2\pi fnT + \varphi)A\sin[2\pi f(n+m)T + \varphi]$$

$$= \lim_{M \to \infty} \frac{1}{2M+1} \sum_{n=-M}^{M} \frac{A^2}{2}\{\cos(2\pi fmT) - \cos[2\pi f(2n+m)T + 2\varphi]\}$$

由于上式是对 n 求和，故求和号中的第一项与 n 无关，而第二项应等于零，所以

$$r_{xx} = \frac{A^2}{2}\cos(2\pi fmT) = r_{xx}(m)$$

这和【例 12 - 1】按集总平均求出的结果一样，所以随机相位正弦波既是平稳的，也是各态遍历的。

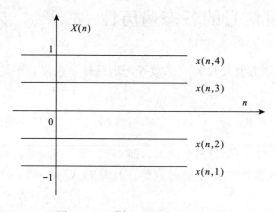

图 12 - 3 【例 12 - 4】中的 $X(n)$

【例 12 - 5】 随机信号 $X(n)$ 的取值在（-1，1）之间均匀分布，但对每一个样本 $x(n, i)$，$i = 1, 2, \cdots, \infty$，其值不随时间变化，如图 12 - 3 所示，试讨论其平稳性和各态遍历性。

解：如图 12 - 3 所示，显然 $X(n)$ 的集总均值始终等于零，集总自相关也和 n_1、n_2 的选取位置无关，因此它是宽平稳的。但对单一的样本 $x(n, i)$，它的时间均值并不等于零，因此，$X(n)$ 不是各态遍历的。

由上面的讨论可知，具有各态遍历性的随机信号，由于能使用单一的样本函数来做时间平均，以求其均值和自相关函数，所以在分析和处理信号时比较方便。因此，在实际处理信号时，对已获得的一个物理信号，往往首先假定它是平稳的，再假定它是各态遍历的。按此假定对信号处理后，可再用处理的结果来检验假定的正确性。在下面的讨论中，如不做说明，我们都认为所讨论的对象是平稳的及各态遍历的，并将随机信号 $X(n)$ 改记为 $x(n)$。

式（12-33）定义了平稳随机信号的功率谱，它是自相关函数的傅氏变换。对各态遍历信号 $X(n)$，既然自相关函数 $r_{xx}(m)$ 可用时间平均来定义，那么其功率也可用时间平均来定义。功率谱的时间平均定义如下：

$$P_{xx} = \lim_{M \to \infty} E\left\{ \frac{1}{2M+1} \left| \sum_{n=-M}^{M} x(n) e^{-j\omega n} \right|^2 \right\} = \lim_{M \to \infty} E\left\{ \frac{|X(e^{j\omega})|^2}{2M+1} \right\} \qquad (12-48)$$

式中：$X(e^{j\omega})$ 是 $X(n)$ 单一样本函数 $x(n)$ 在 $n=-M \sim M$ 时的 DTFT。考虑到时间平均，M 应趋于无穷，因此求极限是必要的。对 $x(n, i)$ 的每一个样本，所求出的 DTFT $[X(e^{j\omega}, i)]$ 是不相同的，所以 $X(e^{j\omega}, i)$ 本身是一个随机变量，因此，式（12-48）中的求均值运算也是必要的。若省去以后，由单个样本 $x(n)$ 求得的功率谱不能保证得到集总意义上的功率谱。

可以证明，对平稳随机信号 $X(n)$，式（12-33）及式（12-48）两对功率谱的定义是等效的，揭示了计算功率谱所遵循的原则，同时也指出了计算的困难性，因此产生了功率谱估计这一非常活跃的研究领域。

下面举例说明以上所讨论的随机信号的基本概念的应用。

【例 12-6】 从含有噪声的记录中检查信号是否存在。

设记录到的一个随机信号 $x(n)$ 中含有加法性噪声 $u(n)$，并且可能含有某个已知其先验知识的有用信号 $s(n)$，即

$$x(n) = s(n) + u(n)$$

为了检查 $x(n)$ 中是否含有 $s(n)$，可以根据 $x(n)$ 和 $s(n)$ 互相关函数来判断，有

$$r_{sx}(m) = E\{s(n+m)x(n)\} = E\{s(n+m)s(n) + s(n+m)u(n)\}$$

一般认为信号和噪声是不相关的，即 $E\{s(n+m)u(n)\} = 0$，所以

$$r_{sx}(m) = E\{s(n+m)s(n)\} = r_{ss}(m)$$

这样，可以根据互相关的结果是否和 $r_{xx}(m)$ 相符来判断 $x(n)$ 中是否含有 $s(n)$。

如果我们不知道 $s(n)$ 的先验知识，当然无法求 $s(n)$ 和 $x(n)$ 的互相关，也就得不出 $r_{sx}(m)$。但是，如果知道 $s(n)$ 是周期的，可以求 $x(n)$ 的自相关函数，即

$$r_{xx}(m) = E\{x(n+m)x(n)\} = E\{[s(n+m)+u(n+m)] \cdot [s(n)+u(n)]\} = r_{ss}(m) + r_{uu}(m)$$

如果 $u(n)$ 是白噪声，那么 $r_{uu}(m)$ 是 δ 函数，当 $|m| > 0$ 时，$r_{xx}(m) = r_{ss}(m)$，可根据 $r_{xx}(m)$ 的形状来判断 $s(n)$ 的有无。若 $u(n)$ 不是白噪声，但作为噪声，它应在相当宽的频带内存在，为此，设其功率谱为

$$P_{uu}(e^{j\omega}) = \frac{A}{1 + \left(\dfrac{\omega}{\omega_c}\right)^2}, \quad |\omega| \leqslant \pi$$

式中：A 为常数；ω_c 为截止频率，由 $P_{uu}(e^{j\omega})$ 可求出 $u(n)$ 的自相关函数

$$r_{uu}(m) = \frac{1}{2\pi} \int_{-\pi}^{\pi} P_{uu}(e^{j\omega}) e^{j\omega m} d\omega = \frac{A\omega_c}{2} e^{|\omega_c m|}$$

这样，只要 ω_c 足够大，$r_{uu}(m)$ 将随着 m 的增大很快衰减。前面已指出，周期信号的自相关函数是周期的，因此，随着 m 的增大，$r_{uu}(m) \to 0$，而 $r_{xx}(m)$ 应呈周期性变化。因此，可从 $r_{xx}(m)$ 的趋势来判断 $s(n)$ 是否存在。

【例 12 - 7】 测定系统的频率响应。

为了测定一个未知参数的线性系统的频率响应，我们对它输入一个功率为 1 的白噪声序列 $u(n)$，记其输出为 $y(n)$，计算输入和输出的互相关

$$r_{uy}(m) = E\{u(n+m)y(n)\} = r_{ss}(m) * h(m)$$

由于 $r_{uu}(m)$ 为一 δ 函数，所以，$r_{uy}(m) = h(m)$。对 $r_{uy}(m)$ 进行傅氏变换后，便可得到

$$P_{uu}(e^{j\omega}) = H(e^{j\omega})$$

第六节　确定信号的相关函数

由上面的讨论可知，相关函数是描述随机信号的重要的统计量，其基本概念与定义（平稳随机信号）也适用于确定信号做相关分析。在信号处理中经常要研究两个信号的相似性，或一个信号经过一段延迟后自身的相似性，以实现信号的检测、识别与提取等。因此，本节简要介绍一下确定信号相关函数的定义、性质与应用。

设 $x(n)$、$y(n)$ 是两个能量有限的确定信号，并假定它们是因果的，我们定义

$$\rho_{xy} = \frac{\sum\limits_{n=0}^{\infty} x(n)y(n)}{\left[\sum\limits_{n=0}^{\infty} x^2(n) \sum\limits_{n=0}^{\infty} y^2(n)\right]^{\frac{1}{2}}} \tag{12-49}$$

为 $x(n)$ 和 $y(n)$ 的相关系数。式中分母等于 $x(n)$、$y(n)$ 各自能量乘积的开方，即 $\sqrt{E_x E_y}$，它是一常数，因此 ρ_{xy} 的大小由分子

$$r_{xy} = \sum_{n=0}^{\infty} x(n)y(n) \tag{12-50}$$

来决定。r_{xy} 也称为 $x(n)$ 和 $y(n)$ 的相关系数。由许瓦兹（Schwartz）不等式，有

$$|\rho_{xy}| \leqslant 1 \tag{12-51}$$

分析式（12-49）可知，当 $x(n) = y(n)$ 时，$\rho_{xy} = 1$，两个信号完全相关（相等），这时 r_{xy} 取得最大值；当 $x(n)$ 和 $y(n)$ 完全无关时，$r_{xy} = 0$，$\rho_{xy} = 0$；当 $x(n)$ 和 $y(n)$ 有某种程度的相似时，$r_{xy} \neq 0$，$|\rho_{xy}|$ 在 0 和 1 中间取值。因此 r_{xy} 和 ρ_{xy} 可用来描述 $x(n)$ 和 $y(n)$ 之间的相似程度。ρ_{xy} 又称归一化的相关系数。

r_{xy} 反映了两个固定波形 $x(n)$ 和 $y(n)$ 的相似程度，在实际工作中，更需要研究两个波形在经历了一段时移以后的相似程度。例如，由同一地震源产生的地震信号在不同的观察点上记录到的结果是不相同的，但是把其中一个记录延迟了一段相应的时间后，会发现它

们有很大的相似性。再例如，因为正、余弦信号是正交的，即$<\sin(\omega n)，\cos(\omega n)>=0$，所以其相关系数 $\rho_{xy}=r_{xy}=0$。但实际上这两个信号属于同一信号，将其中一个移动 $\pi/2$，其相关系数 $|\rho|$ 便可等于1。因此，相关系数有其局限性，需要引入相关函数的概念。

一、相关函数的定义

定义：

$$r_{xy}(m) = \sum_{n=-\infty}^{\infty} x(n+m)y(n) \tag{12-52}$$

为信号 $x(n)$ 和 $y(n)$ 的**互相关函数**。式（12-52）表示：$r_{xy}(m)$ 在时刻 m 时的值，是将 $y(n)$ 保持不动而 $x(n)$ 左移 m 个采样周期后两个序列对应相乘再相加的结果。

上式中的 $r_{xy}(m)$ 不能写成 $r_{yx}(m)$，这是因为

$$r_{yx}(m) = \sum_{n=-\infty}^{\infty} y(n+m)x(n) = \sum_{n=-\infty}^{\infty} x(n-m)y(n) = r_{xy}(-m) \tag{12-53}$$

$r_{yx}(m)$ 表示 $y(n)$ 不动，将 $x(n)$ 左移 m 个单位然后对应相乘再相加的结果，当然和 $r_{xy}(m)$ 不同。在上面的定义中，$r_{xy}(m)$ 的延迟量 m 等于 $x(n)$ 的时间变量减去 $y(n)$ 的时间变量，即

$$r_{xy}(m) = \sum_{n=-\infty}^{\infty} x(n+i)y(n+j) = r_{xy}[(n+i)-(n+j)] = r_{xy}(i-j)$$

式中 $m=i-j$。如果 $y(n)=x(n)$，那么上面定义的互相关函数变成**自相关函数**，即

$$r_{xx}(m) = \sum_{n=-\infty}^{\infty} x(n+m)x(n) \tag{12-54}$$

自相关函数 $r_{xx}(m)$ 反映了信号 $x(n)$ 和其自身做了一段延迟后的 $x(n+m)$ 的相似程度。

由式（12-54）知，$r_{xx}(0) = \sum_{n=-\infty}^{\infty} x^2(n) = E_x$，即 $r_{xx}(0)$ 等于信号 $x(n)$ 自身的能量。如果 $x(n)$ 不是能量信号，那么 $r_{xx}(0)$ 将趋于无穷大。因此，对功率信号，其相关函数应定义为

$$r_{xy}(m) = \lim_{M\to\infty} \frac{1}{2M+1} \sum_{n=-M}^{M} x(n+m)y(n) \tag{12-55}$$

$$r_{xx}(m) = \lim_{M\to\infty} \frac{1}{2M+1} \sum_{n=-M}^{M} x(n+m)x(n) \tag{12-56}$$

如果 $x(n)$ 是周期信号，且周期为 N，由式（12-56），其自相关函数为

$$r_{xx}(m) = \lim_{M\to\infty} \frac{1}{2M+1} \sum_{n=-M}^{M} x(n+m)x(n)$$

$$= \lim_{M\to\infty} \frac{1}{2M+1} \sum_{n=-M}^{M} x(n+N+m)x(n)$$

$$= r_{xx}(m+N) \tag{12-57}$$

即周期信号的自相关函数也是周期的，且和原信号同周期。这样，在式（12-57）中，无限多个周期的求和平均可以用一个周期的求和平均来代替，即

$$r_{xx}(m) = \frac{1}{N}\sum_{n=0}^{N-1} x(n+m)x(n) \tag{12-58}$$

【例 12-8】 设 $x(n) = \mathrm{e}^{-n}u(n)$ 为一指数信号，$u(n)$ 为单位阶跃序列，求自相关函数。

解：其自相关函数为

$$r_{xx}(m) = \sum_{n=-\infty}^{\infty} x(n+m)x(n) = \sum_{n=0}^{\infty} \mathrm{e}^{-n+m}\mathrm{e}^{-n} = \mathrm{e}^{-m}\sum_{n=0}^{\infty}\mathrm{e}^{-2n} = \frac{\mathrm{e}^{-m}}{1-\mathrm{e}^{-2}}$$

也是一指数序列。

【例 12-9】 $x(n) = \sin(\omega n)$，其周期为 N，即 $\omega = 2\pi/N$，求 $x(n)$ 的自相关函数。

解：由式（12-58）得

$$r_{xx}(m) = \frac{1}{N}\sum_{n=0}^{N-1}\sin[\omega(n+m)\sin(\omega n)]$$

$$= \cos(\omega m)\frac{1}{N}\sum_{n=0}^{N-1}\sin^2(\omega n) + \sin(\omega m)\frac{1}{N}\sum_{n=0}^{N-1}\sin(\omega n)\cos(\omega n)$$

由于在一个周期内 $<\sin(\omega m), \cos(\omega m)> = 0$，所以上式右边第二项为零。第一项的求和号中

$$\sum_{n=0}^{N-1}\sin^2(\omega n) = \frac{1}{2}\sum_{n=0}^{N-1}[1-\cos^2(\omega n)] = \frac{1}{2}$$

所以

$$r_{xx}(m) = \frac{1}{2}\cos(\omega n)$$

即正弦信号的自相关函数为同频率的余弦函数。

上述对相关函数的定义都是针对实信号的。如果 $x(n)$、$y(n)$ 是复信号，那么，其自相关函数也是复信号。式（12-52）和（12-54）的定义应为

$$r_{xy}(m) = \sum_{n=-\infty}^{\infty} x(n+m)y^*(n) \tag{12-59}$$

$$r_{xx}(m) = \sum_{n=-\infty}^{\infty} x(n+m)x^*(n) \tag{12-60}$$

式中"*"代表取共轭。在一般讨论中，如果不做特殊说明，$x(n)$ 和 $y(n)$ 一律都视为实信号。

二、相关函数和线性卷积的关系

比较式（12-52）关于互相关函数的定义和式（2-4）关于线性卷积的定义，发现它们有某些相似之处。令 $g(n)$ 是 $x(n)$ 和 $y(n)$ 的线性卷积，即

$$g(n) = \sum_{m=-\infty}^{\infty} x(m)y(n-m) = \sum_{m=-\infty}^{\infty} x(n-m)y(m)$$

为了与式（12-52）的互相关函数相比较，现将上式中的 m 和 n 相对换，得

$$g(m) = \sum_{n=-\infty}^{\infty} x(m-n)y(n) = x(m) * y(m)$$

而 $x(n)$ 和 $y(n)$ 的互相关

$$r_{xy}(m) = \sum_{n=-\infty}^{\infty} x(n+m)y(n) = \sum_{n=-\infty}^{\infty} x(n)y(n-m)$$

$$= \sum_{n=-\infty}^{\infty} x(n)y[-(m-n)]$$

比较上面两式，可得到相关和卷积的时域关系：

$$r_{xy}(m) = x(m) * y(-m) \tag{12-61}$$

同理，对自相关函数，有

$$r_{xx}(m) = x(m) * x(-m) \tag{12-62}$$

前面已提到，计算 $x(n)$ 和 $y(n)$ 的互相关时，两个序列都不翻转，只是将 $y(n)$ 在时间轴上移动后与 $x(n)$ 对应相乘再相加。计算二者的卷积时，需要先将一个序列翻转后再移动，为了要用卷积表示相关，那么就需要将其中一个序列预先翻转一次；做卷积时再翻转一次。两次翻转等于没有翻转，这就是式（12-61）和式（12-62）中 $x(n)$ 为 $x(-n)$ 的原因。

尽管相关和卷积在计算形式上有相似之处，但二者所表示的物理意义是截然不同的。线性卷积表示了 LSI 系统输入、输出和单位抽样响应之间的一个基本关系，而相关只是反映了两个信号之间的相关性，和系统无关。

在实际工作中，信号 $x(n)$ 总是有限长，如 $0 \sim (N-1)$，用式（12-54）计算 $x(n)$ 的自相关时，对不同的 m 值，对应相乘与求和的数据长度是不相同的，即

$$r_{xy}(m) = \frac{1}{N} \sum_{n=0}^{N-1-m} x_N(n+m)x_N(n) \tag{12-63}$$

m 的范围是从 $-(N-1)$ 至 $(N-1)$，上式仅计算从 0 至 $(N-1)$ 部分，显然 m 越大，使用的信号的有效长度越短，计算出的 $r_{xx}(m)$ 的性能越差，因此，一般取 $m \leqslant N$。不管 $x(n)$ 是能量信号还是功率信号，一般都要除以数据的长度 N。

三、相关函数的性质

1. 自相关函数

性质 1 若 $x(n)$ 是实信号，则 $r_{xx}(m)$ 为实偶函数，即 $r_{xx}(m) = r_{xx}(-m)$；

  若 $x(n)$ 是复信号，则 $r_{xx}(m)$ 满足 $r_{xx}(m) = r_{xx}{}^*(-m)$；

性质 2 $r_{xx}(m)$ 在 $m=0$ 时取得最大值，即

$$r_{xx}(0) \geqslant r_{xx}(m)$$

性质 3 若 $x(n)$ 是能量信号，则当 m 趋于无穷时，有

$$\lim_{m \to \infty} r_{xx}(m) = 0$$

此式说明，将 $x(n)$ 相对自身移至无穷远处，二者已无相关性，这从能量信号的定义不难理解。

2. 互相关函数

性质1 $r_{xy}(m)$ 不是偶函数，但由式（12-53），有 $r_{xy}(m)=r_{yx}(-m)$；

性质2 $r_{xy}(m)$ 满足

$$|r_{xy}(m)| \leqslant \sqrt{r_x(0)r_y(0)} = \sqrt{E_x E_y}$$

性质3 若 $x(n)$、$y(n)$ 都是能量信号，则

$$\lim_{m \to \infty} r_{xy}(m) = 0$$

四、相关函数的应用

相关函数的应用很广，例如噪声中信号的检测、信号中隐含周期性的检测、信号相关性的检验、信号时延长度的测量等。相关函数还是描述随机信号的重要统计量，前面已讨论了很多，现仅在举例说明利用自相关函数检测信号序列中隐含的周期性的方法。

设观察到的信号 $x(n)$ 由真正的信号 $s(n)$ 和白噪声 $u(n)$ 所组成，即 $x(n)=s(n)+u(n)$。假定 $s(n)$ 是周期的，周期为 M，$x(n)$ 的长度为 N，且 $N \gg M$，那么 $x(n)$ 的自相关函数为

$$r_{xx}(m) = \frac{1}{N} \sum_{n=0}^{N-1} [s(n+m)+u(n+m)] \cdot [s(n)+u(n)]$$
$$= r_{ss}(m) + r_{us}(m) + r_{su}(m) + r_{uu}(m)$$

式中 $r_{us}(m)$ 和 $r_{su}(m)$ 是 $s(n)$ 和 $u(n)$ 的互相关，一般噪声是随机的，与信号 $s(n)$ 应该是不相关的，这两项应该很小，$r_{uu}(m)$ 是噪声 $u(n)$ 的自相关函数，由后面的讨论可知，$r_{uu}(m)$ 主要集中在 $m=0$ 处有值，当 $|m|>0$ 时，应衰减得很快。因此，若 $s(n)$ 是以 M 为周期的，那么 $r_{xx}(m)$ 也应是周期的，且周期为 M。这样，$r_{xx}(m)$ 也将呈现周期变化，且在 $m=0$，M，$2M\cdots$ 处呈现峰值，从而揭示出隐含在 $x(n)$ 中的周期性。由于 $x(n)$ 总为有限长，所以这些峰值将是逐渐衰减的，且 $r_{xx}(m)$ 的最大延迟应远小于数据长度 N。

【例 12-10】 设信号 $x(n)$ 由正弦信号加均值为零的白噪声所组成，正弦信号的幅度是1，白噪声的方差为1，其信噪比 SNR $=10\lg\ (P_s/P_u)$ 为 -3.0103 dB（噪声的功率大于信号的功率）。

图 12-4(a) 给出了 $x(n)$ 的时域波形。从该图我们很难分辨出 $x(n)$ 中是否有正弦信号。图 12-4(b) 是正弦加白噪信号的自相关函数。由该图看出，$x(n)$ 中应含有正弦信号。这时 $r(0)=1.5411$，由白噪声所产生的 $r_{uu}(0)$ 约等于1。

若令白噪声的方差 $P=0.2$，即信噪比为 3.9794 dB，这时 $x(n)$ 及 $r(m)$ 的波形分别如图 12-4(c) 和（d）所示。由图（c），同样也很难判断 $x(n)$ 是有正弦信号还是有周期性的方波，但是由图（d）的自相关函数却很好的证明了正弦信号的存在。这时 $r(0)=0.6985$，由白噪声所产生的 $r_{uu}(0)$ 约等于0.2。

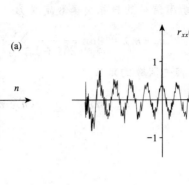

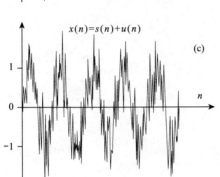

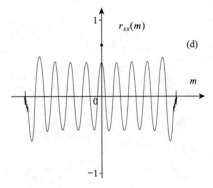

图 12 - 4　正弦加白噪信号的自相关函数

（a）正弦加白噪声（SNR＝－3 dB）；（b）自相关函数；
（c）正弦加白噪声（SNR＝4 dB）；（d）自相关函数

习题与思考题

习题 12 - 1　已知平稳随机序列 $X(n)=a^n u(n)$，且 $|a| \leqslant 1$，求 $X(n)$ 的自相关函数。

习题 12 - 2　已知平稳随机序列 $X(n)$ 的自相关函数 $r_{xx}(m)=a^{|m|}$（$|a| \leqslant 1$），求 $X(n)$ 的自功率谱。

习题 12 - 3　已知 $x(n)$ 与 $y(n)$，求它们的互相关函数 $r_{xy}(m)$。

n	$\cdots$	-3	-2	-1	0	1	2	3	$\cdots$
$x(n)$	$\cdots$	0	5	3	1	-2	3	0	$\cdots$
$y(n)$	$\cdots$	0	-1	5	2	4	0	0	$\cdots$

习题 12 - 4　计算下列确定性序列的自相关函数 $r_{xx}(m)$ 与互相关函数 $r_{xy}(m)$。

$$x(n)=\begin{cases}1, & n_0-N \leqslant n \leqslant n_0+N \\ 0, & \text{其他}\end{cases} \quad ; \quad y(n)=\begin{cases}1, & -N \leqslant n \leqslant N \\ 0, & \text{其他}\end{cases}$$

思考题 12-5 功率信号的自相关函数定义为

$$r_{xx}(m) = \lim_{N \to \infty} \frac{1}{2M+1} \sum_{n=-M}^{M} x(n+m)x(n)$$

而能量信号的自相关函数的定义为

$$r_{xx}(m) = \sum_{n=-\infty}^{\infty} x(n+m)x(n)$$

为什么？

第十三章 其他信号变换法

第一节 引 言

信号变换的目的在于通过变换将信号转换成便于人们理解的形式，提取蕴含在信号中的有用信息。这种变换形式是多种多样的，除了傅氏变换、拉氏变换、$\mathcal{Z}$ 变换外，常用的还有希尔伯特（Hilbert）变换、沃尔什（Walsh）变换、小波变换、拉东（Radon）变换、Hartley 变换等。下面介绍一下希尔伯特变换和小波变换，特别是希尔伯特变换在地球物理数据处理中经常用到，希望读者能掌握希尔伯特变换，能了解小波变换的基本原理。

第二节 希尔伯特变换

希尔伯特变换是信号分析中的重要工具之一，对于一实的因果信号 $x(t)$ 或 $x(n)$ 来说，其傅氏变换的实部与虚部，或者幅度响应与相位响应之间存在着希尔伯特变换关系，我们可以利用希尔伯特变换，构造出相应的解析信号，使其仅含正频率成分，从而可降低信号的采样率。在地球物理学中，只要知道重磁场的垂直分量，利用希尔伯特变换关系以求出其他方向上的分量。利用希尔伯特变换关系，还可表示一种标为"窄带信号"的信号，这是无线电通信中常用的调制信号等。本节对希尔伯特变换的概念做一简要的讨论。

一、连续时间信号的希尔伯特变换

给定一连续时间信号 $x(t)$，其**希尔伯特变换** $\hat{x}(t)$ 定义为

$$\hat{x}(t) = \frac{1}{\pi} \int_{-\infty}^{\infty} \frac{x(\tau)}{t-\tau} d\tau = \frac{1}{\pi} \int_{-\infty}^{\infty} \frac{x(t-\tau)}{\tau} d\tau = x(t) * \frac{1}{\pi t} \qquad (13-1)$$

$\hat{x}(t)$ 可以被看成是 $x(t)$ 通过一滤波器的输出，该滤波器的单位冲激响应为 $h(t) = 1/(\pi t)$，如图 13-1 所示。

由傅氏变换的理论可知，$jh(t) = j/(\pi t)$ 的傅氏变换是符号函数 $\mathrm{sgn}(\Omega)$，因此，希尔伯特变换器的频率响应

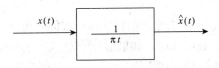

图 13-1 希尔伯特变换器

$$H(j\Omega) = -j\,\mathrm{sgn}(\Omega) = \begin{cases} -j, & \Omega > 0 \\ j, & \Omega < 0 \end{cases} \qquad (13-2)$$

如果记 $H(j\Omega) = |H(j\Omega)| e^{j\phi(\Omega)}$，那么 $|H(j\Omega)| = 1$

$$\phi(\Omega) = \begin{cases} -\pi/2, & \Omega > 0 \\ \pi/2, & \Omega < 0 \end{cases} \tag{13-3}$$

这就是说，希尔伯特变换器是幅频特性为 1 的全通滤波器。信号 $x(t)$ 通过希尔伯特变换器后，其负频率成分做 +90° 相移，而正频率成分做 -90° 相移。其幅度特性和相位特性如图 13-2 所示。

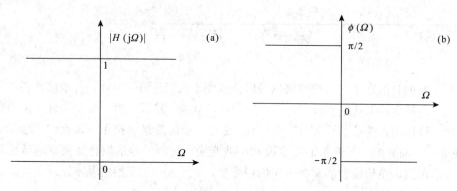

图 13-2　希尔伯特变换器的频率响应

(a) 幅度；(b) 相位

由式（13-1）和式（13-2），可得

$$\hat{X}(j\Omega) = X(j\Omega)H(j\Omega) = X(j\Omega)[-j\,\text{sgn}(\Omega)] = jX(j\Omega)\text{sgn}(-\Omega) \tag{13-4}$$

两边同除以 $j\,\text{sgn}(-\Omega)$，并整理后，得

$$X(j\Omega) = -j\,\text{sgn}(-\Omega)\hat{X}(j\Omega)$$

由此可以得到**希尔伯特反变换**的公式为

$$x(t) = -\frac{1}{\pi t} * \hat{x}(t) = -\frac{1}{\pi}\int_{-\infty}^{\infty}\frac{\hat{x}(\tau)}{t-\tau}\mathrm{d}\tau \tag{13-5}$$

此外，如果设 $\hat{x}(t)$ 为 $x(t)$ 的希尔伯特变换，那么定义

$$w(t) = x(t) + j\hat{x}(t) \tag{13-6}$$

为信号 $x(t)$ 的解析信号（analytic signal）。对上式两边取傅氏变换，并考虑到式（13-4），得

$$W(j\Omega) = X(j\Omega) + j\hat{X}(j\Omega) = X(j\Omega) + jX(j\Omega)H(j\Omega)$$

所以

$$W(j\Omega) = \begin{cases} 2X(j\Omega), & \Omega > 0 \\ 0, & \Omega < 0 \end{cases} \tag{13-7}$$

这样，由希尔伯特变换构成的解析信号，只含有正频率成分，且是原信号正频率分量的 2 倍。我们知道，如果信号 $x(t)$ 是带限的，最高频率为 Ω_c，那么若能保证 $\Omega_s \geqslant 2\Omega_c$，由 $x(t)$ 的采样 $x(n)$ 可以恢复出 $x(t)$，这就是采样定理。将 $x(t)$ 构成解析信号后，由于 $w(t)$ 只含正频率成分，最高频率仍为 Ω_c，这时只需 $\Omega_s \geqslant \Omega_c$ 即可保证由 $x(n)$ 恢复出 $x(t)$。

【例 13-1】　给出 $x(t) = A\cos(2\pi f_0 t)$，求其希尔伯特变换及解析信号。

解：令 $\Omega_0 = 2\pi f$，因为

$$X(j\Omega) = \frac{A}{2}[\delta(\Omega + \Omega_0) + \delta(\Omega - \Omega_0)]$$

所以

$$\hat{X}(\mathrm{j}\Omega) = \frac{A}{2}[\mathrm{j}\delta(\Omega+\Omega_0) - \mathrm{j}\delta(\Omega-\Omega_0)]$$

$$= \mathrm{j}\frac{A}{2}[\delta(\Omega+\Omega_0) - \delta(\Omega-\Omega_0)]$$

这样，$\hat{X}(\mathrm{j}\Omega)$ 对应的是正弦信号，所以余弦信号的希尔伯特变换是

$$\hat{x}(t) = A\sin(2\pi f_0)$$

又因为

$$W(\mathrm{j}\Omega) = X(\mathrm{j}\Omega) + \mathrm{j}\hat{X}(\mathrm{j}\Omega) = A\delta(\Omega-\Omega_0)$$

所以

$$w(t) = A\mathrm{e}^{\mathrm{j}\Omega_0 t} = A\mathrm{e}^{\mathrm{j}2\pi f_0 t}$$

【例 13-2】　设 $x(t) = \mathrm{e}^{-\beta^2 t^2}\cos(2\pi f_0 t + \varphi)$，其中 $\beta>0$，$f_0>3\sigma$，$\sigma=\beta/(\sqrt{2}\pi)$，$\varphi$ 为常数，求 $x(t)$ 的希尔伯特变换 $\hat{x}(t)$ [注：$\mathrm{e}^{-\beta^2 t^2}$ 的频谱为 $\mathrm{e}^{-\frac{f^2}{2\sigma^2}}/(\sigma\sqrt{2}\pi)$]。

解：利用调制特性知

$$x(t) = \mathrm{e}^{-\beta^2 t^2}\cos(2\pi f_0 t + \varphi) = \frac{1}{2}\mathrm{e}^{-\beta^2 t^2}[\mathrm{e}^{\mathrm{j}(2\pi f_0 t+\varphi)} + \mathrm{e}^{-\mathrm{j}(2\pi f_0 t+\varphi)}]$$

$$= \frac{1}{2}\mathrm{e}^{\mathrm{j}\varphi}\mathrm{e}^{-\beta^2 t^2}\mathrm{e}^{\mathrm{j}2\pi f_0 t} + \frac{1}{2}\mathrm{e}^{-\mathrm{j}\varphi}\mathrm{e}^{-\beta^2 t^2}\mathrm{e}^{-\mathrm{j}2\pi f_0 t}$$

的频谱为

$$X(\mathrm{j}\Omega) = X(\mathrm{j}2\pi f) = \frac{1}{2}\mathrm{e}^{\mathrm{j}\varphi}\frac{1}{\sigma\sqrt{2}\pi}\mathrm{e}^{-\frac{(f-f_0)^2}{2\sigma^2}} + \frac{1}{2}\mathrm{e}^{-\mathrm{j}\varphi}\frac{1}{\sigma\sqrt{2}\pi}\mathrm{e}^{-\frac{(f+f_0)^2}{2\sigma^2}}$$

$\mathrm{e}^{-\frac{f^2}{2\sigma^2}}/(\sigma\sqrt{2}\pi)$ 为概率论中的正态分布密度函数，若 $f_0>3\sigma$ 时，则

$$\frac{1}{\sigma\sqrt{2}\pi}\mathrm{e}^{-\frac{(f-f_0)^2}{2\sigma^2}} \approx 0, \quad 当 f<0 时$$

$$\frac{1}{\sigma\sqrt{2}\pi}\mathrm{e}^{-\frac{(f+f_0)^2}{2\sigma^2}} \approx 0, \quad 当 f>0 时$$

所以，根据式（13-2）有

$$\hat{X}(\mathrm{j}\Omega) = \hat{X}(\mathrm{j}2\pi f) = X(\mathrm{j}2\pi f)H(\mathrm{j}2\pi f) \approx -\frac{\mathrm{j}}{2}\mathrm{e}^{\mathrm{j}\varphi}\frac{1}{\sigma\sqrt{2}\pi}\mathrm{e}^{-\frac{(f-f_0)^2}{2\sigma^2}} + \frac{\mathrm{j}}{2}\mathrm{e}^{-\mathrm{j}\varphi}\frac{1}{\sigma\sqrt{2}\pi}\mathrm{e}^{-\frac{(f+f_0)^2}{2\sigma^2}}$$

对其做逆变换，得

$$\hat{x}(t) \approx \frac{1}{2}\mathrm{e}^{-\beta^2 t^2}[-\mathrm{j}\mathrm{e}^{\mathrm{j}2\pi f_0 t}\mathrm{e}^{\mathrm{j}\varphi} + \mathrm{j}\mathrm{e}^{-\mathrm{j}2\pi f_0 t}\mathrm{e}^{-\mathrm{j}\varphi}]$$

$$= \frac{1}{2}\mathrm{e}^{-\beta^2 t^2}[-\mathrm{j}\mathrm{e}^{\mathrm{j}(2\pi f_0 t+\varphi)} + \mathrm{j}\mathrm{e}^{-\mathrm{j}(2\pi f_0 t+\varphi)}] = \mathrm{e}^{-\beta^2 t^2}\sin(2\pi f_0 t + \varphi)$$

二、离散时间信号的希尔伯特变换

设离散时间信号 $x(n)$ 的希尔伯特变换是 $\hat{x}(n)$，希尔伯特变换器的单位采样响应为

$h(n)$，由连续信号希尔伯特变换的性质及 $H(j\Omega)$ 和 $H(e^{j\omega})$ 的关系，我们不难得到

$$H(e^{j\omega}) = \begin{cases} -j, & 0 < \omega < \pi \\ j, & -\pi < \omega < 0 \end{cases} \tag{13-8}$$

因此

$$h(n) = \frac{1}{2\pi}\int_{-\pi}^{\pi} H(e^{j\omega})e^{j\omega m}\mathrm{d}\omega = \frac{1}{2\pi}\int_{-\pi}^{0} je^{j\omega m}\mathrm{d}\omega - \frac{1}{2\pi}\int_{0}^{\pi} je^{j\omega m}\mathrm{d}\omega \tag{13-9}$$

求出

$$h(n) = \frac{1-e^{j\pi n}}{n\pi} = \frac{1-(-1)^n}{n\pi} = \begin{cases} 0, & n=0 \\ \dfrac{1-(-1)^n}{n\pi}, & n \neq 0 \end{cases}$$

$$h(n) = \begin{cases} 0, & n = 2m \\ \dfrac{2}{\pi}\dfrac{1}{2m-1} = \dfrac{1}{\pi}\dfrac{1}{m-1/2}, & n = 2m-1 \end{cases} \tag{13-10}$$

及

$$\hat{x}(n) = x(n) * h(n) = \frac{2}{\pi}\sum_{m=-\infty}^{\infty} \frac{x(n-2m+1)}{2m-1} \tag{13-11}$$

求出 $\hat{x}(n)$ 后，即可构成 $x(n)$ 的解析信号

$$w(n) = x(n) + j\hat{x}(n)$$

也可用 DFT 方便地求出一个信号 $x(n)$ 的解析信号及希尔伯特变换，步骤是

（1）对 $x(n)$ 做 DFT，得 $X(k)$，$k=0, 1, \cdots, N-1$，注意 $k=N/2, \cdots, N-1$ 对应负频率；

（2）令：当 $k=0$ 时，$W(k)=X(k)$；当 $1 \leqslant k \leqslant (N/2-1)$ 时，$W(k)=2X(k)$；当 $N/2 \leqslant k \leqslant (N-1)$ 时，$W(k)=0$；

（3）对 $W(k)$ 进行逆 DFT，即得到 $x(n)$ 的解析信号 $w(n)$；

（4）由 $W(k)=X(k)+j\hat{X}(k)$，不难求出

$$\hat{x}(n) = \mathrm{IDFT}\{-j[W(k) - X(k)]\} \tag{13-12a}$$

或

$$\hat{x}(n) = -j[w(n) - x(n)] \tag{13-12b}$$

还可以求出希尔伯特反变换

$$x(n) = -h(n) * \hat{x}(n) = \frac{-2}{\pi}\sum_{m=-\infty}^{\infty} \frac{\hat{x}(n-2m+1)}{2m-1} \tag{13-13}$$

三、因果信号的希尔伯特变换

设 $x(n)$ 为因果信号，则其频谱为

$$X(e^{j\omega}) = \sum_{n=0}^{\infty} x(n)e^{-j\omega n} = \mathrm{Re}[X(e^{j\omega})] + j\mathrm{Im}[X(e^{j\omega})] \tag{13-14}$$

令

$$\begin{cases} \alpha(n) = \dfrac{1}{2\pi}\displaystyle\int_{-\pi}^{\pi} \mathrm{Re}[X(\mathrm{e}^{\mathrm{j}\omega})]\mathrm{e}^{\mathrm{j}\omega n}\,\mathrm{d}\omega, & -\infty < n < \infty \\[3mm] \beta(n) = \dfrac{1}{2\pi}\displaystyle\int_{-\pi}^{\pi} \mathrm{Im}[X(\mathrm{e}^{\mathrm{j}\omega})]\mathrm{e}^{\mathrm{j}\omega n}\,\mathrm{d}\omega, & -\infty < n < \infty \end{cases} \tag{13-15}$$

由于 $\mathrm{Re}[X(\mathrm{e}^{\mathrm{j}\omega})]$ 和 $\mathrm{Im}[X(\mathrm{e}^{\mathrm{j}\omega})]$ 都是取实值的，所以，由式（13-15）知

$$\alpha^*(n) = \alpha(-n), \quad \beta^*(n) = \beta(-n), \quad -\infty < n < \infty \tag{13-16}$$

式（13-14）的傅氏反变换为

$$x(n) = \frac{1}{2\pi}\int_{-\pi}^{\pi} X(\mathrm{e}^{\mathrm{j}\omega})\mathrm{e}^{\mathrm{j}\omega n}\,\mathrm{d}\omega = \frac{1}{2\pi}\int_{-\pi}^{\pi}\{\mathrm{Re}[X(\mathrm{e}^{\mathrm{j}\omega})] + \mathrm{j}\mathrm{Im}[X(\mathrm{e}^{\mathrm{j}\omega})]\}\mathrm{e}^{\mathrm{j}\omega n}\,\mathrm{d}\omega$$

$$x(n) = \alpha(n) + \mathrm{j}\beta(n), \quad -\infty < n < \infty$$

由于 $x(n)$ 是因果的，即物理可实现的，因此

$$\alpha(n) + \mathrm{j}\beta(n) = 0, \quad n < 0 \tag{13-17}$$

对其两边取共轭，同时考虑到式（13-16），得

$$[\alpha(n) + \mathrm{j}\beta(n)]^* = \alpha^*(n) - \mathrm{j}\beta^*(n) = \alpha(-n) - \mathrm{j}\beta(-n) = 0, \quad n < 0 \tag{13-18}$$

由式（13-17）、式（13-18）可得

$$\alpha(n) = \begin{cases} \mathrm{j}\beta(n), & n > 0 \\ -\mathrm{j}\beta(n), & n < 0 \end{cases} \tag{13-19}$$

或

$$\beta(n) = \begin{cases} -\mathrm{j}\alpha(n), & n > 0 \\ \mathrm{j}\alpha(n), & n < 0 \end{cases} \tag{13-20}$$

令

$$h(n) = \begin{cases} \mathrm{j}, & n > 0 \\ 0, & n = 0 \\ -\mathrm{j}, & n < 0 \end{cases} \tag{13-21}$$

综合式（13-19）、式（13-20）及式（13-21），得

$$\begin{cases} \alpha(n) = h(n)\beta(n) + \alpha(0)\delta(n) \\ \beta(n) = -h(n)\alpha(n) + \beta(0)\delta(n) \end{cases} \tag{13-22}$$

我们称式（13-22）为 $\alpha(n)$ 和 $\beta(n)$ 的**希尔伯特变换**，

现在让我们来看一看 $\alpha(n)$ 和 $x(n)$、$\beta(n)$ 和 $x(n)$ 的关系，将式（13-20）、（13-19）分别代入 $x(n)=\alpha(n)+\mathrm{j}\beta(n)$，$-\infty < n < \infty$，得

$$x(n) = \begin{cases} 2\alpha(n), & n > 0 \\ 0, & n < 0 \end{cases} \tag{13-23}$$

$$x(n) = \begin{cases} \mathrm{j}2\beta(n), & n > 0 \\ 0, & n < 0 \end{cases} \tag{13-24}$$

于是有

$$x(n) = 2\alpha(n)u(n) + [x(0) - 2\alpha(0)]\delta(n) \tag{13-25}$$

$$x(n) = \mathrm{j}2\beta(n)u(n) + [x(0) - \mathrm{j}2\beta(0)]\delta(n) \tag{13-26}$$

我们称式（13-25）为 $\alpha(n)$ 和 $x(n)$ 的**希尔伯特变换**，式（13-26）为 $\beta(n)$ 和 $x(n)$

的**希尔伯特变换**。在关系式（13-22）、式（13-25）及式（13-26）中，$n \neq 0$，而当 $n=0$ 时，只有一个关系式，即

$$x(0) = \alpha(0) + j\beta(0) \tag{13-27}$$

注意：$\alpha(0)$ 和 $\beta(0)$ 都为实数，仅由关系式（13-27）不能用 $\alpha(0)$ 确定 $\beta(0)$ 和 $x(0)$，或者用 $\beta(0)$ 来确定 $\alpha(0)$ 和 $x(0)$。这说明对物理可实现复信号，频谱的实部不能够完全确定虚部，更确切地说，频谱的实部除相差一个常数外，可以完全确定虚部，反之亦然。

当 $x(0)$ 为实数时，即 $\text{Im}[X(0)]=0$ 时，由式（13-27）可知

$$x(0) = \alpha(0), \quad \beta(0) = 0$$

这时，式（13-22）、式（13-25）、式（13-26）变为

$$\begin{cases} \alpha(n) = h(n)\beta(n) + \alpha(0)\delta(n) \\ \beta(n) = -h(n)\alpha(n) \end{cases} \tag{13-28}$$

$$x(n) = 2\alpha(n)u(n) - \alpha(0)\delta(n) \tag{13-29}$$

$$x(n) = j2\beta(n)u(n) + x(0)\delta(n) \tag{13-30}$$

此外，还可以推出

$$\begin{cases} \alpha(n) = \dfrac{1}{2}[x(n) + x(-n)] \\ \beta(n) = \dfrac{1}{2}[x(n) - x(-n)] \end{cases} \tag{13-31}$$

【例 13-3】 设因果信号 $x(n) = \{x(0), x(1), x(2), x(3)\} = \{2, 6, 8, 10\}$，求 $x(n)$ 的频谱、$\text{Re}[X(e^{j\omega})]$ 和 $\text{Im}[X(e^{j\omega})]$，同时求出 $\text{Re}[X(e^{j\omega})]$ 和 $\text{Im}[X(e^{j\omega})]$ 的傅氏反变换。

解： 对 $x(n)$ 进行傅氏变换，有

$$\begin{aligned} X(e^{j\omega}) &= \sum_{n=0}^{\infty} x(n)e^{-j\omega n} = 2 + 6e^{-j\omega} + 8e^{-j2\omega} + 10e^{-j3\omega} \\ &= 2 + 6\cos(\omega) + 8\cos(2\omega) + 10\cos(3\omega) - \\ &\quad j[6\sin(\omega) + 8\sin(2\omega) + 10\sin(3\omega)] \end{aligned}$$

$$\text{Re}[X(e^{j\omega})] = 2 + 6\cos(\omega) + 8\cos(2\omega) + 10\cos(3\omega)$$

$$\text{Im}[X(e^{j\omega})] = -6\sin(\omega) - 8\sin(2\omega) - 10\sin(3\omega)$$

将 $\text{Re}[X(e^{j\omega})]$ 和 $\text{Im}[X(e^{j\omega})]$ 分别用 $e^{-j\omega n}$ 表示，即

$$\text{Re}[X(e^{j\omega})] = 2 + 3(e^{j\omega} + e^{-j\omega}) + 4(e^{j2\omega} + e^{-j2\omega}) + 5(e^{j3\omega} + e^{-j3\omega})$$

$$\text{Im}[X(e^{j\omega})] = j3(e^{-j\omega} - e^{j\omega}) + j4(e^{-j2\omega} - e^{j2\omega}) + j5(e^{-j3\omega} - e^{j3\omega})$$

那么 $\text{Re}[X(e^{j\omega})]$ 和 $\text{Im}[X(e^{j\omega})]$ 的傅氏反变换分别为

$$\alpha(n) = \{\alpha(-3), \alpha(-2), \alpha(-1), \alpha(0), \alpha(1), \alpha(2), \alpha(3)\} = \{5, 4, 3, 2, 3, 4, 5\}$$

$$\beta(n) = \{\beta(-3), \beta(-2), \beta(-1), \beta(0), \beta(1), \beta(2), \beta(3)\} = \{j5, j4, j3, 0, -j3, -j4, -j5\}$$

当然，也可以直接利用式（13-31）求出 $\alpha(n)$ 和 $\beta(n)$。

【例 13-4】 已知因果信号 $x(n)$ 的频谱 $X(e^{j\omega})$ 的实部为 $\text{Re}[X(e^{j\omega})] = \sin^2(2\omega)$，求 $x(n)$、$x(n)$ 的频谱 $X(e^{j\omega})$ 以及 $\text{Im}[X(e^{j\omega})]$。

解： 将 $\text{Re}[X(e^{j\omega})]$ 用 $e^{-j\omega n}$ 表示，即

$$\mathrm{Re}[X(\mathrm{e}^{\mathrm{j}\omega})] = \sin^2(2\omega) = \left[\frac{1}{2\mathrm{j}}(\mathrm{e}^{\mathrm{j}2\omega}+\mathrm{e}^{-\mathrm{j}2\omega})\right]^2 = \frac{1}{4}(\mathrm{e}^{-\mathrm{j}4\omega}+2+\mathrm{e}^{\mathrm{j}4\omega})$$

那么，对应的 $\mathrm{Re}[X(\mathrm{e}^{\mathrm{j}\omega})]$ 的傅氏反变换为

$$\alpha(n) = \begin{cases} -\dfrac{1}{4}, & n=-4 \\[2mm] \dfrac{1}{2}, & n=0 \\[2mm] -\dfrac{1}{4}, & n=4 \\[2mm] 0, & n\ \text{为其他} \end{cases}$$

由式（13-29）得

$$x(n) = 2\alpha(n)u(n) - \alpha(0)\delta(n) = \frac{1}{2}\delta(n) - \frac{1}{2}\delta(n-4) = \begin{cases} \dfrac{1}{2}, & n=0 \\[2mm] -\dfrac{1}{2}, & n=4 \\[2mm] 0, & n\ \text{为其他} \end{cases}$$

$x(n)$ 的频谱 $X(\mathrm{e}^{\mathrm{j}\omega})$ 以及 $\mathrm{Im}[X(\mathrm{e}^{\mathrm{j}\omega})]$ 分别为

$$X(\mathrm{e}^{\mathrm{j}\omega}) = \frac{1}{2} - \frac{1}{2}\mathrm{e}^{-\mathrm{j}4\omega}$$

$$\mathrm{Im}[X(\mathrm{e}^{\mathrm{j}\omega})] = \frac{1}{2}\sin(4\omega)$$

这说明：对于实的物理可实现信号（因果信号），仅有其频谱的实部，可以完全确定该信号。

四、因果信号的频谱实部与虚部希尔伯特变换

因果信号频谱的实部和虚部构成希尔伯特变换关系，对式（13-29）进行傅氏变换，同时利用圆周卷积定理，有

$$X(\mathrm{e}^{\mathrm{j}\omega}) = \frac{1}{2\pi}\int_{-\pi}^{\pi} 2\mathrm{Re}[(\mathrm{e}^{\mathrm{j}\theta})]U[\mathrm{e}^{\mathrm{j}(\omega-\theta)}]\mathrm{d}\theta + x(0) - 2\alpha(0)$$

对于离散单位阶跃信号来说，其频谱为

$$U(\mathrm{e}^{\mathrm{j}\omega}) = \sum_{n=0}^{\infty}\mathrm{e}^{-\mathrm{j}\omega n} = \pi\delta(\omega) + \frac{1}{1-\mathrm{e}^{-\mathrm{j}\omega}} = \pi\delta(\omega) + \frac{1}{2} - \mathrm{j}\frac{1}{2}\cot\frac{\omega}{2}$$

所以

$$\begin{aligned}
X(\mathrm{e}^{\mathrm{j}\omega}) &= \frac{1}{2\pi}\int_{-\pi}^{\pi} 2\mathrm{Re}[X(\mathrm{e}^{\mathrm{j}\theta})]\left[\pi\delta(\omega-\theta) + \frac{1}{2} - \mathrm{j}\frac{1}{2}\cot\frac{\omega-\theta}{2}\right]\mathrm{d}\theta + x(0) - 2\alpha(0) \\
&= \frac{1}{2\pi}\int_{-\pi}^{\pi}\mathrm{Re}[X(\mathrm{e}^{\mathrm{j}\theta})] \cdot 2\pi\delta(\omega-\theta)\mathrm{d}\theta + \frac{1}{2\pi}\int_{-\pi}^{\pi}\mathrm{Re}[X(\mathrm{e}^{\mathrm{j}\theta})]\mathrm{d}\theta - \\
&\quad \mathrm{j}\frac{1}{2\pi}\int_{-\pi}^{\pi}\mathrm{Re}[X(\mathrm{e}^{\mathrm{j}\theta})]\cot\frac{\omega-\theta}{2}\mathrm{d}\theta + x(0) - 2\alpha(0) \\
&= \mathrm{Re}[X(\mathrm{e}^{\mathrm{j}\theta})] + \alpha(0) - \mathrm{j}\frac{1}{2\pi}\int_{-\pi}^{\pi}\mathrm{Re}[X(\mathrm{e}^{\mathrm{j}\theta})]\cot\frac{\omega-\theta}{2}\mathrm{d}\theta + x(0) - 2\alpha(0)
\end{aligned}$$

$$= \text{Re}[X(\text{e}^{\text{j}\theta})] - \text{j}\frac{1}{2\pi}\int_{-\pi}^{\pi}\text{Re}[X(\text{e}^{\text{j}\theta})]\cot\frac{\omega-\theta}{2}\text{d}\theta + \text{jIm}[x(0)]$$

这里用到了

$$\alpha(0) = \frac{1}{2\pi}\int_{-\pi}^{\pi}\text{Re}[X(\text{e}^{\text{j}\omega})]\text{e}^{\text{j}\omega0}\text{d}\omega = \frac{1}{2\pi}\int_{-\pi}^{\pi}\text{Re}[X(\text{e}^{\text{j}\omega})]\text{d}\omega$$

$$x(0) = \alpha(0) + \text{j}\beta(0)$$

因此有

$$\text{Im}[X(\text{e}^{\text{j}\theta})] = -\frac{1}{2\pi}\int_{-\pi}^{\pi}\text{Re}[X(\text{e}^{\text{j}\theta})]\cot\frac{\omega-\theta}{2}\text{d}\theta + \text{jIm}[x(0)] \tag{13-32}$$

同样对式（13-30）两边进行傅氏变换，有

$$X(\text{e}^{\text{j}\omega}) = \frac{1}{2\pi}\int_{-\pi}^{\pi}2\text{Im}[(\text{e}^{\text{j}\theta})]U[\text{e}^{\text{j}(\omega-\theta)}]\text{d}\theta + x(0) - \text{j}2\beta(0)$$

$$X(\text{e}^{\text{j}\omega}) = \text{j}\frac{1}{2\pi}\int_{-\pi}^{\pi}2\text{Im}[X(\text{e}^{\text{j}\theta})]\left[\pi\delta(\omega-\theta) + \frac{1}{2} - \text{j}\frac{1}{2}\cot\frac{\omega-\theta}{2}\right]\text{d}\theta + x(0) - \text{j}2\beta(0)$$

$$= \text{j}\frac{1}{2\pi}\int_{-\pi}^{\pi}\text{Im}[X(\text{e}^{\text{j}\theta})]\cdot2\pi\delta(\omega-\theta)\text{d}\theta + \text{j}\frac{1}{2\pi}\int_{-\pi}^{\pi}\text{Im}[(\text{e}^{\text{j}\theta})]\text{d}\theta +$$

$$\frac{1}{2\pi}\int_{-\pi}^{\pi}\text{Im}[X(\text{e}^{\text{j}\theta})]\cot\frac{\omega-\theta}{2}\text{d}\theta + x(0) - \text{j}2\beta(0)$$

$$= \text{jIm}[X(\text{e}^{\text{j}\theta})] + \text{j}\beta(0) + \frac{1}{2\pi}\int_{-\pi}^{\pi}\text{Im}[X(\text{e}^{\text{j}\theta})]\cot\frac{\omega-\theta}{2}\text{d}\theta + x(0) - \text{j}2\beta(0)$$

$$= \text{Im}[X(\text{e}^{\text{j}\theta})] + \frac{1}{2\pi}\int_{-\pi}^{\pi}\text{Im}[X(\text{e}^{\text{j}\theta})]\cot\frac{\omega-\theta}{2}\text{d}\theta + \text{Re}[x(0)]$$

所以有

$$\text{Re}[X(\text{e}^{\text{j}\theta})] = \frac{1}{2\pi}\int_{-\pi}^{\pi}\text{Im}[X(\text{e}^{\text{j}\theta})]\cot\frac{\omega-\theta}{2}\text{d}\theta + \text{Re}[x(0)] \tag{13-33}$$

我们称式（13-32）和式（13-33）为离散希尔伯特变换关系式，对于物理可实现复信号或实信号都成立。

五、希尔伯特变换的性质

性质1　信号$x(t)$或$x(n)$通过希尔伯特变换器后，信号频谱的幅度不发生变化。

此性质是显而易见的，因为希尔伯特变换器是全通滤波器，且幅度为1，引起频谱变化的只是其相位。

性质2　$x(t)$与$\hat{x}(t)$，$x(n)$与$\hat{x}(n)$是分别正交的。

证明：由 Parseval 定理，有

$$\int_{-\infty}^{\infty}x(t)\hat{x}(t)\text{d}t = \frac{1}{2\pi}\int_{-\infty}^{\infty}X(\text{j}\Omega)[\hat{X}(\text{j}\Omega)]^*\text{d}\Omega$$

$$= \frac{\text{j}}{2\pi}\int_{-\infty}^{0}|X(-\text{j}\Omega)|^2\text{d}\Omega - \frac{\text{j}}{2\pi}\int_{0}^{\infty}|X(\text{j}\Omega)|^2\text{d}\Omega = 0 \tag{13-34}$$

由于 $x(t)$ 是实信号，其频谱的幅度谱为偶函数，所以上式的积分为 0，故 $x(t)$ 和 $\hat{x}(t)$ 是正交的。对 $x(n)$，同样可以证明

$$\sum_{n=-\infty}^{\infty} x(n)\hat{x}(n) = \frac{1}{2\pi}\int_{-\pi}^{\pi} X(\mathrm{e}^{\mathrm{j}\omega})[\hat{X}(\mathrm{e}^{\mathrm{j}\omega})]^* \mathrm{d}\omega = 0 \tag{13-35}$$

在实际工作中，上式左边的求和只能在有限的范围内进行。因此右边将近似为零。

性质 3　如果 $x(t)$、$x_1(t)$、$x_2(t)$ 的希尔伯特变换分别是 $\hat{x}(t)$、$\hat{x}_1(t)$、$\hat{x}_2(t)$，且 $x(t)=x_1(t)*x_2(t)$，则

$$\hat{x}(t) = \hat{x}_1(t)*x_2(t) = x_1(t)*\hat{x}_2(t)$$

证明：由定义

$$\hat{x}(t) = x(t)*\frac{1}{\pi t} = [x_1(t)*x_2(t)]*\frac{1}{\pi t}$$

$$= x_1(t)*[x_2(t)*\frac{1}{\pi t}] = x_1(t)*\hat{x}_2(t) \tag{13-36}$$

同理可证

$$\hat{x}(t) = \hat{x}_1(t)*x_2(t) \tag{13-37}$$

希尔伯特变换还有一些其他性质，在此不再列出。

【例 13-5】　令　(1) $x(n)=\exp(-0.4n)$，　　$n=0$，1，…，20

　　　　　　　　(2) $x(n)=\sin(2\pi\times0.1n)$，　　$n=0$，1，…，20

它们分别示于图 13-3(a) 和 (b)，求各自的希尔伯特变换，并验证性质 2。

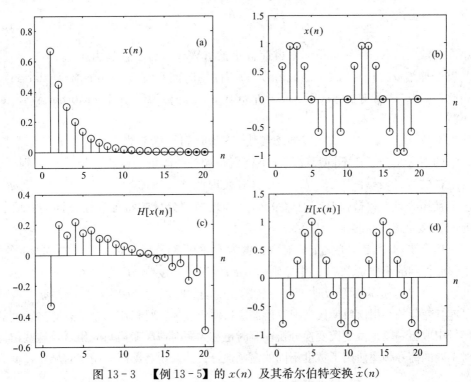

图 13-3　【例 13-5】的 $x(n)$ 及其希尔伯特变换 $\hat{x}(n)$

(a) $x(n)$ 为指数序列；(b) $x(n)$ 为正弦序列；(c) 和 (d) 分别为 (a)、(b) 的希尔伯特变换

解：由式（13-11）可分别求出这两个信号的希尔伯特变换，分别示于图 13-3(c) 和（d）。在 $x(n)$ 存在的范围内，$x(n)$ 与 $\hat{x}(n)$ 乘积的和近似为零。

第三节 连续小波变换简介

小波分析（Wavelet Analysis）在数学中占有独特的地位，是在现代调和分析的基础上发展起来的一门新兴学科，其基础理论知识涉及泛函分析、傅氏分析、信号与系统、数字信号处理等诸方面的内容，同时具有理论较深和应用十分广泛双重意义。这里我们只准备对连续小波分析做一介绍，不进行相关的详细数学推导和证明，其目的是让大家对小波分析有一个感性的认识。

一、连续小波变换

连续小波变换 CWT（Continuous Wavelet Transform）也称积分小波变换 IWT（Integral Wavelet Transform），定义为

$$(\text{CWT}_\psi f)(a, b) = |a|^{-1/2} \int_{-\infty}^{\infty} f(t) \cdot \psi^* \left(\frac{t-b}{a}\right) \mathrm{d}t \qquad (13-38)$$

其中系列函数

$$\psi_{a,b}(t) = |a|^{-1/2} \psi\left(\frac{t-b}{a}\right), \quad a, b \in R; \ a \neq 0 \qquad (13-39)$$

称为**小波函数**（Wavelet Function）或简称**小波**（Wavelet），它是由函数 $\psi(t)$ 经过不同的时间尺度伸缩 a（Time Scale Dilation）和不同的时间平移 b（Time Translation）得到的。因此，$\psi(t)$ 是小波原型（Wavelet Prototype），并称为**母小波**（Mother Wavelet）或基本小波（Basic Wavelet）。

R 为实数域，a 是时间轴尺度伸缩参数，b 是时间平移参数，系数 $|a|^{-1/2}$ 是归一化因子，它的引入是为了让不同尺度的小波能保持相等的能量。显然，若 $a>1$，则 $\psi(t)$ 在时间轴上被拉宽且振幅被压低，$\psi_{a,b}(t)$ 含有表现低频分量的特征；若 $a<1$，则 $\psi(t)$ 在时间轴上被压窄且振幅被拉高，$\psi_{a,b}(t)$ 含有表现高频分量的特征。而不同的 b 值表明小波沿时间轴移动到不同的位置上。

如果母小波 $\psi(t)$ 是中心为 t_0、有效宽度为 D_t 的偶对称函数，那么，由 $\psi(t)$ 经尺度变换及平移而得到的小波 $\psi_{a,b}(t)$ 的中心则为 (at_0+b)，宽度为 aD_t，如图 13-4 所示。如果把小波 $\psi_{a,b}(t)$ 看成是宽度随 a 改变、位置随 b 变动的时域窗，那么，连续小波变换可以被看成是连续变化的一组窗口傅氏变换（所谓窗口傅氏变换，是指用一个具有适当宽度的窗函数从信号中取出一段来做傅氏变换分析，有时也称为短时傅氏变换）的集合，这些窗口傅氏变换对不同的信号频率使用了宽度不同的窗函数，具体来说，即高频用窄时域窗，低频用宽时域窗。

将式（13-39）代入式（13-38），得到连续小波变换的简化定义式：

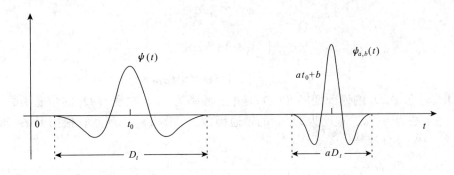

图 13 - 4　小波与母小波

$$(\mathrm{CWT}_\psi f)(a,\ b) = \int_{-\infty}^{\infty} f(t)\psi_{a,b}^*(t)\mathrm{d}t = <f,\ \psi_{a,b}> \qquad (13-40)$$

即信号 $f(t)$ 关于 $\psi(t)$ 的连续小波变换等于 $f(t)$ 与小波 $\psi(t)$ 的内积。

此外，还应注意：对于不同的母小波，同一信号的连续小波变换是不同的，因此，小波变换定义式（13 - 38）中用下标 ψ 强调了这一点。

二、小波变换的条件

一个函数 $\psi(t) \in L^2(R)$ ［$L^2(R)$ 为定义在实数域的平方可积函数线性空间］能够作为母小波，必须满足所谓的**允许条件**（Admissibility Condition 或者 Admissible Condition）：

$$C_\psi = \int_{-\infty}^{\infty} \frac{|\Psi(\omega)|^2}{|\omega|}\mathrm{d}\omega < \infty \qquad (13-41)$$

式中 $\Psi(\omega)$ 是 $\psi(t)$ 的傅氏变换。如果 $\psi(t)$ 是一个合格的窗函数，则 $\Psi(\omega)$ 是连续函数。因此，允许条件意味着

$$\Psi(0) = \int_{-\infty}^{\infty} \psi(t)\mathrm{e}^{-\mathrm{i}\omega t}\mathrm{d}t\Big|_{\omega=0} = \int_{-\infty}^{\infty} \psi(t)\mathrm{d}t = 0 \qquad (13-42)$$

这表明 $\psi(t)$ 具有波动性，是一个振幅衰减得很快的"波"。这就是称为"小波"的原因。

由于在 $\int_{-\infty}^{\infty}\psi(t)\ \mathrm{d}t=0$ 的条件下，$|C_\psi| < +\infty$ 和衰减性表现为

$$|\psi(t)| \leqslant \frac{c}{(1+|t|)^{1+\varepsilon}},\quad \varepsilon>0 \qquad (13-43)$$

二者是等价的。因此，作为合格的母小波有两种等价的形式：

（1）满足 $|C_\psi| < +\infty$ 的函数 $\psi(t) \in L^2(R)$ 可作为母小波；

（2）满足波动性 $\int_{-\infty}^{\infty}\psi(t)\ \mathrm{d}t=0$ 和衰减性 $|\psi(t)| \leqslant c(1+|t|)^{-1-\varepsilon}(\varepsilon>0)$ 的函数可以作为母小波。

三、时频的分析窗口

我们先来求 $\psi_{a,b}(t)$ 的傅氏变换

$$\Psi_{a,b}(\omega) = \int_{-\infty}^{\infty} \psi_{a,b}(t)\mathrm{e}^{-\mathrm{i}\omega t}\mathrm{d}t = |a|^{-1/2}\int_{-\infty}^{\infty} \psi\left(\frac{t-b}{a}\right)\mathrm{e}^{-\mathrm{i}\omega t}\mathrm{d}t$$

$$= \mid a \mid^{-1/2} \int_{-\infty}^{\infty} \psi(\tau) \mathrm{e}^{-\mathrm{i}\omega(a\tau+b)} a\mathrm{d}\tau$$

$$= \mid a \mid^{-1/2} a\mathrm{e}^{-\mathrm{i}\omega b} \int_{-\infty}^{\infty} \psi(\tau) \mathrm{e}^{-\mathrm{i}(\omega a)\tau} \mathrm{d}\tau, \qquad \frac{t-b}{a} \to \tau$$

$$\Psi_{a,b}(\omega) = \mid a \mid^{1/2} \mathrm{e}^{-\mathrm{i}\omega b} \Psi(a\omega) \tag{13-44}$$

如果母小波 $\psi(t)$ 的傅氏变换 $\Psi(\omega)$ 是中心频率为 ω_0、宽度为 D_ω 的带通函数，那么 $\psi_{a,b}(\omega)$ 是中心为 ω_0/a、宽度为 D_ω/a 的带通函数，如图 13-5 所示。根据 Parseval 恒等式，由式（13-40）得到

$$(\mathrm{CWT}_\psi f)(a,\ b) = <f,\ \psi_{a,b}> = \frac{1}{2\pi} <F,\ \Psi_{a,b}> \tag{13-45}$$

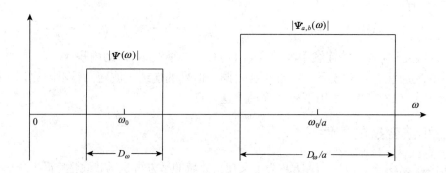

图 13-5　母小波和小波的频率特性

因此，连续小波变换给出了信号频谱在频域窗 $\Psi_{a,b}(\omega)$ 或 $\Psi(a\omega)$ 内的局部信息。

设 $\omega_0 > 0$，a 为正实变量，那么可以把 ω_0/a 看成频率变量。$\Psi_{a,b}(\omega)$ 的带宽与中心频率之比为相对带宽，即 $[(D_\omega/a)/(\omega_0/a)] = D_\omega/\omega_0$。相对带宽与尺度参数 a 或中心频率的位置 ω_0/a 无关，这就是所谓"恒 Q 性质"（Constant Q Property）。把 ω_0/a 看成频率变量后，"时间-尺度"平面等效于"时间-频率"平面。因此，连续小波变换的时间-频率定位能力和分辨率也可以用时间-尺度平面上的矩形分析窗口（时频窗）来描述，该窗口的范围是：

$$\left[b + at_0 - \frac{1}{2}aD_t,\ b + at_0 + \frac{1}{2}aD_t \right] \times \left[\frac{\omega_0}{a} - \frac{1}{2a}D_\omega,\ \frac{\omega_0}{a} + \frac{1}{2a}D_\omega \right] \tag{13-46}$$

窗口宽为 aD_t ［即 $\psi_{a,b}(t)$ 的有效宽度］，高为 D_ω/a ［即 $\Psi_{a,b}(\omega)$ 的有效宽度］，面积为 $aD_t \times (D_\omega/a) = D_t D_\omega$，与 a 无关，仅取决于 $\psi(t)$ 的选择。因此，一旦选定了母小波，分析窗口的面积也就确定了。

小波变换的时频局部化机理：对于参数 a 固定、参数 b 变化的情形，小波变换 $(\mathrm{CWT}_\psi)(a,\ b)$ 是关于变量 b 的时域函数；由于 $\Psi_{a,b}(\omega)$ 是频窗函数的缘故，小波变换 $(\mathrm{CWT}_\psi)(a,\ b)$ 实际上是被限制在

$$频窗 = \left[\frac{\omega_0}{a} - \frac{1}{2a}D_\omega,\ \frac{\omega_0}{a} + \frac{1}{2a}D_\omega \right]$$

子频带范围内的时域函数。

对于参数 a 和参数 b 都固定的情形，由于 $\psi_{a,b}(t)$ 是时窗函数和 $\Psi_{a,b}(\omega)$ 是频窗函数的缘故，$(\mathrm{CWT}_{\psi})(a,b)$ 的时域和频域表现实际上被限制在

$$\text{分析窗口的面积} = \left[b + at_0 - \frac{1}{2}aD_t ,\ b + at_0 + \frac{1}{2}aD_t \right] \times \left[\frac{\omega_0}{a} - \frac{1}{2a}D_\omega ,\ \frac{\omega_0}{a} + \frac{1}{2a}D_\omega \right]$$

范围内。由于 $(\mathrm{CWT}_{\psi})(a,b)$ 是与 $f(t)$ 对应的一种积分变换，所以小波变换 $(\mathrm{CWT}_{\psi})(a,b)$ 实际上是在积分变换机制下将 $f(t)$ 和 $F(\omega)$ 限制在时频窗内的一种局部化表现。换句话说，$(\mathrm{CWT}_{\psi})(a,b)$ 在时窗内的表现对应着 $f(t)$ 在时窗内的表现，$\mathscr{F}\left[(\mathrm{CWT}_{\psi})(a,b) \right]$ 在频窗内的表现对应着 $F(\omega)$ 在频窗内的表现。

小波变换的时频窗（分析窗口）的自适应性：从小波窗函数 $\psi_{a,b}(t)$ 的参数选择方面观察。b 仅仅影响分析窗口在相平面时间轴上的位置，而 a 不仅影响分析窗口在频率轴上的位置，也影响分析窗口的形状。当 a 较小时，频窗中心 ω_0/a 调整到较高的频率中心的位置，且时频窗形状变窄；因为高频信号在很短的时域范围内的幅值变化大，频率含量高，所以这种"窄"时频窗正好符合高频信号的局部时频特性，尺度参数 a 越小，小波 $\psi_{a,b}(t)$ 的有效宽度将越窄，因而小波分析的时域分辨率将越高。同样，当 a 较大时，频窗中心 ω_0/a 调整到较低位置，且时频的分析窗口形状变宽；因为低频信号在较宽的时域范围内仅有较低的频率分量，所以这种"宽"的时频窗正好符合低频信号的局部时频特性。这样小波变换对不同的频率在时域上的取样步长是具有调节性的，即在低频时小波变换的时间分辨率较差，而频率分辨率较高；在高频时小波变换的时间分辨率较高，而频率分辨率较低，这正好符合低频信号变化缓慢而高频信号变化迅速的特点。这正是它优于经典的傅氏变换与窗口傅氏变换的地方。

从总体上来说，小波变换比窗口傅氏变换具有更好的时频分析窗口特性。窗口傅氏变换仅具有不变时频分析窗口，无论频窗中心处于何处，其时窗形状不改变，该时频分析窗口显得很单一，相比之下，小波变换的时频分析窗口是灵活可调的。小波变换具有的这一宝贵性质称为"变焦距"性质（Zooming），图 13-6 说明了这一性质。

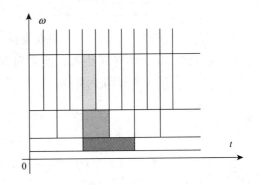

图 13-6　小波变换的分析窗宽度随频率升高（尺度减小）而变窄

四、逆变换公式

为了由连续小波变换重构原信号，需要用到小波变换的逆变换公式。

一般来说，若任意给定两个信号 $f(t) \in L^2(R)$ 和 $g(t) \in L^2(R)$，则有下列关系

$$C_\psi < f,\ g > = \int_{-\infty}^{\infty} \int_{-\infty}^{\infty} < f,\ \psi_{a,b} > \cdot (< g,\ \psi_{a,b} >)^* \frac{\mathrm{d}a}{a^2} \mathrm{d}b \qquad (13-47)$$

成立。式中的常系数 C_ψ 仍然应该满足式（13-41）的条件。式（13-47）隐含着下式成立：

$$f(t) = C_\psi^{-1} \int_{-\infty}^{\infty} \int_{-\infty}^{\infty} <f, \ \psi_{a,b}> \psi_{a,b}(t) \frac{\mathrm{d}a}{a^2} \mathrm{d}b \qquad (13-48)$$

即

$$f(t) = C_\psi^{-1} \int_{-\infty}^{\infty} \int_{-\infty}^{\infty} (\mathrm{CWT}_\psi f)(a, \ b) \psi_{a,b}(t) \frac{\mathrm{d}a}{a^2} \mathrm{d}b \qquad (13-49)$$

这就是**连续小波变换的逆变换公式**。逆变换公式的存在说明连续小波变换是完备的，它保留了信号的全部信息，因而能够用它完全刻画信号的特征。只要小波的傅氏变换满足下面的稳定性：

$$A \leqslant \sum_{j=-\infty}^{\infty} | \Psi(2^{-j}\omega) |^2 \leqslant B \qquad (13-50)$$

式中 $0 < A \leqslant B < \infty$，那么就可以用一种数值稳定的方法重构原信号。

五、逆变换公式的讨论

对式（13-49）的逆变换，需要说明以下几点：

（1）式（13-49）中的积分应该在至少弱收敛的意义上来理解。事实上，它在下述有约束条件的意义上也是收敛的 [在 $L^2(R)$ 空间内]：

$$\lim_{\substack{A_1 \to 0 \\ A_2, B \to \infty}} \| f(t) - C_\psi^{-1} \iint_{\substack{A_1 \leqslant |a| \leqslant A_2 \\ |b| \leqslant B}} (\mathrm{CWT}_\psi f)(a, \ b) \psi_{a,b}(t) \frac{\mathrm{d}a}{a^2} \mathrm{d}b \| = 0 \qquad (13-51)$$

（2）逆变换公式（13-49）中的变换核 $\psi_{a,b}(t)$ 与正变换公式（13-40）中的变换核 $\psi_{a,b}^*(t)$ 成对偶关系，即对偶小波。所谓对偶小波是指：若小波 $\psi(t)$ 满足稳定性条件式（13-50），则存在一个对偶小波 $\tilde{\psi}(t)$，其傅氏变换由下式给出：

$$\tilde{\Psi}(\omega) = \frac{\Psi^*(\omega)}{\sum_{j=-\infty}^{\infty} | \Psi(2^{-j}\omega) |^2} \qquad (13-52)$$

在这里，稳定性条件式（13-50）实际上是对式（13-52）分母的约束条件，它的作用是保证对偶小波的傅氏变换存在且稳定，如一复数与它的共轭就为一对偶关系。但应注意，一个小波的对偶小波一般不是唯一的，然而，在实际应用中，我们又总是希望它们是唯一对应的。因此，寻找具有唯一对偶关系的合适小波也是小波分析中最基本的问题。

为了使逆变换存在，首先要求小波 $\psi_{a,b}(t)$ 的对偶存在。或者反过来说，只有其对偶存在的小波函数才是合格的小波函数。对于连续小波变换来说，任何函数 $\psi(t) \in L^2(R)$，只要它满足允许条件，那么由它产生的函数系 $\psi_{a,b}(t)$ 就一定有对偶存在，因而可以作为合格的小波函数。

（3）逆变换公式（13-49）表明，$L^2(R)$ 空间中的任何函数或任何能量有限的信号 $f(t)$，都可以用小波函数 $\psi_{a,b}(t)$ 的线性加权和以任意精度来逼近，其加权系数就是信号对 $\psi(t)$ 的连续小波变换。小波 $\psi(t)$ 是 $L^2(R)$ 空间的一个基底，小波变换是信号在这基底上的投影。也可以把窗口傅氏变换看成是信号在某个基底上的投影，但它的基函数与小波有很大区别，图 13-7 给出了两种基函数之间的区别。从该图中可以看出，对于不同的频率，窗口傅氏变换的基函数的包络相同，只是其中填充的振荡的频率不同；但小波变换的基函数（即小波）的包络的幅度和宽度都因频率不同而不同。正因为如此，窗口傅氏变换基函数的波形是随频率而改变，而小波的波形并不随频率发生变化，仅仅是它的幅度和宽度在改变。这就是最初把小波叫作"恒定形状小波"的原因。

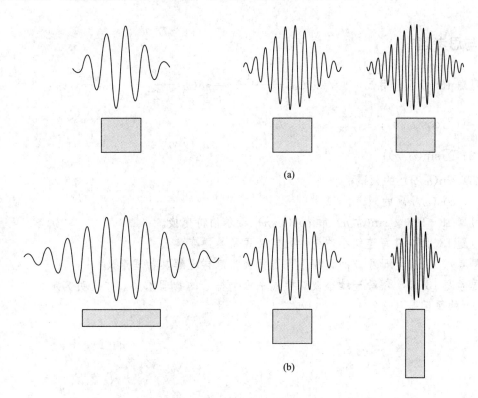

图 13 - 7　窗口傅氏变换与小波变换基函数波形差别

(a) 窗口傅氏变换基函数；(b) 小波变换基函数

(4) 当尺度参数 a 为正实数，即 $a \in R^+$，$\psi(t)$ 为实函数。由于 $\psi(t) = \psi^*(t) \rightarrow \Psi(\omega) = \Psi^*(-\omega) \rightarrow \Psi^*(\omega) = \Psi(-\omega)$，故母小波应满足的允许条件修正为

$$\int_0^\infty |\Psi(\omega)|^2 \frac{\mathrm{d}\omega}{|\omega|} = \int_0^\infty \Psi^*(\omega)\Psi(\omega) \frac{\mathrm{d}\omega}{|\omega|} = \int_0^\infty \Psi(-\omega)\Psi(\omega) \frac{\mathrm{d}\omega}{|\omega|}$$

$$= \int_{-\infty}^0 \Psi(\omega)\Psi(-\omega) \frac{\mathrm{d}\omega}{|\omega|} = \int_{-\infty}^0 \Psi(\omega)\Psi^*(\omega) \frac{\mathrm{d}\omega}{|\omega|}$$

$$= \int_{-\infty}^0 |\Psi(\omega)|^2 \frac{\mathrm{d}\omega}{|\omega|} < \infty$$

所以

$$\frac{1}{2}C_\psi = \int_0^\infty |\Psi(\omega)|^2 \frac{\mathrm{d}\omega}{|\omega|} = \int_{-\infty}^0 |\Psi(\omega)|^2 \frac{\mathrm{d}\omega}{|\omega|} < \infty \qquad (13-53)$$

对应的连续小波逆变换公式为

$$f(t) = 2C_\psi^{-1} \int_0^\infty \frac{da}{a^2} \int_{-\infty}^\infty (\mathrm{CWT}_\psi f)(a, b)\tilde{\psi}_{a,b}(t)db \qquad (13-54)$$

这里的变换核 $\tilde{\psi}_{(a,b)}(t)$ 是小波 $\psi_{a,b}(t)$ 的对偶。由于现在只能利用 $a>0$ 情况下连续小波变换的信息，故母小波应受到比允许条件稍多的限制。

习题与思考题

习题 13-1 利用 $\sum\limits_{n=0}^{\infty} e^{-j\omega n} = \pi\delta(\omega) + \dfrac{1}{1-e^{-j\omega}} = \pi\delta(\omega) + \dfrac{1}{2} - j\dfrac{1}{2}\cot\dfrac{\omega}{2}$，求：

(1) $\sum\limits_{n=0}^{\infty}\cos(\omega_0 n)$;

(2) $\sum\limits_{n=0}^{\infty}\sin(\omega_0 n)$;

(3) $\sin(\omega_0 n)$ 的频谱;

(4) $\cos(\omega_0 n)$ 的频谱。

习题 13-2 求 $\sin(\omega_0 n)$ 和 $\cos(\omega_0 n)$ 希尔伯特变换。

习题 13-3 默写连续小波变换的定义式及其逆变换公式。

思考题 13-4 母小波的允许条件是什么？怎样理解其物理意义？

思考题 13-5 解释连续小波变换式中每个符号的物理意义，并说明其定义式中出现 $|a|^{1/2}$ 的原因是什么？

参考文献

陈后金，薛健，胡健. 2004. 数字信号处理. 北京：高等教育出版社.

程佩青. 2001. 数字信号处理教程. 北京：清华大学出版社.

董绍平. 1998. 数字信号处理基础. 哈尔滨：哈尔滨工业大学出版社.

海因斯著，张建华等译. 2002. 数字信号处理. 北京：科学出版社.

胡广书. 1997. 数字信号处理—理论、算法与实现. 北京：清华大学出版社.

刘树棠，黄建国译. 2001. 离散时间信号处理. 西安交通大学出版社 [原书：A. V. Oppenheim，R. W. Schafer 著. 1999. Discrete‐Time Signal Processing(Published by Prentice‐Hall，Inc.)].

王世一. 1997. 数字信号处理. 北京：北京理工大学出版社.

维纳. K. 恩格尔著，刘树棠译. 2002. 数字信号处理. 西安：西安交通大学出版社.

吴湘淇. 1999. 信号、系统与信号处理（上、下册）. 北京：电子工业出版社.

姚天任，孙洪. 1999. 现代数字信号处理. 武汉：华中理工大学出版社.

应启珩，冯一云，窦维蓓. 2002. 离散时间信号分析和处理. 北京：清华大学出版社.

曾禹村，张宝俊，吴鹏翼. 1993. 信号与系统. 北京：石油出版社.

张贤达. 1995. 现代信号处理. 北京：清华大学出版社.

习题答案

1—1 $y(n) = \dfrac{1}{2}\left[\mathrm{e}^{\mathrm{j}\omega t} + \mathrm{e}^{-\mathrm{j}\omega t} + \mathrm{e}^{\mathrm{j}5\omega t} + \mathrm{e}^{-\mathrm{j}5\omega t}\right]$

2—1 系统是线性移不变系统

2—2 （1）非线性；（2）非线性；（3）线性；（4）非线性；（5）线性；（6）非线性

2—3 （1）移位变的；（2）移位变的；（3）移不变的；（4）移不变的；（5）移位变的；（6）移位变的

2—4 （1）稳定的，因果的；（2）因果的，稳定的；（3）因果的，稳定的；（4）稳定的，当 $n_0 \geqslant 0$ 时是因果的，当 $n_0 < 0$ 时，是非因果的；（5）因果的，稳定的系统；（6）非因果的，非稳定的

2—5 （1）可逆的；（2）不可逆的；（3）不可逆的；（4）可逆的

2—6 （1）非因果，稳定的；（2）因果的，稳定的；（3）因果的，非稳定；（4）非因果，稳定的；（5）因果的，非稳定；（6）非因果，非稳定

2—7 $y(n) = 2 \cdot 6^6 \left(\dfrac{1}{3}\right)^n \left[1 - 4\left(\dfrac{1}{2}\right)^n\right]$，$n \geqslant 3$

2—8 $y(n) = \begin{cases} 0, & n < 0 \text{ 或者 } n > 15 \\[2mm] \dfrac{1-a^{n+1}}{1-a}, & 0 \leqslant n \leqslant 5 \\[2mm] a^{n-5}\dfrac{1-a^6}{1-a}, & 6 \leqslant n \leqslant 10 \\[2mm] a^{n-5}\dfrac{1-a^{16-n}}{1-a}, & 11 \leqslant n \leqslant 15 \end{cases}$

2—9 (1) $h(n) = y(n) = \begin{cases} 0, & \text{当 } n < 0 \text{ 时} \\[2mm] 1, & \text{当 } n = 0 \text{ 时} \\[2mm] \left(\dfrac{1}{2}\right)^{n-1}, & \text{当 } n > 0 \text{ 时} \end{cases}$

(2) $y(n) = \mathrm{e}^{\mathrm{j}\omega n} + 2\mathrm{e}^{\mathrm{j}\omega n}\dfrac{\dfrac{1}{2\mathrm{e}^{\mathrm{j}\omega}}}{1 - \dfrac{1}{2\mathrm{e}^{\mathrm{j}\omega}}} = \mathrm{e}^{\mathrm{j}\omega n} + \dfrac{2\mathrm{e}^{\mathrm{j}\omega n}}{2\mathrm{e}^{\mathrm{j}\omega} - 1} = \dfrac{2\mathrm{e}^{\mathrm{j}\omega} + 1}{2\mathrm{e}^{\mathrm{j}\omega} - 1}\mathrm{e}^{\mathrm{j}\omega n}$

2—10

n	-2	-1	0	1	2	3	4	5	6	7	8
$y(n)$	1	2	2	2	3	-2	-3	2	2	-4	-5

2—11 $y(n) = \{2,\ 10,\ 22,\ 31,\ 30,\ 20,\ 9,\ 2\}$

2—12 $y(n) = x(n) * h(n) = \begin{cases} \dfrac{4}{3}2^n u(-n-1) \\[2mm] \dfrac{1}{3}2^{-n}u(n) \end{cases}$

3—1 (1) $X(z) = \dfrac{1}{1-3z}$，ROC：$|z| < \dfrac{1}{3}$；(2) $X(z) = \dfrac{1 - (\cos\omega_0)\,z^{-1}/3}{1 - 2(\cos\omega_0)\,z^{-1}/3 + z^{-2}/9}$，ROC：$|z| > \dfrac{1}{3}$；

(3) $X(z)=\dfrac{1}{1-z^{-1}/2}$, ROC: $|z|<\dfrac{1}{2}$; (4) $X(z)=\dfrac{4z^2}{1-z^{-1}/2}-\dfrac{1}{1-3z^{-1}}$, ROC: $\dfrac{1}{2}<|z|<3$;

(5) $X(z)=\dfrac{(a^2-1)}{a}\dfrac{z}{(z-1/a)(z-a)}$, ROC: $|a|<|z|<\dfrac{1}{|a|}$; (6) $X(z)=\dfrac{1}{1-z^{-1}/2}$, ROC: $|z|>\dfrac{1}{2}$;

(7) $X(z)=\ln\dfrac{z}{z-1}$, ROC: $|z|>1$;

(8) $X(z)=\dfrac{A\left[\cos\varphi-z^{-1}r\cos(\varphi-\omega_0)\right]}{1-2z^{-1}r\cos\omega_0+r^2z^{-2}}$, ROC: $|z|>|r|$

3-2 (1) $x(n)=\left(-\dfrac{1}{2}\right)^n u(n)$; (2) $x(n)=\dfrac{1}{n}(-1)^{n+1}a^n u(n-1)$;

(3) $x(n)=2\delta(n)+3\left(\dfrac{1}{2}\right)^n u(n)-\left(\dfrac{1}{4}\right)^n u(n)$; (4) $x(n)=8\delta(n)+7\left(\dfrac{1}{4}\right)^n u(-n-1)$

3-3 $Y(z)=\dfrac{X(z)}{1-z^{-N}}$, $|z|>1$

3-4 $y(n)=\delta(n)+\dfrac{3}{2}\delta(n-1)+\dfrac{19}{4}\delta(n-2)+\dfrac{9}{4}\delta(n-3)+\delta(n-4)$

3-5 $y(n)=\begin{cases} 0, & n<0 \\[2mm] \dfrac{a^{n+1}-b^{n+1}}{a-b}, & 0\leqslant n\leqslant N-1 \\[3mm] a^{n-N+1}\dfrac{a^N-b^N}{a-b}, & n>N-1 \end{cases}$

4-1 $x_1(t)=\cos(1200\pi t)$; $x_2(t)=\cos(17200\pi t)$

4-2 (1) $4\Omega_s$; (2) $2\Omega_s/3$; (3) Ω_s

4-3 500 kHz;

4-4 (1) 16 kHz; (2) 18 kHz

4-5 $B=14.74$ 即 B+1=16 位

4-6 (1) $f_s=4$ kHz, $X(e^{j\omega})=X_s\left(\dfrac{j\omega}{T}\right)$; (2) $X_s(f)=\dfrac{1}{T}\sum_{k=-\infty}^{\infty}X_a\left[f-2kB\right]$, $f_s=2B$;

(3) $f_s=\dfrac{2f_2}{[f_2/B]}$ (注: [ ] 表示取整数)

5-1 (1) $X(e^{j\omega})=\left(\dfrac{1}{3}\right)^4\dfrac{e^{-2j\omega}}{1-e^{-j\omega}/2}$; (2) $X(e^{j\omega})=\dfrac{(a\sin\omega_0)\,e^{-j\omega}}{1-2(a\cos\omega_0)\,e^{-j\omega}+a^2e^{-j2\omega}}$;

(3) $X(e^{j\omega})=\dfrac{e^{-a}e^{-j\omega}}{(1-e^{-a}e^{-j\omega})^2}$; (4) $X(e^{j\omega})=e^{-jm\omega}$

(5) $X(e^{j\omega})=\dfrac{1}{1-e^{-a}e^{-j\omega}}$; (6) $X(e^{j\omega})=\dfrac{1}{1-e^{-a}e^{-j(\omega+\omega_0)}}$

5-2 (1) $\tau(\omega)=\dfrac{\alpha^2-\alpha\cos\omega}{1+\alpha^2-2\alpha\cos\omega}$; (2) $\tau(\omega)=-\dfrac{\alpha^2-\alpha\cos\omega}{1+\alpha^2-2\alpha\cos\omega}$

5-3 $H(z)=\dfrac{1-z^{-1}}{1-z^{-1}/4-z^{-2}/8}$, $|z|>\dfrac{1}{2}$; $h(n)=-\dfrac{2}{3}(\dfrac{1}{2})^n u(n)+\dfrac{5}{3}\left(-\dfrac{1}{4}\right)^n u(n)$

5-4 (a) $\dfrac{1}{2}<|z|<2$, 此系统是一个非因果的稳定系数。$h(n)=-\dfrac{2}{3}\{2^n u(-n-1)+2^{-n}u(n)\}$

(b) $|z|<\dfrac{1}{2}$, 此系统是一个非因果的非稳定系统。$h(n)=\dfrac{2}{3}\left[2^{-n}-2^n\right]u(-n-1)$

(c) $|z|>2$，此系统是一个因果的非稳定系统。$h(n)=\dfrac{2}{3}\left[2^n-2^{-n}\right]u(n)$

5—5 $G(z)=\dfrac{1-9z^{-1}/10}{1-z^{-1}/2}$，ROC：$|z|>\dfrac{1}{2}$；$h(n)=\left(\dfrac{1}{2}\right)^n u(n)-\dfrac{9}{10}\left(\dfrac{1}{2}\right)^{n-1}u(n-1)$

5—6 $G(z)=\dfrac{(1+0.4z^{-1})(z^{-2}-2)}{1-0.85z^{-1}}\cdot\dfrac{1-2z^{-2}}{(z^{-2}-2)}$

5—7 (1) $H(e^{j\omega})=e^{-j2\omega}\dfrac{\sin(5\omega/2)}{\sin(\omega/2)}$，$\tau(\omega)=2$，第 Ⅰ 类线性相位系统

(2) $H(e^{j\omega})=e^{-j5\omega/2}\dfrac{\sin(3\omega)}{\sin(\omega/2)}$，$\tau(\omega)=2.5$，第 Ⅱ 类线性相位系统

(3) $H(e^{j\omega})=j\left[2\sin\omega\right]e^{-j\omega}$，$\tau(\omega)=1$，第 Ⅲ 类线性相位系统

(4) $H(e^{j\omega})=j\left[2\sin(\omega/2)\right]e^{-j\omega/2}$，$\tau(\omega)=1/2$，第 Ⅳ 类线性相位系统

6—1 $\widetilde{X}(1)=2A$，$\widetilde{X}(3)=2A$，$\widetilde{X}(0)=\widetilde{X}(2)=0$，$\widetilde{x}(n)=\dfrac{A}{2}e^{j\frac{2\pi}{4}n}+\dfrac{A}{2}e^{j\frac{2\pi}{4}3n}$

6—2 (1) $X(k)=1$，$0\leqslant k\leqslant N-1$

(2) $X(k)=W_N^{mk}$，$0\leqslant k\leqslant N-1$

(3) $X(k)=\dfrac{1-(aW_N^k)^N}{1-aW_N^k}$，$0\leqslant k\leqslant N-1$

(4) $X(k)=\begin{cases}\dfrac{N(N-1)}{2}, & k=0\\[3mm]\dfrac{-N}{1-W_N^k}R_N(k), & 0<k\leqslant N-1\end{cases}$

6—3 $x(n)=\dfrac{1}{5}+\delta(n)$

6—4 $y(0)=6$，$y(1)=6$，$y(2)=7$，$y(3)=9$，$y(4)=8$

6—5 $x(n)=\dfrac{1}{2}N\sin\left(\dfrac{2\pi n}{N}\right)$

6—6 $39\leqslant n\leqslant 99$

6—7 85 个 DFT 变换和 84 个 DFT 反变换

7—1 直接计算时：复乘时间 1.31072s，复加时间 0.130816s，共需 1.441536s；用 FFT 计算时：复乘时间 0.01152s，复加时间 0.002304s，共需 0.013824s

7—2 $L<33$

7—3 (a) 所需复数相乘数为 $512\times8192=4194304$。$33\times512\log_2(1024)+16\times1024=185344$ 大约是直接进行卷积所需复数相乘次数的 4.5％

7—4 $t=2\times20.48=40.96$ ms，这样只剩下 61.44 ms 用来进行其他的处理

8—1 $H(e^{j\omega})=e^{-j3\omega}\left[1+\cos\omega+0.2\cos2\omega-0.2\cos3\omega\right]$

8—2 $h(n)=a^n\left[u(n)-u(n-7)\right]$；$H(z)=\dfrac{1}{1-az^{-1}}$；$H(z)=1-a^7z^{-7}$

8—3

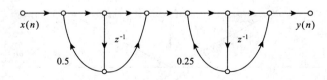

9－1　$h(n)=\begin{cases}\dfrac{\sin\left[0.2\pi\ (n-12)\right]}{\pi\ (n-12)}, & 0\leqslant n\leqslant 24\\[3mm] 0, & n\ \text{为其他值}\end{cases}$

9－2　$h(n)=\left[\dfrac{1}{2}\left(1-\cos\dfrac{2\pi n}{124}\right)\right]\cdot\dfrac{\sin\left[0.325\pi\ (n-62)\right]}{\pi\ (n-62)},\quad 0\leqslant n\leqslant 124$

9－3　$h(n)=w(n)\left\{\delta(n-50)-\dfrac{\sin\left[0.25\pi\ (n-50)\right]}{\pi\ (n-50)}\right\},\quad 0\leqslant n\leqslant 100$

9－4　$h(n)=w(n)\left\{\dfrac{\sin\left[0.75\pi\ (n-55)\right]}{\pi\ (n-55)}-\dfrac{\sin\left[0.25\pi\ (n-55)\right]}{\pi\ (n-55)}\right\},\quad 0\leqslant n\leqslant 110$

9－5

	Ⅰ型	Ⅱ型	Ⅲ型	Ⅳ型
低通滤波器	√	√		
高通滤波器	√			√
带通滤波器	√	√	√	√
带阻滤波器	√			

10－1　当 $\Omega_c=1$ 时，且 $\Omega=1$；$\dfrac{\mathrm{d}}{\mathrm{d}\Omega}\mid H_a(\mathrm{j}\Omega)\mid^2=-\dfrac{N}{2}$

10－2　$\displaystyle\prod_{k=0}^{N-1}\dfrac{K_0}{s-s_k}=\dfrac{\Omega_c}{s+\Omega_c}\cdot\prod_{k=1}^{3}\dfrac{\Omega_c^2}{s^2-2\Omega_c\cos(k\pi/7)\ s+\Omega_c^2}$

10－3　$f(s)=\dfrac{1}{1-0.09s^2-0.24s^4-0.16s^6}$

10－4　$H(z)=K\displaystyle\prod_{k=0}^{N-1}\dfrac{1+z^{-1}}{1-\alpha_k z^{-1}}$，$K=\displaystyle\prod_{k=0}^{N-1}\dfrac{1}{1-s_k}$，$\alpha_k=\dfrac{1+s_k}{1-s_k}$，$H(z)$ 不是全极点滤波器

10－5　$H(z)=T\dfrac{1-\mathrm{e}^{-aT}z^{-1}\cos(bT)}{1-\mathrm{e}^{-aT}z^{-1}\cos(bT)+\mathrm{e}^{-2aT}z^{-2}}$

10－6　系统函数为

$$H(z)=\dfrac{0.0004(1+z^{-1})^9}{(1-0.2494z^{-1})(1-0.5133z^{-1}+0.0931z^{-2})(1-0.5603z^{-1}+0.1931z^{-2})}\cdot$$

$$\dfrac{1}{(1-0.6516z^{-1}+0.3875z^{-2})(1-0.8143z^{-1}+0.7341z^{-2})}$$

10－7　系统函数为

$$H(z)=\dfrac{0.0106(1+z^{-1})^4}{(1-1.2586z^{-1}+0.4908z^{-2})(1-0.9670z^{-1}+0.7886z^{-2})}$$

11－1　以 $L=6$ 增采样，用截止频率 $\omega_c=\pi/6$，增益（系数）为 6 的低通滤波器滤波，然后以 $M=5$ 减采样

11－2　$y_a(t)=x_a(t-4T/10)=x_a(t-2\times10^{-5})$

11－3

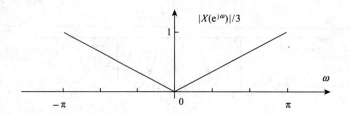

11—4　$E_0(z) = \dfrac{2+0.9z^{-1}}{1+1.11z^{-1}+0.64z^{-2}}$，　$E_0(z) = \dfrac{-0.4+0.8z^{-1}}{1+1.11z^{-1}+0.64z^{-2}}$

12—1　$r_x(m) = \dfrac{a^m}{1-a^2}$，$m \leqslant 0$

12—2　$p_x(m) = \dfrac{1-a^2}{1-2a\cos\omega+a^2}$

12—3

m	-4	-3	-2	-1	0	1	2	3	4
$r_x(m)$	-3	17	-5	10	4	35	22	20	0

13—1　(1) $\dfrac{1}{2} + \pi\delta(\omega)$；

　　　(2) $\dfrac{1}{2}\cot\dfrac{\omega}{2}$；

　　　(3) $\pi\left[\delta(\omega+\omega_0)+\delta(\omega-\omega_0)\right]$；

　　　(4) $-j\pi\left[\delta(\omega-\omega_0)-\delta(\omega+\omega_0)\right]$

13—2　(1) $\sin(\omega_0 n)$；(2) $-\cos(\omega_0 n)$